广 视 角 · 全 方 位 · 多 品 种

权威·前沿·原创

气候变化绿皮书

GREEN BOOK
OF CLIMATE CHANGE

应对气候变化报告
（2011）

ANNUAL REPORT ON ACTIONS TO ADDRESS
CLIMATE CHANGE (2011)

德班的困境与中国的战略选择

DURBAN DILEMMA AND CHINA'S STRATEGIC OPTIONS

主　编／王伟光　郑国光
副主编／罗　勇　潘家华　巢清尘

社会科学文献出版社
SOCIAL SCIENCES ACADEMIC PRESS (CHINA)

法 律 声 明

　　"皮书系列"（含蓝皮书、绿皮书、黄皮书）为社会科学文献出版社按年份出版的品牌图书。社会科学文献出版社拥有该系列图书的专有出版权和网络传播权，其 LOGO（▧）与"经济蓝皮书"、"社会蓝皮书"等皮书名称已在中华人民共和国工商行政管理总局商标局登记注册，社会科学文献出版社合法拥有其商标专用权，任何复制、模仿或以其他方式侵害（▧）和"经济蓝皮书"、"社会蓝皮书"等皮书名称商标专有权及其外观设计的行为均属于侵权行为，社会科学文献出版社将采取法律手段追究其法律责任，维护合法权益。

　　欢迎社会各界人士对侵犯社会科学文献出版社上述权利的违法行为进行举报。电话：010－59367121。

社会科学文献出版社

法律顾问：北京市大成律师事务所

- 本书由中国社会科学院—中国气象局气候变化经济学模拟联合实验室组织编写。

- 国家"十一五"科技支撑项目"执行《联合国气候变化框架公约》支撑技术研究"（2007BAC03A07）

- 国家重点基础研究发展计划项目（973 计划）（2010CB955701）

- 中国气象局气候变化专项（CCSF2011 – 24&9）

- 中国清洁发展机制基金2009 年赠款项目（主要缔约方课题）

- 国家自然科学基金重点项目（70933005）

- 中—英—瑞士"中国适应气候变化项目（Adapting to Climate Change in China）"

气候变化绿皮书编撰委员会

主要编撰者简介

王伟光　中国社会科学院党组副书记、常务副院长（正部长级），哲学博士，教授，博士研究生导师。中国共产党第十七届中央候补委员，中国共产党第十六次、第十七次全国代表大会代表，第十届全国人大代表，全国人大法律委员会委员，中国马克思主义研究基金会理事长，中国马克思主义哲学史学会副会长，邓小平理论研究会会长，马克思主义理论研究和建设工程首席专家，全国思想政治工作科学专业委员会顾问。1987 年荣获国务院颁发的"国家有突出贡献的博士学位获得者"荣誉称号，享受政府特殊津贴。

长期从事马克思主义理论和哲学，以及社会主义改革开放和现代化建设中重大理论与现实问题的研究，近年来致力于中国特色社会主义理论体系的研究。出版学术专著 20 余部，主要有：《社会主义矛盾、动力和改革》、《社会生活方式论》、《政治体制改革论纲》、《控制论、信息论、系统科学与哲学》、《经济利益、政治秩序和社会稳定》、《社会主义和谐社会的理论与实践》、《王伟光自选集》等。主编的著作主要有《马克思主义基本问题》、《"三个代表"重要思想概论》、《建设社会主义新农村的理论与实践》、《社会主义通史》（八卷本）。译著主要有《历史与阶级意识》、《西方政治思想概论》。在《人民日报》、《光明日报》、《求是》等国家级报刊上发表论文 300 余篇。

郑国光　中国气象局党组书记、局长，理学博士，研究员，北京大学兼职教授、博士研究生导师。1994 年获得加拿大多伦多大学物理系博士学位。中国共产党第十七次全国代表大会代表、中国人民政治协商会议第十一届全国委员会委员、国家气候委员会主任委员、全球气候观测系统（GCOS）中国委员会主席、全国人工影响天气协调会议协调人、国家应对气候变化及节能减排工作领导小组成员兼应对气候变化领导小组办公室副主任、世界气象组织（WMO）中国常任代表、WMO 执行理事会成员、政府间气候变化专门委员会（IPCC）中国代表、联合国秘书长全球可持续性高级别小组（GSP）成员。

长期从事云物理和人工影响天气研究以及中国气象事业发展的重大理论与现实问题研究。曾设计建造了我国第一台专门用于模拟冰雹生长的风洞，在层状云降水机理、冰雹云形成机理和人工增雨业务示范系统等研究方面取得了许多成果，发表学术论文 80 余篇。获中国气象学会首届涂长望青年气象科技奖二等奖、世界气象组织 UAE 人工影响天气奖以及 2008 年度国家科技进步奖二等奖。

罗　勇　中国气象局国家气候中心副主任，研究员，博士研究生导师；兼任中国气象学会气候变化与低碳发展委员会主任委员，北京气象学会常务理事，世界气候研究计划/气候与冰冻圈中国国家委员会副主席，国际大地测量与地球物理学联合会/国际冰冻圈科学协会中国国家委员会副主席；担任《气候变化研究进展》副主编，《气象学报》、《应用气象学报》、《大气科学进展》、《资源科学》、《科技导报》和 *Earth System Dynamics* 等学术刊物编委会委员。

主要从事全球气候变化的科学与政策研究、风能太阳能资源评估、气候模式研制、气候数值模拟与预测研究等。在气候变化领域，主要开展气候变化的事实分析、检测与归因以及预估研究，是政府间气候变化专门委员会（IPCC）第一工作组第四次评估报告主要作者，也是《中国气候与环境演变》和第一次、第二次《气候变化国家评估报告》的主要作者。2006 年以来在正式学术刊物上共发表论文近 80 篇，合作出版学术专著 7 本。2008 年获国务院政府特殊津贴。

潘家华　中国社会科学院城市发展与环境研究所所长，研究员，博士研究生导师。研究领域为世界经济、气候变化经济学、城市发展、能源与环境政策等。任国家气候变化专家委员会委员，国家外交政策咨询委员会委员，中国生态经济学会副会长，政府间气候变化专门委员会（IPCC）第三次、第四次和第五次评估报告主要作者。先后发表学术（会议）论文 200 余篇，撰写专著 4 部，译著 1 部，主编大型国际综合评估报告和论文集 8 部；获中国社会科学院优秀成果一等奖（2004），二等奖（2002），孙冶方经济学奖（2011）。

巢清尘　中国气象局科技与气候变化司副司长。主要研究领域为气候变化科学与政策研究、气候诊断分析。2004 年开始作为中国代表团成员参加联合国气候变化框架公约谈判。负责我国参与政府间气候变化专门委员会（IPCC）的国内组织和协调工作，组织 IPCC 第四、五次评估报告的政府评审工作，并参加相关会议。负责国家气候变化专家委员会办公室相关工作，参与了国家应对气候变化政策的制定。曾负责全球气候观测系统中国委员会办公室、国家气候委员会办公室工作。在海气相互作用、气候变化影响、气候政策等领域发表论文 30 余篇。

摘　要

2009 年《哥本哈根协议》之后，2010 年底在墨西哥坎昆举行的《联合国气候变化框架公约》第 16 次缔约方会议暨《京都议定书》第 6 次缔约方会议达成《坎昆协议》，取得了更多具有实质意义的进展。由于《坎昆协议》在落实巴厘路线图的轨道上尚有许多未尽事宜，国际社会对下一步真正达成具有历史里程碑意义的国际气候协议充满困惑、争议与期待。2011 年底，联合国气候大会将在南非德班召开。德班会议能否实现众望所归的目标？各缔约方将如何权衡利益，协调国际气候制度与国内发展的矛盾，应对减排与适应气候变化的双重压力？作为负责任的新兴发展中大国，中国将对国际社会作出的自主减缓行动转换为国内目标，不讲条件，全力推进。不仅在减缓，而且在适应方面，中国的努力与绩效为世人所认同。

本书邀请了国内外长期从事气候科学评估、能源与气候政策研究以及直接参与国际气候谈判的 30 多位资深学者撰稿，介绍坎昆会议以来全球应对气候变化的最新进展，分析中国应对气候变化的政策、行动及面临的挑战，关注坎昆会议对国际国内气候政策选择的可能影响，以及中国应对气候变化的长期战略。

本书包括总论、五个专题及附录。

总论侧重于两个方面。一是国际气候谈判的回顾与展望，旨在分析《坎昆协议》之后，国际气候制度取得的进展，在此基础上展望 2011 年底在南非德班举行的第 17 次联合国气候大会，从总体上把握当前国内外应对气候变化的形势，剖析中国可能采用的各种选择；二是中国如何实施应对气候风险的适应战略，以实现可持续发展的目标。

第一个专题聚焦国际气候谈判热点议题，就坎昆会议取得的谈判成果、谈判形势、未来可能的国际气候制度等进行了深入分析、点评与展望，内容涉及减缓行动的中长期目标、资金机制、碳市场前景等国际气候制度，以及国际航空减排、日本核危机对全球减排和新能源发展的影响、美国碳政治等新问题和新动向。

第二个专题集中反映国内最新的减缓政策与行动。内容包括：对"十二五"规划节能减排目标的分析解读及对发达国家的经验借鉴，国内碳排放交易市场的进展及前景分析，中国低碳城市建设，中国交通部门排放现状及低碳发展前景，中国新能源的发展现状及市场前景等。

第三个专题专门论述了国内外气候变化风险及适应气候变化的战略与行动。包括：国内外气候变化的历史趋势、影响及适应对策回顾，气候变化风险与灾害管理，国内外沿海城市适应气候变化的实践经验，全球气候服务框架及中国的参与等。

第四个专题为研究专论，选取了几篇关注前沿问题、政策与实践导向的学术文章，反映了过去一年来国内从事气候变化政策研究的一些最新成果。包括：气候变化的风险评估方法及案例研究，节能减排与控制温室气体排放的协同问题，适应与减缓的协同效应，企业应对气候变化意识调研等。

第五个专题为热点追踪与专家解读，针对国际上最新的一些气候变化政策和研究进展作了简要的介绍。

本书附录中收录了全球主要国家的人口、经济、能源和碳排放等主要数据，中国各地区完成"十一五"规划节能目标进展情况，全球气候变化灾害历史数据等信息。

Abstract

After the 2009 − Copenhagen Accord, important achievements have been made, such as the conclusion of the Cancun Agreement at the Sixth Conference held by the Kyoto Protocol members and the 16th United Nations Framework Convention on Climate Change held at Cancun, Mexico at the end of 2010. Since the Cancun Agreement failed to dissolve the conflicts and problems in the climate negotiation, it raised the uncertainty and expectations of the international community to work hard toward reaching a milestone in climate change agreement. By the end of 2011, the UN Climate Conference will be held at Durban in South Africa. Can the Durban Conference achieve the goals all the parties have determined to achieve? How does China weigh its pros and cons concerning its national interests? How to reconcile the conflict between the world climate change regime and China's domestic socioeconomic development, and how to cope with the reduction of GHG emissions and the adaptation to climate change are to be the major topics under discussion in this book. As a responsible emerging developing country, China has been paving its way to make great efforts into mitigation and adaptation to climate change, which is recognized by the international community.

This book is co-authored by more than 30 senior scholars both at home and abroad specialized in climatic science assessment, energy and climate policy research as well as world climate negotiations. In this book, these scholars discuss the latest developments of the world's efforts to cope with the global climate change and analyze China's policy aimed at coping with climate change as well as the challenges China is facing. In addition, this book also focuses on the possible impact of the Cancun Conference on the making of climate change policies in China and international community. The long-term climate change strategy of China is also discussed in this book.

This book is composed of a general introduction, five thematic parts and appendixes.

The general introduction in this book focuses on two aspects. One is an overview of the world climate change negotiations and the prospects of future negotiations. Specifically, this aspect aims at examining the progress having been made in the building of the world climate regime after the Cancun Conference. It also predicts the progress to be made at the 17th UN Climate Conference at Durban in South Africa. This aspect actually provides the readers with a bird's-eye view of the world's effort to meet the challenges of climate change and what options China should adopt. The second aspect of the general introduction discusses how China should implement its strategies for responding to these climate change challenges.

The first thematic part of this book focuses on some much debated issues in the arena of climate change negotiation. It primarily deals with the achievements having been made at Cancun Conference and the development of recent negotiations related to climate change as well as the tendency of the development of the world climate change regime. Specifically, it includes the mid- and long-term goals in China's GHG emission reduction efforts, the development of funding mechanisms, the prospect of the world carbon market, the GHG emission reduction by the world aviation industry as well as the impacts of Japan's nuclear incident on global GHG emission reduction effort and the development of clean energies and the trends of the US carbon politics.

The second part primarily deals with China's GHG emission reduction act and strategies. It includes the analysis of the goals of China's GHG emission reduction strategy outlined by China's the 12th Five-Year Plan. Furthermore, the development and the trend of domestic carbon market is also closely examined, and the review and assessment of pilot projects related to carbon emission reduction launched by the National Development and Reform Commission are also provided. Finally, the state of carbon emission and the development of low carbon transport by China's transport agencies and the prospects of the development of clean energies are also analyzed in this book.

The third part discusses China and the international community's strategies and acts in responding to global climate change. It includes the trend analysis of global climate change and impacts as well as strategies for adapting to the change. It also concerns the risks occasioned by climate change and disaster management. This part also provides a review of the experience the coastal cities both at home and abroad have accumulated in meeting the challenges of climate change as well as the framework of global climate service and China's role in this framework.

The fourth part of this book is reserved for some research topics. The authors of this book select some front line topics related to policies and practice. This part is academic oriented. These research papers are expected to reflect the latest development of the research into climate change. It includes how the developing countries could enjoy the fruits of sustainable development by relying on a fair climate change regime, how to look at the methodology related to the evaluation of climate risks and some case studies, how to reconcile the GHG emission reduction with energy saving, how to coordinate adaptation and GHG emission reduction as well as the consciousness of businesses in responding to climate change, etc.

The fifth part focuses on some hot topics and experts' perspective on improvement of international climate policy and research.

The data on population, economy, energy output and use of major countries are listed in the appendixes. The progress that has been made in different parts of China during the 11th Five-Year Plan is also provided in the appendixes. Detailed data on the global climatic disaster is also provided for reference.

前　言

进入 21 世纪以来，世界经济已经发生巨大而深刻的变革。与此同时，能源需求剧增，温室气体排放大幅度增长，极端气候事件危及各国经济和社会安全，可持续发展的挑战愈发严峻。2009 年，在哥本哈根联合国气候会议前夕，我们对应对全球气候变化这一重大议题进行了梳理，编撰出版了《应对气候变化报告（2009）》。2010 年，围绕《哥本哈根协议》的各种纷争，我们对气候变化国际谈判的焦点和中国的应对进行了分析解读，在联合国气候变化坎昆会议举办之前出版了《应对气候变化报告（2010）》。连续两年的皮书出版，得到了社会各界的欢迎与好评。然而，在气候变化这一事关全球可持续发展和国计民生的重大问题上，各国利益博弈不断引发新的挑战与机遇。源自美国的 2008 年全球性金融危机至今挥之不去，欧债危机引人担忧。面临 2012 年《京都议定书》的时限和里约 20 年（Rio + 20）的世界可持续发展峰会，人类应对气候变化可有新的进展？

应该说，2010 年 12 月在墨西哥坎昆召开的《联合国气候变化框架公约》第 16 次缔约方会议取得了不少令人欣慰的成果。2011 年底，第 17 届联合国气候变化大会也会如期在南非德班召开。展望德班会议，我们需要回顾取得的成果，对新动向、新热点进行深入的分析和研究。唯有如此，才能更好地把握国际气候进程的发展趋势，积极应对气候变化带来的严峻挑战。国际社会期盼着在《坎昆协议》的基础上，尽快达成一项具有法律约束力的国际气候协议。然而，气候变化问题关系各国的核心利益。金融危机、减贫压力，以及一些国家的国内政治需要，对国际气候谈判进程已形成严重干扰。一些发达国家甚至公然违背巴厘路线图，试图抛弃《京都议定书》。面对德班会议，我们需要正视各种挑战。

2011 年是"十二五"规划的开端之年，中国是温室气体排放大国，中国政府以实际行动向世界宣示了力行节能减排、发展低碳经济的决心和勇气。然而，作为一个人口众多、气候灾害频繁的发展中大国，中国尤其需要关注气候变化风

险对社会经济发展的影响，制定科学合理的适应政策，将节能减排与防灾减灾纳入应对气候变化的政策行动之中。这将是未来必然面临的长期而艰巨的任务。

本书作者长期从事气候变化的科学问题、社会经济影响，以及国际气候制度等领域的研究工作，密切跟踪国际谈判进程，参与国家应对气候变化相关政策的咨询。他们对气候领域上述国际和国内相关问题有深入的研究和权威的分析。本书对读者了解和认识当前全球应对气候变化的形势，理解和把握国家强化节能减排的宏观政策具有很好的参考价值，对我国落实科学发展观，全面提高应对气候变化的能力具有积极意义。

王伟光　郑国光

2011 年 10 月 8 日

目 录

ⒼⅠ　总报告

ⒼⅡ　国际气候变化热点议题

ⒼⅢ　国内的减缓政策与行动

Gr IV 气候风险与适应战略

Gr V 研究专论

Gr VI 热点追踪与专家解读

Gr VII 附 录

皮书数据库阅读 **使用指南**

CONTENTS

G I   General Report

G II   Hot Topics in International Climate Change

Ｇ Ⅲ　New Development of Climate Policies & Measures in Domestic Mitigation

Ｇ Ⅳ　Climate Risks and Adaptation Strategy

Ｇ V　Thematic Studies

G VI   New Focus and Insights

G VII   Appendix

总报告
General Report

回顾与展望：前期谈判进展及对德班会议走向的判断

中国社会科学院城市发展与环境研究所课题组*

摘　要：哥本哈根大会以来，联合国气候变化框架公约谈判陷入困境。国际气候谈判困局的形成原因是多方面的，最主要的还是美国国内温室气体减排目标立法停滞，这导致谈判核心问题无法取得进展，也间接拖延了其他相关议题的谈判进程。影响谈判进展的原因还包括经济危机对发达国家出资意愿的影响、日本核泄漏事故引发的全球对核技术安全性的关注以及南北国家政治经济格局的变化等。由于谈判形势的复杂性和艰巨性，世界各国对年底德班会议的预期普遍不高。德班会议上国际社会关注的最大焦点将会是《京都议定书》第二承诺期是否存在以及以何种方式存在等问题。共同愿景、中期目标和透明度、资金机制和未来协议的法律形式等议题，也将成为德班会议的关注热点，各国寻求一定程度上的共识以供德班会议形成决议。

---

*　中国社会科学院城市发展与环境研究所课题组成员：潘家华、王谋、陈迎等。王谋执笔。

2012 年底，《京都议定书》第一承诺期行将结束，未来国际气候制度可能有多种选择，南北妥协形成折中的双轨协议的可能性是存在的，发展中国家在德班会议上应团结一致，要求欧盟等发达国家或地区继续参与《京都议定书》第二承诺期，在《京都议定书》第二承诺期部分议题具体内容表述上，可以适当妥协，以换取双轨协议，保证《京都议定书》在 2012 年后继续生效。

关键词：气候谈判　坎昆会议　《京都议定书》　德班会议

一　国际气候谈判困境

根据《巴厘行动计划》授权，联合国气候谈判应该于 2009 年哥本哈根气候会议上确立 2012 年后的国际气候制度框架。尽管世界各国对哥本哈根会议给予了高度的重视，会议取得的成果仍然非常有限。南北国家在《京都议定书》第二承诺期、共同愿景、中期减排目标、资金机制、技术转让、国际贸易等问题上总体成对立之势，这种对立的主要原因是缔约方实施减排行动和开展国际合作的政治意愿不足，更直接说就是发达国家减排决心不够，提供的资金技术的帮助也远远不足。

（一）哥本哈根不是终点而似起点

2009 年哥本哈根气候大会进行了空前的全球政治动员，126 个国家领导聚首哥城，以期为巴厘路线图画上句号。但事实证明，不管是政治意愿还是谈判案文的磋商，哥本哈根会议都尚未达到能完结谈判的程度。哥本哈根会议在主要大国首脑的推动下，形成了《哥本哈根协议》，"锁定"了部分政治共识。由于《哥本哈根协议》的程序性问题如小集团磋商、缺乏透明度等，该协议并未获得缔约方大会表决通过，是一份对缔约方不具约束力的"灰色协议"。同时，与公约协商一致的"大谈判"方式相异的"小集团"磋商模式，也导致部分国家产生对主办国谈判组织方式的强烈不满和对《哥本哈根协议》的抵触。但从对谈判总体进程的推动来看，《哥本哈根协议》也具有积极贡献。《哥本哈根协议》坚持了双轨以及"共同但有区别的原则"；对发达国家及发展中国家减排承诺和行动作出了要求，发达国家就资金问题提出了 2012 年以前每年 100 亿美元以及到

2020 年每年 1000 亿美元的承诺。与此同时，《哥本哈根协议》在发展中国家实施减排行动目标以及透明度（ICA）问题上，为国际气候谈判开辟了新的"战场"。

（二）坎昆会议核心议题分歧大于共识

哥本哈根会议后，缔约方在气候谈判程序性问题上存在分歧，对谈判案文的选择也有不同的理解和倾向，还有部分国家反对《哥本哈根协议》。这些问题导致 2010 年国际气候谈判伊始，程序、方向和具体内容等都不太明确，缔约方各国亟须通过对话，重新构建谈判基础，并开展对实质性内容的磋商。2010 年国际气候谈判在坎昆会议之前进行了四次工作组谈判会议。四月波恩会议就 2010 年大会开几次、如何开等程序性问题交换了意见，也是哥本哈根会议后就谈判程序性问题开展讨论、化解抵触、重塑谈判信心的会议；六月到十月的三次谈判会议则基本形成包含各方意见的谈判案文。

坎昆会议在资金、技术、适应等议题上均取得了形式上的进展。《哥本哈根协议》中所提及的快速启动资金以及到 2020 年每年 1000 亿美元的长期资金已经写入新的案文，绿色气候基金（新基金）也获得一致共识；在"技术"议题上，明确了要通过建立技术机制，包括技术执行委员会和气候技术中心网络，促进国际技术合作；在适应问题上，会议通过建立"坎昆适应框架"以及"适应委员会"，就适应问题机制、机构建设达成了共识。这些共识和进展，一定程度上打破了哥本哈根会议后国际谈判进程停滞甚至倒退的僵局，为国际气候制度谈判注入了信心。然而，坎昆会议只是在这些议题的框架结构上达成了共识，在更为关键的具体内容层面缔约方还是南辕北辙。在共同愿景、减排目标以及《京都议定书》第二承诺期等焦点问题上，坎昆会议没有取得实质性进展。

（三）国际气候谈判困局难改

国际气候谈判由僵局到困境，可以从两个方面来看，其一，《坎昆协议》已摘取气候谈判中所有的"低悬的果实"，把分歧和困难，留给了德班；其二，2020 年中期减排目标是气候制度谈判最重要也是最核心的成果，美国在当前的国内政治格局下，不可能再明确此问题，因而目前的谈判困境仍将继续。

美国欲通过国内立法程序锁定减排目标尚存较大困难。2010 年 11 月初美国国会中期选举中，共和党夺得了众议院多数席位，为气候立法前景增添了不确定性，最新的人口普查也对各州所产生的众议院席位数据作出调整，总体来看共和党所控制的区域众议院席位略有增加，增添了共和党在众议院的影响力。共和党在选举前完成了一份名为"Pledge to America"的文件，为共和党规划了掌权众议院后的一系列改革措施。这份文件表示，共和党会反对一切有关联邦层面的针对能源行业的"限额—贸易"方案，因此，以"限额—贸易"为核心的气候法案在新一届议会通过的可能性很小。

哥本哈根 COP15 会议上，美国政府宣称即便气候立法进程在国会受阻，还备有"后手"，即授权美国环保署根据《清洁空气法》对国内温室气体排放进行约束，实现减排目标。但共和党议员 Fred Upton 2010 年 10 月在《华盛顿时报》上表示，共和党掌权的国会下，共和党将制止联邦机构，如美国环保署等，绕过国会立法实施温室气体管制的行为。也就是说，在新议会中美国环保署的权力有可能被大大限制。不仅如此，包括得克萨斯州在内，全美已有大约 90 个针对美国环保署的法律诉讼，目的就是阻挠美国环保署凭借《清洁空气法》实施温室气体排放管制。

总的来看，美国国内气候立法进程缓慢，甚至出现倒退，在面临恢复经济的压力下，国内气候政治表现消极，短期内通过立法途径锁定减排目标很困难。尽管如此，鉴于美国的重要地位和巨大的影响力，美国仍然是国际气候制度进程中最重要的一方，欧盟以及其他发达国家或地区，都在等待美国最终确定其减排目标，以对自身减排目标进行调整。发展中国家也在等待发达国家确定减排目标以及资金、技术的支持情况，以明确中期的减排行动目标。可以说，国际气候制度进展缓慢，很大程度上是因为美国国内立法受阻，这也说明，美国的气候政策对构建 2012 年后国际气候制度具有巨大影响力。

坎昆会议在多个议题上取得进展，也进一步凸显了减缓议题的僵持所在，更突出了美国减排目标问题阻碍谈判进程的事实与责任。然而，从目前美国国内气候变化立法形式来看，通过一部全面的、综合的、具有国家排放总量限制的法律，并将其作为美国履行国际减排承诺的基础，困难仍大，气候立法在政府工作计划中的优先地位也并不靠前。国际气候谈判如果一味等待美国国内立法的支撑，在核心问题上取得突破必然举步维艰。国际社会所表现的耐心等待，并没有给美国如何促进国内立法推动谈判进展施加太大压力，这种被动等待促使美国更加习惯了拖延和逃避承诺，并试图将国际关注焦点转移到发展中国家减排行动方面。

尽早确定 2012 年后国际气候制度，对缔约方是有利的。各国可以在一个既定的框架下早规划、早行动，也更有利于实现环境安全，减少气候风险。美国的强权政治，并不能影响有意愿开展减排行动与国际合作的国家之间加强联系并建立合作机制。新的谈判思路如果能促进"双轨谈判"取得进展，值得考虑和尝试。

二 影响气候谈判的国际形势

气候谈判陷入困局，与美国气候立法停滞相关，经济危机对发达国家出资意愿的影响、日本核泄漏事故引发的全球对核技术安全性的关注以及南北国家政治经济格局的变化等原因，也影响着国际气候谈判进程。

（一）世界政治经济格局的变化

1997 年以来，部分发展中国家经历了前所未有的快速发展阶段。不论是经济实力还是温室气体排放都经历了高速发展。从发达国家在全球 GDP 占比来看，1997 年签署《京都议定书》的时候，发达国家[①]占全球 GDP 的 74.7%[②]；2010年，发达国家 GDP 占全球的份额为 61.6%，下降了约 13 个百分点；从温室气体排放量来看，1997 年，发达国家温室气体排放量占全球比例为 50.73%，2007 年下降为 41.79%[③]。这些经济和排放数据表明，一方面发达国家仍然把控着世界政治经济格局，但影响力相比 20 世纪 90 年代有所下降；另一方面，发展中国家温室气体排放已经超过了发达国家，尽管气候谈判中强调对历史排放的责任，但发展中国家排放量快速增长的事实，可能会或多或少地减轻对发达国家作为污染者在道义上的约束，因此，发达国家在谈判中越来越多地要求发展中国家作出减排承诺，在资金、技术援助方面，也越来越不积极。

（二）金融危机和主权债务危机

2008 年以来波及全球的金融危机，重创了几乎所有发达国家和部分发展中国家的经济发展，也使部分国家不得不在发展经济与减少温室气体排放之间作出选择，从而影响气候谈判进程。世界银行的统计数据显示，金融危机导致全球

---

① OECD 国家减去韩国、墨西哥。
② 世界银行，《2010 年美元现价》，http：//data. worldbank. org. cn/indicator/NY. GDP. MKTP. CD。
③ 资料来源：世界资源研究所 CAIT 数据库。

2009 年 GDP 相比 2008 年下降了约 5.1%，欧盟 2009 年比 2008 年下降 10.5%，2010 年相比 2008 年下降约 11%；澳大利亚、加拿大 2009 年 GDP 相对 2008 年下降 11% 左右，美国同期下降了 2%，而俄罗斯同期则下降了 26%。身陷金融危机的附件 I 国家，如意大利、波兰等，发展经济相对温室气体减排成为优先工作，也影响了这些国家参与气候谈判的政治意愿和谈判诉求。民众对气候变化问题的关注，在金融危机期间，也给希望逃脱责任的国家减轻了负担。牛津大学的一项民调表明 2009 年关注气候变化的人，相对 2007 年下降了 6%，从 72% 降至66%；美国的情况更不乐观，民众关注气候变化的比例已经从 2007 年的 62%、2009 年的 51%，下降到了 2011 年的 48%。大约 21% 的美国人不关注气候变化。由于金融问题困扰，民众对气候变化和其他环境问题的关注越来越少，消费者更关心那些可能对自身日常生活产生直接影响的问题，如农药使用、包装材料浪费和水短缺等，而工作保障、当地学校质量和经济福利等迫切需要解决的困扰，转移了媒体对气候变化的注意力①。

金融危机的影响是长久的，目前来看，虽然全球大多数国家经济秩序已逐渐恢复，但仍有部分国家深陷其中，尤其是南部欧洲的几个出现主权债务危机的国家。由于这些国家都是欧盟成员国，这些国家的主权债务问题，也可能影响了欧盟整体的谈判立场，尤其在对发展中国家实施资金援助方面。欧盟东扩吸纳了中东欧 12 个国家之后，内部差异进一步扩大。以人均 GDP 指标衡量，2008 年欧盟 27 国的人均 GDP 是 25100 欧元，最高的卢森堡 80500 欧元，最低的保加利亚 4500 欧元，先期加入的欧盟 15 国都高于欧盟 27 国的平均水平，而新加入欧盟的 12 个成员国均低于欧盟 27 国平均水平。2008 年起，全球金融危机对欧盟各成员国经济有不同程度的影响，进一步加剧了内部差异。金融危机在造成经济下滑的同时，还带来失业率大幅度上升，2009 年第 2 季度，失业率较高的西班牙、拉脱维亚、立陶宛、爱沙尼亚、爱尔兰都超过 12%，西班牙高达 18%。2010 年，一场由希腊引发的主权债务危机在欧盟蔓延，使市场一度对欧元区国家债务偿还能力担忧。根据欧洲统计局 2010 年 4 月公布的欧盟 27 国 2009 年政府债务状况的最新数据，2009 年欧盟 27 国中，有 12 国的政府债务超过 GDP 的 60%：意大

---

① 《经济低迷导致气候变化关注减弱》，http：//www.ccchina.gov.cn/cn/NewsInfo.asp? NewsId = 29361。

利（115.8%）、希腊（115.1%）、比利时（96.7%）、匈牙利（78.3%）、法国（77.6%）、葡萄牙（76.8%）、德国（73.2%）、马耳他（69.1%）、英国（68.1%）、奥地利（66.5%）、爱尔兰（64.0%）、荷兰（60.9%）。而政府债务增长速度最高的是爱尔兰、拉脱维亚、英国、希腊、立陶宛和西班牙。预计到2011年，希腊政府债券总额上升至GDP的135.4%，成为欧盟负债最多的国家。葡萄牙、爱尔兰、意大利、希腊和西班牙也令人担心。葡萄牙预算赤字水平很高且长期缺乏竞争力。西班牙虽然债务存量很低，但似乎无法重组其经济结构。意大利也境况不佳，深陷债务泥淖。欧盟计划投入7500亿欧元对主权债务危机国家进行救助，但如果越来越多的成员国出现"资不抵债"的情况，欧盟的救助就会大打折扣，甚至还会引发欧洲的第二波债务危机。

欧盟内部差异拉大，欧盟复杂的决策机制和决策程序，使得欧盟在对内对外气候政策上统一立场的难度增加。欧盟不得不花费较多精力和投入大笔资金优先解决内部矛盾，很难在气候政策上坚持高标准。在国际气候谈判相对停滞和其他国家政策没有重大改变的情况下，欧盟也不太可能单方面积极行动。

（三）日本核泄漏事故

核电作为低碳能源在全球能源供给中占有重要地位，核电发电量约占全球总电量的17%，法国更是80%多的电力供给来自核电。在实现目前各国所提出的减排目标及发展中国家减排行动目标的具体措施中，核电也受到多个国家的重视，被列入计划大力发展。日本福岛核泄漏事故后，虽然大多数国家没有像德国那样明确宣布放弃发展核电，但事实上都不同程度地推迟核电发展计划或者降低了对核电的倚重。这些政策措施，虽然不会对谈判产生根本性改变，但其影响无疑是负面的，利用发展核电降低能源碳强度的做法，会遭受更多的社会阻力，也会增加发展和经营成本。

对于当事国日本来说，核泄漏事故对气候谈判的影响则更加直接，可能涉及其中期减排目标的调整。日本目前对外宣布的目标是2020年相对1990年减排25%，这个目标的前提是建立有效的国际气候制度框架，所有主要经济体参与其中并承诺减排目标。很明显，日本的中期减排目标的设立采取了挂钩的方式，以美国、中国和其他大的温室气体排放国的减排承诺为前提。日本在多种场合强调其实现25%的中期减排目标的难度，日本国立环境研究所研究表明，在现有条件下，日本最多只能实现减排 12% ~16%，25% 的减排目标基本上实现无望；该研究用温室气体降低比率变动函数估计降低温室气体的边际成本，结果显示，实现 25% 减排目标的边际成本为每吨 4 万~9 万日元（超过 500 美元），而总边际成本约为 50 兆日元。日本相对 1990 年减排 25% 的中期目标刚提出时，日本经济界就担心过高的减排目标会影响其国际竞争力。经团联等经济组织以及部分大企业负责人纷纷公开要求政府重新考虑这一目标，不少企业负责人声称"减排 25%"的目标将会进一步导致日本产业空心化和失业人数增加。大地震以及核泄漏事故对日本能源供给体系以及日本经济的影响，使日本国内的减排信心受到进一步打击，在野党和经济圈人士反对大幅减排的呼声也更为强烈。日本通过相关减排法案需要国会表决通过，在目前的情况下，25% 的减排目标能否通过，还存在不确定性，日本的中期目标可能会因为日本国内现实的政治、经济格局而有所调整。

（四）减排技术无根本性突破

从目前的减排技术来看，虽然可再生能源技术、智能电网技术、核聚变技术、收集储存碳的 CCS 技术，备受国际社会关注，也获得了各方面的研发投资，有了长足发展，太阳能、风能等技术在应用成本方面也实现了快速大幅降低，但是，可再生能源目前的技术现状，很大程度上还受制于外部自然环境，难以成为稳定可靠的能源供给源，替代常规能源成为全球能源供给的主要来源为时尚早。即便随着风电、太阳能发电等技术大规模普及利用，其成本大幅降低，但与常规能源相比，价格还是偏高，必须依靠政府补贴才能运营，如果遇到经济危机或政府缺钱的情况，补贴一旦取消，行业发展会受到极大的限制。可再生能源的大发展，尚需培养新能源企业自给自足的市场竞争和发展能力。在美国，随着天然气价格下降，反对风机安装的声音日渐强烈，给风电产业发展带来了极大困难。而政府目前捉襟见肘的财务状况，也无法继续给予风电产业更多补贴。这一连串打击的后果是，2011 年上半年美国新增风电装机容量仅为 2151 兆瓦，这个数字甚至还不到 2010 年同期数据的一半。即便在公认不景气的 2010 年，上半年新增风电装机容量也有 5100 兆瓦。2010 年全年新增风电装机容量为 10010 兆瓦，仅为 2009 年的一半。2011 年很有可能成为自 2006 年以来新增风电装机容量最低的一年。有专家分析，美国的天然气价格需要在 6 美元以上，风电才可能与天然气竞争，但目前以及未来的几年，随着大规模的页岩气项目开发，美国的天然气价格将维持 4 美元左右的价位，风电发展面临比较严峻的形势①。新能源的大规模发展应用，必须依靠新技术的突破性进展，政策倾斜和财政补贴在短时间内可以起到促进新能源技术发展的作用，但新能源要取代常规能源成为主要的能源供给源形式，尚需探寻能够自给自足的市场发展模式。

三　德班会议形势与焦点问题

虽然谈判陷入困局，各缔约方仍然积极参与谈判并推动谈判取得进展。2011年曼谷谈判会议，缔约方就 2011 年谈判议程达成了一致，明确了谈判的方向和内容。《京都议定书》第二承诺期将会成为德班会议最大的焦点问题，南北国家将会围绕《京都议定书》第二承诺期是否存在以及以何种方式存在等问题展开争论，共同愿景、中期目标和透明度、资金机制和未来协议的法律形式等议题，也将成为德班会议关注的热点。

（一）气候谈判进展

坎昆会议承上启下，凝聚了哥本哈根会议以来的谈判共识，包括《哥本哈根协议》中的政治共识，同时也试图为 2011 年的气候谈判规划方向。但是《坎昆协议》并非谈判最终成果，南北国家对《坎昆协议》的理解也出现分歧。发达国家认为只有《坎昆协议》明确授权继续谈判的问题，才应该继续开展谈判；发展中国家则认为《坎昆协议》是实现《巴厘行动计划》，凝聚谈判阶段性共识的一次重要会议，《坎昆协议》无法取代也不能取代《巴厘行动计划》的整体框架，气候谈判应该继续按照《巴厘行动计划》授权的谈判轨迹进行。2011 年气候谈判开局，第一次曼谷会议，南北国家为此程序性问题展开激烈争论，发展中国家团结一致，赢得开局首胜，明确谈判继续沿着巴厘行动计划框架进行，维护了谈判的整体性和平衡性，也为 2011 年的谈判定了方向。

在谈判中，发达国家谈判诉求相对一致，即不愿多出钱、出技术，更不愿单方面提高减排目标而在谈判中变得被动，谈判中立场靠近的趋势将会在德班会议

---

① 《美国风电：2011 年比 2010 年更痛苦》，http：//www. ccchina. gov. cn/cn/NewsInfo. asp？NewsId = 29315。

继续。发展中国家由于社会经济状况不同，在谈判中的利益诉求和关注重点差异很大。有高度关注气候安全的，要求激进的全球减排目标；关注资金的，考虑如何筹集、分得更多资金；关注发展的，不希望承担不合理的排放约束。不同的关注使得发展中国家在具体议题的谈判中很难形成统一立场。各国的利益诉求不可能在短时间发生根本改变，立场离散的趋势也不会改变。德班会议必然会面对纵横交错的南南分歧、南北矛盾以及美国政府在减排目标上的无能为力等诸多问题，艰苦争夺必将贯穿整个谈判过程。

（二）各国对德班会议预期

坎昆会议后，多数国家在评价坎昆谈判成果时表达了"坎昆会议增强了国际社会对气候公约多边谈判机制的信心"，"联合国框架下的多边谈判是解决气候变化问题的有效渠道"等观点，说明大多数国家有意愿推动公约谈判取得积极进展或成果。但鉴于美国国内气候立法进程的停滞，以及部分对谈判有重要影响的主要缔约方在焦点问题上的立场分歧，各方对德班会议的预期都趋于保守，没有强求德班会议需要达成一揽子2012年以后国际气候制度解决方案。

国际社会对德班会议预期普遍不高，这也显示了各方对困难的认识。总的来看，由于《京都议定书》第一承诺期行将结束，发展中国家相对发达国家，一方面希望继续巩固《京都议定书》减排机制，使总体有利于发展中国家的《京都议定书》继续发挥作用，保障发展中国家的发展权益和排放空间；另一方面，希望延续国际合作与援助机制，在有关国际气候制度的保障下，要求发达国家提供稳定的资金支持。因此，发展中国家事实上都希望在德班能达成相关协议，确保《京都议定书》第一承诺期到期后，国际合作应对气候变化的大格局不发生变化。

发达国家对德班会议的预期则明显更低，不强求也可能根本不会去推动德班会议取得突破性成果。2012年《京都议定书》第一承诺期执行期满，如果第二承诺期的谈判没有取得成果，国际气候制度将可能偏离《京都议定书》在新的基础上重新构建，这无疑是发达国家所希望的。美国虽然不参加《京都议定书》第二承诺期的谈判，但一向对《京都议定书》持否定态度。日本、俄罗斯等国相继明确表示退出《京都议定书》第二承诺期，并要求发展中大国参与减排，其他伞形国家也或明或暗表示了对日本、俄罗斯的支持。欧盟一方面没有能力说服美国等伞形国家参与第二承诺期，另一方面像第一承诺期那样独撑大局的能力和意愿都有所下降。因此，整体来看发达国家推动德班谈判意愿不强，谈判中可能以强调技术细节、强调议题间的关联为由，拖延谈判进程，导致《京都议定书》自然失效，同时，也等待美国国内气候政策明朗，再敲定国际气候制度。

从大的形势上分析，德班会议发展中国家潜在的诉求越多，难度也就越大。发展中国家利益诉求的多样化，也会被发达国家利用，从而降低发展中国家整体的谈判效率，使谈判沿着有利于发达国家的方向发展。

（三）德班谈判的焦点问题

1. 议定书存废南北分歧明显，延续《京都议定书》需各方妥协

坎昆协议中南北国家在《京都议定书》第二承诺期问题立场上的矛盾没有化解。发达国家支持坎昆协议"自下而上"提出承诺减排目标以及要求发展中国家承担减排责任，反映了发达国家希望偏离《京都议定书》，重塑国际气候制度的意愿。在《京都议定书》第二承诺期问题上，发展中国家仍表现了一致的立场，希望气候变化框架公约下唯一具有法律约束力的《京都议定书》以第二承诺期的方式继续存在。发展中国家强调《京都议定书》体现了共同但有区别责任原则，坚持发达国家率先减排，发展中国家需要发展空间，不会轻言放弃《京都议定书》。就形式与内容看，虽发达国家希望偏离《京都议定书》，但由于广大发展中国家对议定书的坚持，《京都议定书》第二承诺期可能还将继续存在，但内容和影响可能被弱化。

2. 未来协议法律形式各有所求、各持己见

欧盟、日本、澳大利亚等都明确表示，希望未来国际气候协议具有法律约束力。而受制于国内立法进程，美国在国际协议的法律约束问题上立场并不鲜明，提出需捆绑发展中国家，共同接受法律约束。发展中国家在是否需要达成有法律约束力的国际协议的问题上也存在分歧，小岛国以及部分中南美洲发展中国家支持，但中、印等国相对保守。

欧盟等国支持具有法律约束力的国际协议，是因为有法律约束力的国际协议更有利于保护气候安全和新能源技术的使用，符合欧盟环境策略以及全球市场拓展战略。美国经济、人口、碳排放尚在增长，过紧的碳约束，必将与经济发展及生活方式形成矛盾，加上国内立法进程停滞，美国在法律约束力问题上不会表现积极。发展中国家中印两国人口众多，正处在城市化、工业化过程中，资源禀赋以煤为主，经济高速发展，排放持续增加，预测排放峰值很困难。由于历史碳排

放存量少，人均历史累积排放量很低，理论上未来排放空间大，在经济发展方面，不应该受制于碳约束，因此不支持对发展中国家减排行动目标具有法律约束力的协议。南非作为非洲国家的领头羊，不仅需要考虑自身的利益，还需要兼顾非洲国家的普遍关切，即资金援助。气候协议具有法律约束力，才能保证有大量的、可预计的资金援助持续稳定地帮助非洲国家应对气候变化。同样，具有法律约束力的气候协议可以明确未来国际碳市场的需求总量以及满足气候安全的全球减排要求，这也无疑会增加巴西等国拓展的"热带雨林"项目的前景。马尔代夫等小岛国，出于气候变暖海平面上升对自身存亡的威胁，自然希望通过设定更高的减排目标和"法律约束"，对全球温室气体排放实现紧约束。

出于不同的利益诉求，各缔约方对未来协议法律形式的立场短期内不会发生根本改变。目前来看，各方在该问题上都有弹性空间，需要资金的，可考虑如何在资金治理和使用上对其给予照顾，以换得妥协；无法预估排放峰值和长期减排目标的，需要考虑如何在承诺的方式、评估和履约方式上增加弹性；需要减排、出钱的发达国家则相对简单，只需考虑如何展现政治诚意。

3. 中期、长期目标显各方核心关切

发达国家所提出的到 2020 年的中期减排目标普遍偏低，距离 IPCC 实现控制温升 2 摄氏度目标所需要达到的发达国家 2020 年整体减排 25% ~ 40% 的要求差距甚远。部分发达国家以经济困境和市场损失为由，提出非常保守的减排目标；而欧盟、澳大利亚等有能力做得更多，但也许基于谈判策略考虑，也都不会轻言提高承诺目标。中期目标在谈判中对发达国家来讲是压力，但也是发达国家能自己控制的一张最有力的底牌。

长期减排目标及排放峰值问题的谈判压力主要在发展中国家。快速的经济发展，有限的基础设施存量，都不可避免地会产生或需要产生大量的温室气体排放。由于发展中国家经济发展与未来排放具有很大的不确定性，发展中国家更难承诺任何超出其预知能力的目标。排放峰值与长期减排目标的分歧，不仅存在于发达国家与发展中国家中，也存在于发展中国家之间，因此，推进谈判不仅需要加强与发达国家的协调，也需要增进发展中国家的内部沟通。

4. 资金仍是焦点，取得进展涉及各方利益平衡

资金问题是大多数发展中国家关注的重点。适应、技术、能力建设，从某种角度看也是资金问题。发达国家在对《坎昆协议》进行评价时，多标榜各国在资金、

技术、适应等问题上取得了全面、平衡的进展，但发展中国家以及一些 NGO 组织，对资金等议题实质内容的进展表示了不满。《坎昆协议》在资金问题上建立的框架机制，尚需具体的、实际的行动来支撑。德班会议，资金问题仍将是谈判焦点，发达国家在资金总量、来源和治理结构等方面会面临更大压力，而这些压力必将部分转移到发展中国家减缓行动目标以及目标的透明度方面的谈判中，要求有关的发展中国家作出妥协以换取发展中国家在资金议题上的诉求。资金议题能否在德班取得实质性进展，其动力不在资金议题本身，而在于各国对相关议题的妥协与平衡。

四　德班会议展望与未来气候制度的走向

《京都议定书》第一承诺期将于 2012 年底到期，然而《京都议定书》工作组的谈判似乎并没有成为气候谈判的核心。发展中国家要想延续《京都议定书》，就必须团结起来，坚决要求发达国家参与《京都议定书》第二承诺期，并将《京都议定书》第二承诺期作为未来国际气候制度的前提条件，在《京都议定书》第二承诺期部分议题的条文表述上，发展中国家可以与发达国家达成妥协，以保证《京都议定书》的延续。

（一）　不平衡的两轨

坎昆会议阻止了气候协议谈判的"并轨"，体现共同但有区别的责任原则的双轨谈判得以维系。《坎昆协议》没有退步，实际上就是进步。2011 年 3 月泰国会议，发展中国家团结一致，共同捍卫了巴厘行动计划确定的谈判框架体系，也再次巩固了双轨谈判的格局。

但是，我们也必须看到，气候谈判的重心已经压在《公约》谈判，即公约长期合作行动特设工作组这一轨道上。《京都议定书》轨道的谈判，形式似乎大于内容。《坎昆协议》中关于《京都议定书》附件 I 国家进一步承诺特设工作组的决议，全文不过两页，共 6 条内容，只是涉及发达国家第二承诺期温室气体减排目标单一问题及其履约的灵活机制和可能影响，并未涉及其他问题。AWG – LCA 的决议则长达 29 页，含 147 条内容和 4 个附件，内容涉及巴厘行动计划的六大要素：长期合作行动的共同愿景、适应、减缓、资金、技术和能力建设。

从某种角度上讲，在《公约》下的谈判，缔约方形成某些共识，至少开出

了几张"空头支票"。尽管实质内容缺失，却是以前谈判成果中所没有的，应该算是"进步"。而《京都议定书》轨道的谈判，没有明确发达国家2012年后承诺减排的新数字，实际上将《哥本哈根协议》的自愿承诺正当化了，不仅没有进展，实际上还有退步。

2011年南非德班会议，仍是双轨谈判并行。但是，从《京都议定书》轨道的谈判中，人们能得到什么？即使发达国家接受"第二承诺期"目标，也只能是重复"自下而上"哥本哈根承诺，难以提高减排目标；而且，美国游离于《京都议定书》之外，其一切承诺要以新兴经济体的承诺为前提条件。由于《坎昆协议》没有给出时间表，第二承诺期出现空白的可能性并不能完全排除。相反，《坎昆协议》中关于《公约》下的谈判内容，分歧明确，形成共识的前景也明确。备受关注的"快速启动资金"、"气候基金"，已经达成原则性共识，存在多种"选项"。发展中国家特别希望解决的资金、技术、森林和适应问题需要进一步落实；透明度问题对象、基本原则和一些要素也得到确认，在南非会议上会讨论一些细节，制定出一个体现透明度的机制。

这也就意味着，目前的双轨谈判机制，已经出现明显不对称现象：《公约》腿长，《京都议定书》腿短。谈判的重心已严重偏向《公约》轨道。如果《公约》下的谈判涵盖发达国家和发展中国家2010年的减排承诺或行动，并成为有法律约束意义的国际协定，有可能出现气候谈判实质上的"双轨合一"。

（二）未来国际气候制度与《京都议定书》的妥协形式

在不平衡的两轨谈判模式下，发达国家力推并轨，发展中国家则坚持双轨。因此，未来国际气候制度存在以下几种可能性：第一种是《京都议定书》得以延续并起主导作用，两轨谈判的成果表现为约束力强的《京都议定书》第二承诺期加上长期合作行动特设工作组有关决议（对非《京都议定书》缔约方发达国家进行约束）；第二种可能性则与第一种完全相反，《京都议定书》被取代，双轨谈判实现并轨，各国在LCA这一轨重新拟订新的议定书或类似条约；第三种是前两者的折中，形式上保持双轨并存，内容上《京都议定书》可能相对弱化，实现双轨共治的局面。

第一种可能即强的《京都议定书》＋LCA决议，这是发展中国家的谈判诉求，发展中国家希望借此保持现有的《京都议定书》模式不变，发达国家因其温室气体排放的历史责任，需要到 2020 年实现大幅减排，并向发展中国家提供应对气候变化所需的资金和技术。对于游离于《京都议定书》之外的发达国家美国，则应参照《京都议定书》缔约方的减排目标及出资原则确定其自身的减排目标和出资份额。从目前的谈判形势来看，发达国家方面，日本、俄罗斯、加拿大等国明确表示不参与《京都议定书》第二承诺期，欧盟则要求《京都议定书》第二承诺期的前提条件是有一个覆盖面更广的国际气候协议，主要的排放国都参与减排。美国则是直接推动形成能覆盖《京都议定书》的新的协议条约，根本没有打算接受 LCA 决议对《京都议定书》的从属和补充地位。发展中国家，虽然在是否要有《京都议定书》第二承诺期的问题上有统一共识，但在《京都议定书》第二承诺期的具体内容方面尚存分歧。因此，强的《京都议定书》＋LCA 决议的形式作为 2012 年后的国际气候制度，实现难度很大。

第二种可能即实现并轨，形成单一的谈判成果，这是发达国家所希望的谈判结果。发达国家希望通过建立新的协议或条约，混淆历史责任，使发展中国家也承担减排责任，甚至承担供资义务，这种企图是明显不合理的，也是发展中国家坚决反对的。为实现这一企图，发达国家多以条件承诺的方式，抛出其减排目标。比如日本实现 25% 的减排目标的条件是要求主要排放国都参与减排；欧盟也是以主要排放国参与减排为条件，才考虑将减排目标提高到 30% 以及接受《京都议定书》第二承诺期；美国不仅在减排目标上要求与发展中大国关联，在履约机制上也要求与发展中国家对等。发展中国家在坚持《京都议定书》第二承诺期问题上有统一立场，必然会团结一致，反对发达国家并轨谈判企图。在 2011 年曼谷会议关于 2011 年谈判议程的斗争中，发展中国家因立场统一、坚决，赢得了胜利。对于并轨的问题，如果发展中国家团结起来共同反对，发达国家想实现并轨，难度依然很大。未来国际气候制度，如果采用并轨谈判，从时间上来看，也存在问题。如果出现并轨谈判，应该是以目前 LCA 谈判文本为基础开展，但目前 LCA 谈判文本中，分歧还很多，诸如 IAR、ICA 等新的谈判内容也在不断增加，缔约方可能需几年的时间逐步确立谈判内容和表述；美国中期减排目标是一个更大难题，双轨谈判的情景下，还可以就其他发达国家减排目标进行谈判，如果谈判并轨，美国中期目标不定，长期目标、市场机制、资金等问题必然无法进展，只可能导致谈判寸步难行。《京都议定书》2012 年后自动失效，并轨谈判必然导致 2012 年后若干年国际气候合作治理的真空，威胁全球气候安全。

第三种可能即双轨并存，但《京都议定书》可能有一定程度的弱化，这应该是南北双方协商妥协的结果，也可能是发达国家与发展中国家达成妥协，推动气候谈判进程的关键所在。《京都议定书》第二承诺期将继续存在，但减排目标的承诺方式以及核证、履约等部分内容可能需要调整，以满足发达国家谈判诉求。发达国家通过弱化《京都议定书》的约束，增加REDD+等所需要的内容，保留议定书也并非不可行。就目前来看，发达国家很难作出超出《哥本哈根协议》减排目标的承诺，发展中国家的减排行动、资金、技术、适应、透明度、能力建设等一系列实质性问题，均在《公约》轨道下谈判，发展中国家也一直积极参与《公约》轨道下的谈判，不会反对《公约》谈判形成决议文件。从这一意义上讲，第二承诺期轨道有可能继续存在，双轨谈判仍能前行。

关键问题是就议定书展开妥协，以及何时妥协，如何妥协？各缔约方对议定书的立场在哥本哈根会议前后已基本形成，坎昆会议更明确了各方意愿。2012年第一承诺期行将到期，2011年年底德班会议，应该是南北双方就议定书第二承诺期进行谈判妥协的最好时机。妥协的内容重点包含减排目标、市场机制、资金机制以及核证履约机制等，技术、贸易等问题也可以作为平衡点参与妥协过程。就减排目标来讲，妥协的关键是采用第一承诺期自上而下抑或《哥本哈根协议》自下而上的方式，以及减排目标的幅度等问题。减排目标的强度是决定如何利用市场机制以及LULUCF等其他抵消机制的前提，考虑发达国家实际的减排努力，发展中国家在市场机制和抵消机制方面是可以有灵活性的。《京都议定书》履约机制貌似严格，面对加拿大等恶意违约的国家也束手无策，因此，第二承诺期真正有约束、合理又不失公平的履约机制也需要通过谈判协商确立。

根据公约规定，《京都议定书》第二承诺期需要四分之三的缔约方确认参与即可生效，按照目前参与议定书缔约方的总数，如果有143个缔约方继续支持议定书，议定书第二承诺期可为续。77+中国集团目前有132个成员国，欧盟有27个成员国，如果欧盟继续与发展中国家合作，《京都议定书》第二承诺期即可执行。《京都议定书》第二承诺期不仅是发展中国家的要求，更是巩固全球合作开展气候治理的基础，是防止2012年后国际气候治理缺失导致政治不互信、气候安全等问题的必要措施。近期各缔约方应努力达成南北妥协，明确《京都议定书》第二承诺期的目标以及实现方式，该成果将与未来LCA的谈判成果，相互补充，以双轨共治的方式共同约束人类社会发展方式，推动实现气候安全与可持续发展。

G.2
适应气候变化是我国
可持续发展的战略选择

摘　要：应对气候变化是一项长期复杂艰巨的任务。适应气候变化特别是应对极端气候事件是基于科学认识气候规律的正确判断，坚持减缓和适应气候变化并重是立足我国基本国情和发展阶段的正确抉择。在科学认识适应气候变化的重大意义的基础上，我们必须全面增强我国适应气候变化的能力，重点注意着力增强应对极端气候事件能力，着力增强农业抗御气候风险能力，着力增强重要领域适应气候变化能力，着力增强气候资源开发利用能力；要实现这些，必须高度重视并加强我国适应气候变化的能力建设，特别要加快制定适应气候变化总体战略规划，加快推进适应气候变化工程措施，加快完善适应气候变化的体制机制法制。

关键词：适应气候变化　应对极端气候事件　气候资源开发利用

一　科学认识适应气候变化的重大意义

"加强适应气候变化特别是应对极端气候事件能力建设"是基于我国基本国情和发展阶段，努力化解经济社会发展气候风险的一项重大挑战，也是我国可持续发展的战略选择。我国政府把加强适应气候变化特别是应对极端气候事件能力建设摆在"十二五"时期的重要战略位置，体现的就是一种负责任的精神和科学务实的态度。

---

* 郑国光，中国气象局局长，理学博士，研究员。研究领域：气候科学、中国气象事业发展战略等。

（一）应对气候变化是一项长期复杂艰巨的任务

以变暖为显著特征的全球气候变化已成事实，人类活动排放大量温室气体导致近百年来全球气候变暖不容置疑，全球气候变化给自然生态系统和人类经济社会系统带来的巨大影响难以回避。由于自然生态系统和人类经济社会系统已经基本适应了当今的气候状态，如果不进一步采取措施，未来气候变化幅度过大，速度过快，气候变化幅度可能会超过自然生态系统和经济社会系统所能承受的极限，从而造成突然的和不可逆转的后果。应对气候变化包括减缓和适应两个方面，减缓是为了减少对气候系统的人为强迫，通过减少温室气体排放和增加碳汇，以减小气候变化的速率与规模；适应是自然生态系统和人类经济社会系统为应对实际的或预期的气候刺激因素或其影响而作出的趋利避害的调整，通过工程措施和非工程措施化解气候风险，以适应已经变化并且还将继续变化的气候环境。气候变化既对粮食安全、水资源安全、生态安全构成极大风险，还对基础设施、人居健康、城市发展等经济社会系统产生更多不利影响。适应行动是以提高防御和恢复能力为目标，短期而言是减少气候风险，长期而言与可持续发展相一致。从这个意义上说，应对气候变化是影响人与自然和谐和可持续发展的重大现实课题，是涉及经济、社会、生态、环境、科技等各个领域的复杂难题。

（二）适应气候变化特别是应对极端气候事件是基于科学认识气候规律的正确判断

近百年来气候变化正使全球一些重要的系统失去原有的平衡，产生不稳定，这包括海洋与大气环流模态改变，亚洲季风减弱，北大西洋温盐环流调整，北极海冰快速融化，冰川和格陵兰冰盖快速退却。全球气候变化最直接的威胁就是气候规律发生改变，台风、强降水、高温干旱、低温冷害、强对流等灾害性天气发生的频次和强度、季节和持续时间、地点和范围等超出了以往的观测事实和基本常识，从而引发更加极端的气候事件。近20年来，我国极端天气气候事件的频率和强度也出现了明显变化，这包括夏季高温热浪增多，区域性干旱加剧，强降水频次增加。研究表明，未来我国的气候变暖趋势将进一步加剧。与2000年相比，2020年我国年平均气温将升高0.5~0.7℃，2050年将升高1.2~2.0℃。在此背景下，未来100年我国极端气候事件的发生频率可能增大，干旱区范围可能扩大，荒漠化可能性加重，沿海海平面仍将继续上升，青藏高原和天山冰川将加速退缩，一些小型冰川可能消失。无论是否减排以及采取何种强度的减排措施，全球地表气温在未来100年持续升高的趋势已经不可避免，我国应对极端气候事件更具有现实性和紧迫性。我们一定要站在支撑经济社会可持续发展和服务人民福祉安康的战略高度，切实把应对防范极端气候事件摆在重要和优先位置。

（三）坚持减缓和适应气候变化并重是立足我国基本国情和发展阶段的正确抉择

气候变化是全人类面临的共同挑战，各个国家和地区在应对气候变化方面具有重大的共同利益，肩负着重大的共同责任。工业革命以来向大气中排放大量温室气体导致全球气候变暖，发达国家负有不可推卸的责任，其人均能源消费和温室气体排放强度居高不下，应当承担控制和减轻温室气体排放强度的义务。由于发展阶段滞后、发展能力低下、应对极端气候事件能力较弱，广大发展中国家更为关注适应气候变化问题。我国是一个气候条件复杂、生态环境脆弱、自然灾害频发、易受气候变化影响的国家，同时也是世界上最大的发展中国家，面临着发展经济、消除贫困、改善民生的艰巨任务。适应气候变化特别是应对极端气候事件，是实现我国经济社会又好又快发展必须重视和解决的重大现实问题，是保障人民生命财产安全必须重视和解决的重大民生问题，是促进世界和谐发展必须重视和解决的重大战略问题。当前和今后一个时期，我们一方面要承担与发展阶段、应负责任和实际能力相称的国际义务，另一方面，应当以科学、认真、扎实、负责的态度，切实做好适应气候变化和应对极端气候事件的各项工作，努力把灾害损失降低到最小限度，努力将与气候相关的风险控制到最低限度，促进人与自然的和谐相处，促进经济社会的可持续发展。

二　全面增强我国适应气候变化的能力

面对全球气候变化的严峻形势和适应气候变化的艰巨任务，坚持适应减缓并重、避害趋利并举，全面增强应对气候变化能力。

（一）着力增强应对极端气候事件能力

我国目前抵御极端气候事件的风险能力总体较弱，不同区域因经济发展水平不同，对气候变化的敏感性和脆弱性各不相同，不发达地区抗御极端气象灾害的能力更弱。要大力探索气候规律和极端气候事件发生发展影响规律，研究极端气候事件的发生频率、空间分布特征、变化规律及其原因，认识和把握大气环流变化形势，准确预测极端气候事件的生成发展趋势、总体强度、影响区域，以及风、雨、温度及其影响程度等精细化结构特征，建设快速有效的气象服务系统和气象应急管理体系，强化灾害性天气监测预警、预报服务、应急处置，科学制定和实施防灾措施及应急预案，增强应对防范的针对性和有效性。要加大对大中城市、农村、沿海、重要江河流域、重要铁路公路沿线、输变电线路、主要战略经济区、地质灾害易发区域气象监测网络的投入力度，提高应对极端气候事件的综合监测预警能力、抵御能力、减灾能力。要建立健全防御极端气候事件的体系和机制，完善应对极端气象灾害的应急预案、启动机制以及多灾种早期预警机制，完善部门联合、上下联动、区域联防的防灾机制。科学修订气候变化脆弱行业的气象灾害防御标准。加强气候影响评价和气象灾害风险评估，严格实施气候风险论证制度，未雨绸缪，加强规划，科学设计，使人居环境和重要的战略基础设施远离灾害多发区、易发区和自然环境脆弱区。

（二）着力增强农业抗御气候风险能力

相对其他行业而言，农、林、牧、渔业是受天气气候影响最脆弱的行业，农业靠天吃饭短时期仍难以根本改变。在全球气候变暖背景下，我国大部分地区气象灾害以及农业病虫害频繁发生，农田、森林、草地、河湖、湿地等自然生态系统不同程度受损，给农业、林业、牧业、渔业的综合生产能力带来了较大负面影响。此外，土地退化、旱涝异常、病虫害加剧，农业生产自然风险还将进一步增大，促进农业持续稳定发展，保障国家粮食安全的压力越来越大。要深入研究气候变暖与农业种植结构调整的关系，根据日照、积温、降水等气候条件的变化，科学、有序、有效扩大一年多熟作物种植面积。要研究工农业生产面临的极端气候事件，特别是连片、连年干旱对农业生产的自然风险，进一步提高农业抗旱标准，扩大耐旱作物种植面积。深入研究全球气候变暖以及极端气候事件增多增强形势下农业病虫病发生规律、分布范围和传播途径。要认真落实国家保护耕地、促进农业生产、保护农民种粮积极性的各项政策措施，夯实我国农业生产和粮食安全应对气候变化的基础。

（三）着力增强重要领域适应气候变化能力

把握气候变化对森林、草地、湿地、湖泊、荒漠、城市绿地等生态系统的影响规律，科学指导生态建设，切实提高生态安全适应气候变化能力。加强城市人口、交通、工业等的气候承载力分析，科学调整经济结构和产业布局，切实提高城市可持续发展适应气候变化能力。把握全球气候变暖形势下各类疾病发生规律、分布范围和传播途径，科学应对高温热浪、雾、霾等极端天气气候事件对人类健康的影响，切实提高公共卫生安全适应气候变化能力。把握气候变化与水循环的变化特征及其与旱涝发生频率和强度变化的关系，以及降水和蒸发趋势，掌握全国和重要区域水资源总量自然补给年、季规律以及主要江河湖泊流域年、季径流规律，应对水资源变化对水电建设与生产、工农业用水安全，以及极端气候事件对近海赤潮及河流、湖泊等重大水污染事件的影响，切实提高水资源利用和用水安全适应气候变化能力。加强区域人口、经济、交通、能源等的气候承载力分析，加强脆弱行业、重点部门、关键地区尤其是灾害易发区、重要战略经济区、大城市和城市群的安全保障和风险评估，加强国民经济和社会发展规划、重大工程建设的气候可行性论证，切实提高重点区域和脆弱行业适应气候变化能力。

（四）着力增强气候资源开发利用能力

气候是人类赖以生存的自然环境，是经济社会可持续发展的重要基础资源。气候的变化必然会带来大气、光、热、水等气候资源和太阳能、风能等气象能源的改变，开发、利用、保护气候资源也是适应气候变化的一项重要任务。开展风能、太阳能等清洁能源开发评估，为进一步优化我国能源结构和降低温室气体排放强度提供可靠的数据信息，引导清洁能源科学开发、有序开发、有效利用。加强人工增雨（雪）工作，改善工农业水资源利用状况，缓解极端高温热浪天气下对能源的过度需求。加强农业和生态气候区划，研究适应气候变化的农业气候资源利用途径及农业生产力布局。

三 高度重视并加强我国适应气候变化的能力建设

当前，我国尚未形成系统的适应气候变化战略，适应决策的科学基础薄弱，重点工程规划和建设对气候因素考虑不足，公众的气候变化风险意识欠缺。我们要以科学发展观为指导，科学制定适应气候变化的国家战略，积极谋划适应气候变化的重大举措，深入推进适应气候变化的工作部署。

（一） 加快制定适应气候变化的总体战略规划

将适应气候变化和应对极端气候事件纳入各级国民经济和社会发展规划，以发展经济为核心，以科技进步为支撑，不断增强适应气候变化能力。在制定国民经济和社会发展规划、安排重大工程项目、科技项目时，认真考虑气候变化因素。要加快制定防御和减轻极端气候事件战略规划，修订和完善突发灾害应急预案和防灾标准。各部门、各地区要密切合作，分别制定和实施相关行业适应气候变化的政策措施。

（二） 加快推进适应气候变化的工程措施

加快推动中国气候观测系统和气候变化业务系统建设。实施国家气候变化应对科学工程，提高对气候系统及其变化的认识，提高极端气候事件的预测预警水平。开展气候灾害风险评估和气候可行性论证。开展重点领域、关键行业及脆弱地区气候变化影响和适应能力评估。实施应对气候变化全民行动计划，利用现代信息传播技术，加强宣传、教育和培训，提高公众对适应气候变化的认知水平，注重与老百姓生活密切相关的适应技术和措施的宣传普及，引导公众更科学、和谐、绿色地生产生活，提高公众的适应意识。

（三） 加快完善适应气候变化的体制机制法制

完善多部门参与的决策协调机制，建立政府、企业、公众广泛参与的适应气候变化行动机制，建立高效的组织机构和管理体系。加快推进应对气候变化立法进程，以法律规范全社会广泛参与应对气候变化的责任和义务，统筹协调各地区各部门应对气候变化的行动和利益，大力加强国家和地方应对气候变化基础建设，规范气候变化科学研究、预测预估、影响分析、政策制定。

国际气候变化
热点议题

Hot Topics in International
Climate Change

Ⓖ.3

坎昆之后的全球排放峰值及
长期目标问题

——附件I国家方案解读、未来动向及趋势

刘 滨[*]

摘 要：《坎昆协议》将全球排放峰值和全球长期目标问题进一步聚焦，已成为谈判的焦点。本文通过分析强调发达国家强力推进"全球排放峰值及长期目标"议题谈判的实质就是压缩发展中国家的发展空间，并转移全球对其中期目标制定是否充分的关注，达到减轻国际谈判中的自身压力的目的。本文具体分析了主要发达国家国内的减排行动与目标，指出发达国

---

* 刘滨，清华大学能源环境经济研究所，副研究员，研究领域为能源政策、气候变化及国际气候制度等。

家目前的中期目标设定宽松，不足以支撑全球长期目标的完成；而其目前的国内行动受到多方面的限制和压力，难以推进；发达国家的长期目标，缺乏有力的行动和政策保障，几乎是一纸空文。

关键词：《坎昆协议》　全球排放峰值　全球长期目标

在《巴厘行动计划》下的气候变化国际谈判中，全球排放峰值和长期目标问题一直是谈判的焦点。《哥本哈根协议》将全球长期目标的表述限定在"全球温升不超过2度……尽快达到全球和各国的碳排放峰值"。在此后的一年里，发展中国家与发达国家集团围绕这个问题的进一步表述，进行了持续的交锋，难以达成共识。《坎昆协议》对全球排放峰值和全球长期目标问题进一步聚焦，关于长期目标表述为"根据科学研究以及IPCC第四次评估报告所述，为了减少全球温室气体排放，应将全球平均温度的上升控制在工业化前的2℃以内；要利用现有最好的科学知识来考虑加强长期全球目标，包括涉及全球平均温度上升1.5℃的目标；同意在公约的长期目标和最终目标以及《巴厘行动计划》的背景下，致力于确定一个到2050年大幅度减少全球排放的全球目标，并在第17次大会上予以考虑"；关于峰值表述为"同意各缔约方应通力合作使全球和国家温室气体排放尽早达到峰值，认识到发展中国家达到峰值的时间会相对长一些；同意致力于根据现有最好的科学知识和公平进入可持续发展，确定一个全球温室气体排放达到峰值的时间段，并在第17次大会上予以考虑"。

一　国际气候谈判中全球长期目标
以及排放峰值问题的实质

《公约》提出了全球应对气候变化的最终目标是"将大气中的温室气体浓度稳定在使气候系统免受危险的人为干扰的水平，使生态系统能够自然地适应气候变化，确保粮食生产免受威胁并使经济可持续发展"，但并没有明确规定到底应该把浓度控制在哪种水平上。联合国政府间气候变化专门委员会（IPCC）2007年发布的气候变化第四次评估报告，针对未来可能出现的不同升温幅度，评估了气候变化可能对水、生态系统、粮食、海岸带和人体健康造成的影响。由于气候变化及其影响在很多方面表现为渐变过程，IPCC 没有也不可能从科学上认定升温到何种程度是不可接受的。欧盟一直以全球应对气候变化的引领者自居，提出了"全球平均升温幅度不能超过工业化前2℃、大气中温室气体浓度需控制在450ppm 二氧化碳当量（CO_2e）、2050 年全球温室气体排放至少比1990 年减少50%"的全球长期减排目标，这个目标已逐渐成为国际社会的主流意向。全球排放峰值和长期目标问题之所以成为谈判的焦点在于，一方面，全球长期目标的限定将大大压缩发展中国家的发展空间，为其社会经济的健康发展带来巨大挑战；另一方面，聚焦于长期目标的谈判，必然转移了对发达国家中期目标制定以及其是否充分的关注，达到发达国家减轻国际谈判中的自身压力，同时拉发展中国家，特别是发展中大国减排的目的。

（一）全球长期目标

目前，国际气候变化谈判中对全球长期目标的描述，暂时锁定在"全球温升不超过2 度"，这就意味着为全球的排放空间设定了上限。实现全球长期减排目标将极大压缩全球的碳排放空间，减排责任和义务的分担涉及各国的发展空间，而发展中国家则将面临越来越大的减排压力。按照科学家的估算，当前发达国家（附件I国家）和发展中国家（非附件I国家）的温室气体排放量大体相当，要实现全球温升不超过2 度，2050 年全球减排50% 的目标，即使发达国家减排80%，发展中国家整体上也要减排20%，全球长期减排目标实质上为发展中国家规定了量化的减限排义务。若考虑未来人口发展，发达国家温室气体排放将由1990 年的14tCO_2e/人下降到约 2tCO_2e/人，而发展中国家也将由 4tCO_2e/人下降到不足2tCO_2e/人。按此目标，到2050 年，发展中国家人均排放略低于发达国家。工业革命以来世界经济发展的规律显示，一个国家在实现工业化和现代化过程中，人均能源和资源的消费累计量均需达到一定水平。因此，一定数量的人均累积碳排放空间是现代化进程中必不可少的。人均累积排放量趋同是基于世界各国的每个公民都有平等享受大气空间资源的权利。因此，发达国家极力推动的全球长期目标的设定与《公约》规定的"公平"和"共同但有区别"的原则是背道而驰的。

（二）全球排放峰值

《坎昆协议》中关于全球排放峰值的描述是："……应通力合作使全球和国

家温室气体排放尽早达到峰值，认识到发展中国家达到峰值的时间会相对长一些……"其中在《哥本哈根协议》的基础上特别强调了"尽早达到全球峰值"，也正如其中提到的"发展中国家达到峰值的时间会相对长一些"，工业革命以来，发达国家利用其先发优势已经率先完成了社会经济的现代化发展，并在此过程中消耗大量化石能源，排放大量的温室气体，为自身城市化和现代化发展，为国内基础设施建设和社会财富积累而大量占用了全球的有限的大气空间。目前发达国家已经完成了国内的基础财富的积累，进入到后工业化时代，产业结构趋向高端，重工业、高耗能企业向发展中国家转移，其能源消耗和温室气体的排放已经趋于平缓甚至开始下降；而发展中国家正处于城市化、现代化的建设过程中，国家的经济发展需要大量能源消耗作为支撑，这必然就会带来相应的温室气体排放的增长。如果限制发展中国家的合理排放，就无异于剥夺发展中国家的发展权利。在这种情况下，限定全球的排放峰值，实际上就是设定发展中国家的排放上限。

二 附件I国家减排现状和未来目标分析

哥本哈根之后，41个附件I国家提交了2020年的中期量化减排目标，《坎昆协议》中提出：附件I国家缔约方应在2020年以前整体减排25%～40%，鉴于此，部分发达国家提出了各自的中长期减排目标（见表1）。

表1 部分发达国家提出的2020年及2050年减排目标

国家和地区	2020年降低目标	折算成1990年基年目标	2050年目标	是否包括LULUCF*
欧 盟	20%～30%,基年1990	20%～30%	80%～95%,基于1990年	20%目标不包括,30%目标包括
美 国	17%基于2005年	−4%	83%基于2005年,相对于1990年80%	是
澳大利亚	5%～15%～25%基年2000年	+13%到−11%	60%,基于2000年	是
加拿大	17%基于2005年	+3%	60%～70%基于2006年**	是
日 本	25%基于1990年	−25%	60%～80%基于2005年	是
新 西 兰	10%～20%基于1990年	−10%到−20%	50%	是
德 国	40%基于1990年	−40%	80%～95%	是

续表

国家和地区	2020 年降低目标	折算成 1990 年基年目标	2050 年目标	是否包括 LULUCF *
挪　威	30% ~40% 基于1990 年	－ 30% 到 － 40%	100%	是
瑞　士	20% ~30% 基于1990 年	－ 20% 到 － 30%	80%	是
英　国	34% 基于1990 年	－ 34%	80%	是
俄 罗 斯	15% ~25% 基于1990 年	－ 15% 至 － 25%	50%	是

注: * LULUCF 是指土地利用、土地利用变化与林业导致的排放。

** http：//green. blogs. nytimes. com/2010/02/02/canada － tweaks － emissions － reduction － targets/.

资料来源：http：// www. unfccc. int。

发达国家目标的提出，表面上迎合了全球应对气候变化的行动，但实质上是对《京都议定书》的倒退。其中期指标远远低于发展中国家提出的在 1990 年水平上减排40% 的要求，其目标总合仅相当于减少总排放的11% ~ 19%。其长期目标的提出没有实际的行动保障，从对其实现目标的路径分析，显示发达国家缺乏真正减排的诚意。

（一）美国减排目标难以实现

美国政府提出的减排指标是 2020 年减排 17%，2025 年减排 30%，2030 年减排30%，2050 年减排83% （在2005 年基础上）。但是，从 1990 年以来 CO_2 排放趋势看，美国的排放一直处于增长态势，虽然受经济增长放缓影响，2007 年后略有下降，但是完成奥巴马政府提出的自 2005 年减排 17% 目标并不容易。

2011 年 3 月 30 日美国白宫发表的《未来安全能源蓝图》白皮书中强调，美国要摆脱对进口石油的依赖，消除能源价格波动给国家和居民带来的影响，并制定了三大策略：开发和保障美国能源供给，为消费者提供节约成本和节约能源的选择，创新走向清洁能源未来，成为能源经济的领导者。由此可见，美国强调能源安全，减排温室气体只是附加效应。

2010 年 3 月 3 日美国参众两院共和党人提起《能源税务防止法案》，剥夺环保署设置二氧化碳和温室气体排放限制的权利。此法案于 4 月 7 日在众议院投票通过，正等待参议院的辩论。此法案若通过，美国环保署（EPA）发布有关温室气体排放的法规权限便被剥夺，气候变化立法的另一渠道将被堵死。

因为经济危机的影响以及各方压力，在应对气候变化问题上，美国国内各州的态度不一。2010 年 6 月 30 日亚利桑那州宣布不参加西部气候倡议（West Climate Initiative）的 2012 年 1 月 1 日实施的限额与排放贸易[①]；美国芝加哥交易所于 2011 年 1 月 31 日停止碳交易。2011 年 5 月 31 日美国新泽西州宣布自 2011 年 12 月 31 日开始退出区域温室气体倡议[②]，新泽西州州长曾公开对气候变化表示怀疑。

作为美国应对气候变化的最积极倡导者和践行者，加利福尼亚州于 2011 年发布了《加利福尼亚能源未来——2050 年的视野》研究报告，认为通过采用可行的技术、技术研发和创新，就能够实现 2050 年减排 80% 的目标。利用现有的大规模商业化技术，能够在 2050 年实现在 1990 年水平上减排 60% 的目标，剩下的 20% 减排目标，需要开发和使用新的未曾利用的技术来完成。

由此可见，从技术、经济和政治等多方面来看，美国要实现中期和远期目标难度极大，除非有大的技术突破和重大政治变革，否则完成 2050 年减排 83% 的目标几乎不可能。

（二）英国政策助推近中期目标，远期目标实现存在技术难度

英国自 1990 年以来能源消耗总量几乎不变，煤炭消耗减少，而天然气比重增长较快，使得碳排放水平呈现下降趋势（见表 2、3）。

表 2   1990～2010 年按部门划分的英国 CO_2 排放

单位：百万吨

年　　份	1990	1995	2000	2005	2006	2007	2008	2009	2010
能源工业	241	210	202	216	220	216	209	185	191
交　　通	120	120	125	129	130	131	126	121	121
家　　庭	79	81	87	84	82	78	80	75	85
商　　业	110	104	104	94	91	89	87	76	78
其　　他	40	36	31	26	24	24	22	17	17
总　　计	590	551	549	550	646	538	525	474	492

资料来源：《BP 世界能源年鉴 2010》，数据不包括海运。

[①] Arizona Administrative Register / Secretary of State, Executive Order 2010 - 13, http：// www. azsos. gov/aar/2010/31/governor. pdf.

[②] Statement the New Jersey Department of Environmental Protection on RGGI Participation, http：// www. rggi. org/docs/New_ Jersey_ Letter. pdf.

表3 英国的能源结构及消耗总量

单位：%

年 份	1970	1980	1990	2000	2009
煤 炭	47.1	35.8	31.3	16.5	14.8
石 油	44.0	37.3	36.1	32.5	33.7
天然气	5.4	21.9	24.0	40.9	40.7
核 电	3.3	4.8	7.6	8.4	7.2
水 电	0.2	0.2	0.2	0.2	0.6
电力净进口	——	——	0.5	0.5	0.1
可再生及废弃物	0	0	0.3	1.0	2.9
消耗总量（单位：MToe）	210.1	204.5	213.6204	233.7	211.2

资料来源：《BP 世界能源年鉴 2010》。

1. 中近期目标的实现路径

英国已采取的减排政策措施比较全面，从综合法规到企业和居民政策，从技术标准到市场交易一应俱全。2001 年开始征收气候变化税，限制发展高能耗产业，推广可再生能源；2002 年开始执行《可再生能源义务法案》，对可再生电力由总供电量的 1.8% 提高到 2009 年的 6.7% 起到了极大的推动作用；2007 年 7 月，政府发布了住房绿皮书《创造更绿色的未来：政策说明》，计划在 2016 年前使所有新住宅实现零碳排放；2008 年推出《气候变化法案 2008》将减排目标法律化；2009 年推出《英国低碳转型计划》要求各部门出台"碳减排计划"和"气候变化适应计划；2010 年 4 月 1 日政府又启动了上网电价（Feed-in Tariffs），为符合条件的小规模低碳发电技术（最大发电能力为 5 兆瓦）提供资金支持的方案旨在鼓励小规模低碳能源的上网；2010 年 4 月推出《减碳承诺节能机制》要求大型公共部门和私营机构强制性节能，约有 5000 家机构将参与，其排放量占英国总排放量的 10% 左右；2011 年发布《碳计划》（Carbon Plan）[1]，强调提高能源效率，通过制定发电排放碳的定价机制和上网电价制度，提升对清洁能源的投资信心；2011 年 4 月英国政府推出《可再生供暖奖励》制度，旨在区别普通供暖系统与可再生供暖系统，据估计，到 2020 年可再生供暖奖励共可减排 6 千万吨二氧化碳。

---

[1] HM Government, *Draft Carbon Plan*（8 March 2011），http：//www.decc.gov.uk/assets/decc/What%20we%20do/A%20low%20carbon%20UK/1358 – the – carbon – plan.pdf.

这些政策和措施，不仅对近期和中期目标的实现起到了一定作用，也对英国的 2050 年目标的实现作出基础性贡献，按照现有趋势发展，英国可以实现 2020 年减排 34% 的目标。但前提是继续增加可再生能源比重，以天然气替代煤炭，降低排放系数。按照剑桥经济计量于 2010 年 5 月 24 日发布的《英国的能源与环境》[①] 报告认为，2010 年底英国电力生产的 10% 来源于可再生能源的目标还差 3%，按照此趋势发展，2020 年的 15% 目标很难实现。这就给英国实现其 2020 年减排目标增加了巨大的不确定因素。

2. 远期目标的实现路径

2011 年 5 月 11 日英国能源与气候变化部（DECC）发布的《2050 年路径》研究报告，对实现第四次碳预算的路径，运用 Markel 模型对 2020～2050 年，实现 2050 年的减排 90% 路径（不包括航空和航海以及非 CO_2 的温室气体，与政府规定 80% 减排目标存在差异）分部门和能源结构进行了分析。报告预计，2050 年英国 CO_2 排放降到 $59MtCO_2$，为 1990 年水平的 10%。电力部门减排达到 2010 年水平的 30%，居民的碳足迹降到 2010 年的一半。终端用户中家庭排放减少到 2010 年水平的 40%，服务部门接近 45%，交通部门减排至少是 2010 年水平的 70%。

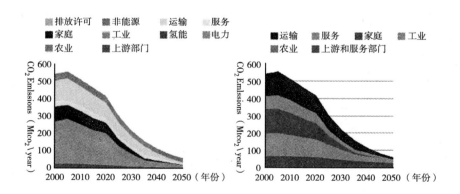

图 1　终端和部门减排 CO_2 路线图

资料来源：英国能源与气候变化部（DECC）发布《2050 年路径》研究报告。

---

① "UK Energy and the Environment", http://www.camecon.com/UK/UKEnergy/PressRelease-UKEnergy.aspx.

其中的主要措施是：①电力部门，输电排放强度由 2020 年的 $0.34kgCO_2/KWh$ 降到 2025 年的 $0.15kgCO_2/KWh$，主要源于增加核电和可再生能源。通过发展核电、可再生能源和带碳捕获与碳储存（CCS）技术的混合燃烧，2035 年后发电变成碳中性。②引入电池电动汽车，使交通运输部门大规模脱碳。③家庭供暖和热水大规模采用热泵技术。④采用成本有效的节能措施，尤其是建筑节能。可见最关键的技术是 CCS、大规模的可再生能源以及多元化的低碳运输技术等，这些路径中没有哪条是优先的和可行的，因为其中存在着太多的不确定性。因此，英国长期目标的实现在技术上的难度与不确定性很大。

（三）德国弃核，减排目标几成泡影

根据《京都议定书》规定，2008～2012 年德国温室气体排放量比 1990 年降低 21%。在 2008 年，德国已经实现年排放总量降低 22.4%，提前实现了目标。

德国联邦统计局发布的 2010 年德国可持续发展指标报告称，德国的温室气体排放主要来源于工业生产，其次是私人家庭消费、服务业和农业。由于对传统工业区的治理已经形成体系，德国近年来减排的重心放在了新能源和建筑领域。

德国执政联盟于 2011 年 5 月 30 日就关闭国内核电站的最后期限达成一致。德国预计在 2022 年底之前关闭国内所有核电站。德国因此成为首个彻底放弃核电这一能源方式的经济大国。

要关闭所有核电站同时实现减排目标，德国 2020 年可再生能源电力占总发电量比例必须达到 48%～50% 才可以。而 2010 年这一数字仅为 17%，若不能实现此目标，德国电力供应将出现巨大缺口。目前德国的电力需求峰值高达 8200 万千瓦，其中一半是煤电，23% 是核电，10% 来自天然气，17% 来源于可再生能源。若实现淘汰核能和减排的目标，意味着在十几年内通过绿色技术替代德国 3/4 的能源。无论是完全放弃核电、减排抑或提高可再生能源发电比例，想单独完成任何一项都并非易事，但德国却同时提出了这几项目标，实现的可能性不大。事实上，德国最近还计划要新建 10 个燃煤发电厂，装机容量达 1.13 万兆瓦，同时也将带来每年 6940 万吨的碳排放，这几乎是德国 2008 年电力领域碳排放总量的 1/4。这样的举动无疑更是为德国本来难以企及的减排目标蒙上了一层阴影。

（四）欧盟内部意见不同，远期目标难完成

2011 年 7 月 6 日，欧洲议会以 347 比 258（62 人缺席）的投票比例否决了将 2020 年减排 20% 的目标提高到 30% 的提议①。提议是由法国、德国和英国发起的，他们认为经济衰退为通过较低的成本实现减排提供了时机。研究认为，2020 年减排 30% 的目标，对于能否实现 2050 年在 1990 年水平上减排 80% 的目标至关重要。

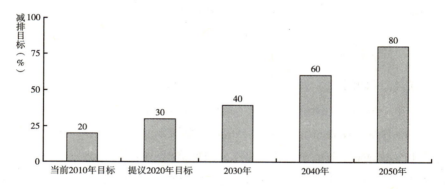

图 2　欧盟实现 2050 年减排目标路线

资料来源：European Commission，"A Roadmap for Moving to A Competitive Low Carbon Economy in 2050," 2011, Mar. 8。

借助于能源结构调整、节能、发展新能源以及购买排放配额和植树造林等措施，欧盟委员会完成了《京都议定书》规定的减排指标，但是从 1990 到 2008 年欧盟 27 国总体排放趋势看，完成 20% 的 2020 年中期减排目标有一定难度。再加上一些经济条件不好、能源结构中煤炭结构较高的国家担心高减排目标影响本国经济发展，在提高中期目标上极力反对，欧盟内部分歧加大。

欧盟作为国家联合体，在减排目标的完成上要依赖于各国的态度和行动。为了统一行动，欧盟出台了一系列政策，鼓励和约束各国的减排行动。

2010 年 2 月成立了欧洲气候行动总局。负责领导欧盟的国际气候谈判，使欧盟内部有关气候和能源行动的法律和政策得以贯彻执行，指引欧盟向低碳经济

---

① "Climate Connect, Europe rejects 30% Carbon emissions reduction target for 2020"，http：//www. climate－connect. co. uk/Home/？ q = node/866&amp&amp。

转型。

2011年3月8日，欧盟委员会发布战略规划，提出欧盟最新的近中期减排目标及实现路径。规划指出，要做到2050年减排80%，最经济的方式应是2020年实现减排25%。整个战略规划尤其突出能源的使用效率，并指出，按照现有政策，除非作出进一步努力，否则即使至2020年实现减排20%的近期目标，也将无法满足其能源效率提高20%的既定目标。因此，当务之急仍然是实现2020年所有已设定的目标。而如果欧盟执行新的政策，以确保至2020年实现可再生能源比重增加20%及能源效率提高20%的话，将使欧盟超越目前20%的减排目标，实现到2020年减排25%。根据路线图要求，以1990年排放值为基准，2020年之前，年减排目标应每年递增1%，2020～2030年，年减排目标应每年递增1.5%，而从2030年至2050年，年减排目标应每年递增2%。

2011年1月31日，欧盟委员会于布鲁塞尔发布了《面向2020年——新能源计划》，计划对新能源的投资翻番，总额达700亿欧元。2月22日，欧盟委员会发布了《2010～2020年欧盟交通政策白皮书》，要扩大新能源汽车使用率，将欧盟未来交通重心放在公共交通上。提出2050年交通方面减排温室气体60%的目标。并将减排目标细分到了行业。

表4　欧盟分部门减排指标（基准年：1990年）

年　份	2005	2030	2050
电力（CO_2）	−7%	−54%到−68%	−93%到−99%
工业（CO_2）	−20%	−34%到−40%	−83%到−87%
运输业（包括航空，不含航海）（CO_2）	+30%	+20%到−9%	−54%到−67%
住宅和服务业	−12%	−37%到−53%	−88%到−91%
农业	−20%	−36%到−37%	−42%到−49%
其他非CO_2部门	−30%	−72%到−73%	−70%到78%
总　　量	−7%	−40%到−44%	−79%到−82%

注：以1990年为基准年。

资料来源：European Commission "A Roadmap for Moving to A Competitive Low Carbon Economy in 2050," 2011, Mar. 8。

2030年后，受全球人口不断增长的压力影响，要提高粮食产量，农业部门的减排速度将放缓。需要重点关注的是，到2050年，农业部门的排放量将

占欧盟总排放量的三分之一左右。因此，制定有关农业部门减排的政策将非常重要。

由上面的分析可知，欧盟能够完成第一承诺期的目标，但要实现 2020 和 2050 年的目标，存在着巨大的不确定性。目标实现的前提是：在经济保持健康持续发展，技术有重大突破的基础之上，欧盟各国携起手来，共同减排。而一旦有成员国退出，或者经济发展或技术创新等不能实现预期，都将使得目标难以实现。

（五） 澳大利亚欲以碳价为突破口，国内压力巨大

澳大利亚是《京都议定书》中规定的可以增加排放的发达国家。自 1990 年起，除农业和废弃物部门外，其他各部门的碳排放均增加，如果没有 LULUCF 抵消，其年排放增长速度超过了 13%，由于有碳汇抵消，勉强满足《京都议定书》要求的排放水平。

如果没有政策限制，澳大利亚到 2020 年排放将比 2000 年水平高出 24%。而为完成承诺的 5% 或 15%、25% 的减排目标，澳大利亚政府强调要有国际社会稳定大气中温室气体浓度，达成国际减排协议，主要发展中经济排放大国承诺实质性约束排放，发达经济体作出与澳大利亚可比的承诺等条件。从而可见，澳大利亚自身减排难度较大，而且需要来自于国际社会的外部压力化解国内不同利益集团的矛盾。

澳大利亚一直以来试图以建立碳市场为其国内减排的主要手段。2007 年霍华德政府时期就提出排放配额交易制度，历经陆克文和现在的吉拉德政府，对碳定价和补偿等问题，至今还没形成具有约束力和强制力的政策法规。

2010 年 7 月吉拉德政府决定 10 年内投入 10 亿澳元创建全国可再生能源市场，同时投入 1 亿澳元资助可再生能源技术的研发；并严厉禁止新建燃煤电厂。2010 年澳大利亚财政部公布了征收"资源超额利润税"的方案，自 2012 年 7 月 1 日起，政府将对全部非可再生能源领域征收高达 40% 的资源暴利税。

民意影响政府决策。2011 年 3 月，澳大利亚政府公布了 2012 年固定碳价格的方案，发起了让"排碳者买单"的尝试。但是绿党主张实行两年的碳排放每吨 20 澳元的计划。如果将减排目标由 5% 提升到 15%，碳价将上升到每吨 30～35 澳元。这无疑将进一步提高生活成本，从而动摇执政党的支持率。由于减排

对澳大利亚国内煤炭等资源公司利益触动较大，这些公司代表不断游说，反对温室气体排放问题立法，要求将资源行业处于立法限制范围之外。

计划征收碳税，但遭到强烈反对。澳政府提议征收碳排放税，起征点是每吨20澳元至30澳元之间，征收碳税预计将使澳大利亚每个家庭每年支出增加580到863澳元，消费物价提高1.5%。2011年7月，澳大利亚最大的工业协会联合成立了澳大利亚贸易和工业联盟，反对碳税政策。

在各种压力下，政府政策左右摇摆。2010年大选时，为了获得支持，吉拉德曾承诺不会征收碳税；但如今受到国内环境变化和国际压力，改变了立场。而在7月3日，吉拉德政府表示绝对不会对汽油征收碳排放税。为了稳固执政党的支持率，而对占排放绝大比例的不征税，其政策的决心和力度受到质疑。

澳大利亚国内的发展压力和政策的摇摆，使得其中期和远期目标实现的可能性都不大。

（六）日本以地震海啸为由，删除中期目标

日本政府2010年3月12日在内阁会议上通过《全球变暖对策基本法案》，并提交国会，其中包括日本中长期温室气体减排目标、创建排放量交易制度等全球变暖对策的具体政策。法案设定的中长期温室气体减排目标是，2020年与2050年分别比1990年减排25%和80%。但日本实现减排25%目标与主要发达国家树立积极减排目标等条件挂钩，为今后调整目标留下借口，也为日本向国际社会要价埋下伏笔。

日本政府提出的2020年在1990年水平上减排25%的目标，相当于在2005年水平上减排30%，相对于美国、加拿大等国家所提的目标可谓雄心勃勃。通过对围绕日本节能法提出的提高能效和可再生能源的各项政策措施和标准等[1]，进行研究后，笔者认为日本所提的减排目标不是基于技术分析，而是新政府的政治目标。学者研究认为，日本实现2020年的减排目标将是欧美实现目标成本的

---

[1] Chiharu Murakoshi, Hidetoshi Nakagami, Takahiro Tsurusaki, and Mikiko Nakamura, "Japanese Energy Efficiency Policy and the 25% Greenhouse Gas Reduction Target: Prime Minister Takes on Mission Impossible?", Jyukankyo Research Institute.

5到10倍，这是日本政府不希望看到的。当看到发展核电存在巨大风险，发展可再生能源一时起不了太大作用的情况下，日本不希望继续承担有约束的减排压力，为此2011年6月5日，日本民主党的前环境大臣小泽锐仁等汇总并向自民党出示了一份《全球变暖对策基本法案》的"修正草案"，删除了"以2020年温室气体排放量与1990年相比减少25%为目标"的表述，理由是东日本大地震带来了核电站停堆等变化。由此可见，日本海啸和福岛核事故为日本推翻其中期减排目标提供了极佳借口。

从以上主要发达国家的中长期目标制定、现实行动以及可能的路径分析，可以看出：发达国家目前的中期目标设定宽松，不足以支撑全球长期目标的完成；而其目前的国内行动受到多方面的限制和压力，难以推进；发达国家的长期目标，缺乏有力的行动和政策保障，几乎是一纸空文。在这种情况下，发达国家在谈判中极力推进长期目标和峰值问题，其目的就是转移国际社会对其中近期目标难以完成的注意和压力，因为长期目标和峰值问题对发展中国家的压力巨大，实际上是转嫁压力到发展中国家身上。

三 坎昆之后长期目标和峰值问题谈判的走向

坎昆之后，围绕着长期目标和峰值问题的谈判仍然难以推进，已经进行的两轮谈判几无进展。

2011年在曼谷进行的第一轮谈判中，谈判各方对两个特设工作组的谈判日程如何确定争执不下：发达国家强调执行全面《坎昆协议》，坚持在《坎昆协议》达成共识的内容上继续谈判，在长期目标、峰值等问题上聚焦于具体数字的谈判；而发展中国家认为《坎昆协议》只是阶段性成果，后续谈判依然应遵循"巴厘路线图"授权，全面讨论包括减缓、适应、资金、技术和能力建设在内的所有议题，特别是不能忽略在《坎昆协议》中没有反映的议题。会议最终确定的日程表面上实现了发展中国家的预期，但是在包含长期目标、峰值问题的"共同愿景"议题下，将原先包含其中的"审评"问题独立出来，使得原议题下的谈判内容更加向长期目标和峰值聚焦。

在2011年6月举行的波恩会议期间，在长期目标和峰值问题的谈判中，附件Ⅰ国家和小岛国集团主张以《坎昆协议》授权就长期减排目标和峰值时间进一步谈判。基础四国、非洲集团以及其他大部分发展中国家坚持应该在"巴厘行动计划"的授权下，最终达成一个综合的、全面反映各要素内容的长期目标。谈判处于胶着状态，难以推进。

接下来的谈判中，作为发达国家在谈判中平衡其在中期目标上压力的砝码，围绕峰值和长期目标问题的谈判仍然是各方关注的焦点。谈判各方坚持各自立场，很难有所让步和妥协，这就使得这个议题的谈判难以在工作层面达成协议，只可能在政治层面作出妥协。

G.4

发展中国家的国内适当减缓行动与政策

滕 飞*

摘 要：本文首先介绍发展中国家国内适当减缓行动的来源；然后介绍哥本哈根及坎昆以来主要发展中国家国内适当减缓行动的政策进展；而后本文转向气候变化谈判中对NAMAs问题的讨论焦点和主要进展；最后本文对2011年底南非德班缔约方会议在此问题上的可能进展作出了一个初步判断。

关键词：气候变化 减缓 "三可"

一 前言

2007年底在印尼巴厘岛通过的"巴厘行动计划"要求发展中国家在可持续发展的框架下采取可测量、可报告和可核查的国内适当减缓行动（Nationally Appropriate Mitigation Actions，简称NAMAs），这些减缓行动应当得到可测量、可报告和可核查的资金、技术和能力建设的支持。对于NAMAs的定义在一开始就在发达国家和发展中国家集团之间存在争论。

一些国家将NAMAs按其资金来源分为三类：一是发展中国家采用自身资源而无需发达国家支持的单边减缓行动；二是得到发达国家资金、技术和能力建设支持的减缓行动；三是产生可交易的减排信用并通过碳市场融资的减缓行动。但是大部分发展中国家并不同意此分类，坚持《巴厘行动计划》，认为NAMAs是仅包括得到发达国家资金、技术和能力建设支持的减缓行动，因而需要接受测量、报告和核查，也即以上分类的第二种。对于利用自身资源的单边减缓行动，

---

* 滕飞，清华大学能源环境经济研究所副研究员，主要研究方向为国际气候政策，气候变化与公平问题等。

大多数发展中国家担心NAMAs会强化这些行动的法律性质，将发展中国家自愿的减缓行动推向具有法律约束力的国际义务；而对于碳市场，部分发展中国家则认为市场机制中的"抵消"和NAMAs是两个截然不同的概念，发达国家有支持NAMAs的资金义务，这一部分义务不能由碳市场所取代从而避免发达国家资金义务和减缓义务同时存在的"双重计量"的问题。而大多数发达国家则认同将以上三类行动均列为NAMAs，其主要原因是通过NAMAs对发展中国家的减缓行动在国际框架下得以体现，并通过测量、报告和核查加强这些减缓行动的国际法律地位。

对NAMAs定义的争论实际上体现了对"国家适当"的不同理解。作为一个首次出现在公约法律文件中的名词，各缔约方显然对"国家适当"的内涵和外延有着截然不同的理解。发展中国家认为所谓"国家适当"意指这些行动在性质上是自愿的，不构成具有法律约束力的义务；在内容与范围上与各国的可持续发展需要和国内的优先政策领域相一致，由各发展中国家自行确定而不能经由国际磋商确定；在法律效力上，可由各发展中国家根据各自国情自行决定，不能受国际条约的约束、侵入与惩罚。

而围绕NAMAs的磋商与争论，衍生了国际气候制度中新的制度设计，例如登记簿、两年更新报告、国际磋商与分析等。这些围绕NAMAs产生的新机制安排虽然仍在磋商之中，尚未形成清晰的功能和制度设计，也远没有进入实际运行，但是这些机制将深刻影响未来国际气候制度的构成和走向。因而，NAMAs已经成为发展中国家减缓问题上的核心概念。在各方对NAMAs的概念各持己见、僵持不下的时候，有必要避开政治上的争论，从发展中国家业已采取的具体行动出发，对NAMAs的概念进行自下而上的梳理与分析。本文以下介绍哥本哈根和坎昆之后，主要发展中国家缔约方在NAMAs上的主要进展。

二 主要发展中国家国内适当减缓行动政策进展

哥本哈根会议前后，发展中国家为了推动谈判取得进展纷纷公布了各自的国内减缓行动计划。在发展中国家中，我国于2007年6月率先发布了应对气候变化国家方案，随后印度、巴西、南非和墨西哥等其他发展中国家也纷纷发布了各自的气候变化国家方案。其中印度的气候变化国家方案围绕八个主要任务展开，涉及减缓、适应和能力建设等不同领域。印度总理辛格宣布印度在人均排放上将永远不超过发达国家的平均水平。2008 年 7 月和 12 月巴西和南非也分别发布了各自的"气候变化国家方案"和"长期减缓情景"。墨西哥也于 2009 年 5 月向公众发布了气候变化方案的征求意见稿，提出墨西哥将从 2012 年开始绝对减排，2050 年比 2000 年排放水平降低 50%，并准备在国内设立碳市场。发展中国家的这些行动构成了全球应对气候变化的主要力量。根据斯德哥尔摩环境研究所的研究，发展中国家的减排在总量上已经远远超过了发达国家。

（一）中国

中国在排放总量上已经超过了美国，成为世界第一排放大国，因此在减排问题上承受了越来越多的国际压力。从人均排放上看，2005 年中国的人均排放大约为 4.2 吨，在全球平均水平之下，但 2008 年以来已经接近或超过了全球平均人均排放。中国的主要排放来自能源部门，尤其是发电部门，居民和交通部门的排放仍然很低。森林部门对于中国而言总体起着碳汇作用，每年的固碳量大约为 6 亿 ~ 7 亿吨，并且逐年缓慢增长。

中国在发展中国家减缓问题上的主要立场上同七十七国集团保持高度一致。中国认为 NAMAs 仅仅指得到发达国家支持的减缓行动，因而只有这一部分 NAMAs 在巴厘行动计划的讨论范围之内。对于发展中国家利用自身资源采取的自主减排行动，发展中国家可以采取适当的方式获得国际社会的认可。中国认为 NAMAs 应与发展中国家自身的可持续发展战略和国内经济发展与减贫的优先战略相一致，发展中国家在自愿的基础上提出 NAMAs，发达国家应当为 NAMAs 的实施提供足额的资金、技术和能力建设支持。NAMAs 可以包括项目、政策、规划等发展中国家认为合适的形式，并且不应当仅包括产生直接减排量的活动，也应当包括对减排有间接影响的活动。此外，中国认为 NAMAs 所产生的减排量不应作为抵消额度用以抵消发达国家的量化减限排义务，而应当被看做发展中国家在减排方面的新贡献。

在哥本哈根会议之前，为了推动会议取得积极成果，中国政府宣布，到 2020 年实现我国单位国内生产总值二氧化碳排放比 2005 年下降 40% ~ 45%，作为约束性指标纳入国民经济和社会发展中长期规划，并制定相应的国内统计、监测、考核办法。会议还决定，通过大力发展可再生能源、积极推进核电建设等行动，到 2020 年实现我国非化石能源占一次能源消费的比重达到 15% 左右；通过植树造林和加强森林管理，森林面积比 2005 年增加 4000 万公顷，森林蓄积量比 2005 年增加 13 亿立方米。这是中国根据国情采取的自主行动，是中国为全球应对气候变化作出的巨大努力。在哥本哈根会议之后，中国向联合国气候变化框架公约秘书处通报了中国的减缓行动。

（二）印度

印度的排放总量在中美欧之后，位于全球的第四位。按人均排放计算，印度不仅在全球处于较低的水平，在发展中国家中也处在较低的水平，人均排放只有 1.2 吨，不到全球平均人均排放的四分之一。印度的主要排放部门也是电力部门，其排放约占印度排放总量的 56%。虽然印度的排放总量在近年逐年增加，但其能源强度在近年却逐年下降。

在发展中国家减缓问题上，印度的立场与基础四国和七十七国集团也在主要问题上保持一致。在 NAMAs 的性质上，印度认为 NAMAs 仅包括得到发达资金支持的发展中国家减缓行动，并且印度将 NAMAs 放在公约 4.7 条的背景下理解，认为 NAMAs 是发达国家与发展中国家的一种"契约"，发展中国家在自愿的基础上提出 NAMAs，发达国家按公约 4.7 条的要求为发展中国家的减缓行动提供资金、技术和能力建设的支持，而后发展中国家的行动和发达国家的支持均接受测量、报告和核查的要求。印度认为 NAMAs 可以包括广泛的发展中国家行动，如项目、规划和政策等，但是这些行动不应导致发展中国家在将来承担量化的具有法律约束力的减限排义务。

印度在哥本哈根会议前提出了 2020 年将排放强度在 2005 年的基础上降低 20%~25% 的行动目标。印度指出该行动是自愿的，并且不具有法律约束力。同时该行动的实施要与其国内立法相一致，并需要根据公约 4.7 条得到发达国家资金、技术和能力建设的支持。

（三）巴西

巴西是发展中大国，也是基础四国的一员。巴西的温室气体排放近年有所增长，位于世界第五位。如果，未计入土地利用、土地利用变化与林业（LULUCF）的排放，人均排放大约在 5.4 吨二氧化碳当量，大致相当于全球平均水平。如果计入 LULUCF 的排放，则人均排放大约为 8 吨二氧化碳当量，高于全球平均水平。巴西的主要排放来源为农业、土地利用和森林部门，占总排放的81%，而能源部门的排放仅占其总排放的 19%。

巴西在减缓问题上是七十七国加中国集团的协调员，因此其在发展中国家减缓问题上的立场与发展中国家的立场总体上是保持一致的。对于 NAMAs 的性质，巴西早在 2007 年巴厘岛会议之前就提出发展中国家采取的减缓行动是自愿的，不能同任何目标或时间要求相联系。在发展中国家 NAMAs 的法律性质问题上，巴西仍然坚持 NAMAs 不同于发达国家的量化减限排义务，发展中国家应当在自愿的基础上在可持续发展框架内提出 NAMAs，并且 NAMAs 需要得到发达国家可测量、可报告和可核实的资金、技术和能力建设的支持。对于 NAMAs 的形式和范围，巴西认为 NAMAs 不同于发达国家的量化减限排指标，因而将部门或者跨部门的量化目标作为 NAMAs 的看法是不恰当的，NAMAs 应当是可以产生直接减排效果的行动，而不是减排目标。巴西将减少毁林作为 NAMAs 的一个重要行业考虑。

巴西在向公约秘书处通报的 NAMAs 信息中，表 1 列出了 NAMAs 活动。

表 1　巴西提交的国内适当减缓行动

NAMAs 活动	预期在 2020 年减排二氧化碳当量(CO_2e)
减少亚马孙地区的毁林	5.64 亿吨
减少 Cerrado 地区的毁林	1.04 亿吨
退牧还草	8300 万 ~ 1.04 亿吨
作物家畜综合系统	1800 万 ~ 2200 万吨
免更农业	1600 万 ~ 2000 万吨
生物固氮	1600 万 ~ 2000 万吨
能源效率	1200 万 ~ 1500 万吨
增加生物燃料的使用	4800 万 ~ 6000 万吨
增加水电站的发电量	7900 万 ~ 9900 万吨
替代能源	2600 万 ~ 3300 万吨
钢铁部门(利用人工造林木炭替代毁林木炭)	800 万 ~ 1000 万吨

资料来源：巴西提交的国家适当减缓行动信息，http://unfccc.int/files/meetings/cop_15/copenhagen_accord/application/pdf/brazilcphaccord_app2.pdf。

巴西估计采取以上 NAMAs 行动后，可在 2020 年实现从基准排放情景36.1% 到 38.9% 的偏离。

（四）南非

南非是基础四国及发展中国家中人均排放较高的一个国家，2010年的人均排放约为 8.75 吨，显著高于发展中国家的平均水平。南非是第 12 大排放国，其主要排放部门为能源部门，同时制造业、建筑业和交通也是排放的主要部门。

南非在发展中国家减缓问题的机制设计上比较活跃，南非是最先提出利用"登记系统"对发展中国家 NAMAs 进行登记和匹配的国家之一。南非并不反对NAMAs 包括自主减缓行动，但自主减缓行动应当在国际指南下在国内进行测量、报告与核查。在 NAMAs 性质上，南非认同 NAMAs 的自愿属性；在 NAMAs 的范围上，南非也同中印等主要发展中国家的观点一致，NAMAs 可以包括可持续发展政策措施、规划、无悔部门指标等广泛的减缓行动。

南非在给联合国气候变化框架公约秘书处的通报中指出，南非将采取国内适当的减缓行动以实现 2020 年从通常情景（BAU）偏离 34%，2025 年实现从 BAU路径偏离 42% 的目标。南非同时将以上目标同公约 4.7 条相联系，指出以上目标的实现与否取决于发达国家能否实现其资金、技术转移和能力建设支持的承诺。

（五）其他发展中国家

截至 2010 年 2 月 23 日，共有 49 个发展中国家向公约秘书处提交了自愿的减排行动及其目标，表 2 列出了部分发展中国家的减排行动目标。

表 2　部分发展中国家的减排行动及行动目标

国　　　家	行动目标
中　　　国	2020 年单位 GDP 碳强度比 2005 年降低 40% ~45%
印　　　度	2020 年单位 GDP 碳强度比 2005 年降低 20% ~25%
巴　　　西	2020 年比 BAU 偏离 36.1% ~38.9%
印度尼西亚	2020 年比 BAU 偏离 26%
墨　西　哥	2020 年比 BAU 偏离 30%
新　加　坡	2020 年比 BAU 偏离 16%
南　　　非	2020 年比 BAU 偏离 34%，2025 年比 BAU 偏离 42%
韩　　　国	2020 年比 BAU 偏离 30%
哥斯达黎加	2021 年达到碳中性
马尔代夫	2020 年达到碳中性

资料来源：各发展中国家向公约秘书处通报的国家适当减缓行动信息，http://unfccc.int/meetings/cop_ 15/copenhagen_ accord/items/5265.php。

三 发展中国家减缓问题的谈判焦点与谈判进展

（一）主要谈判进展

2012年12月，《联合国气候变化框架公约》第16次缔约方大会和《京都议定书》第6次缔约方大会在墨西哥坎昆举行。会议通过了由公约和议定书缔约方会议决定组成的《坎昆协议》。《坎昆协议》推动了气候变化谈判进展，在国际社会对联合国下的多边渠道产生怀疑和动摇时向国际社会发出了积极的信号，国际社会重拾了对多边谈判的信心。但《坎昆协议》是在气候变化谈判陷于低潮时，为重拾信心而达成的脆弱平衡，"巴厘路线图"谈判远未完成，核心问题依然没有得到解决。在发展中国家减缓问题上，《坎昆协议》在登记簿、发展中国家信息通报及两年更新报告和国际磋商与分析问题上均取得了一定进展。

《坎昆协议》第一次在"三可"问题上达成了原则性共识，就登记簿、国家信息通报及国际磋商与分析等问题作出了原则性规定，并对下一步的谈判工作作出了程序性安排。协议以信息文件的形式注意到了发展中国家自主提交的减缓行动，进一步确认了发展中国家的行动与发达国家承诺在法律形式上的区别。《坎昆协议》同意建立旨在将发展中国家寻求支持的减缓行动及相应国际支持进行匹配的登记系统，对登记系统的功能和程序达成了初步共识。

《坎昆协议》同意强化发展中国家通过国家信息通报报告有关信息的要求，就国家信息通报的频率和加强的方式作出了原则性规定，每四年提交一次国家信息通报，并每两年更新一次有关减缓行动的信息。《坎昆协议》同意发展中国家获得国际支持行动的条件下，对其进行国内和国际"三可"，对国内自主减缓行动进行国内"三可"。

《坎昆协议》同意通过公约附属履行机构下的适当程序，以非侵入、非惩罚和尊重国家主权的方式，对发展中国家有关自主减缓行动的信息进行国际磋商与分析机制，明确了国际磋商与分析的目的是增加减缓行动及其效果的透明度，相关讨论不涉及发展中国家国内政策和措施的"适当性"。《坎昆协议》启动了有关工作计划，并邀请各缔约方于2011年3月28日前就此提交意见。

《坎昆协议》提出发展中国家将在相关国际支持下，采取国内适当的减缓行动，以于 2020 年实现相对"通常情景"的偏离。这是首次在公约的正式文件中提到发展中国家作为一个整体要实现从"通常情景"的偏离。

（二）主要争论焦点

NAMAs 的法律性质及其体现形式是发展中国家减缓问题谈判的重中之重。而有关法律性质和体现形式的谈判重心又集中在发展中国家自主减缓行动上。自 NAMAs 被引入气候变化谈判以来，发达国家一直力图通过 NAMAs 将发展中国家的减缓行动进行国际化，并向具有法律约束力的国际义务方向推动。主要的争论焦点是，NAMAs 与发达国家量化的减限排义务有何不同，如何体现"共同但有区别的责任"原则。美国等伞形集团国家强调 NAMAs 与发达国家量化减排指标的法律性质是一致、对等的，差别只是发达国家承诺的是"行动"，而发达国家承诺的则是"目标"。这种看法由于在实际中很难操作，因而并不被广大的发展中国家所接受。大多数的发展中国家都坚持 NAMAs 的"自愿"属性，而反对将 NAMAs 视作具有法律约束力的国际义务。体现在具体形式上，发展中国家倾向于在公约下以附件的形式体现发达国家的量化减排义务，而以登记簿或国家信息通报等灵活的方式体现发展中国家的减排行动；而发达国家则坚持要以对等的法律形式进行体现。有关 NAMAs 的法律性质及其体现形式在坎昆悬而未决，在年底的德班会议上将成为影响谈判结果的一个关键性议题。

到 2011 年 6 月为止，按《坎昆协议》的要求，秘书处组织了两次有关发展中国家国内适当减缓行动的研讨会。在研讨会中，基准情景问题逐渐成为发达国家减缓问题的一个讨论热点。这是因为，一方面，一些发展中国家采取了"从通常情景偏离"的方式来设定自己的减缓行动目标，也即从实现由模型预测的某个排放路径上偏离；一方面，发达国家和一些国际组织采用"从通常情景"偏离的幅度作为评价主要发展中大国减缓努力的一个重要指标。但如何定义"通常情景"，如何真正实现"从通常情景偏离"，各方并没有一个明确的认识。目前对于"通常情景"的定义各不相同，一些研究将"通常情景"同"基线情景"或者"参考情景"混用，并不加以区别，但也有研究将以上情景进行了严格的区分。对"通常情景"的定义至少有如下三种：①"无措施情景"，即将排放预测的起始点设定在过去某年（如 1990 年或 1995 年），并将该年之后实施的有关政策与措施均排除在考虑之外；②"现有措施情景"，即将排放预测的时点设定在当前，在排放预测中考虑已经采取的政策与措施，但不考虑已经计划采取但未采取的措施；③"额外措施情景"，即将排放预测的起始点设定在当前，在排放预测中不仅考虑已经采取的政策与措施，也考虑已经决定采取但尚未实施的政策与措施。有关基准情景讨论刚刚开始，尚无定论。预计在下一步谈判中，有关基准情景的讨论将成为各方的焦点。

在NAMAs的概念、性质等"形而上"的讨论之外，发展中国家减缓议题问题的谈判事实上更多地集中在制度设计等"形而下"的问题上。这些问题主要包括记录和匹配行动及支持的登记簿、发展中国家的国家信息通报及两年更新报告以及针对发展中国家自主行动的国际磋商与分析。以上三个主要的制度及工具构成了发展中国家减缓议题下谈判的主要内容。由于在发达国家的减缓部分中也有国家信息通报、两年报告以及国际评估与审评的内容，因此以上三个问题的主要焦点集中在如何在制度设计中具体地体现发达国家与发展中国家"共同但有区别的责任"。美国等伞形集团国家主张"对等设计"，也即发达国家与发展中国家在报告的要求及国际评估程序上接受同等的要求，而发展中国家则坚持要体现"区别"。两大阵营在此问题上的不同看法实际上折射出双方对"共同但有区别的责任"原则在具体实践中的不同理解。如何在"共同"与"区别"之间寻求平衡不仅是减缓问题取得进展的先决条件，也是整体气候变化取得进展的先决条件。

四　德班会议前景展望

"平衡"一直是气候变化谈判中永恒的主题，因而发展中国家减缓内部不仅存在多个议题的平衡问题，发展中国家减缓同发达国家减缓的谈判进展也存在平衡的问题，更进一步长期合作行动（LCA）下的谈判与《京都议定书》下的谈判也需要平衡的进展。因此发展中国家减缓问题的可能进展必须放在整个气候变化谈判的大背景下分析。

从整体谈判的形势而言，《京都议定书》下发达国家第二承诺期的谈判先发而后至，历经了长达六年的马拉松谈判而毫无结果。《京都议定书》第二承诺期的悬而未定不仅是气候变化谈判中多边互信缺失的主要原因，也是影响LCA下谈判的决定性因素。在2011年底如果《京都议定书》未能对第二承诺期的存续给出明确的结论，LCA 下的谈判很可能陷入僵局，整个国际气候制度将陷入进退维谷的尴尬境地。而只有在《京都议定书》第二承诺期得以延续的情况下，LCA 下的谈判才有可能突破目前的僵局，将全球应对气候变化的步伐向前推进。

因此在保持整体谈判平衡进展的大背景下，发展中国家减缓问题的谈判有可能在登记簿、发展中国家信息通报、两年更新报告和国际磋商与分析等问题上取得进一步进展。登记簿是将发达国家支持与发展中国家行动连接在一起的重要制度基础，因此年底德班会议有望通过登记簿的初步指南并开始登记簿的试运行，如果登记簿可以尽早运行并发挥作用，会成为推动多边进程良性发展的重要信号。在发展中国家信息通报和两年更新报告问题上，如果能改革相应的资金机制，使得发展中国家的国家信息通报、两年更新报告获得充分、及时的资金支持，则有关报告的指南可能进一步推动。而由于国际磋商与分析是在两年更新报告基础上进行的，因而其谈判进展将受制于两年更新报告的谈判进展。但 2011 年底的德班会议上，国际磋商与分析的基本原则可能会进一步细化，并在 2012 年进入实质性的指南制定阶段；但国际磋商与分析的进展也取决于发达国家减缓问题中国际评估与审评问题的进展。

Gr.5
应对气候变化资金机制谈判
新形势与新进展

朱留财　张雯*

摘　要： 资金议题的谈判一直是气候变化谈判中的重点和难点。本文介绍了哥本哈根会议以来国际资金议题谈判的动态及变化，详细回顾了坎昆会议在资金机制谈判取得的主要进展、焦点议题，并对2011年底的德班气候会议需要解决的资金机制问题进行了分析。

关键词： 资金机制　《坎昆协议》　气候谈判

一　《坎昆协议》资金机制进展评述

《联合国气候变化框架公约》（以下简称《公约》）第4.3、4.4、4.5、4.7、4.8和4.9条款等规定，为帮助发展中国家应对气候变化，发达国家应该为发展中国家提供资金支持和技术转让，发展中国家能在多大程度上有效履行其在《公约》下的承诺，取决于发达国家对其在《公约》下所承担的有关资金和技术转让的承诺能否有效履行。

资金议题的谈判一直是气候变化谈判中的重点和难点。谈判内容初始主要包括：《公约》和《京都议定书》下资金机制的建立，以及《公约》秘书处行政和财务事物议题中有关秘书处预算和决算的内容。2007年巴厘会议确定双轨制谈

* 朱留财，环境保护部对外合作中心，高级工程师、环境经济学博士，"新世纪百千万人才工程人选"国家级入选者（2009）。研究领域为气候经济学、环境国际公约融资机制、环境治理结构、环境经济学。张雯，环境保护部对外合作中心，高级工程师，博士，研究领域为气候变化谈判、环境公约履约资金机制与环境国际合作。

判，建立了公约长期合作行动特设工作组（AWG－LCA），以推动公约的全面、有效、可持续实施。自此，"加强提供资金和投资以支持减缓、适应和技术合作"成为资金议题的谈判重要内容，主要就2012年后国际社会应对气候变化长期合作行动的资金保障进行谈判。发展中国家要求发达国家拿出政治诚意，履行公约出资责任，帮助发展中国家采取应对气候变化的行动。发达国家逃避《公约》供资义务，希望拓宽资金渠道，将碳市场和私营部门纳入供资体系，并要求发展中大国提供资金。发达国家和发展中国家两大阵营就此展开了激烈的博弈。其中资金机制的原则、资金来源、资金数量、资金分配、资金治理等核心问题成为了谈判的重点。

（一）哥本哈根会议以来的资金机制谈判综述

2009年各缔约方经过艰苦谈判，达成了政治共识——《哥本哈根协议》。该协议明确了发达国家在2010～2012年提供300亿美元新的额外资金，到2020年每年向发展中国家提供1000亿美元，并决定成立哥本哈根绿色气候基金，将之作为资金运营实体；但该协议不具法律约束力，且资金来源、资金分配等发展中国家关心的问题尚未得到解决。发展中国家仍在谈判中强调资金来源与规模如何实现，而发达国家认为协议已解决资金规模问题，将谈判重点转移到资金治理的讨论。

哥本哈根会议结束后，共召开了公约谈判会议8次、公约受援的绿色气候基金过渡委员会相关谈判会议4次。哥本哈根之后，资金议题谈判发生了一些变化：整体来看，谈判侧重于讨论资金机制设置，资金来源、资金规模的问题被弱化。

2010年4月波恩。会议辩论的焦点集中在是否把《哥本哈根协议》作为下一阶段工作的参考或基础。美日等国家认为《哥本哈根协议》是经过领导人共同商讨达成的结果，应该作为进一步谈判的政治指导原则，甚至作为下一步的谈判基础。大多数发展中国家坚决反对，认为《哥本哈根协议》没有经缔约方大会通过，而且其形成过程也没有法律基础，因此不能作为下一步的谈判基础。

2010年6月波恩。资金机制成为谈判重点。谈判各方从辨识资金机制难点或与其他议题相互交叉的问题入手，目的是在资金机制谈判的障碍性问题上寻求共识，为下一步修改案文提供参考。各方就资金机制达成两个原则性共识：第一，未来资金机制应在现行机制基础上进一步完善，真正实现向缔约方会议

负责，强调资金机制各要素之间需协调一致，避免功能交叠重复和低效，确保资金易于获取；第二，有必要建立新的气候变化基金，作为资金机制主要运营实体之一。

2010年8月波恩。发展中国家要求发达国家供资规模达到其GDP的1.5%，发达国家除要求除最不发达国家以外的所有缔约方出资以外，还倡议污染者付费（polluter to pay）和有能力者付费（capacity to pay）的供资原则，并强调发挥碳市场、私营部门和各种创新性融资工具的筹资作用。关于资金机制的讨论开始具体化，各方在建立新基金问题上达成了共识。

2010年10月天津。资金来源、资金规模仍被弱化。发达国家和发展中国家在核心问题上仍存在较大分歧，会议未有实质性进展。关于资金制度安排，发达国家和发展中国家对新基金的定位与筹建方式、基金董事会的构架与职能等问题未达成实质性共识。美国等发达国家提出新基金是资金机制经营实体之一，气候变化资金可通过其他多双边渠道实施，反对设立新的监管机构负责总体协调。发展中国家坚持设立资金机制监管机构，评估资金的充足性，总体协调和管理包括新基金在内的多个资金渠道，发挥协同效应。

2010年11月坎昆。发展中国家除小岛国集团外，大部分坚持在发达国家出资问题上要求发达国家以公共资金为主，提供其GDP的1.5%，在建立新基金的同时明确其构架、职能、来源及规模。发达国家缺乏承担出资义务和推动谈判的政治意愿，将资金与减缓和透明度问题挂钩，态度强硬。但在各方相互妥协及主席推动下，会议最终将《哥本哈根协议》中关于资金问题的政治共识全面反映在《坎昆协议》中，通过了《坎昆协议》。

2011年4月曼谷。本次会议重点是确定谈判议程。发展中国家认为《坎昆协议》只是落实巴厘行动计划的组成部分，资金议题仍应讨论包括长期资金、短期资金、资金来源和规模、资金治理等的所有要素。发达国家认为，会议议程中应列出具体、优先讨论的事项，而不应过于宽泛地仅重复以前已经达成的成果。最终采纳的会议议程中，使用了"资金（finance）"这个高度浓缩和抽象的用语。

2011年6月波恩。发达国家无意讨论快速启动资金和长期资金，仍将重点放在资金机制具体设计上。发展中国家在常设委员会设计、长期资金方面基本达成共识，但因发达国家在常设委员会的职能定位问题上与发展中国家存在较大分歧，会议未能就此形成共同立场。

2010 年，谈判各方以《哥本哈根协议》为依托，共同努力、求同存异，在《联合国气候变化框架公约》第 16 次缔约方大会通过了由《公约》和《京都议定书》缔约方会议一系列决定组成的《坎昆协议》。明确了建立"绿色气候基金"，要求发达国家落实快速启动资金，并承诺到 2020 年每年动员 1000 亿美元支持发展中国家应对气候变化。《坎昆协议》是气候变化谈判向前迈出的重要一步，令国际社会重拾多边气候谈判的信心，但在资金问题上的进展远低于发展中国家的预期和巴厘路线图的要求。

（二）《坎昆协议》资金机制的基本内容

《坎昆协议》中资金部分内容主要包括三个关键问题，一是短期（2010～2012 年）快速启动资金问题，二是长期资金（2013～2020 年）制度安排，三是资金运营机制设计。

关于快速启动资金。注意到发达国家在筹集 300 亿快速启动资金方面所作的努力。发达国家作出的新的、额外的资金承诺应在减缓和适应领域平衡分配，适应资金优先考虑最脆弱的发展中国家。请发达国家分别于 2011 年、2012 年、2013 年的 5 月向《公约》秘书处就快速资金的落实情况及发展中国家获取资金的渠道提交报告，以提高资金支持透明度。

关于长期资金。再次明确发达国家应向发展中国家提供大规模的、新的、额外的、可预测的和充足的资金支持。提出在发展中国家具有实质性减缓行动和保持一定透明度的条件下，发达国家到 2020 年每年动员 1000 亿美元资金帮助发展中国家应对气候变化。同意资金来源的多样性，包括公共资金和私营部门资金、双边渠道和多边渠道，以及创新性资金来源等。决定支持适应领域的大部分资金通过绿色气候基金发放。

关于资金运营机制设计。协议决定成立绿色气候基金（Green Climate Fund），将之作为公约资金机制的运营实体之一，基金由 24 人组成的董事会治理，平衡代表发达国家和发展中国家。世界银行作为新基金的临时托管方，在基金运作三年后接受评审。成立独立秘书处支持新基金的运作。建立过渡委员会负责新基金的设计；在缔约方大会（COP）项下设立常设委员会，协助 COP 实现资金机制方面的功能。

（三）对《坎昆协议》资金机制的分析与评述

《坎昆协议》首次将《哥本哈根协议》中关于资金机制的内容写入缔约方会议决定。协议中资金机制内容，基本符合各方预期，是促进坎昆谈判取得成功的关键因素之一。主要表现在以下几个方面。

第一，重申发达国家在《公约》下的出资义务，明确了发达国家应为发展中国家提供大规模的、新的、额外的、可预测的和充足的资金支持。这维护了《公约》和《巴厘路线图》的主体思想，体现了广大发展中国家的基本诉求，重建了发达国家和发展中国家互信。

第二，首次在缔约方会议决定中明确写入资金应在减缓和适应两个领域平衡分配，且规定支持适应的大部分资金通过绿色气候基金发放。这明确了适应和减缓同处于优先解决地位，是发展中国家利益的重要体现，反映了国际社会减缓和适应并重的主流意见。

第三，资金机制安排问题取得重要进展。建立绿色气候基金并通过不同领域基金窗口支持发展中应对气候变化行动、建立常设委员会协助完成《公约》资金机制方面的功能，这为发展中国家顺利获取应对气候变化的资金支持提供了重要保障，为实现减缓、适应、技术转让、能力建设等领域与资金支持的对接做好了基础。

第四，首次对发达国家履行出资义务透明度作出安排，要求发达国家对快速启动资金落实情况进行汇报。此举为建立登记簿系统，为对发展中国家的减缓行动和发达国家的资金支持进行匹配奠定了基础。

另外，《坎昆协议》资金部分作为各方妥协的结果，较多体现了发达国家利益，主要表现在：第一，协议内容与发展中国家诉求存在差距。协议资金部分是《哥本哈根协议》的具体化，未规定发达国家采取更多的行动或作出更为具体的承诺，如：协议未对资金的来源作出明确阐释，并以发达国家"承诺动员"作为来源多样化的资金为筹资目；未考虑广大发展中国家应对气候变化的切实需求，300亿美元短期资金和1000亿美元长期资金的资金规模并不够；未体现公平、透明、协商一致原则，对绿色气候变化基金托管方的产生方式摒弃"竞标产生"而采取"直接指定"方式。此外，协议中还包括发达国家以发展中国家采取有效的行动和机制透明（MRV和ICA）为前提履行其供资义务等违反公约规定的内容。

二　《坎昆会议》资金机制中的焦点问题

资金机制问题无疑是未来气候政治经济的核心议题之一。随着气候变化谈判进入关键时期，谈判的结果也将直接影响到未来很长一段时间全球应对气候变化的政治经济新秩序和新格局。资金议题既是谈判的关键点，也是应对气候谈判中的难点和焦点，因此资金谈判中的焦点问题越来越值得思考和研究。

（一）300 亿美元快速启动资金兑现情况

自《哥本哈根协议》提出短期快速启动资金概念以来，该问题一直是发达国家和发展中国家在资金谈判中争论的焦点。发达国家宣称已对快速启动资金作出具体承诺并部分落实，反对在接下来的磋商中再次就此问题形成大会决议。发展中国家对此提出质疑，认为绝大部分资金只是将原来的发展援助资金改贴气候标签，属于"新瓶装旧酒"，不符合《公约》规定，不是新的、额外于传统的官方发展援助（ODA），同时要求提高资金落实情况的透明度，对这部分资金进行"衡量、报告、核查"。《坎昆协议》作为双方的妥协，请发达国家每年向《公约》秘书处提交落实资金的信息。坎昆之后，争论的焦点仍继续在资金的透明度和资金性质问题上，发达国家召开边会，宣称正作出 294 亿美元的资金承诺，并已通过多、双边渠道落实 57 亿美元，并未按时按要求向《公约》秘书处提交相关信息。世界资源研究所（WRI）等知名科研机构与非政府组织（NGO）通过对发达国家提供的数据进行调查分析，认为仅有 7% 的资金承诺可定义为新的、额外的。

（二）绿色气候基金

发达国家和发展中国家对新基金的定位与筹建方式、基金董事会的构架与职能等问题存在争议。发达国家提出新基金是资金机制经营实体之一，气候变化资金可通过其他多双边渠道实施，反对设立新的监管机构负责总体协调。新基金的筹建以各国财政部门为主，私营部门和相关机构共同参与的模式，在资金治理中强调"净受捐国和净捐资国"概念。发展中国家坚持设立资金机制监管机构，评估资金的充足性，总体协调和管理包括新基金在内的多个资金渠道，发挥协同效应。坚持设立由平衡代表的缔约方组成的临时特设或常设委员会，短期内完成

基金筹建工作，长期发挥监管机构职能，提高公约资金机制的有效性。坎昆大会最终决定成立绿色气候变化基金，将之作为公约的资金机制运营实体之一。新基金的具体筹备工作交由新成立的过渡委员会完成。

（三）绿色气候基金设计过渡委员会

绿色气候基金设计过渡委员会由 25 个发展中国家委员和 15 个发达国家委员组成。坎昆大会后，分别召开委员会和下设技术委员会会议，明确了工作方式和方法，就绿色气候基金设计的关键问题进行了深入探讨，并确定了委员会下步工作计划和时间表。委员会下设四个工作组，第一工作组负责绿色气候基金的范围、指导原则和跨领域问题，第二工作组负责基金治理和制度，第三工作组负责基金运营模式，第四工作组负责监测和评估。2011 年的 4 次委员会及相关会议总体比较务实，侧重讨论了绿色基金设计的总体指导原则、目标定位、法律地位和治理结构、基金董事会与缔约方大会关系、业务模式、项目领域窗口设置、投融资方式，以及监测和评估机制等，完成了绿色基金设计方案框架文件，但各方仍未能就主要问题达成共识。过渡委员会的工作目标确定为在 2011 年 10 月在南非开普敦召开过渡委员会第四次会议，讨论并通过向德班缔约方大会提交的绿色气候基金设计方案最终报告。

（四）常设委员会

资金常设委员会职能之争是 2011 年资金议题谈判的又一焦点。坎昆大会之前，发达国家反对新成立常设委员会，要求发挥现有机构的作用。在发展中国家的坚持下，坎昆大会决定成立常设委员会，但并未对其职能作出明确定义。坎昆大会后，发达国家借此议题具体谈判，发达国家不愿意赋予常设委员会过大职能，认为其应为咨询性质机构，主要功能是为 COP 收集资金信息，提供相关建议，协调公约资金机制，向附属履行机构（Subsidiary Body for Implementation，简称 SBI）报告，不能向资金机制提供直接指导。发展中国家认为常设委员会除提供咨询外，更为重要的是发挥监管作用，主要功能包括协调公约内外资金渠道、完善公约资金机制、动员资金、"衡量、报告、核查"向发展中国家提供的资金支持等，向缔约方会议直接报告。

（五）私营部门、碳市场、航空航海税

发达国家认为"创新公共资金"应在气候变化长期资金中起重要作用，力推私营部门、碳市场和航空航海税应发挥的作用，倡导征收国际航空航海税。小岛国和最不发达国家集团出于自身利益考虑，也希望将航空航海税纳入资金范围；基础四国观点一致、旗帜鲜明地表示反对。特别是在绿色气候基金的设计方面，发达国家主推私营部门参与基金活动，要求通过设立私人部门窗口等形式为私人部门投资建立担保、保险、补贴等激励机制，以动员私人部门投资于应对气候变化活动。发展中国家普遍担心发达国家补贴其私人部门开拓发展中国家市场，强调基金应重点支持发展中国家国内私营部门。另外，关于气候变化常设委员会应发挥的作用，发达国家提出以各国财政部门为主，私营部门和相关机构共同参与的模式，在资金治理中强调"净受捐国和净捐资国"概念。发展中国家则坚持设立由平衡代表的缔约方组成常设委员会。

（六）适应基金与资金直接拨付方式

《京都议定书》下适应基金旨在通过提供资金，支持《京都议定书》发展中国家缔约方开展应对气候变化的适应活动，其资金来源主要为碳市场的 CER 货币化收入，捐赠和少量投资收入。全球环境基金（GEF）和世界银行（WB）分别临时承担秘书处、信托方职责。董事会为 AF 运营实体，向《京都议定书》缔约方会议负责。董事会的组成遵循公平和均衡代表性原则。董事会共 32 名成员，包括 16 位董事和 16 位副董事，其中联合国五大区域集团各 2 名董事和副董事；小岛屿国家和最不发达国家各 1 名董事和 1 名副董事；附件一和非附件一缔约方国家各 2 名董事和 2 名副董事。

作为在气候变化领域第一个实施对受援国进行资金直接拨付的项目实施方式的资金机制运行实体，适应基金自 2009 年正式运行取得了很大进展，包括：成功认证塞内加尔、牙买加和乌拉圭的三个国家实施机构，批准了金额共计 1.25 亿美元的 21 个项目概念或全额项目、启动了资金直接支付政策实施、获得了德国政府授予适应基金董事会的法律地位。各缔约方和国际社会对适应基金取得的进展反响热烈而积极，尤其是发展中国家，在绿色气候基金的讨论中，一致希望绿色气候基金的治理模式和资金拨付模式均参照适应基金来设计。

三　德班气候大会需要解决的资金机制问题

经历了 2009 年哥本哈根会议的坎坷之路，坎昆会议上《坎昆协议》的达成使各方重拾了对联合国气候变化大会的信心。但是，也应看到，《坎昆协议》仅仅搭建了框架，诸多问题需要在 2011 年、2012 年，甚至更长的时间里通过进一步的谈判、磋商予以解决和落实。展望 2011 年底将在南非德班召开的《公约》第 17 次缔约方大会，资金机制及相关问题的谈判重点除了资金的来源、规模、和资金治理构架这三个主要问题，还有可能具体包括：第一，如何对资金的额外性作出明确定义，如何正确处理对发达国家自己支持的测量、核查与报告和对发展中国家受资金支持气候变化项目的成果的测量、核查与报告。第二，"绿色气候基金"的建立与实际运营。其中包括明确资金来源、确定治理框架、运营模式确立和监管评估设置等具体问题。第三，如何定位"绿色气候基金"与其他公约内资金机制运行实体和公约外相关气候基金关系。第四，2010～2012 年气候变化快速启动资金相关信息的透明披露等。

（一）资金来源与规模

发达国家和发展中国家严重对立的资金来源与规模将是德班大会仍无法回避讨论的议题，发展中国家和发达国家仍将在：谁出资？通过何种方式出资？出多少资？等问题上展开拉锯战。但不难推测，取决于两大阵营在重大原则问题上磋商空间极为有限、各方对资金谈判的期许与侧重点不同、国际社会各界对绿色气候基金能够尽快建立并运行有着较高的期待，德班气候大会不会过多讨论资金来源与规模的相关细节问题。

（二）快速启动资金信息透明披露

自发达国家在《哥本哈根协议》中承诺在 2010～2012 年为发展中国家每年提供 300 亿美元新的和额外的资金以支持发展中国家抗击气候变化行动以来，如何确保该资金承诺的透明兑现成为发展中国家特别关注的问题。即使是在坎昆大会作出了需对快速启动资金落实情况进行报告的决议之后，发达国家仍旧认为《坎昆协议》已经对短期资金作了具体的规定，对快速启动资金的落实、资金性质的确认、信息的公开等不再重要，无需再谈。因此，极有可能在未来的资金谈判中，发展中国家仍努力坚持平衡推进谈判，强调快速启动资金落实的公开透明，而大部分发达国家将坚持只谈常设委员会与绿色气候基金。

（三）绿色气候基金

2011年共安排了6次绿色气候基金过渡委员会会议和技术支持会议，专门研究绿色气候基金的具体设计方案，其目标是在德班气候大会前正式建成并运行绿色气候基金。毫无疑问，绿色气候基金的建立将是德班气候大会的热点与重点，它将是确保德班气候大会资金议题取得有效成果的关键所在。但从目前已经结束的历次过渡委员会进展来看，绿色气候基金设计进展缓慢。绿色气候基金与《公约》下资金机制各运行实体的关系如何、其地位与作用界定、其资金从何而来、其将以何种形式实现对发展中国家的资金帮助、私营部门和碳市场将如何及通过何种方式发挥作用？这些问题还尚待确定。2012年，乃至未来气候变化资金谈判任务依然艰巨。

（四）常设委员会

坎昆会议作出建立资金常设委员会后，其职能如何设置成为2011年资金议题谈判的又一焦点。如何界定常设委员会的具体职能，如何实现对公约资金机制的总体监管，如何通过协调公约内外资金渠道完善公约资金机制、如何缓解发展中国家资金需求与发达国家资金来源之间巨大的空洞、如何实现对向发展中国家提供的资金支持进行"衡量、报告、核实"等一系列问题均有待在今后的资金谈判中进一步解决。

G.6

欧盟将航空排放纳入排放
交易体系的影响及应对

成帅华　李　瑾*

摘　要：欧盟通过航空业碳排放配额，试图将国际航空业纳入欧盟碳交易体系，其背后的核心利益在于：欧盟要把握对气候变化议题、国际政策和市场机制的领导权，提升欧盟航空业竞争力等。据测算，中国航空企业如果维持现有的航班数量，那么仅 2012 年就需要花费约一亿欧元购买碳排放配额，而且这个数字将每年增加。虽然欧盟将国际航空业纳入 EU ETS 的决心没有因为美中等国的强烈反对而改变，但在各方力量的博弈下，欧盟可能会推迟政策的实施时间。本文在和欧盟、美国及中国国内有关机构调研的基础上完成，对该政策的驱动原因、涉及的国际法问题进行分析，简述了该政策的最新进展，并就解决的方案提出建议。

关键词：欧盟　航空减排　碳交易　应对措施

欧盟已经决定把国际航空业纳入欧盟碳排放交易体系（EU Emission Trading Scheme，EU‑ETS）。从 2012 年起，往返欧盟国家以及在欧盟内部飞行的中国航空公司，要么大幅度削减温室气体排放量，要么购买碳排放配额。据测算，中国航空企业如果维持现有的航班数量，那么仅 2012 年就需要花费约一亿欧元购买碳排放配额，而且这个数字将每年增加。

---

* 成帅华，博士，日内瓦国际贸易和可持续发展中心（International Centre for Trade and Sustainable Development）亚太及中国事务部总监，经合组织（OECD）中国投资咨询委员会成员，中欧工商学院和伦敦可持续发展学院客座教授。研究领域：国际贸易与投资、气候变化、清洁技术转让和合作、中国与全球经济治理。李瑾，上海环境能源交易所研发部主任，经济学博士。研究领域：碳排放交易、碳金融、绿色金融等。

如果执行，这将是第一起欧盟的边境碳调节贸易措施。虽然这对中国的航空企业已经不是新闻，但是在如何化解这个难题方面尚缺乏系统的有效方案。本文是在和欧盟及国内有关机构调研的基础上完成的，对该政策产生的驱动原因、涉及的国际法问题进行分析，并跟踪了近期这一问题的最新进展，同时就中国如何应对这一方案提出了建议。

一 欧盟将航空排放纳入碳交易体系的主要驱动因素

2009 年 1 月，欧盟第 2008/101/EC 指令正式宣布把航空业排放纳入欧盟的碳排放交易权体系，并将包括与欧盟有飞行业务的非欧盟航空运营商。欧盟在其政策文件中明确地把减少航空业对气候的影响作为其最基本的动因。主要的依据是：虽然 2006 年欧盟的温室气体排放比 1990 年的水平下降了 3%，但是同期国际航空业的排放翻了一番。航空器的技术和运行效率尽管有了显著的提高，仍然不能抵消迅速增长的航空业务对碳排放带来的影响。2012 年航空业的碳排放预计为 2300 万吨，并在 2020 年达到 1 亿 2200 万吨。

值得注意的是，欧盟的这一措施不仅仅是一个应对气候变化的政策，更是一个国际政治经济学的决定。概括起来，欧盟将国际航空业纳入其碳排放交易系统的主要原因可以归结为环境因素、政治因素和经济因素三个方面。

（一）环境因素

减缓气候变化是欧盟出台这一政策的本意之一。近年来世界各国在高能耗、高排放强度的行业，如钢铁、水泥、化工等的减排中投入了大量的精力，并取得了一定的成效。但是航空业的迅速发展使得该行业的温室气体排放量不断增加，尽管目前航空业排放的 CO_2 量只占全球 CO_2 排放量的 2%，但是自 1990 年以来该行业的排放量已经提高了 87%[1]。欧盟希望通过将国家航空业纳入其碳交易体系，促成航空业高效经济的减少碳排放量。

---

[1] Eckhard Pache, On the compatibility with international legal provisions of including greenhouse gas emissions from international aviation in the EU emission allowance trading scheme as a result of the proposed changes to the EU emission allowance trading directive, 2008, 4, 15.

（二）政治因素

尽管欧盟碳交易体系是目前世界上最为成熟和发达的碳交易体系，但其目前仍然是一个区域性的交易系统；而航空业的碳排放量不仅便于计算，更具有极强的国际性。借助于航空业的国际性，欧盟把区域性方案扩展至全球范围，可以显示其在解决气候变化问题上的领导权，并强化其运用市场机制减缓气候变化领域的优势。欧洲在应对气候变化问题上一向表现积极，同时由于布什政府在应对气候变化问题上过于消极，美国在气候问题上被日益边缘化，欧盟也利用气候变化问题，在战后首次主导了重大国际问题的谈判和谈论。将国际航空业纳入欧盟碳排放交易体系，可以进一步强化欧盟在国家问题上的话语权，为欧洲复兴和欧洲大陆重回国际政治中心位置奠定更加坚实的基础。

（三）经济因素

欧盟将国际航空业纳入其碳交易体系必然有其维护自身经济利益的需要。

第一，该政策可以解决欧洲航空业竞争力的实际问题。因为如果只有欧盟的航空企业需承担温室气体的减排任务，而非欧盟的航空公司不承担任何减排负担，那么欧盟航空公司的运营成本将在同等条件下高于欧盟以外的航空公司。在已经竞争十分激烈的国际航空市场中，这个额外的碳成本将使欧盟航空公司处于不利的竞争地位。事实上，欧盟最初的方案只针对欧盟成员国的航空业，但在欧盟内各航空公司的积极游说下，欧盟最终决定对整个国际航空业实施这一政策。

第二，欧盟在航空业的试点，有可能为今后其他的全球性行业方案铺平道路，比如钢铁、电力和海运行业。航空业的碳排放量便于计算和核查，在这一领域进行试点可以进一步完善欧盟碳交易体系，为今后将其他行业纳入这一体系积累重要的经验。

同样重要的是，欧盟以市场为基础的减排机制将带动欧盟的一批新兴企业的发展，可以在未来全球碳市场中抢占先机，比如碳监测、报告和核实业务（MRV）、碳交易和碳金融业务。把国际航空业纳入欧盟碳交易中心将巩固和加强欧洲在全球碳交易市场中的主导地位。

综上所述，应对气候变化、争夺国际政策和市场机制的主导权、维护欧盟自身的经济利益是欧盟将国际航空业纳入其碳排放交易体系的重要驱动因素。

二 围绕欧盟政策的法律争议

（一） 欧盟政策内核

根据欧盟的决定，从 2012 年起，进出欧盟或者在欧盟内部飞行的航班（年碳排放量低于 10000 吨的航空运营商和军事、救援、培训、技术、政府间航班得到豁免）将会被纳入欧盟排放交易体系，为其碳排放支付费用。运营商需采取措施，如技术改进，减少排放量保证其不超过欧盟分配的排放配额，或者使用其之前储备的排放配额抵消现有排放，或从全球碳市场获得排放许可证。但是，如果航空公司所在国采取与欧盟 "同等严格" 排放标准，则该航空公司也可以被豁免[①]。

这个政策的一个核心概念是航空业排放配额（Aviation Emission Allowances，简称 EUAs）。整个航空业的配额将以 2004 ~ 2006 年的平均排放为基数，加上一个百分比。整个航空业在 2012 年的配额是基数的 97%。对每个航空公司而言，其 2012 年的配额将根据该企业 2010 年的排放量在欧盟的总排放中所占的比例决定。

2012 年，85% 的配额将是免费发放的。也就是说，如果某航空公司将维持 2010 年的航班次数，而且没有成功的减少排放，那么它需要购买 17.5% 的排放权 ［计算公式：$1.00 - (0.85 \times 0.97)$］。

2011 年 6 月 30 日，欧盟委员会确定了 2012 年航空排放配额总量为 21289 万吨 CO_2，此后从 2013 年至 2020 年，每年的配额总量为 20850 万吨 CO_2。考虑了挪威和冰岛航空业的排放状况后，欧盟最终确定 2012 年航空业排放配额总量为 21478 万吨 CO_2，从 2010 年至 2020 年，每年的配额总量为 21035 万吨 CO_2[②]。确定排放配额总量的依据是欧洲航管组织的数据、各航空公司提供的燃料消耗量以及抵达机场后航空器与辅助电力设备相关的燃料消耗。各航空公司在 2010 年已开展了碳排放监测，并在 2011 年 3 月 31 日之前将监测数据提交至其主管部门进

① An Overview of Aviation and the European Union Emission Trading System, 2011, 7.

② Decision of the EEA Joint Committee, No. 93/2011 of 20, Jul, 2011.

行了核查和报告。根据各航空公司提交的数据和 6 月 30 日公布的排放配额总量，欧盟委员会在 9 月 26 日公布了碳排放基准线，明确了 900 多家航空公司在 2020 年之前能够获得的免费排放配额，根据目前的碳市场价格，这些免费配额总价值高达 200 亿英镑[①]。

（二）法律争议

欧盟的方案从一开始就备受国际争议，因为许多国家都认为欧盟将国际航空业纳入其碳排放交易体系违背了国际上相关的法律和约定。

第一，欧盟的措施有侵犯他国主权之嫌[②]。将国际航空业纳入欧盟的碳排放交易体系实际上存在域外管辖，虽然航空器飞行的路线可能大部分都在欧盟之外的区域，但是欧盟却通过配额分配将飞行器在这部分区域排放的温室气体统一纳入欧盟的管辖之内，相应的排放费用也由欧盟征收，显然不合理、不合法，侵犯了他国对自身领空内污染的管辖权。即便是在非国家区域，如公海上空的非欧盟航空器，欧盟也无权对其行使管辖权。

第二，欧盟的法案与《芝加哥公约》和国际民航组织的相关要求不符[③]。根据《芝加哥公约》，各缔约国不得仅仅因为航空器进出或穿越其领土而征收任何的税费或收取其他费用。欧盟排放交易体系规定，航空公司要想获得进出欧盟的权利，必须购买排放配额，这在实质上构成收费行为，违反了《芝加哥公约》的规定。同时，在国际民航组织历次大会的决议中，均有"在国家之间相互同意的基础上，方能实施排放权交易制度"的表述。而欧盟的政策显然违背了国际民航组织对航空排放交易问题的基本立场。

第三，欧盟的措施违背了气候《公约》确立的，在应对气候变化问题上，发达国家和发展中国家应承担"共同但有区别地责任"的原则。但是欧盟不加区别地要求来自不同国家的航空公司承担相同的责任，而且其配额分配的基础是

---

① European Commission Climate Action, "European Commission Sets the Rules for Allocation of Free Emissions Allowances to Airlines", 2011 Sep 26, http：//ec. europa. eu/clima/news/articles/news_2011092601_ en. htm.

② 宣增益：《航空减排路径之探讨——兼评欧盟航空减排交易指令》，《中国政法大学学报》2011 年第 1 期。

③ 宣增益：《航空减排路径之探讨——兼评欧盟航空减排交易指令》，《中国政法大学学报》2011 年第 1 期。

各航空公司 2010 年的排放量，因此是一种"排放越多，受益越大"的分配方式，看似公平的法案实际上却有违解决气候变化问题的根本原则，也不符合情理。

三　对欧盟方案的国际反应

欧盟的决定一公布立刻引起了国际社会的广泛关注，许多国家纷纷表示反对欧盟单方面作出的决定。

（一）美国

早在 2009 年 12 月美国航空运输协会（ATA）和三家美国的航空公司就决定在伦敦的法院起诉 EU – ETS。英国法院认为这个问题涉及整个欧盟共同体的利益，在 2010 年 5 月上诉到欧洲法院。

美国航空协会的主要观点是，EU – ETS 对非欧盟航空公司的碳排放收费违反了 1944 年《芝加哥公约》、1997 年《京都议定书》和 2007 年《美国欧盟开放领空协议》。

关于《芝加哥公约》，美国的诉求涉及第 1 条主权原则、第 11 条领空限制和非歧视原则，以及 15 条和 24 条。美国认为非欧盟航空企业没有义务为它在第三国领空、公海和领空的飞行承担碳排放配额。此外，美国认为欧盟单边的碳排放交易体系违反了 1997 年《京都议定书》，因为《京都议定书》规定，各方应当"通过国际民用航空组织"寻求减少航空业碳排放。但是英国辩方指出，《京都议定书》要求通过国际民用航空组织，但是并没有要求只通过国际民用航空组织。当然，美国引用《京都议定书》有一些滑稽，因为众所周知美国至今还没有签署《京都议定书》，所以这个问题可以忽略。

英国辩方的立场占据上方，美国的立场可能不能成立。第一，英国辩方指出，欧盟作为整体不是《芝加哥公约》的签署方，所以不受《芝加哥公约》的制约。如果欧洲法院支持这个观点，那么就可以不考虑控方对《芝加哥公约》的观点。第二，即使适用《芝加哥公约》，要求航空公司为第三国上空的飞行承担碳排放责任并没有侵犯第三国的领空主权，因为 EU – ETS 并不影响第三国自由地执行减排措施和决定飞行器进出领空。第三，要求飞入和飞出欧盟的所有航空器承担碳排放责任也不存在歧视的问题，并没有违反《芝加哥公约》的 11 条。第四，关于收费。英国辩方认为欧洲碳排放交易体系不构成任何收费，而是一种行政性机制，要求航空公司监督和报告他们的排放情况，并给予他们选择权，要么在所给予的配额范围内运营，要么超出所给予的配额运行但是需要购买配额。即使是购买额外的配额，也不构成第 15 条意义上的费用。即使购买配额被认为是"费用"，也不是因为第 15 条规定的"只是因为经过或者进出领空"而支付的费用。第五，芝加哥公约的第 24 条禁止对燃油征收海关关税。但是因为航空器上的燃油始终在飞行器上，不存在进入海关的问题，ETS 产生的费用并不是海关的征税。

尽管如此，《美国欧盟开放领空协议》也能给美国航空企业一线机会。该双边协定的第 11 条（2）（c）款关于对燃油收税的规定，禁止对燃油消费征收税费。美国航空公司指出为排放购买配额构成"基于燃油的收费"。欧洲法院曾经在 1999 年的一个 C－346/97 案例中支持瑞典根据燃料的消费对碳排放征税，说明对燃油的排放收费的确构成了协定所禁止的税费。

综合各方面因素，一个可能的结果是美国关于《芝加哥公约》的诉求失败，但是关于美欧开放领空的争辩成立，即：国际航空业纳入欧盟 ETS 这个政策从整体上站住了，但是因为《美欧双边开放领空协议》的规定，美国航空企业可以排除在这个政策之外而不用支付碳排放权。目前欧洲法院已对美国的诉讼进行了听证，最终的判决结果有望在 2011 年年底公布。

为对欧盟产生有力回应，2011 年 7 月 20 日，美国众议院通过一项名为《禁止 EU－ETS 2011》的法案，法案要求运输部禁止美国航空公司加入欧盟排放贸易体系，以避免美国航空业受到欧盟单边减排计划的不利影响[1]。美国方面一直指责欧盟单方面采取的措施是没有效果的和缺乏国际支持的，并主张航空业温室气体减排问题应当在国际民航组织的协调下进行[2]。同时美国还强调其自身在航空减排方面的成效显著，2004～2006 年在航空运输量增长的情况下仍然实现碳排放量的降低。美国认为，采取直航和要求航班在适合发动机工作的高度飞行是减少航空业温室气体排放的直接、经济的措施，但是欧盟却没有采纳这些措施。另外，美国许多航空公司已经开始采取措施自主减排，如提高燃油利用率，降低

---

① European Union Emissions Trading Scheme Prohibition Act of 2011，2011. 7. 20.

② Stephen R. Stegich，The EU Emissions Trading Scheme and Aviation，16th Annual Aero-Engine Cost Management Conference，2008. 2. 6.

油耗，从飞机设计、航线规划，甚至飞机餐盒重量等细节方面入手，进一步减少航空业的碳排放。

10月6日，美国对欧盟的诉讼案有了新的进展。欧洲法院的法律顾问认为，欧盟将国际航空业纳入EU ETS的决定不与目前任何国际法条款和原则相冲突。

第一，由于依据WTO规则在协商解决问题和实施互惠待遇时具有很强的灵活性，因此欧盟将航空业纳入EU ETS的做法违反WTO规则的说法不成立，WTO规则也不能成为质疑欧盟决定的依据。欧盟的决定没有违反WTO的无歧视性原则，因为所有国家经飞欧盟的航空公司都被纳入了EU ETS中，而不同的排放面临的管制也不相同。

第二，美国援引《芝加哥条约》并不合适。尽管欧盟成员国是该条约的缔约国，但欧盟不是《芝加哥公约》的缔约国，因此不受该公约的制约。

第三，虽然欧盟是《京都议定书》的缔约方，但是该议定书不能满足支持美方的观点。虽然《京都议定书》是协调各缔约国关系和各自义务的法律工具，但是它并没有对每一个独立个体的法律地位产生影响；另外，《京都议定书》没有确切地规范各缔约国之间的具体法律关系，不具备无条件性和准确性。

第三，从本质上看，欧盟将国际航空业纳入EU ETS不能被视为一种税收或收费政策。虽然欧盟将国际航空业纳入EU ETS可能造成双重管理，但这种双重管理并不与现行国际法相矛盾，因为在目前的国际法律体系下存在着双重税收的情况，而且欧盟有权采取单边行动应对气候变化，《京都议定书》和ICAO都不能禁止欧盟的行动，同时欧盟也会积极参与ICAO内的谈判。

第四，由于各航空公司的排放配额是基于其在整个飞行过程计算的，因此欧盟的决议没有域外管辖之嫌，也不侵犯他国管理权。

但有评论指出，这仅仅代表了欧洲法院法律顾问的个人观点，欧洲法院的最终判决要在明年才能正式公布。不过其表态证明，在ECJ不可能以WTO规则为由否定欧盟决议的合法性，只有通过WTO或其他途径才能利用WTO规则反驳欧盟早些时候作出的决定。而依据目前的情况，WTO规则可能是反驳欧盟决议合法性的唯一法律基础。同时，在这位法律顾问的表态中，对发展中国家的待遇问题也没有明确的说明。

在该法律顾问表态后的一周，有欧盟官员透露，由于发展中国家和欧盟航空公司的反对，航空业纳入欧盟政策很有可能推迟。近期的一份研究报告提出，虽

然欧盟将国际航空业纳入 EU ETS 的法案以环境保护为目的，但该政策违反了 WTO 规则，并且这一政策本身也存在操作上的不合理性。①

（二）其他发达国家

除美国外，日本、新加坡等国的航空公司 2011 年 8 月 1 日在北京召开的应对欧盟排放交易体系研讨会上也发布了《共同声明》，表示欧盟的做法违反了相关国际法的原则和规定，直接干涉他国主权，严重影响全球航空运输业健康可持续发展，对此表示强烈反对②。

但是目前除美国外还没有其他发达国家的航空组织对欧盟采取严厉的反制措施。这与部分发达国家航空业技术成熟、排放量较低以及其航空公司的业务状况有关。

（三）中国及其他发展中国家

中国航空业协会和主要的航空公司已经明确表示强烈反对欧盟将国际航空业纳入其排放交易体系的做法。但是考虑到美欧之间的争辩结果难以预料，中国采取了两方面的准备，即在强硬表态的同时，积极采取措施，并加强与欧盟方面的沟通，以应对可能即将实施的政策。

俄罗斯、印度也声称他们不愿意遵守将航空业纳入欧盟排放交易体系的要求。美国航空运输协会预计，如果欧盟方面坚持惩罚这些国家的航空公司，或者采取更加极端的手段禁止这些航空公司开设往返或途径欧盟的航班，发展中国家将可能采取相应的报复性措施，届时将导致政治和法律上的混乱。但是欧盟方面对包括中国在内的世界各国的反对仍然保持强硬态度，坚称欧盟的方案不与任何国际法相冲突③。欧盟认为将航空业纳入欧盟排放交易体系是经过欧盟立法程序的，欧盟无意对此作出修改；欧盟委员会也有委员提议，欧洲不应屈服于来自美国、中国和俄罗斯的压力而对其航空业免于征收排放费用。

---

① Lorand Bartels, WTO Law and the Inclusion of Aviation in the EU Emission Trading Scheme（ETS）.

② 欧盟将航空业纳入碳排放交易体系，http://finance.people.com.cn/caac/GB/15313450.html。

③ EU's Response to Vice President of Environmental Affairs, Air Transport Association of America, 2011.6.2.

（四）重要的国际组织

欧盟的方案一经公布就遭到了国际航空运输协会（IATA）的强烈反对。IATA认为欧盟单方面对过境航班征收碳排放税的举动不合理，违背了《芝加哥公约》中的无歧视条款，且飞机途经多国，全程碳排放税都在欧盟缴纳也不现实，同时IATA指出全球有170多个国家反对欧盟的措施，认为航空业应当在国际民航组织（ICAO）的主导下实现温室气体的减排。IATA表示，航空业减排可以依靠航协的四大支柱战略——改进的技术、有效率的运营、良好的基础设施和积极的经济措施[1]。2010年，ICAO成员国已就航空业温室气体减排计划达成一致。这一计划相对欧盟的方案更加温和，在一定程度上考虑到了各国航空业发展的需要。

四　欧盟碳交易体系的发展趋势及中方的应对措施

（一）欧盟碳交易体系的发展趋势及其影响

欧盟碳排放交易体系已经建立了六年，在经历了第一阶段碳价格波动的坎坷后，欧盟碳排放交易体系目前正处于第二阶段（2008～2012年），并不断走向成熟。作为全球最为成功的碳交易体系，欧盟希望不断扩大该交易体系的影响力，从而强化欧盟自身在应对气候变化方面的发言权。虽然目前欧盟只将航空业的CO_2排放纳入其交易体系，但是鉴于非CO_2温室气体的导致全球变暖潜势值更高，欧盟今后可能还会在交易体系中考虑这部分排放量[2]。同时，考虑到欧盟排放交易的第三阶段将进一步扩大参与交易的行业范围，包括航海运输在内的诸多国际性行业都有可能被纳入该交易体系。

在国际海事组织（IMO）海洋环境保护委员会第62次会议（简称MEPC62）上，《1973年国际防止船舶造成污染公约》附件六修正案（以下简称"修正

---

① 苏玫：《全球航空减排——限制排放还是限制发展》，《中国民用航空》，2010，11.6。
② Standard & Pool, Airline Carbon Costs Take off as EU Emissions Regulations Reach for the Skies, 2011, 2. 18.

案")得以通过,该修正案将于2013年1月1日起生效,并确定了"新船设计能效指数"(以下简称EEDI)和"船舶能效管理计划"(以下简称SEEMP)两项船舶能效标准,这两项标准将于2015年起施行,中国、巴西等发展中国家则可以在2019年施行。根据该法案,所有400总吨或以上的新船,必须达至新的EEDI要求,在2020年将能效降低10%,2020~2024年再降低10%,2024年后要达到减排30%的目标;已下水的船只,亦要符合SEEMP中列明的准则。若船舶未能达到规定的能效和排放要求,将受到扣船、缴纳罚金,严重者可能会被要求退出国际航运市场。消息一经公布,欧盟方面迅速表示欢迎,即便如此也不能排除欧盟单方面将航海运输纳入其交易体系的可能。因此,事实上一向被认为是清洁运输方式的航海运输也面临着温室气体减排风险,如果不采取措施进一步削减船舶制造、营运等过程中的碳排放,部分企业将难以维系发展。

值得警惕的是,航海运输是世界各国最主要的货物运输方式,一旦航海业被纳入欧盟碳排放交易体系,将对全球贸易产生重大影响。通过产业链的传递,运输成本的上升将直接影响到外贸型企业利润的高低和生存的空间,从而对其他行业产生间接影响。无论这些行业的碳排放强度高低与否,其生产、经营成本都会随航海运输企业的碳排放成本转嫁而升高。换言之,通过应对气候变化这一敏感话题,欧盟可以对全球贸易运输产生重大影响,进而影响各国外贸型企业。同时由于包括欧盟在内的发达国家坚持在应对气候变化问题上各国应承担同等责任,因此凭借其在技术、资金方面的优势,欧盟还可以遏制新兴经济体的快速发展。

(二)中方的应对措施

1. 中方已采取的措施

一方面,中国航空运输协会同国航、东航、南航等往返欧洲航线较为密集的航空公司已经向国际民航协会递交了诉讼费,正式向欧盟提起诉讼。但是欧盟的回复颇具外交辞令的意味,并没有对中方的诉讼作出实质性的表态或让步。中国航空业协会甚至表示,如果欧盟一意孤行,让中国航空企业纳入欧盟排放交易体系,中航协将强烈建议中国政府对欧盟采取更为严厉的反制措施。事实上,中国已经开始对欧盟的这一做法采取了相应的惩罚性措施,2011年6月24日,北京方面冻结了香港航空公司购买 10 架空客 A380 的计划，总价值高达数十亿美元。欧洲最大的飞机制造商空客公司就曾警告说，一旦将国际航空业纳入欧盟排放交易体系，欧盟可能面临与中国和其他国家展开贸易战。

另一方面，中国的航空公司正积极采取措施，争取在国际航空业被纳入欧盟排放交易体系后能够获得有利于自身发展的地位。首先中国方面希望欧盟考虑中国航空业快速发展的事实，利用欧盟的配额储备尽可能为中国航空企业分配较多的排放配额。其次，今年中国航空业也制定了"十二五"期间的减排目标，即到 2020 年单位燃料的碳排放量减少 22%。目前中国正积极与欧盟方面沟通，协商能否将中国航空业制定的减排目标视为与欧盟"同等严格"的减排标准。根据欧盟的法案，如果航空公司所在国制定的减排计划与欧盟是"等同"的，那么航空公司可以受到豁免。虽然最终结果难以预计，但最起码欧盟方希望中国能继续与欧盟展开建设性的对话。欧盟方面的官员表示，欧盟委员会没有对所谓的"等同措施"设定任何标准，因为欧盟不希望限制任何可能性。

中国做两手准备不仅是为了应对欧盟作出的将航空排放纳入欧盟排放交易体系的决定，还有其更加深远的含意。在中国面临的国际减排压力日益加重的现实下，中国需要采取有效的措施削减其温室气体的排放，这不仅需要包括欧盟在内的发达国家提供技术和资金，更需要向欧盟学习先进的管理措施和理念。2011年，中国决定 2013 年起北京、上海、天津、重庆和湖北、广东进行碳交易试点，并在 2015 年进行推广，但如何建立高效可信的 MRV 体系、如何构建有效的碳交易体系、如何对碳交易体系进行有效的监管、如何为碳交易提供有效的金融保障等都是中国目前面临的重要而棘手的问题。而欧盟碳交易体系为中国树立了理想的模板，中国需要加强与欧盟及欧盟内部有关组织和机构的合作，借鉴欧盟的经验，更好地推动国内的碳交易和温室气体减排。

2. 应对欧盟碳排放交易的战略性措施

就维护航空业的发展而言，中国可以从法律、政治和技术三个方面入手应对欧盟的相关措施。

（1）法律手段。

尽快启动相应的法律程序可以成为政治谈判的筹码。方式上可以参照美国的模式，由航空协会和企业联合起诉。在争辩理由上，引用《芝加哥公约》条款

的难度较大，美国的案例也说明了这一点。中方可以提出的争辩点可以围绕三个方面。

一是中国和欧盟双边开放领空协定中的有关条款，特别是看是否有对燃油收费方面的规定以及如何规定。

二是欧盟要求发展中国家航空企业承担与欧盟企业相同的碳减排目标违反了联合国气候变化框架公约中"共同而有区别的责任"的原则。根据"共同而有区别的责任"原则，中国等发展中国家的碳减排方面的义务与欧盟等发达国家的义务应当是有差别的，欧盟的减排是强制性的义务，发展中国家的减排建立在自愿的基础之上，并且需依据各自的经济和社会发展水平。

三是欧盟给国际航空业设定的减排目标高于联合国国际民用航空组织的全球总体目标。2010年10月国际民航组织第37届大会刚刚发布一个全球性的航空业减排计划，承诺到2050年之前每年提高2%的燃油效率，建立全球性框架促进可持续的替代燃料的开发和运用，并在2013年形成一个特定的世界性标准为飞行器的二氧化碳排放设定限制。

（2）政治谈判。

从政治上看，中方提出谈判的时机已经成熟。欧盟2011年10月9日在一份声明中表示："欧盟同意在执行碳排放交易体系的过程中与第三国进行建设性的对话，特别是关于如何处理从第三国飞入欧盟的航班。"政治谈判的要领包括以下几个方面。

首先，尽可能避免欧盟将中国航空业纳入其排放交易体系中，结合中国航空业制定的"十二五期间减排计划"，向欧盟提出豁免中国航空公司的碳排放交易，中方目前已经在做这方面的努力。

其次，如果中国航空企业必须纳入其中，也不是不可以接受的结果，但是需要欧盟满足一系列的条件。这些条件至少可包括四个要点：一是要求给予更多的免费配额，比如可以在2010年的基础上保持每年一定比率的增长，直到2020年到达顶峰。这样可以保障中国航空业可以在欧洲市场的业务增长空间。而且，如果因为提高能效或者减少航班的原因没有用足免费配额，也可以把剩余的配额拿到欧洲碳市场出售获得收益。二是要求欧盟方面在航空技术、碳检测和管理等方面提供技术支持和援助。三是要求中国航空公司在欧洲购买的碳排放配额应当专门用于上述的针对中国的技术支持。四是允许中国航空公司在中国的国内碳市场购买经过国际机构独立认证的自愿减排指标，比如中西部的森林碳汇。这第四种方案的核心是中国国内的碳减排等同于欧洲市场的碳排放配额，可以通俗地称为"中国粮票，欧洲通用"。意义重大，并且具有一定的可行性。

再次，如果上述两点达不成协议的话，可以要求延迟加入欧盟碳排放交易体系。比如推迟到联合国气候变化框架公约达成有法律约束力的国际协定的时候，或者国际民航组织达成协议明确各国在减排方面具体义务的时候。这至少可以延迟两到三年。

最后，中国也可以争辩，欧盟的政策可能造成碳泄漏的问题。因为非欧盟航空公司为了避免购买碳排放权，可能会选择绕过欧盟领空的线路，比如在中东转机从而延长了航空线路增加了航空业的排放。

（3）技术手段。

技术手段主要是航空企业排放数据的监测、报告和核查和降低碳排放技术的研发与应用。

"三可（MRV）"方面需要注意的是，目前的核查都需要由欧盟认可的第三方独立核查机构，进行核查。欧洲核查机构业内人士透露，这些机构以往核查的大多数是地面的工厂和设施，对航空数据的核查并没有经验。而且，现在还没有核查费用的报价，因为他们不清楚是否需要欧洲的核查人员飞到中国航空企业核查数据。因此在核查机构开始核查之前，航空公司内部应建立一个强有力和可靠的团队收集和分析数据，提高排放数据的质量，更好地从技术角度应对欧盟的措施[1]。

在降低碳排放方面，生物燃料的开发与应用、发动机效率的提高和飞行路线的规划等都需要航空公司及其主管部门、相关的研究机构积极参与，从各方面入手，尽可能多地降低飞行中产生的碳排放，不仅应对欧盟即将采取的措施，也更好的实现中国航空业的持续发展。

为更好地应对欧盟排放贸易对中国航空业及其他国际性行业，如钢铁、航海运输等的影响，中国可以"软硬兼施，多管齐下"，从政策、法律、技术等层面和角度维护自身的利益。首先，在国际社会上明确地表明中方的立场，即坚持

---

① 王泪娟：《我国航空业如何应对国际碳减排压力——基于碳排放数据质量的分析》，《技术与市场》，2010，17（12）。

UNFCCC 确立的对气候变化发达国家和发展中国家承担"共同但有区别的责任"原则，坚决反对发达国家提出的"单轨制"，尽可能避免或削弱承担减排责任对中国发展产生的不利影响；其次，抓住气候问题引发的全球政治经济变革带来的机遇，在国内形成温室气体减排的倒逼机制，加强与发达国家的合作，化"危"为"机"，实现我国各行业的低碳化、绿色化发展，并利用应对气候变化议题提升中国的国际形象和地位，在碳限制世界下为中国的发展提供良好的舆论环境。除发挥行业协会的领导作用和企业自身的积极性外，政府层面也应当制定相应的应对方案。

如何破解适应全球应对气候变化的趋势与经济发展的需要之间的矛盾是中国制定方案的关键。经济发展是现阶段中国的主要任务，也为应对气候变化提供必要的物质基础，因此中国应合理利用国际法，充分团结广大发展中国家，密切关注小岛国在气候问题上的利益，积极参与气候变化问题的国际谈判和应对气候变化问题相关标准的制定，为中国的经济发展创造良好的外部条件和国际法基础。对外积极的表现可以树立中国的大国形象，同时为中国在气候问题上赢得更加有利的地位。

国内制定并实施相应的低碳环保经济政策不仅可以刺激国内企业以更加积极的姿态面对即将到来的碳限制世界，也为中国参与国际谈判增加了砝码。碳交易试点的确立和开征碳税可能成为中国应对气候变化最有力的经济政策。碳交易顺应了目前的国际趋势，中国可以充分借鉴欧盟、澳大利亚等国的经验，结合自身实际建立适应中国国情的交易体系和制度。如果碳交易可以顺利开展，中国在温室气体减排方面可以充分利用市场机制的调节作用，不断减少高成本、低效率的行政性控制手段，在对经济社会发展产生尽可能少的负面影响的同时促进企业实现低碳化发展。这对于缓解中方的减排压力、在国际碳交易市场上获得更加主动的地位、谋求中国在国际碳交易中的定价权是有重要意义的。鉴于碳税也是目前世界各国控制温室气体采取的主要财税政策，中国可以在广泛征求意见后尝试开征"碳税"，但考虑到新增税种可能产生的经济、社会影响，建议中国对已有税种进行合理的调整，将燃料税、资源税、车船税等"隐性碳税"显化，尽量避免开征新的税种。从目前的国情来看，碳交易和碳税可能并存，相互补充。对于排放量大、易于统计和监测的企业，碳交易更具优势，在总量控制的前提下可以实现排放量的降低；对于排放量小、无规律且难以统计的排放源，通过碳税的征收，可以降低碳交易市场构建和完成减排目标所需的成本。

中国可继续与世界上任何关注气候变化的国家和组织展开建设性的对话，并从政策、法律、技术和市场角度构建有利于应对气候变化问题解决的机制。一方面，化解欧盟碳交易体系及任何其他应对气候变化举措对国际性行业和中国自身发展带来的挑战，在行业发展、国家经济社会发展和气候之间实现平衡，另一方面，通过政策磋商和国际碳市场的对接，带动包括中国在内的国际范围内自愿减排市场和碳金融业的发展，为人类应对气候变化、减缓气候变化提供更加强大的动力和更加坚实的保障。

G.7

日本福岛核事故对全球核能
发展及减排行动的影响

吴宗鑫*

摘　要：核能是无碳的能源，是应对气候变化实现碳减排的重要可选方案。2011 年 3 月 11 日在日本东海岸发生了超出预期的强地震和大海啸，引起福岛核电站发生了严重的核事故。对世界未来核能发展产生了重大的影响，也对全球应对气候变化的减排行动产生重大影响。本文根据世界主要国家，以及世界能源机构对于日本福岛核电站事故的反应，探讨了日本福岛核电站事故对世界长期稳定大气温室气体浓度的减排情景产生的影响。初步调查的结果表明，核能发展将减慢，加上哥本哈根和坎昆气候变化谈判令人失望的结果，实际上已经使温室气体排放的大气浓度稳定在 450ppm 以下这一长期目标无法实现。为了弥补核能发展减慢的缺口，将会把天然气推向重要地位，从而出现"低核、高天然气"的情景。

关键词：福岛核事故　核能发展　减排行动　减排情景

核能是无碳的能源，是应对气候变化实现碳减排的重要可选方案。2011 年 3 月 11 日在日本东海岸发生了里氏 9 级的大地震，超出预期的强地震和大海啸叠加的外部事件，造成福岛核电站发生了严重的核事故。堆芯中燃料元件发生熔化，其放射性大量释放到环境中。4 月 12 日，日本经济产业省原子能安全保安院与原子能安全委员会根据国际核事件分级表，将福岛第一核电站事故的严重程

---

* 吴宗鑫，清华大学核能与新能源技术研究院教授，研究领域为核能源与能源政策。

度提高至最高级别 7 级，与苏联切尔诺贝利核电站事故级别相同。对世界未来核能发展产生了重大的影响。

一　世界核电发展的概况和展望

目前世界上 29 个国家共有 441 座核电厂，总装机容量为 375GWe，2009 年总发电量为 25580 亿度，核电的发电量大约占各类发电总量的 14%，占一次能源总消费量的 5.7%。此外，还有 60 个新的机组正在建造之中，总容量为 58.6GWe。

表 1 给出了 2009 年世界各地区核电装机容量和发电量。世界上运行的核电站大多数是在 20 世纪六七十年代建造的，图 1 给出了目前运行的核电站机组中不同运行年限（以开始并网发电开始计算）的电站机组数目。目前所有运行的核电站中三分之一的运行年限已超过 20 年，四分之一的运行年限超过 30 年。也就是说，到 2030 年前后，目前运行的三分之一核电站届时都将达到原设计寿命。一些国家打算实施核电站的延寿计划，将原先设计的 40 年寿命延长到 60 年。

表 1　2009 年世界各地区核电装机容量和发电量

区　域	运行中		在建中		发电量
	电站机组	装机容量（MW）	电站机组	装机容量（MW）	（亿千瓦时）
北　美	122	113316	1	1165	8820
拉丁美洲	6	4119	2	1937	300
西　欧	129	122956	2	3200	7810
中东欧	67	47376	17	13741	3260
非　洲	2	1800			120
中东和南亚	21	4614	6	3721	170
远　东	94	80516	32	34820	5100
全世界	441	374697	60	58584	25580

几年来根据国际原子能机构对其成员国的调查，29 个有核电站的国家对未来核电的发展有不同的计划，大体可以分成几类（见表 2）。未来计划大规模发展核电的国家主要集中在中国、印度、日本、韩国、俄罗斯和美国。其他一些国

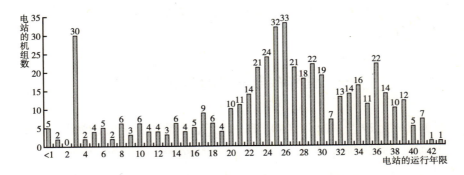

图1　世界上核电站不同运行年限的机组数

家也打算建造新的核电站，但是已经开始建造的新核电站还很少。此外，还有一些尚未有核电站的国家也计划引进和建造核电站，在2030年很可能有25个国家将抽有首座核电站。①

表2　有核电站的国家未来核电发展的态势

类　　型	国家数
运行的核电机组达到设计寿命，或者累计发电量达到设定值时退役	2
对未来能源需求进行评估，核能作为未来能源供应潜在方案之一	5
可以提出新建核电站的建议，但目前还没有	4
支持建造新的核电站/机组	5
已有新的核电站/机组在建造中	13

推动世界未来核电发展的主要因素包括：能源需求的增长；对能源供应安全的关注；应对全球气候变化碳减排的制约，以及对环境保护的关注；化石燃料价格的上涨和波动等。

根据国际原子能机构与其他机构在2009年提出的对世界未来核电发展的估计，低方案估计到2030年总装机容量将达到511GWe，高方案的估计为807GWe（见表3）。②

---

① IAEA International Fact Finding Expert Mission of the Nuclear Accident Following the Great East Japan Earthquake and Tsunami, May 24 – June 2, 2011, Tokyo Japan.

② IAEA, International Status and Prospects of Nuclear Power (2010 Edition), Vienna 2011.

表3　世界核电装机容量发展的估计

单位：GWe

地　区	2008 年	2010 年		2030 年		2010~2030 年增加的容量	
		低	高	低	高	低	高
北　美	113.3	114	115	127	168	13	53
拉丁美洲	4.0	4.0	4.0	10.8	23	6.8	19
西　欧	122.5	119	122	82	158	-37	36
东　欧	47.5	47	47	83	121	36	74
非　洲	1.8	1.8	1.8	6.1	17	4.3	15.2
中东和南亚	4.2	7	10	20	56	13	46
东南亚和太平洋				0	5.2	0	5.2
远　东	78.3	79	80	183	258	104	178
全世界	371.6	372	380	511	807	139.4	427

可以看出高方案和低方案相差是很大的，这是由于考虑到一些不确定的因素：环境保护主义势力的影响，主张以其他清洁能源代替核能；核电前期建设费用很高，经济上风险较大；核电基础设施建设的费用很高，需进行长期的努力；核电产业的全球化，需要国际合作的条件；对于恐怖袭击的顾虑等。

上述对于世界未来核能的发展是在日本福岛核事故发生之前提出来的。当时基于对未来能源需求增长的考虑、对能源供应安全的关注，特别是应对全球气候变化对于碳减排制约的考虑等因素，总体上对于未来核能的发展给予了相当大的期望。

二　长期稳定大气温室气体浓度的减排情景与核能的发展

核能是无碳的能源，是应对气候变化实现碳减排的重要可选方案。

IPCC 第三工作组 2007 年发表的第四次"气候变化减排"评估报告，采用了 IEA 依据于 2004 年对全球人口、经济增长、能源状况，以及其他相关的假设，提出了 2030 年能源供应的基准情景（见表4）。按照这个基准的情景，全球一次能源的总量为 660EJ，相当于 225 亿吨标煤，其中核能仅为 19.2EJ，占一次能源总量的 2.9%。核电的发电量为 29290 亿度，占总发电量的 9.2%，比目前 25580 亿度的核发电量高出 14.5%，2030 年核电的装机容量大约为 424GWe。

表4 2030 年能源供应的基准情景

	一次能源消费		发电量		CO_2 排放量	
	数量（EJ）	比例（%）	数量（TWh）	比例（%）	数量（Gt－CO_2）	比例（%）
化石燃料	519.6	78.7	22601	71.4	366	100
可再生能	121.3	18.4	6126	19.4		
核　能	19.2	2.9	2929	9.2		
合　计	660.1	100	31656	100	366	100

资料来源：EEA。

根据 2009 年底哥本哈根气候变化大会确定的稳定大气碳浓度的目标，21 世纪全球平均温升不超过 2℃。为了实现这个目标，大气中碳的浓度应稳定在 450ppm 内，而且全球温室气体的排放量应在 2020 年前后达到峰值之后逐渐下降。

IPCC 第三工作组第四次气候变化评估报告是在哥本哈根气候变化大会之前发表的，其第 3 章"与长期减排相关的问题"也讨论了长期稳定大气温室气体浓度的减排情景，收集了四个模型（IMAGE、MESSAGE、AIM、APAC）对长期稳定情景的分析结果（见图 2）。[①] 该结果表明了，为了将大气中温室气体的浓度稳定在 490～540ppm，2000～2030 年需要采取的各种减排措施，包括节能与能效的改进、化石燃料的替代、发展可再生能源、发展核能、以及碳捕集与埋存等，这些减排措施在基准情景的基础上实现累计碳减排量。其中，核能实现的累计碳减排量大体为 10～30Gt CO_2，相当于平均每年减排 0.33～1.0Gt CO_2，或相当于平均每年以 412～1250TWh 的核电来替代化石能发电，这也就意味着，2000～2030 年在原有基准情景基础上新增 119～356GWe 核电的装机容量。原基准方案 2030 年的核电装机容量为 424GWe，为了实现上述的稳定大气中温室气体的浓度的减排情景，2030 年全世界核电的总装机容量应达到 543～780GWe。这个设想

---

① IPCC，Climate Change 2007 Mitigation，Working Group Ⅲ to the Fourth Assessment Report.

的情景与国际原子能机构 2009 年依据于与各国合作估计的 511 ~ 807GWe 容量，大体是相吻合的。

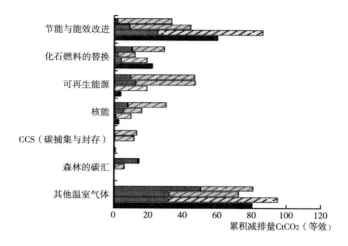

图 2　为稳定大气中碳浓度的减排情景（2000 ~ 2030 年）

三　日本福岛核电站事故及其后果

2011 年 3 月 11 日在日本东部海岸发生了里氏 9 级大地震，引发的一系列大海啸袭击了日本，地震和海啸对日本东海岸大部分地区造成广泛的破坏。一些核电设施受到剧烈的地震和高大海啸波浪的影响。

超出预期的强地震和大海啸叠加的外部事件，造成福岛核电站发生了严重的核事故。这些核设施中正在运行的电站为地震监测系统触发成功地实现自动停堆，在地震发生 46 分钟后接连受到了海啸袭击。该核电站设施设计仅能够经受 5.7 米高的最大海啸波，而当天最大的波浪估计高于 14 米。海啸及其夹带的大碎片对东京电力福岛核电站机组的建筑物、门、道路、油箱和电站其他基础设施造成大范围的破坏，对与电站相连接的外部电网造成严重的破坏，还淹没了电站的底部，导致设置在该底部的备用柴油机组失效，因此核电站无法从电厂内以及电厂外获得电源供给，一些设备失去最终热阱。

核反应堆反应性的控制、停堆后剩余衰变热的载出，以及对放射性物质的阻留和包容，是保障核电站安全性的基本要素。在发生强地震之后，地震监测系统成功地触发核电站实现自动停堆，从而保障了核反应堆反应性的控制。核反应堆停堆之后，仍有大量的剩余衰变热，在刚停堆时，其剩余衰变热大约为正常运行满功率的6%，一天之后还有1%。如果不能将剩余衰变热有效载出，将导致燃料元件温度升高，最终有可能导致燃料元件烧毁，致使原先包容在燃料元件内大量的放射性裂变产物释放出来，引起严重的后果。按原设计，发生事故时紧急启动电站内的备用柴油机组，向应急冷却系统供电，将反应堆的剩余衰变热载出，以防止燃料元件被烧毁。但是地震和海啸的叠加作用，致使核电站无法从电厂内以及电厂外获得电源供给，应急冷却系统无法启动，反应堆的剩余衰变热无法载出，原先淹没燃料元件的冷却水被剩余衰变热加热而蒸发，燃料元件露出水面，不能被冷却而被烧毁。

燃料元件包壳、反应堆压力壳、安全壳是对放射性裂变产物加以阻留和包容的三道重要的屏障，它们防止放射性裂变产物释放到周围的环境中对公众和环境造成危害。燃料元件由于失去冷却被烧毁，失去了第一道重要的屏障。在燃料元件温度升高的过程中，燃料元件包壳的锆合金与水发生化学反应，大量的氢气产生出来，充斥在反应堆压力壳内。反应堆由于剩余衰变热的作用使水蒸发，致使反应堆压力壳内的压力急剧升高。电站运行人员为了给反应堆减压，将反应堆压力壳内的蒸汽排放到反应堆的厂房内，这样同时也将其中的氢气一起排放出来，排放出的氢气进入到反应堆厂房内，与空气中的氧发生反应，引起爆炸，同时反应堆的压力壳和安全壳系统也受到一定的损坏，致使原先被阻留和包容在这些屏障中的放射性裂变产物被大量释放到周围的环境中。反应堆厂房内乏燃料水池中存放了一些乏燃料元件，乏燃料仍有衰变热产生，并引起水分蒸发。地震造成乏燃料水池底部开裂，导致水的漏失，乏燃料失去冷却导致烧毁，由于乏燃料水池设置在反应堆安全壳的外部，没有屏障的阻留和包容，其放射性也大量释放到环境中。

4月12日，日本经济产业省原子能安全保安院与原子能安全委员会根据国际核事件分级表，将福岛第一核电站事故的严重程度提高至最高级别7级，与苏联切尔诺贝利核电站事故级别相同。

在发生了福岛核电站事故之后，日本政府采取了合适的撤离措施，将约20公里范围内的居民全部撤离，这些居民在相当长的时间内不能进行正常的生活。但迄今为止，没有有关任何人员因受到核事故放射性辐射而健康受到影响的报道。在该地区，短时间测量剂量达到 0.3mSv/h，可能对该年的谷物和乳产品造成影响。日本政府也已制订了计划，将厂址外受放射性释放影响的地区重新加以整治，让被撤离的公众回到家园恢复正常生活。

福岛核事故除了使周围环境受到放射性污染的影响之外，而且在事故处理过程中为了冷却堆芯，向压力壳和安全壳内注入了大量水，这些水受到破损燃料的污染，产生大量高浓度放射性废水。同时与安全壳相连的管道破损，导致高放废水泄漏到海水中，虽已加以修复，阻止高放废水向海洋的泄漏，但仍有大量高放废水存留在核电站内。必须采取措施，对这些高放废水加以净化处理。

四　日本福岛核电站事故后世界各国的反应

2011 年 3 月 11 日发生的日本福岛核事故，对世界未来核能发展产生了重大的影响，特别是对欧盟国家的核能发展造成了影响。

欧盟 27 个成员国共有 143 座核电机组，其发电量占欧盟总电力供应的三分之一。关于核能的利用在欧盟内部一直存在争议，特别是 1986 年在前苏联发生了切尔诺贝利核电厂的严重核事故之后。一些欧盟成员国，由于传统能源匮乏，核电成为解决能源需求的有效途径，核电已作为一种实现温室气体减排目标的重要手段。但是，欧盟内绿党一直竭力反对发展核能，并且他们具有相当大的影响力，尤其在德国。

21 世纪初期德国核电发电量占全国总发电量的 31%。由于德国国内一直存在着很强的反核势力，德国政府决定到 2020 年关闭所有核电厂。2010 年默克尔政府通过政策，把全国 17 座核电厂的使用期限延长 8～12 年。但在发生日本福岛核事故之后，反核观点持续扩大。2011 年 3 月 12 日，德国 6 万环保人士举行活动，抗议政府延长核电站的运营期限，此后，德国总理默克尔宣布，政府将暂缓延长现有核电站的使用期限。5 月 29 日由总理默克尔领导的执政联盟就"德国放弃核电日程表"达成妥协，确定 7 座 1980 年前投入运行的核电站将永久性地关闭。其余的 10 座核电机组将于 2022 年前逐步关闭，从而彻底放弃核能发电，德国由此成为全球主要工业化国家中首个宣布放弃核电的国家。

2011 年 6 月 14 日意大利全民公投否决恢复实施核电计划。同时，欧洲议会绿党成员也要求欧盟国家考虑逐步淘汰核电，并已经得到西班牙和葡萄牙的支

持。但是法国、英国呼吁坚持核能的发展。

法国是世界上第二大核电国家，有 58 个核电机组在运行，核电占法国总发电量的 78%。发生了日本福岛核事故之后，法国政府表示仍坚持继续发展核电的政策，但要绝对保障安全。法国国内引发了核能的争论，但普遍认为，政府不应放弃发展核电，但要强调安全。法国 3 月 15 日宣布对全部核电站进行安全检查，但是法国不考虑修改以核能为主的能源政策。

英国是欧盟成员国中仅次于法国，有 19 个核电机组的国家。在发生日本福岛核事故之后，英国能源大臣克里斯·休恩（Chris Huhne）于 3 月 20 日表示，英国原计划在未来 10 年建造 5 座新核电站，但受到日本大地震引发的核灾难影响，英国政府可能会相应缩减该计划。5 月，英国核安全首席监察员迈克·韦特曼公布了日本核事故对英国核电站影响的中期评估报告。报告称，英国没有必要削减核电计划，并针对新核电厂兴建计划提出 26 项"建议"，最终报告计划于 2011 年 9 月公布。[①]

美国等其他的核电大国均采取了审慎积极的态度。美国是世界第一核电大国，共有 107 座核电机组在运行，其发电量占总发电量的 20%。除了计划对目前已到 40 年设计寿命的老核电站进行延寿之外，并计划未来再建造一批新的先进核电站，截至 2010 年 3 月，美国核管会已收到新建 26 座核反应堆核电站的申请。[②]

发生了日本福岛核电事故之后，美国政府对发展核电还是看好的，表示不会放弃发展核能。白宫发言人称，美国政府仍会把核能作为其发展美国新能源计划的一部分。美国总统奥巴马 3 月 15 日在媒体上宣布，尽一切努力推行核电站建设对确保美国核设施的安全性与有效性尤为重要。他还同时表示，要按照原定的核电发展计划发展核电。奥巴马政府承诺，在 2012 年财政计划里，批准 3600 亿美元新建核电站。美国 NRC（核管会）继续肯定美国的核电厂是安全的。但是在美国国会仍有反对的声音。

加拿大核安全委员会 3 月 17 日表示，它对加拿大境内运行的核反应堆的安

---

① UK HSE, Japanese Earthquake and Tsunami: Implications for the UK Nuclear Industry, Interim Report, May 18, 2011.

② US NRC, The Near-Term Task Force Review of Insights from the Fukushima Dai-Ichi Accident, July 12, 2011.

全性非常有信心。尽管加拿大国内有反对声音，核安全委员会还是坚持按原定计划在3月22日在安大略省举行新建两座核反应堆的公众听证会。4月还将举行魁北克省老旧核电站翻新改造的听证会。

俄罗斯相信它的技术能够确保核安全，不会放弃发展核能。俄罗斯总理普京3月14日表示，日本福岛核电站爆炸事故不会对俄罗斯的核能计划造成影响，俄罗斯政府已责成有关部门进行核能领域现状和发展前景的分析。普京指出，目前并没有全球性的核灾难威胁，未来兴建数十座核电厂的计划不会改变。

日本受到的影响也很大。目前，火电和核电是日本电力的两大支柱，有50座核电机组，核电发电量占全国总发电量的30%。原先日本能源计划确定，到2030年核电将占全国电力的50%。在发生了福岛核事故之后，日本政府仍声明，发展核能的政策不会改变。但是，6月10日日本时任首相菅直人宣布，日本政府将暂停原先基于国家能源发展战略制定的政府能源发展计划，重新对之进行评估。日本时任首相菅直人于7月13日发表了"去核"宣言，声称将有计划、分阶段减少日本社会对核能的依赖程度，并最终实现"无核"社会，未来将把重点放在如太阳能、风能和其他再生能源的新能源上。受福岛核电站事故影响，日本主流民意倾向"去核"。对于日本，无论将来哪个政党执政，均无法回避核电取舍问题，而取舍结果，不仅意味着日本未来能源政策的重大转折，预计也将对日本经济前景产生深远影响。

中国国务院总理温家宝3月16日主持召开国务院常务会议，听取应对日本福岛核电站核泄漏有关情况的汇报。会议强调，要充分认识核安全的重要性和紧迫性，核电发展要把安全放在第一位。会议决定：①立即组织对我国核设施进行全面安全检查。通过全面细致的安全评估，切实排查安全隐患，采取相关措施，确保绝对安全。②切实加强正在运行核设施的安全管理。核设施所在单位要健全制度，严格操作规程，加强运行管理。监管部门要加强监督检查，指导企业及时发现和消除隐患。③全面审查在建核电站。要用最先进的标准对所有在建核电站进行安全评估，存在隐患的要坚决整改，不符合安全标准的要立即停止建设。④严格审批新上核电项目。抓紧编制核安全规划，调整完善核电发展中长期规划，核安全规划批准前，暂停审批核电项目包括开展前期工作的项目。

五　福岛核电站事故对稳定大气温室气体浓度减排情景会产生的影响

那么日本福岛核电站事故对世界长期稳定大气温室气体浓度的减排情景会产生何种影响呢？

1. 世界核电发展减慢，稳定大气浓度在 450ppm 以下的长期目标难以实现

日本福岛核事故的影响，加上国际环境保护主义的影响，以及进一步提高核电安全性的要求将导致核电成本的提高，未来世界核电的发展很有可能减慢。

在 2011 年 8 月日本智库经济产业研究所（RIETI）的网站上，国际能源机构（IEA）前总干事田中伸男发表的《着眼于可持续发展的未来能源供应》文章指出[1]，国际能源机构已拟订了一个低核的发展计划，计划到 2035 年，核能发电将从占发电总量的 14% 下降到 10%。

这个低核的发展计划大体上相当于 IPCC 第三工作组 2007 年发表的第四次评估报告中的基准情景：2030 年全球一次能源的总量为 660EJ（1018 焦耳），其中核能仅为 19.2EJ，占一次能源总量的 2.9%。核电的发电量为 29290 亿度，占总发电量的 9.2%，核电的装机容量大约为 424GWe。该评估报告同时给出了实现稳定大气中温室气体浓度的减排情景，2000~2030 年相比基准情景实现累计碳减排量为 100 亿~300 亿吨 CO_2，2030 年全世界核电的总装机容量应达到 543~780GWe。

由于受福岛核事故的影响，国际能源机构提出低核发展计划，到 2035 年核能发电占发电总量的比重下降到 10%，这也就意味着，2000~2030 年期间相对稳定大气中温室气体浓度的减排情景，由于核电发展减慢累计实现的碳减排量将为 100 亿~300 亿吨 CO_2。

国际能源机构前总干事田中伸男在该文章中同时指出，国际能源机构初步调查表明，核能发展的减慢，加上哥本哈根和坎昆气候变化谈判令人失望的结果，实际上已经使温室气体排放的大气浓度稳定在 450ppm 以下这一长期目标无

---

① 田中伸男，《着眼于可持续发展的未来能源供应》，国际能源机构（IEA），日本智库经济产业研究所（RIETI）电子信息，No. 98，2011 年 8 月。

法实现。

2. 核能仍然是保障能源安全和实现低碳经济的重要选择

尽管在福岛核事故之后，德国、意大利等欧盟国家明确表示了停止发展核电的政策。但是美国、法国、英国、俄罗斯等核电大国均采取了审慎积极的态度。目前这些国家核发电量占到全世界核发电量60%以上，这些国家均采取了审慎积极的态度，这对于世界未来核电的发展起到了基本稳定的作用。

在福岛核事故之后，专题组按美国核管会指示成立，研究总结日本福岛核事故的经验教训。专题组于2011年7月12日发表了总结报告，明确指出，像福岛事故这样的事件序列不可能发生在美国，因此，继续进行运行和发放许可证的工作不会对公众健康和安全构成一个迫在眉睫的风险。

根据英国能源和气候变化国务秘书的要求，英国健康和安全执行局于2011年5月18日发表了福岛核事故的中期评估报告，其结论指出，考虑了导致福岛核事故的直接原因，没有看出理由需要削减英国的核电厂和其他核设施的运行。

福岛核事故之后，日本政府已宣布将暂停原先基于国家能源发展战略制订的政府能源发展计划，重新进行评估。未来将把重点放在如太阳能、风能和其他再生能源的新能源上。日本时任首相菅直人于2011年7月13日发表了"去核"宣言。8月国际能源机构前总干事田中伸男在发表的文章中，就菅直人的"去核"宣言提出了告诫，他指出"我真诚地希望在得出任何结论前，政府都要深思熟虑，要综合考虑能源安全、能源消费和环境问题等各方面因素。特别是考虑到日本能源匮乏，如果不把核能作为重点，那么日本势必将更加依赖进口化石燃料。当然，开发可再生能源也至关重要。菅直人曾提出承诺，要提高可再生能源的使用率，在21世纪20年代尽早达到可再生能源发电量在发电总量中高于20%的目标，现在看来，这项承诺略显激进"。

原先中国核电中长期发展规划提出，2020年核电装机容量的发展目标为7000万～8000万千瓦。在日本福岛核事故之后，2011年3月16日国务院常务会议决定，严格审批新上核电项目。抓紧编制核安全规划，调整完善核电发展中长期规划，核安全规划批准前，暂停审批核电项目包括开展前期工作的项目。因此，2020年中国核电装机容量发展目标很可能受到影响，达不到原先设定的发展目标。

但是中国仍处于工业化、城市化的发展阶段，从长远来说，能源和电力的需

求仍将快速增长。2010 年全国总发电量为 42280 亿千瓦时，人均电力消费量为 3100 千瓦时，大体与世界人均电力消费水平相当，但远低于发达国家 9000 千瓦时的平均水平。

目前中国核电在总的电力构成中的比重很低。2010 年中国电力总装机容量为 9.62 亿千瓦，其中核电装机容量为 0.91 亿千瓦，仅占全国总装机容量的 1.12%，由于其作基荷运行，运行小时长，核发电量占全国总发电量的比重为 1.8%，远低于世界的平均水平。

我们应从日本福岛核事故中充分汲取教训，尽力提高核电的安全水平。但是无论从能源供应安全保障考虑，还是从碳减排考虑，未来中国仍必须大力发展核能。

3. "低核、高天然气"的发展情景

为了弥补核能发展减慢的缺口，将会把天然气推向重要地位。德国为了完成到 2022 年逐步淘汰核电的目标，需要额外进口 160 亿立方米天然气来替代煤炭，将之作为发电能源，从而会出现"低核、高天然气"的情景。

由于天然气新型开采技术的广泛应用，天然气价格更加低廉。特别是美国在非常规天然气页岩气开采技术上的突破，将导致天然气用量的大幅上升。数据显示，天然气需求量会从 2010 年的 3.3 万亿增长到 2035 年的 5.1 万亿立方米，增幅超过 50%。

中国 2010 年天然气的消费量已达到 1040 亿立方米，计划到 2015 年增加到 2600 亿立方米，2020 年进一步提高到 4000 亿立方米。

天然气在全球能源市场中的份额不断增加，将使温室气体排放量有所降低，但因为能源的总需求量在不断上升，仅靠这个远远不能使全球走上低碳道路。

为了保证能源安全和可持续性，需要进行低碳能源和碳减排的技术革新，包括节能与能效的提高、可再生能源大规模的利用、提高核能的安全性、碳的吸收和储存，以及智能电网和分布式能源系统等。其中，利用可再生能源发电是至关重要的，风电、太阳能等可再生能源具有大规模、可持续利用的巨大潜力。但是其大规模的利用目前除了面临降低成本和提高经济性的压力之外，其随机性、间隙性、可调度性差的特点，也需要在储能技术方面取得较大的突破。因此，近期内还不能对其抱以过于激进的期望。

G.8
应对气候变化南南合作
现状及前景展望

巢清尘　贾朋群*

摘　要： 南南合作是国际多边合作不可或缺的重要组成部分，近些年，伴随着全球化的不断推进，应对气候变化南南合作已经成为南南合作的重要内容，也成为与发达国家协商与对话过程中不可忽视的力量。本文系统分析了南南合作在全球应对气候变化中的作用、应对气候变化南南合作的现状，总结了取得的经验和存在的不足，并对未来气候变化南南合作前景作了展望。

关键词： 发展中国家　气候变化　南南合作　展望

一　南南合作在全球应对气候变化中的作用

（一）南南合作机制的历史沿革

广义的国际合作机制涵盖了南北、南南以及三方合作形式。南北对话与合作是指发展中国家和发达国家间就经济关系所进行的谈判对话、多边磋商活动和合作。由于大部分发展中国家分布在南半球或北半球的南部，因此将发展中国家间的经济技术合作称为"南南合作"。

南南合作是广大发展中国家基于共同的历史遭遇和独立后面临的共同任务而开展的相互之间的合作。1955 年召开的万隆会议确定了南南合作"磋商"的原则，促进了原料生产国和输出国组织的建立，提出了在发展中国家间实施资金和

---

* 巢清尘，中国气象局科技与气候变化司副司长，研究领域为气候变化研究、政策分析与管理；贾朋群，中国气象局培训中心副研究员，从事气象软科学研究。

技术合作，因此被认为是南南合作的开端。20 世纪 60 年代初形成的不结盟运动和 77 国集团是南南合作的两个最大的国际组织，它们通过的一系列纲领性文件，为南南合作规定了合作的领域、内容、方式与指导原则。20 世纪 70 年代至 80 年代末，发展中国家团结自救、合作自强的努力取得重大进展，西非经济共同体、拉丁美洲经济体系、南部非洲发展协会、海湾合作委员会、南亚区域合作联盟等发展中国家谋求经济合作，增强集体自力更生能力的区域性经济组织相继建立。1978 年联合国发展中国家间技术合作会议在阿根廷的布宜诺斯艾利斯召开，会议通过了《布宜诺斯艾利斯行动计划》，南南合作也在这次会议之后，开始通过战略框架的形式开展，并在国际上逐渐产生更大的影响和获得重视。1982 年，首届南南合作会议在印度新德里召开，1983 年和 1989 年又先后在北京和吉隆坡召开南南合作会议，这三次会议是南南合作的重要里程碑。2003 年联合国确定每年 12 月 19 日为南南合作日，以增强人们对南南合作重要性的认识。2004 年国际社会第一次纪念南南合作日，其活动的主题是：通过南南合作达到千年发展目标。南南合作的实质，是面对不平等的南北经济关系，实行联合自强，促进共同发展，是国际多边合作不可或缺的重要组成部分，是发展中国家自力更生、谋求进步的重要渠道，也是确保发展中国家有效融入和参与世界经济的有效手段。

南南合作的方式包括四类，一是区域性的经济合作，指成员国之间减免关税，实行商品自由流通，对外统一关税和实行共同市场；二是贸易合作，指成立发展中国家全球贸易优惠制度，建立发展中国家间贸易组织等；三是货币金融合作，如安第斯开发协会、西非国家中央银行等，它们向其成员国提供贷款和援助，如阿拉伯国家和一些货币金融组织向发展中国家提供低息或优惠贷款，其特点是利息低、周期长，且不附加任何政治和经济条件；四是技术合作，如相互转让技术，出售专利，进行技术咨询与培训，交换技术情报等，以及通过发展中国家合资经营，提供技术服务和劳务等方式，发展互利的技术合作。

当前全球性南南合作呈现多样化发展趋势，并继续扮演着重要的角色。发展中大国在南南合作中的作用得到明显加强，南南合作形式也更加灵活多样。此外，区域性南南合作的步伐也不断加快。在全球化挑战面前，发展中国家间的经济合作在广度、深度和多样性等方面均有较大发展。

（二）应对气候变化南南合作的发展

1992 年通过的《联合国气候变化框架公约》第四条强调应促进和合作进行

关于气候系统的科学、技术、工艺、社会经济和其他方面的研究、系统观测及数据档案开发，促进和合作进行关于气候系统和气候变化以及关于各种应对战略所带来的经济和社会后果的科学、技术、工艺、社会经济和法律方面的有关信息的充分、公开和迅速的交流，促进和合作进行与气候变化有关的教育、培训和提高公众意识的工作。1997 年通过的《京都议定书》也在相应条款中强调了合作。这些条款中提及的合作更多强调的是发达国家缔约方有责任和义务向发展中国家缔约方在应对气候变化方面提供资金支持和技术转让，以帮助发展中国家缔约方更有效地开展应对气候变化行动，强调的主要是南北合作。

随着气候谈判的不断进展，国际共同应对气候变化的合作机制也在不断拓展。2010 年底通过的《坎昆协议》除继续强调发达国家的责任和义务外，在一些条款中也提及了南南合作。如在"技术开发与转让"中，提出了无论从现有技术的部署和传播，还是建立国家、区域、行业和国际层面的技术中心、网络等方面，都要激励和建立南北、南南和三方技术合作机会和伙伴关系。在加强发展中国家"能力建设"条款中，也提及了应加强信息和知识的生成、共享和管理网络，包括通过南北、南南和三方合作的方式。

可以看到，南南合作在发展的 30 多年中，基本经历了 3 个 10 年长度的阶段。第一个 10 年通过国家协调中心的建立统一了概念并为采取的行动打下基础。第二个 10 年南南合作为应对全球化而重新定位，在南南合作的旗帜下涌现出大量的项目和方案。最近的 10 多年来，南南合作通过南南贸易、投资和旅游业增长取得了更多实质性进展。今天，南南合作已经成为发展和加强发展中国家经济独立和实现可持续发展的一个极为重要的工具和形式，也是确保发展中国家公平而有效地参与新型全球经济最有效的途径之一。随着全球应对气候变化的形势发展，南南合作的机制和内涵得到了进一步发展和深化，成为世界上在应对全球变化，特别是在减少碳排放和捍卫发展权之间找到合理平衡而与发达国家协商与对话过程中不可忽视的力量。

二　应对气候变化南南合作的现状

本文总结的应对气候变化的南南合作情况主要描述的是新兴发展中国家对最不发达国家和小岛国的援助，以及新兴发展中国家之间根据各自优势和需求开展的合作。

（一）主要发展中国家开展南南合作的现状

适应气候变化是许多发展中国家高度关注的内容。韩国气象厅在帮助非洲国家开展适应气候变化方面做了许多工作。2009～2010年他们提供了100万美元的支持，用于大非洲角地区（Greater Horn of Africa）的政府间发展管理局气候预测和应用中心（IGAD Climate Prediction and Applications Center，ICPAC）的能力建设，帮助ICPAC履行区域气候中心的职责，包括开展气候观测、监测、预测和灾害管理、人员培训等。ICPAC的主要任务是负责东部非洲七个成员国（吉布地共和国、厄立特里亚、埃塞俄比亚、肯尼亚、索马里、苏丹、乌干达）与气候风险管理、环境管理和可持续发展相关的气候预测和应用服务。另外，在坎昆气候变化会议上，印度环境部长在高级别会议发言中特别强调了他们开展的南南合作，他们和孟加拉国签署协议建立桑德邦生态系统论坛，桑德邦地区是世界上最大的流域三角洲地区，受气候变化影响大，更为脆弱。印度还资助在不丹建立了南亚森林中心，在马尔代夫建立了沿海区域管理中心，对来自小岛国的专家学者启动了能力建设和技术支持计划，与尼泊尔和中国共同发起了生态系统修复行动计划，帮助邻邦和最不发达国家积极应对气候变化。

在国际气候变化谈判的舞台上，尽管中国、印度、巴西、南非（以下简称基础四国）经济发展水平、自然资源禀赋等方面有较大差异，但由于同处发展中国家阵营，它们在国际应对气候变化谈判进程中有着相同的利益关注，有共同开展应对气候变化合作的需求和愿望，基础四国气候变化部长级协调机制已成为沟通信息、协调谈判立场的重要平台，其发表的多次"联合声明"强调，该机制不仅是一个协调气候变化谈判立场的平台，也是促进减缓和适应气候变化合作行动的平台，包括开展信息交流、就气候科学和与气候相关技术开展合作。当前基础四国已经在气候变化领域开展了许多卓有成效的合作，如在双边政府间科技合作框架下，新能源和清洁能源成为中巴、中南（非）科技合作的优先领域，气候变化成为中印科技合作的优先领域。中国和南非开展了煤炭液化方面的技术交流，南非研究引进中国的燃煤锅炉等离子点火技术。中国和印度开展了能源比较研究、青藏高原气候与环境合作研究和联合试验。中国和巴西开展了水电合作。在2004年新德里行动议程中确定的近期合作计划中，气候变化成为重要的领域之一，可再生能源和清洁能源是优先合作内容。基础四国间的气候变化南南合作更多体现了互惠互利的原则，具有经济、技术和政治合作共赢的特点。

（二） 我国应对气候变化南南合作现状

我国开展南南合作的渠道包括成套设备援助、技术合作项目、教育培训等，科技领域的南南合作包括联合研究、资源调查、专家培训、技术示范、援建科研机构、仪器设备捐助等。

2010 年中央财政援外预算达 144.11 亿元人民币，其中有许多与应对气候变化有直接和间接联系。在应对气候变化领域，我国开展的南南合作形式主要有技术培训、灾害监测和清洁能源的设备援助以及相关的基础设施建设等。如我国通过世界气象组织（WMO）自愿合作计划（VCP）向朝鲜、蒙古等国赠送了 PC - VSAT 气象数据卫星广播接收系统，使其能实时接收全球通信系统（GTS）交换的气象资料以及中国的数值天气预报产品。还向 70 多个发展中国家提供了包括气象仪器在内的多方面援助，并为 100 多个国家培训了一批气象局长和科技业务人员。近 5 年向孟加拉国、印度尼西亚等共计 20 多个国家赠送了 GeoNetcast 的 DVB - S 系统，可接收 EOS/MODIS 数据、风云二号系列、风云一号系列和 NOAA 系列的气象卫星遥感数据的产品。在中非科技伙伴计划支持下，我国在埃及、苏丹、莫桑比克等非洲国家开展耐旱高产优质小麦、玉米栽培等粮食增长关键技术示范推广，显著提高了当地农业适应气候变化能力，缓减了粮食安全压力。我国在中亚地区实施的节水滴灌项目，推广大棚滴灌系统，帮助非洲、阿拉伯地区以及加勒比地区提高节水技术，在肯尼亚等非洲国家实施雨水集蓄试点等，有效地解决了当地水资源短缺的问题。在可再生能源和节能领域，我国向发展中国家推广应用太阳能、小水电、沼气等适用技术，并将其与促进当地经济发展、消除贫困相结合，如帮助坦桑尼亚编制全国太阳能五年发展规划，帮助科特迪瓦制定全国光电推广规划，在津巴布韦推广太阳能灌溉系统和热水器，在非洲多个国家投资建设微型水电站，援助密克罗尼西亚沼气示范项目，在肯尼亚组建中非高效离网照明中心并开展半导体照明示范等。我国还通过与工发组织、世界银行、联合国环境规划署等国际组织合作，开展了许多三方合作援助项目，如与联合国工发组织合作研究节能建筑材料技术并推广到广大发展中国家，参与世界卫生组织热带病研究与培训活动，援助发展中国家热带病药物、疫苗，提高其诊

断治疗技术水平。

这些合作主要通过政府间的合作机制支持运作，也有一些通过企业或非政府组织的支持运作。同时，这些项目更多是受援国高度感兴趣的，围绕自然灾害、水资源、清洁能源、生态环境等领域，同时，我国的经验和技术具有一定的示范和带动价值，使得南南合作更具针对性和可实施性。

三 南南合作取得的经验和存在的障碍

总结南南合作的经验，可以看到，近些年南南合作在新领域拓展方面取得了更大进展，全球化条件下的南南合作具有更加广阔的领域。发展中国家总体实力的上升和50多年南南合作的经验，也为发展中国家在更广阔领域进行合作提供了条件。合作从主要集中在经贸领域，发展到科教、信息合作、人力资源合作等领域。此外，在政治领域，南南合作推动了建立公正合理的国际新秩序，为争取有利的国际经济发展环境加入了积极因素，同时不断优化了"文化交流"和"文明对话"的环境。在安全领域，建立国际安全合作机制，使发展中国家的冲突得到国际社会应有的重视，同时争取在国际安全问题上有更大的发言权。气候变化南南合作已经日益成为国际南南合作机制的重要内容，它成为实实在在把应对气候变化和促进发展中国家发展、提高发展中国家发展内在动力和可持续发展能力紧密结合的一种方式。

我国开展南南合作的经验表明，我国与非洲在应对气候变化领域开展的合作，对其基础设施、农业水利、防灾减灾等国家和民生基础建设的帮助，以及没有附加任何条件的财政和人员援助，对维护、增进中非传统友谊具有重要的政治意义，也使得中非在国际气候变化谈判中，相互理解、相互信任、相互支持。同时，南南合作培养了一批了解中国国情的非洲国家官员，以及一批从事基础科技业务工作的高级专业人才，这些人才极大地满足了当地经济社会发展和管理的需要，也使得我国涌现了一批熟悉非洲文化和国情的人员，有利于我国与非洲国家开展进一步的商业、贸易活动及文化科技交流。我国与新兴发展中国家间的合作具有更多共同的兴趣，这些合作进一步促进了相互在应对气候变化科学技术上的研发和推广应用，推动了应对气候变化科技成果的产业化。同时，合作增进相互理解和支持，使发展中国家在气候谈判中的一些关键议题上形成更多共识和立场，更好地维护了广大发展中国家的利益。

但是，应该看到，在国际技术转让活动中，发达国家之间的技术合作与转移占到了80%以上，发达国家与发展中国家以及发展中国家之间的技术合作与转移不足20%，尤其是发展中国家之间的合作比重更低，其中与应对气候变化有关的合作和技术转移更少。近两年来，尽管受全球金融危机的影响，部分发达国家减少了对发展中国家的经济援助，但也应该看到多个发达国家在对发展中国家应对气候变化技术支持方面采取了积极措施。2009年欧盟启动了对非科技合作伙伴计划，先期投入6500万欧元，其主要援助项目涉及应对气候变化、洁净水、能源等领域。德国计划在撒哈拉以南的非洲开展针对气候变化、水资源管理、荒漠化及土地管理的研究，设立"区域能力中心"，英国在前期与中国开展的气候变化适应合作基础上，2009年又启动了第三期项目，围绕气候变化与干旱、城市发展、人体健康等开展科研、政策研究与试点。2009年美国提出与伊斯兰国家建立科技伙伴关系，派遣科学特使到伊斯兰国家探索在气候变化、能源、绿色低碳技术等领域的合作机会。日本在2008年启动了"面向可持续发展的科技研究伙伴计划"，开展了涉及环保、灾害、能源、粮食等领域的对非科技援助计划。发达国家通过签署双边合作协议、发起各种国际计划、通过国际组织主导等几种方式开展技术合作与转移。归纳起来，按照合作和转移模式及驱动力分类的话，前者包括政策制定型、国际或组织联合型和企业合作型，后者包括政治需求型、市场需求型和社会公益型。总体而言，发达国家在气候变化领域开展的合作更多受政治和经济利益驱动，为适应当今和未来国际应对气候变化总体格局的变化，发达国家在政治上试图拉拢部分发展中国家，分化新兴发展中大国，主导国际气候变化话语权。在经济上意欲开发潜在的气候技术市场，主导全球贸易新规则，加快全球经济格局部署。

比较南北合作，应对气候变化南南合作是一项系统性工程，需要加强统筹规划、重点突出、配套实施、协同推进。从现已开展的国际南南合作情况看，发明并转移环境友好、符合当地需求、买得起、用得上、易维护的应对气候变化适用技术，并不容易。主要存在以下三个问题：

一是统筹规划不够。现已开展的南南合作总体上规模较小，规划不足，未能有效找准合作国的需求点，尚未研究透合作国的基本经济条件和技术吸纳能力、管理水平、社会环境等，对技术输出国的技术成熟度和适用性也未开展充分研

究，使得一些合作主要停留在计划层面，难以得到有效落实和合作国的广泛认同与推广。也未能有效地区分出以政府主导和以市场主导的类型并制定切实可行的扶持政策。

二是合作渠道不畅、总体经费不足。发展中国家总体经济水平不高，开展南南合作的资金渠道有限，也未能有效发挥市场机制的作用。目前以新兴发展中大国为主开展的南南合作更多是以政府推动的援助、合作研究、培训等为主，虽然许多有实力的企业已在探索走出去方式，但发展中国家普遍缺乏获取信息和适用技术的渠道，各种从事南南技术合作的中介机构也缺乏协调能力和资源整合意识。

三是宣传推广力度不够。发展中国家总体上对南南合作的成效宣传不够，西方媒体也鲜有报道。即使宣传报道，也更多注重其经济效益，忽视其社会、环境和政治效益。对合作中得到的经验总结不够，未能通过单个项目形成对同类其他项目的借鉴和示范。

尽管我国南南合作近些年取得了很好的进展，但上述问题也不同程度在我国有所体现。另外，我国应对气候变化南南合作的多元管理和投资，也使得我国应对气候变化南南合作的综合优势未能得到充分发挥。

四　应对气候变化南南合作发展的前景展望

虽然南南合作的动力更多地来自发展和解除贫困，但是，南南合作从一开始就十分重视包括应对气候变化的全球环境问题。特别是，发展中国家进入工业化快速发展阶段，如果重复发达国家 18 世纪开始的发展过程，势必对全球环境造成极大破坏。同时，应对气候变化问题本身，也带来了发展中国家自身迫切关注的问题。例如，2000 年由秘鲁牵头，智利、哥伦比亚、厄瓜多尔和巴拿马等国就更好地理解和应对"厄尔尼诺"现象的影响进行磋商。2005 年发表的关于进一步执行小岛屿发展中国家可持续发展行动纲领的毛里求斯宣言和战略，更是直面包括海平面上升导致的自然灾害。

（一）应对气候变化南南合作在新时期具有更新的价值

第一，自然社会因素的共同性。世界人口在 20 世纪末的 1999 年达到 60 亿，2011 年达到 70 亿，其中发展中国家人口近 60 亿（2008 年统计 56 亿），而且，联合国的一份调查报告预测到 2100 年，地球人口将增加到 101 亿。未来四十年增加的二三十亿人口中，预计 97% 来自发展中国家，其中近一半出现在非洲。因此，当世界共同面临气候变化问题时，无论是人类影响气候变化，还是气候变化对人类生存的影响，发展中国家都是不能回避的。

第二，国家利益关注的趋同性。在已有的气候变化国际谈判中，发展中国家既是气候变化的最大受害者，又是气候谈判中的两大阵营（发达国家和发展中国家）之一，虽然发展中国家的各自国情、发展阶段和水平不同，但按照公约规定的"共同但有区别的责任"原则，发展中国家的总体利益诉求是一致的，其态度无疑是左右谈判最后结果的重要因素。

第三，气候与发展的共生性。发生在发展中国家的贫困和各种基本生存问题，如饥饿、饮用水缺乏、海平面升高等，严重威胁着数十亿人的生活。这些问题要和减排等气候变化应对问题一并解决，不仅需要发达国家继续承担"共同但有区别的责任"，努力帮助发展中国家应对紧迫的生存和可持续发展问题，同时，发展中国家在这一过程中的合作以及发展中国家之间的协调和平衡，也成为可以相互参照的示范。

根据发展中国家向联合国气候变化框架公约秘书处提交的《国家信息通报》，以及 2010 年 11 月公约秘书处和联合国开发计划署（UNDP）提供的《应对气候变化技术需求评估》，广大发展中国家对水资源利用技术、农业技术、太阳能、沼气、水电等可再生能源技术，气候系统观测与预测等防灾减灾、卫生、工业、建筑、交通、公众意识培养等气候变化适应、减缓和能力建设有着迫切的需求。而一些发展中国家，特别是新兴发展中国家所拥有的技术和实践经验，无疑对其他发展中国家具有指导意义，是促进南南合作的推动力。另外，从气候谈判历程看，正是因为发展中国家通过多种形式的沟通和合作，有力地维护了广大发展中国家的利益，促成了相应国际公约的建立和实施。尽管国际风云变幻，但新的国际气候制度的最终建立，仍然极大地依靠发展中国家团结一致的理解和合作。

（二）面临的挑战

当然，在新形势下，南南合作在国际社会应对气候变化方面的合作中，也面临着更多挑战。这是因为：

1. 发展中国家的利益格局在发生变化

从哥本哈根、坎昆的气候变化谈判过程可以看出，尽管发展中国家与发达国家两大阵营依旧，但发展中国家由于各国发展阶段、历史和政治背景、利益诉求差异很大，其内部团结已有所松动，发展中国家各种层面上程度不一的内部分化的迹象已经出现。如围绕"共同愿景"涉及的全球长期目标、峰值的确定，气候制度涉及的双轨制问题，资金支持的适用范围、筹资渠道和支持对象等都面临分歧。

2. 发达国家的推波助澜更猛烈

发达国家企图弱化历史责任，突出当前排放和国别排放总量，一方面对包括中国在内的发展中大国实施打压，另一方面，又力图通过对最不发达国家、小岛国的资金、技术支持，拉拢和分化发展中国家集团。同时，发达国家也在制定一些新的国际规则，根据发展中国家的不同情况，区分对待，如在碳排放分配、碳市场、碳贸易等方面加紧推进，使得发展中国家的一致性更难协调。

3. 南南合作的机制需要更多创新

气候变化南南合作更多依赖于传统的南南合作形式和渠道，围绕广大发展中国家适应气候变化和低碳发展的转型的需求，需要通过南南合作达到培养发展中国家内生能力，创新合作共赢的模式。另一方面，以往的合作更多依靠政府作用，未来还需通过政府支持和引导，撬动市场作用，才能在筹资方式、技术创新能力方面有更大发展。

"机会和挑战并存"是对目前应对气候变化南南合作的真实描述。通过积极沟通缩小认识上的差异，通过真诚合作放大保持一致的作用，尊重地球环境不走发达国家破坏环境发展的老路，努力争取和创造国际人文和地球生态最为和谐的摆脱贫穷和走向小康发展之路，应该成为今后南南合作在国际政治、经济舞台上的主旋律。只有这样，才能最大限度地达到发展中国家帮助发展中国家，共促人类与地球环境友好共存的愿景。

（三）国际应对气候变化南南合作思路

气候变化背后有着深刻的经济、政治背景，台前幕后复杂多变。要把气候变化南南合作迅速开展起来，国际社会以及包括中国在内的南南合作的主要推动力量，应特别注意和加强一些必要的理念推广和采取一些实际步骤，强调"讲求实效、形式多样、互利双赢、共同发展"的理念。在采取实际步骤方面，可以考虑：

1. 设立应对气候变化南南合作专项资金

建立发展中国家的合作基金，主要用于提高受援国的自主发展能力，特别是防灾减灾、适应气候变化和能力建设，促进国别交流与合作，让发展中国家间的应对气候变化合作更有针对性，促进针对气候变化影响的适用技术的转移，整体上提高发展中国家适应能力建设。

2. 引导和鼓励发展中国家多样化渠道的技术输出

除了政府层面的支持外，要大力引导和鼓励企业、非政府组织在应对气候变化南南合作中发挥更大作用。引导发展中国家中发展较快的国家中的企业有针对性地进行技术输出，在应对气候变化进程中发挥更大作用。

3. 强化协调机制

用好已有的和建立更多的发展中国家之间不同层次、领域的协调、合作机制，研讨和确定应对气候变化合作的战略、政策和重大合作项目，从而形成有效的南南合作沟通机制，增强合力。

（四）我国开展南南合作的思考

我国领导人在许多国际领导人会议上强调开展南南合作的重要性，并郑重宣誓我国立场。2009 年胡锦涛主席在联合国气候变化峰会上指出，中国已经并将继续坚定不移地为应对气候变化作出切实努力，并向其他发展中国家提供力所能及的帮助，继续支持小岛屿国家、最不发达国家、内陆国家、非洲国家提高适应气候变化能力。我国未来南南合作仍需要在意识、方式等方面加强设计和实施。

1. 提高认识，加强统筹

应对气候变化已经成为我国对外合作工作的优先内容和重点领域之一，南南合作也是我国气候外交和整体外援的重要组成部分，是展示我国负责任大国形象的具体方式，也是积极拓展我国技术走出去的重要途径，树立帮助其他发展中国家也是帮助中国的意识，应从我国核心利益和发展中国家需求角度出发，加强我国应对气候变化南南合作的战略性、前瞻性工作部署。加强工作的整体设计，制定应对气候变化南南合作规划，出台相应配套政策和措施。建立气候变化南南合作资金，设立相应协调机制，发挥综合管理部门和各部门、各地的职能和优势，

选择重点合作国家和重点合作领域，集中资源开展合作，可考虑重点开展与周边国家、非洲、最不发达国家和小岛国的南南合作。

2. 开拓思路，创新方式

建立政府、企业、民间多元化的合作机制和渠道，重视气候变化政策规划与能力建设软硬项目的匹配，兼顾气候变化观测与科学研究、适应、减缓等各个方面。应认真分析《国家信息通报》和《应对气候变化技术需求评估》中发展中国家的需求，重视帮助发展中国家制定政策规划、开展资源调查，准备"国家适应行动计划（NAPA）"等。在项目设计和执行中，要优先考虑与扶贫、防灾减灾、粮食安全、水资源安全、环境保护、清洁能源开发等经济社会可持续发展相关议题的结合。在合作渠道上要将技术培训、人才培养、仪器设备捐赠、科研机构援建、清洁发展机制（CDM）项目开发与开展经贸合作、技术输出、市场开拓相结合，发挥多种资源渠道的合作优势。在项目规模上，应注重将受益面广、持续性强、大范围推广与精英培养、典型示范、影响力大相结合，如建立区域干旱中心，培训非洲、最不发达国家、小岛国的气象、环境高官等。搭建适用技术信息平台，发挥各种中介机构的作用。

3. 加强宣传，营造环境

应充分利用各种场合，以各种形式加强宣传。应强调南南合作不能取代发达国家根据公约要求向发展中国家提供资金、技术和能力建设帮助的义务，我国作为发展中国家，也是气候变化的受害国之一，在自身应对气候变化面临挑战的形势下，仍努力伸出帮助之手。全面介绍我国开展气候变化南南合作在促进当地经济社会可持续发展方面发挥的成效，应利用我驻外机构、各种培训班、国际会议和论坛，制作多语种宣传片和画册，也应积极借助西方主流媒体开展对外宣传，使全世界对我国南南合作战略有更多的了解。

Gr.9
主要国家气候变化立法进展及比较

徐华清*

摘　要：立法工作已经成为主要国家应对气候变化的重点工作。日本、英国等发达国家已经通过应对气候变化的专项法律，美国和澳大利亚等国家的控制温室气体排放、应对气候变化的相关法案也已经分别通过了众议院或下议院的投票通过，为其在法律体系下积极开展应对气候变化工作起到了重要保障作用。作为发展中国家的巴西，也于 2009 年由国家议会和联邦共和国总统批准了《国家气候变化政策法》和《气候变化基金法》。本文简要介绍了日本、英国等主要发达国家气候变化法案的立法背景及目的、立法进程及法案主要内容、设定的重大制度和政策等，并对主要发达国家应对气候变化的法案进行了初步比较。

关键词：气候变化立法　进展　国际比较

一　气候立法的背景及目的

日本国会早在 1998 年就通过了以防止气候变暖为宗旨的法律《地球温暖化对策推进法》，将之作为应对全球气候变化的最主要法规。2002 年 3 月推出其修正法案，并于 6 月开始生效。2006 年对其再次进行了修订。《地球温暖化对策推进法》的目的在于改正自由排放行为：明确国家、地方、公共团体、企业及全体国民的主体作用，为今后达到 6% 减排目标的对策建立基础。在此前提下，该法律要求日本政府制定《京都议定书目标达成计划》，规定各类温室气体减排量目标、应实施的各项措施，及国内各机关团体应采取的对策。该法还规定 2004

＊　徐华清，国家发展和改革委员会能源研究所研究员，研究领域为气候变化与能源环境政策。

年与 2007 年分别对计划的实施成果进行审核并进行修订，以确保完成对《京都议定书》的承诺。2010 年 3 月日本内阁提出《地球温暖化对策基本法案》，并提交国会审议，该法案旨在在减排温室气体、降低温室效应对地球带来的不利影响的同时，通过尽可能降低能源供给对化石燃料的依存程度、率先促进能源供求方式和社会经济结构的转变，实现经济发展、稳定就业、能源供给和保护地球环境，保护当前及未来国民健康生活。

新西兰是比较早建立应对气候变化法律体系的附件一缔约方，其法案的修正及补充工作也一直在进行，形成了相对完整的法律政策体系。2002 年新西兰通过了《气候变化应对法案 2002》，该法案也为新西兰建立温室气体交易体系（ETS）提供了实施、操作及行政管理的依据。2009 年 12 月新西兰的《气候变化应对法案（ETS 适当修订）》得到新西兰皇室批准。新西兰制定《气候变化应对法案 2002》一是为新西兰建立一个可以使其在《气候变化框架公约》及《京都议定书》下履行义务的工作框架体系；二是明确履约的权利以及制度。

英国是一个岛国，气候多变，资源不足，很重视可持续发展。2006 年 10 月英国政府宣布其即将发布气候变化的法规。气候变化法案草案在下议院提出，于 2007 年接受了立法前的详细审查和修订后被提交上议院。2008 年 11 月 26 日该法案得到英国皇室核准开始实施。英国《气候变化法案》一方面用法律的方式承认气候变化问题，另一方面旨在推动英国向低碳社会转型。《气候变化法案》的核心在于确定了有法律约束力的减排目标，预期《气候变化法案》在 2020 年实现中期目标，在 2050 年实现最终目标。

美国温室气体减排法案动向也值得关注。2009 年 5 月 15 日《清洁能源安全法案》由众议院气候变化民主党提名人亨利·维克斯曼（Henry Waxman）与爱德华·马基（Edward Markey）共同提出。在 6 月 26 日以 219 对 212 票的微弱多数，在众议院通过。2010 年 5 月 12 日，民主党参议员约翰·克里（John Kerry）和独立参议员乔·利伯曼（Joe Lieberman）发布了参议院版气候法案草案《美国电力法案》，该法案旨在保障美国的能源安全与独立，促进国内清洁能源技术发展，减少温室气体排放和促进就业。虽然目前法案最终得以通过的可能性依然难以预测，但该法案的产生是有一定的意义和积极作用的。

虽然目前澳大利亚的温室气体排放量仅占全球排放量的 1.5% 左右，但澳大利亚却是一个易受全球气候变化影响的国家。澳大利亚也是人均排放量最大的国家之一，这也对其采取有效的减排措施造成较大的压力。尽管澳大利亚在应对气候变化方面也提出了《碳污染减排计划法案》，但在 2010 年 4 月 27 日，时任澳大利亚总理陆克文宣布，由于难以在国会获得足够的支持票数，以及考虑到应对气候变化国际合作进程的迟缓，政府决定暂缓将该法案提交国会审议。该法案旨在通过建立排放限额与排放许可交易制度，减排二氧化碳等温室气体。一是在于为实现澳大利亚在 UNFCCC 框架下的义务和责任；二是支持应对气候变化的全球有效反馈；三是对澳大利亚温室气体减排目标的达成采取行动。

二 各国气候法案的结构及主要内容

日本在应对气候变化方面制定了以《地球温暖化对策推进法》为主体的法律体系，其主要内容包括总则、《京都议定书目标达成计划》、全球变暖对策推进本部、抑制温室气体排放的政策、森林等吸收作用的保护及杂项等，共六章，33 条款项。其总体思路为：按照 6 种温室气体的增温潜势当量计算出总排放量，据此规定国家、地方、公共团体、企业及国民的减排责任；之后由内阁确定温室气体减排的基本方向、各主体应采取的措施和相应计划；最后由各实施单位落实制定的排放计划和措施，并在此基础上公布日本温室气体排放限制总量。《地球温暖化对策基本法案》的主要内容包括五大部分：总则、中长期目标、基本计划、基本措施、其他。

新西兰通过的《气候变化应对法案 2002》包含了三项重要的促进排放交易的基本内容：一是新西兰财政部持有排放指标以及参与国内外排放市场交易的权利；二是保证排放指标登记体系中信息交易的精确性、透明性及有效性，并保证交易簿的独立性；三是建立新西兰的国家清单署，赋予其记录新西兰的温室气体排放量及碳汇的变化情况，以及收集这些方面信息的权利。

英国的《气候变化法案》总共分为六部分，它以法令形式设定了温室气体减排目标及碳预算；制定了英国政府对温室气体排放量的年报制度；新创了一个独立实体"气候变化委员会"；赋予政府及其下属部门在行政区内建立交易体系的权力；建立了评价英国气候变化影响的程序并要求政府开发一套相应的适应对策；法案还规定通过一系列措施来支持减排。法案的第一部分设定了具有法律约束力的全国性目标：英国以 1990 年为基准年，到 2050 年温室气体排放至少减少 80%，同时要求 2008～2022 年的碳预算设立要与政府在 2020 年前二氧化碳减排

26%的目标相一致，还对某些特殊情况制定了细则。

2009年6月美国国会众议院通过了《清洁能源安全法案》。2010年5月参议院版气候法案草案《美国电力法案》出台，内容包括七大部分：促进国内清洁能源发展；减少温室气体污染；消费者保护条款；保护和增加就业；应对气候变化的国际行动；防止气候变化侵害，即适应气候变化项目；预算条款。该法案在电力行业碳交易市场的启动时间、碳市场价格的波动区间等方面有一些调整，另外该草案大篇幅鼓励核电的发展和海上油气开发，这和众议院版气候法案的基调相比是一个转折性的变化。

澳大利亚《碳污染减排计划法案》旨在通过建立排放限额与排放许可交易制度，减排二氧化碳等温室气体。法案包括26章和3副章，内容包括：前言、国家排放限额、澳大利亚排放许可和其他可采用的排放许可与减排量、国家登记簿、受管制排放实体及其法律义务、对能源密集型和受外贸冲击型企业的补助、排放监测与核查、信息披露和公告、防止欺诈、罚则等。

三　各国气候立法设定的重大制度与政策

日本的《地球温暖化对策推进法》要求排放温室气体的企业自行计算排放量，并在第21条第2款中规定了温室气体排放量较大单位需要自行计算温室气体排放量，并有向国家报告的义务，引入了《温室气体计算·报告·公布制度》。具体的排放量标准等细则由政令《地球温室效应对应法实施令》给出，并要根据相应政令要求计算并报告；规定了企业以及主管大臣在报告中的职责以及报告制度与合理利用能源法的要求的关系。

新西兰法案规定了新西兰排放贸易体系及相关制度。新西兰排放贸易体系（NZ ETS）是一个覆盖全国、各行业、所有温室气体的交易体系，最终在2009年通过新西兰政府的修订法案得以确立。虽然该体系覆盖了所有的行业，但经济领域的个别行业有着不同的要报告的排放量及抵消排放指标责任的"准入日期"，也不是所谓的"限额贸易"体系。

英国的《气候变化法案》提出了一系列相关制度。一是确立了碳预算制度。为了保证减排目标的实现，《气候变化法案》规定了碳预算方案，政府必须向国会报告政策和建议，以满足预算；二是建立了报告制度。为了政府制定碳减排目标和实施碳预算方案，法案规定了碳减排目标的设定情况和碳预算方案的实施情况的报告制度，以加强对温室气体减排进展情况的监督；三是提出了排污交易制度。法案授权国务大臣及其所辖行政部门可以通过次级立法设立与温室气体排放相关的交易体系，该交易机制所覆盖的范围非常大，既包括那些直接造成碳排放的行为，也包括间接造成碳排放的行为。

美国的《清洁能源安全法案》以及《美国电力法案》也提出了一些重大制度和政策。一是提出"总量控制与排放交易"机制，要求美国发电、炼油、炼钢等工业部门的温室气体排放配额逐步减少，超额排放需要购买排放权；二是引入了碳抵消机制，允许被涵盖的行业（石油燃料行业除外）每年最多使用20亿吨的碳抵消配额；三是提出了实现减排和能源安全的途径，众议院版气候法案要求，美国各州到2020年要由可再生能源项目提供电力的15%，能效项目带来的能源节约相当于电力供应量的5%，两个方面加起来达到20%，并把CCS作为解决煤电二氧化碳排放问题的长远战略技术，而参议员版草案则期望CCS在未来几年就开始大规模商业化应用，要求2009~2019年批准建设的煤电厂必须在CCS的基本商业化水平实现后的四年内削减二氧化碳排放的50%，而且这一期限最迟不能晚于2020年，2020年1月1日之后获准新建的燃煤电厂必须削减至少65%的排放。

澳大利亚《碳污染减排计划法案》明确了排放贸易制度。该法案所建立的限额与贸易体系的选择与其他很多国家的措施相一致，其核心要点包括：一是提出了温室气体排放轨迹、限额及方式，该轨迹由年限额或获准的总限额所控制；二是明确了交易体系的覆盖范围，全澳大利亚75%的温室气体排放源将被覆盖；三是确立了免除责任范围，包括农业部门，政府倾向于免除农业部门的限排直至2015年；四是规定了对某些行业的补助，对高排放贸易工业的补助将根据行业范围评估的加权平均排放强度来执行；五是制定了惩罚措施，法案提议该体系的执行机构澳大利亚气候变化主管机构被授予一定的职责范围，包括反逃责、调查权和执行权以及包括民事惩罚及刑事惩罚，以应对各种不符合法案体系的行为。

四　主要国家应对气候变化立法比较

从主要国家气候变化相关法案的立法经历看（见表1），尽管各国国情不同，

立法的出发点也有所差异，立法的经历也不尽相同，但总体而言，由于气候变化问题的复杂性，各国对气候变化相关立法的参与广泛性还是相当重视的，立法过程也是相当透明和慎重。

表1　主要国家气候变化相关法案立法经历

国　别	立 法 经 历
英　国	2006年10月英国政府宣布即将发布气候变化法规,不久气候变化法案草案在下议院由能源气候变化部、环境食品农村事务部及交通部共同提出,2007年进行了立法前的详细审查,经下议院审查后,修订法案在2007年11月14日提交上议院,2008年11月26日该法案得到皇室核准,开始实施
日　本	日本国会1998年通过了《地球温暖化对策推进法》。2002年3月推出其修正法案,6月经内阁会议通过正式生效,2006年和2008年对其进行了修订。2010年3月12日,日本内阁提出《地球温暖化对策基本法案》,再次提交国会审议
美　国	2009年5月15日《清洁能源安全法案》由众议院气候变化民主党提名人亨利·维克斯曼与爱德华·马基共同提出。5月21日在众议院能源和商务小组委员会通过,6月26日获众议院通过。2010年5月12日民主党参议员约翰·克里和独立参议员乔·利伯曼提出参议院版《美国电力法案》草案
澳大利亚	2010年2月2日《碳污染减排计划法案》被引入国会,4月27日时任总理陆克文宣布,政府决定暂缓将该法案提交国会审议
新西兰	2002年通过了《气候变化应对法案2002》,2009年9月24日《气候变化应对法案(ETS适当修订)》获得批准

从主要国家气候变化相关法案涉及的减排目标看，有的是将已经在国际法下作出的承诺转化为国内目标，并进一步分解落实相关任务与措施，有的则是依据国情将未来的减排目标国内法律化，并将之作为未来可能在国际法下作出的承诺的基础。

从主要国家气候变化相关法案提出的重要制度看，主要有温室气体排放报告制度、排放交易制度等，这些制度的建立为有效控制温室气体排放奠定了良好的制度基础。

从主要国家气候变化相关法案规定的政府职能看，主要有以下四类，一是综合性机构，主要职能为协调解决应对气候变化涉及的重大问题；二是政府主管机构，规定了政府主管部门的具体职能；三是政府相关部门，规定了这些部门的主要工作；四是决策咨询机构，如专家委员会等。

表2　主要国家气候变化相关法案提出的减排目标

国　别	减　排　目　标
英　国	全国性目标:以1990年为基准年,到2050年温室气体排放至少减少80%;要求2008~2022年的碳预算设立要与政府在2020年前二氧化碳减排26%的目标一致
日　本	2020年全国温室气体排放需比1990年下降25%,建立在全球达成公平减排协议的基础上;2050年全国排放需比1990年下降80%,建立在全球达成2050年减排50%的协议基础上;2020年可再生能源占一次能源供给的比例达到10%
美　国	到2020年在2005年的基础上减排17%,到2030年减排42%,到2050年减排85%
澳大利亚	如果要达到温室气体在大气中的含量稳定在450ppm的目标,即在2020年将排放量减少25%(在2000年基础上);否则即在2050年达到比2000年减少60%,且在2020年减少5%~15%
新西兰	履行《京都议定书》下的减排目标

资料来源: *Climate Change Act 2008*（英国）, *Overview of the Bill of the Basic Act on Global Warming Countermeasures*（Provisional Translation）（日本）, *Summary of the American Power Act*（美国）, *Carbon Pollution Reduction Scheme Bill*（澳大利亚）, *Climate Change Response Amendment Bill*（新西兰）。

表3　主要国家气候变化相关法案提出的重要制度

国　别	重　要　制　度
英　国	碳预算制度;报告制度;排污权交易机制
日　本	温室气体计算、报告和公布制度
美　国	减排指标的分配与拍卖制度;温室气体排放权交易机制;碳抵消(offsets)机制
澳大利亚	排放贸易体系(ETS)
新西兰	新西兰排放贸易体系;排放报告制度

资料来源: *Climate Change Act 2008*（英国）, *Overview of the Bill of the Basic Act on Global Warming Countermeasures*（Provisional Translation）（日本）, *Summary of the American Power Act*（美国）, *Carbon Pollution Reduction Scheme Bill*（澳大利亚）, *Climate Change Response Amendment Bill*（新西兰）。

表4　主要国家气候变化相关法案规范的政府职能

国　别	政　府　职　能
英　国	政府必须至少每五年报告一次英国在气候变化方面面临的风险,并公布一个如何解决这些问题的计划书;政府发布一个企业应该如何报告其温室气体排放的指南
日　本	1997年日本内阁设置"地球温暖化对策推进本部"作为推动各项减排活动的主管机关,职责是拟订《京都议定书目标达成计划》,并作为协调和综合推进全国防止全球暖化对策的机构。环境省为负责协调和实施日本防止全球暖化对策的行政主管部门;外务省负责与气候变化相关的外交政策;经济产业省为负责推进合理开发与使用能源的主管部门
美　国	环保署受命制定总量控制范围之外排放源的新污染源标准;能源部必须提高已属监管范围之内的产品的节能标准;商品期货贸易委员会(CFTC)防止市场操纵行为,并有监管金融衍生品的新权力;国家科学研究院定期审查各项目标实现情况

国　别	政　府　职　能
澳　大 利　亚	澳大利亚气候变化规章主管机构完成 CPRS 的行政管理事项，并拥有将相关信息收集并调查的权力，并且拥有对上述职能的强制执行权。它的决议被行政诉讼法庭所审议
新西兰	财政部可以建立或关闭官方持有的账户，领导注册处的登记、海外交易等业务；国家登记处需保证在第一承诺期或之后的承诺期内减排单元持有、交易、抵消及取消的精确性、透明性及有效性；国家清单署负责估算新西兰每年各种人为排放源排放温室气体的量及碳汇的吸收量，准备下一次国家排放报告

资料来源：*Climate Change Act 2008*（英国），*Overview of the Bill of the Basic Act on Global Warming Countermeasures*（Provisional Translation）（日本），*Summary of the American Power Act*（美国），*Carbon Pollution Reduction Scheme Bill*（澳大利亚），*Climate Change Response Amendment Bill*（新西兰）。

五　对中国的启示

2009 年 8 月 27 日，全国人大常委会通过了《关于积极应对气候变化的决议》，提出"要把加强应对气候变化的相关立法作为形成和完善中国特色社会主义法律体系的一项重要任务，纳入立法工作议程。适时修改完善与应对气候变化、环境保护相关的法律，及时出台配套法规，并根据实际情况制定新的法律法规，为应对气候变化提供更加有力的法制保障。"我国虽然有众多的与应对气候变化有关的立法，但这些立法的立法宗旨各异且多样化，没有直接将应对气候变化作为立法的主要目的，而且在内容上也基本没有涉及有关气候变化的适应问题。因此，中国制定一部专门的应对气候变化法是必要的，既可以提供一个在应对气候变化领域具有全局性意义的法律框架，也可以全面地对应对气候变化的诸多方面加以纲领性规定。

目前，有关中国气候变化立法问题的研究和起草工作已经起步，各国在气候变化立法领域的探索和实践可以为中国提供有益的参考和借鉴。与此同时，中国在推动气候变化立法的进程中，也必须紧密结合中国的具体国情，以形成具有中国特色的应对气候变化的法律体系。

国内的减缓
政策与行动

New Development of Climate Policies &
Measures in Domestic Mitigation

Gr.10
"十二五"规划节能减碳
目标的分配和落实

陈 迎[*]

摘 要："十一五"期间，经过全社会的艰苦努力，基本实现了单位GDP 能耗下降20%的节能目标。"十二五"时期继续推进节能低碳将面临诸多挑战。本文概括总结了国家"十二五"时期节能低碳目标及其相关政策，重点分析了目标分解情况及各地区为落实该任务提出的目标和具体举措，并对"十二五"规划继续强化节能低碳的前景进行了展望。

关键词：节能减碳 "十二五"规划 分配

* 陈迎，中国社会科学院城市发展与环境研究所，研究员，研究领域为全球环境治理，能源和气候政策。

　　国家在社会经济发展的"十一五"规划纲要中首次提出约束性的量化节能减排目标，即2010年要在2005年基础上实现单位GDP能源消费降低20%，而减排目标是针对主要污染物，即2010年要在2005年基础上分别削减化学需氧量（COD）和二氧化硫（SO_2）排放10%。同时首次将控制温室气体排放作为定性目标纳入经济社会发展规划。根据2011年6月发布的国家发展和改革委员会和国家统计局第9号公告（见附录Ⅵ），全国单位国内生产总值（GDP）能耗降低实际完成19.1%。除对新疆另行考核外，全国其他地区均完成了"十一五"国家下达的节能目标任务，有28个地区超额完成了"十一五"节能目标任务，10个超额较多的地区被特别提出。"十一五"期间，我国以能源消费年均6.6%的增速支持了国民经济年均11.2%的增速，能源消费弹性系数由"十五"时期的1.04下降到0.59，扭转了我国工业化、城镇化加速发展阶段能源消耗强度大幅上升的势头，为保持经济平稳较快发展提供了有力支撑，为应对全球气候变化作出了重要贡献。

　　在实现"十一五"节能目标基础上进一步推进节能减排面临严峻的挑战。2011年3月，国家在社会经济发展的"十二五"规划纲要中提出了新的节能减排目标。2011年作为"十二五"规划的开局之年，如何应对挑战，总结"十一五"时期节能工作的经验教训，分解和落实"十二五"目标，是摆在各级政府面前的一道急需破解的难题。

一　"十二五"节能减排目标及面临的挑战

　　2011年3月16日，《中华人民共和国国民经济和社会发展第十二个五年规划纲要》（以下简称《纲要》）正式发布。《纲要》提出，今后5年，要确保科学发展取得新的显著进步，确保转变经济发展方式取得实质性进展。要坚持把建设资源节约型、环境友好型社会作为加快转变经济发展方式的重要着力点。深入贯彻节约资源和保护环境基本国策，节约能源，降低温室气体排放强度，发展循环经济，推广低碳技术，积极应对全球气候变化，促进经济社会发展与人口资源环境相协调，走可持续发展之路。

（一）"十二五"节能减排目标的确定

　　《纲要》第六篇"绿色发展　建设资源节约型、环境友好型社会"提出了面对日趋强化的资源环境约束，必须增强危机意识，树立绿色、低碳发展理念，以节能减排为重点，健全激励与约束机制，加快构建资源节约、环境友好的生产方式和消费模式，增强可持续发展能力，提高生态文明水平的总体目标和要求。第21章从控制温室气排放、增强适应能力和开展广泛的国际合作三个方面专门讨论了积极应对全球气候变化的问题。

在"十二五"时期经济社会发展主要指标中，资源环境类指标占有较大比重，涉及土地利用、水资源利用、节能低碳、主要污染物排放，以及植树造林和森林管理等诸多方面（见表1）。其中，明确提出三项约束性的与控制温室气体排放密切相关的节能低碳指标，即单位GDP能源消耗降低16%，单位GDP二氧化碳排放降低17%，非化石能源占一次能源消耗的比重由2010年的8.3%提高到2015年的11.4%，年均增长3.1%。

表1 "十二五"时期经济社会发展指标中有关资源环境的指标

指标		2010年	2015年	年均（%）	属性
耕地保有量(亿亩)		18.18	18.18	0	约束性
单位工业增加值用水量降低(%)				30	约束性
农业灌溉用水有效利用系数		0.5	0.53	0.03	预期性
非化石能源占一次能源消费比重(%)		8.3	11.4	3.1	约束性
单位国内生产总值能源消耗降低(%)				16	约束性
单位国内生产总值二氧化碳排放降低(%)				17	约束性
主要污染物排放总量减少（%）	化学需氧量			8	约束性
	二氧化硫			8	
	氨氮			10	
	氮氧化物			10	
森林增长	森林覆盖率(%)	20.36	21.66	1.3	约束性
	森林蓄积量(亿立方米)	137	143	6	

资料来源：《中华人民共和国国民经济和社会发展第十二个五年规划纲要》，2011年3月。

显然，"十二五"节能低碳目标的确定综合考虑了对外履行中国向国际社会的郑重承诺以及国内促进经济结构调整和增长方式转变的战略需求，相比"十一五"目标更加系统全面，与积极应对气候变化的总体目标和要求之间的联系也更直接、更紧密。

从国际层面看，中国作为温室气体排放大国，面临日益强大的国际压力。中国政府在 2010 年哥本哈根会议前宣布了 2020 年自主控制温室气体排放的行动目标，到 2020 年单位国内生产总值二氧化碳排放将比 2005 年下降 40% ~ 45%，非化石能源占一次能源消费总量的比重达到 15% 左右，森林面积比 2005 年增加 4000 万公顷，森林蓄积量比 2005 年增加 13 亿立方米。同时，温家宝总理代表中国政府强调，无论谈判结果如何，中国都将"言必信，行必果"依靠自己的力量，坚定不移地为实现甚至超过这一目标而努力。

从国内层面看，"十二五"时期是我国转变经济发展方式、加快经济结构战略性调整的关键时期。节能减排是调结构、扩内需、促发展的重要抓手，是促进自身可持续发展的重要举措，中国必须走绿色、低碳发展道路已成为共识且越来越深入人心。

在取得上述共识的基础上，不同研究机构学者对节能低碳目标的具体数字作出了不同测算，有的主张继续维持 20% 的较高目标，有的则主张降低到 15% 左右，最终确定 16% 的节能目标是综合考虑不同方案的折中结果，而 17% 的碳排放强度目标是在 16% 节能目标基础上考虑非化石能源开发利用的贡献得出的。

（二） 实现"十二五"节能低碳目标面临的挑战

应该说，实现"十二五"节能低碳目标并非易事。在实现"十一五"节能目标的基础上，进一步推进节能减排工作将面临着一系列严峻的挑战。

首先，中国仍处于经济快速增长和城市化加速发展的进程之中，尽管"十二五"规划对经济增长速度的预期目标降低到 7%，但各地区经济增长目标仍普遍保持相对高位。未来五年，工业能耗增速可能放缓，但是交通、建筑物、民用能源的需求将迅速增长，这一消三涨的结果是能源消费需求仍有可能保持较快增长速度。

其次，中国以煤为主的能源结构难以根本改变，专家测算，煤炭消费占比每下降一个百分点，相当于增加 4000 万 ~ 6000 万吨标煤的其他替代能源。近年来尽管风能、太阳能等可再生能源发展很快，但随着能源消费总量的较快增长，要提高非化石能源占一次能源消费量比重的任务尤其艰巨。

再次，"十一五"期间，淘汰落后产能对完成节能目标发挥了非常重要的作用。随着时间的推移，边际减排成本递增，那些所谓"低挂的苹果"（低成本的减排机会）将越来越少。因此，尽管"十二五"16% 的节能目标从数字上低于

"十一五",但实现难度不但没有降低,而且增加了。

最后,"十一五"约束性节能指标的及时完成,很大程度上是依靠行政力量的推动,节能减排工作仍缺乏有效的机制和体系。在节能指标层层分解到地方和企业的过程中,普遍存在"一刀切"等不科学、不合理的因素。在行政问责和行政处罚等手段的高压下,一些"前松后紧"的地方政府和企业被迫采取拉闸限电等简单粗暴的做法,给企业正常生产经营和普通群众生活都造成十分不良的影响。"十二五"需要改善指标分解,落实相关政策,综合运用价格、财政、税收、金融等经济政策,更好调动全社会的积极性。

二 "十二五"节能低碳的主要政策措施和目标分解

中国政府高度重视节能减排工作,为了实现"十二五"目标,陆续推出一系列促进节能减排的政策措施,并将目标分解到各地区、各行业。

(一)"十二五"节能减排综合性工作方案

2011年8月31日,国务院印发了"十二五"节能减排综合性工作方案的通知①,要求各地区、各部门充分认识做好"十二五"节能减排工作的重要性、紧迫性和艰巨性,切实增强全局意识、危机意识和责任意识,树立绿色、低碳发展理念,严格落实节能减排目标责任,进一步形成政府为主导、企业为主体、市场有效驱动、全社会共同参与推进的节能减排工作格局,全面加强对节能减排工作的组织领导,狠抓监督检查,严格考核问责。

工作方案进一步明确了"十二五"节能低碳的基准年和具体目标,到2015年,全国万元国内生产总值能耗下降到0.869吨标准煤(按2005年价格计算),比2010年的1.034吨标准煤下降16%,比2005年的1.276吨标准煤下降32%;"十二五"期间,实现节约能源6.7亿吨标准煤。

为促进上述目标实现,从强化节能减排目标责任、调整优化产业结构、实施节能减排重点工程、加强节能减排管理、加快节能减排技术开发和推广应用、完

---

① 国务院关于印发"十二五"节能减排综合性工作方案的通知,国发〔2011〕26号,2011年8月11日。

善节能减排经济政策、强化节能减排监督检查、推广节能减排市场化机制、加强节能减排基础工作、能力建设和动员全社会参与节能减排等 12 个方面，提出 50 条具体举措，对全国节能减排进行了全面部署。相比"十一五"时期促进节能的政策措施，在很多方面都有所拓展和深化。

1. 合理控制能源消费总量

"十二五"节能低碳目标尽管沿用了"十一五"强度目标的形式，但明确提出了能源消费总量控制，避免地方政府通过追求 GDP 高增长来做大分母。工作方案提出要将能源消费总量控制目标分解落实，制定实施方案，把总量控制目标分解落实到地方政府，实行目标责任管理，加大考核和监督力度。将固定资产投资项目节能评估审查作为控制地区能源消费增量和总量的重要措施。

2. 优化产业结构和能源结构

促进和加快结构调整是"十二五"工作的主线。工作方案要求继续抑制高耗能、高排放行业过快增长，抓紧制定重点行业"十二五"淘汰落后产能实施方案，将任务按年度分解落实到各地区，严格落实《产业结构调整指导目录》以推动传统产业改造升级。到 2015 年，服务业增加值和战略性新兴产业增加值占国内生产总值比重分别达到 47% 和 8% 左右。非化石能源占一次能源消费总量比重达到 11.4%。

3. 实施重点节能工程

"十一五"时期国家和地方政府投资十大重点节能工程，累计形成节能 3.4 亿吨标准煤的能力，超出节能 2.4 亿吨标准煤的预计。工作方案提出"十二五"时期通过重点节能工程形成 3 亿吨标准煤的节能能力的目标。到 2015 年，工业锅炉、窑炉平均运行效率比 2010 年分别提高 5 个和 2 个百分点，电机系统运行效率提高 2~3 个百分点，新增余热余压发电能力 2000 万千瓦，北方采暖地区既有居住建筑供热计量和节能改造 4 亿平方米以上，夏热冬冷地区既有居住建筑节能改造 5000 万平方米，公共建筑节能改造 6000 万平方米，高效节能产品市场份额大幅度提高。

4. 全面开展各领域的节能减排

工作方案提出针对工业企业开展制造水平达标活动，将从"十一五"时期的千家大企业节能审计扩展为"十二五"的万家企业节能低碳行动，依法加强对年耗能万吨标准煤以上用能单位节能管理，实现节能 2.5 亿吨标准煤。在建筑领域，制定并实施绿色建筑行动方案，实施"节能暖房"工程。在交通领域，施行车、船、路、港千家企业节能减排专项行动。全面推动农村和农业、商业、民用和公共机构的节能减排。

5. 加快低碳技术开发和推广应用

工作方案高度重视低碳技术促进节能减排的作用，强调开展节能减排共性、前沿技术攻关，加大节能减排重大技术与装备产业化示范。编制节能减排技术政策大纲，并继续发布国家重点节能技术推广目录、国家鼓励发展的重大环保技术装备目录，支持关键低碳技术与设备的推广应用。

6. 完善相关经济政策，鼓励创新机制体制

工作方案进一步强调了"十二五"期间在行政手段之外要通过经济激励手段促进节能减排，包括理顺资源性产品价格，推行居民用电、用水阶梯价格。加大差别电价，惩罚性电价实施力度。深化高效激励机制，推进资源税改革。完善资源综合利用。加大金融机构对低碳项目信贷支持力度，建立银行绿色评级制度。特别强调了推广节能减排市场化机制，加大能效标识和节能环保产品认证实施力度，建立"领跑者"标准制度，加强节能发电调度和电力需求侧管理，加快推行合同能源管理，推进排污权和碳排放权交易试点等创新机制体制。

7. 强化节能减排监督检查和相关能力建设

针对"十一五"期间能源统计和节能监测、考核体系不完善的问题，工作方案强调要加快节能环保标准体系和法律法规建设，严格节能评估审查和环境影响评价制度，加强节能减排的管理和执法监督，大力开展能力建设完善覆盖全国的省、市、县三级节能监察体系。

8. 广泛动员全社会参与

工作方案鼓励各地方通过试点示范积极探索具有本地区特色的低碳发展模式，要求政府机关带头，抓好家庭社区、青少年、企业、学校、军营、农村、政府机构、科技、科普和媒体十个节能减排专项行动，广泛动员全社会参与节能减排，强调从宣传教育的角度把节能减排纳入社会主义核心价值观宣传教育体系。

（二）节能目标的地区分解

"十二五"节能减排综合性工作方案公布了各地区"十二五"时期的节能目

标（见附录Ⅵ）。31 个省（自治区、直辖市）根据经济社会发展水平和地域特点被分为 5 类地区，确定不同的节能指标，最高一组为 18%，最低一组为 10%（见表 2）。

表 2 "十二五"节能目标的地区分解

单位：%

地区分类	范　　围	单位 GDP 能耗降低率
第一类	天津、上海、江苏、浙江和广东	18
第二类	北京、河北、辽宁和山东	17
第三类	山西、吉林、黑龙江、安徽、福建、江西、河南、湖北、湖南、重庆、四川和陕西	16
第四类	内蒙古、广西、贵州、云南、甘肃和宁夏	15
第五类	海南、西藏、青海和新疆	10

资料来源：《国务院关于印发"十二五"节能减排综合性工作方案的通知》，2011 年 8 月。

与"十一五"期间多数地区与全国节能目标同为 20% 的情况相比，此次目标分解程度有所提升，中央与地方经过了多个回合的反复沟通，不仅将"十一五"节能减排完成情况纳入到考虑因素中，也一定程度上考虑到地区和行业发展的差异性。其中，第五类地区指标明显低于其他四类，主要是考虑到第五类地区的减排能力不足，为其经济发展预留空间。

（三）非化石能源目标及分解

目前，"十二五"能源规划尚未公布，但主要目标已经有所披露①。按照初定发展目标，2015 年，化石能源消费总量为 36.3 亿吨标煤，其中，煤炭消费 38.2 亿吨原煤，折合 26.1 亿吨标煤；石油消费 5 亿吨，折合 7.1 亿吨标煤；天然气消费 2300 亿立方米，折合 3.1 亿吨标煤。煤炭在一次能源消费总量所占比例将由 2010 年的 70.9% 下降到 63.6%，减少 7.3 个百分点。2015 年，国内非化石能源将达 4.7 亿吨标煤，其中，水电 2.8 亿吨标煤、核电 0.9 亿吨标煤、其他可再生能源（风能、太阳能、生物质能等）为 1 亿吨标煤。确保非化石能源在

① 《"十二五"能源规划量化指标首次透露》，http://www.ce.cn/cysc/ny/hgny/201109/06/ t20110906_ 21038041. shtml，2011 年 9 月 6 日。

能源消费总量中的比重约占能源消费总量 11.5%，高出"十二五"目标 0.1 个百分点。

为指导各地区有序开展非化石能源的开发和利用，不仅"十二五"节能目标已分解到各地区，近期还出台了有关风电、核电发展的规划和指导意见。

1. 风电

"十一五"期间风电装机规模大幅超过国家相关规划，一些地方因超速发展出现"并网难"问题，2011 年 8 月，国家能源局采取计划安排方式对风电建设项目进行管理，下达《关于'十二五'第一批拟核准风电项目计划安排的通知》，安排全国拟核准风电项目总计 2583 万千瓦。

25 省（自治区、直辖市）的具体分布情况为：天津 11 万千瓦、山西 130 万千瓦、辽宁 86 万千瓦、上海 14 万千瓦、江苏 61 万千瓦、浙江 22 万千瓦、安徽 20 万千瓦、福建 59 万千瓦、江西 19 万千瓦、山东 132 万千瓦、河南 34 万千瓦、湖北 15 万千瓦、湖南 45 万千瓦、广东 68 万千瓦、广西 18 万千瓦、海南 10 万千瓦、重庆 15 万千瓦、四川 20 万千瓦、贵州 50 万千瓦、云南 64 万千瓦、陕西 35 万千瓦、甘肃 55 万千瓦、青海 27 万千瓦、宁夏 60 万千瓦、新疆 230 万千瓦。针对风电资源丰富的黑龙江、内蒙古、河北、吉林分别下达的第一批拟核准风电项目计划安排的通知显示，黑龙江拟核准项目规模为 210 万千瓦、内蒙古为 563 万千瓦、河北为 302 万千瓦、吉林为 208 万千瓦，合计 1283 万千瓦。

此次下发的风电项目规模普遍低于各地发展风电的预期，而市场的紧缩使风电行业从扩张期进入整合期，利润越来越薄，导致风电行业小企业的生存状况令人堪忧。中小风电设备企业为消化库存和维持订单增长而进行的竞争将更加激烈。

此前风电项目管理相关规定，投资 5 万千瓦及以上规模的风电场须上报国家发改委核准，5 万千瓦以下的风电场须在国家发展改革委备案后，由地方政府核准。地方核准项目的灵活性客观上促进了近年来我国风电产业的快速发展，也带来了盲目投资等问题。为了从严格项目审批制度入手，规范风电产业发展，此次通知明确要求未列入表中的项目不得核准，这意味着国家收回地方审批权，从加强项目核准管理入手，把握风电发展的节奏和质量，有效发挥风电的发电效益，引导风电产业健康发展。

2. 核电

2011 年 3 月发生的日本福岛核事故使核安全问题受到国际社会的高度关注，也向世界敲响了警钟，核安全不分国界，人类在核安全面前是渺小的。事故发生后，中国一方面协调国际社会加强监测、分析和向公众发布权威信息，同时迅速开展对中国核设施的全面安全检查，加强正在运行核设施的安全管理，全面审查在建核电站并重新评估、编制核安全规划，调整完善核电发展中长期规划，严格审批新上核电项目。这些举措对提高政府透明度、增强公众对核能的信心都发挥了重要作用。但核能仍是应对全球能源短缺和气候变化的重要选择之一，未来中国将在确保安全的基础上加强核电发展，核电整体发展目标更加审慎。最新数据表明，中国目前在建的 28 台机组总装机已近 4000 万千瓦，这些机组将在未来五年内陆续投运，因此到 2015 年实现 4000 万装机的计划目标将维持不变。受到政策调整影响，内陆新建核电站有可能缓行，核电在一次能源占比中的额度将会向下调整，未来应不会超过 3%。

（四）产业淘汰落后产能目标分解

淘汰落后产能是调整产业结构，促进节能减排的重要措施，也直接关系到产业布局和各地区经济发展。工业和信息化部根据各省市政府同意的 2011 年淘汰落后产能计划任务，结合产业升级要求和各地实际，经淘汰落后产能部际协调小组第二次会议审议通过，已将工业行业 2011 年淘汰落后产能目标任务分解下达到各地。

此次列入淘汰落后产能目标任务的共有 18 个重点行业，落后产能占总产能在 15%～25%，各个行业比例不尽相同。具体目标任务为：炼铁 2653 万吨，炼钢 2627 万吨，焦炭 1870 万吨，铁合金 185.7 万吨，电石 137.5 万吨，电解铝 60 万吨，铜冶炼 29.1 万吨，铅冶炼 58.5 万吨，锌冶炼 33.7 万吨，水泥 13355 万吨，平板玻璃 2600 万重量箱，造纸 744.5 万吨，酒精 42.7 万吨，味精 8.3 万吨，柠檬酸 1.45 万吨，制革 397 万标张，印染 17.3 亿米，化纤 34.97 万吨。

不同地区产业发展状况不同，承担淘汰落后产能任务也有一定差异。分地区看，河北、河南、山东、山西等省炼铁、炼钢、焦炭、平板玻璃、造纸行业淘汰落后产能任务较重；河北、山西、辽宁、浙江等省水泥行业淘汰落后任务较重；

湖北、山东、浙江等省印染行业淘汰落后任务较重；湖南、内蒙古、贵州等省（自治区）铁合金行业淘汰落后产能任务较重。

三 各地区提出的节能低碳目标和方案

在国家"自上而下"向各地区分解和落实"十二五"节能低碳目标的同时，各地区也纷纷"自下而上"根据经济社会发展、能源资源禀赋特征等自身实际状况，提出未来五年的节能低碳目标和方案。

实施能源消费总量控制是"十二五"分解落实节能低碳目标的突出特点和最重要的举措。早在2010年5月26日，由环保部、发改委、能源局等9部门出台的《关于推进大气污染联防联控工作改善区域空气质量指导意见的通知》首次提出，我国将在"三区六群"地区开展区域煤炭消费总量控制试点。所谓"三区六群"，即京津冀地区、长三角地区、珠三角地区，辽宁中部城市群、山东半岛城市群、武汉城市群、长株潭城市群、成渝城市群、海峡西岸城市群。从"三区六群"的布局不难看出，区域煤炭消费总量控制试点正好覆盖了中国经济的核心动力区域。限制这些区域的用煤总量，将意味着限制地方经济发展的速度。为此，多个地区纷纷提出能源消费总量控制目标。但各地区情况又略有不同。

北京市超额完成"十一五"节能目标，位居全国之首。但由于一些高耗能企业搬迁、举办奥运会等不可复制的因素，"十二五"延续辉煌的难度很大，而落入第二类地区，单位生产总值能源消费下降目标是17%。北京市将节能减碳与大气污染控制结合起来，将控制能源消费总量的重点放在控制煤炭消费总量上，率先确定了煤炭消费总量目标。根据2011年8月北京市公布的"十二五"能源发展规划和《北京市清洁空气行动计划（2011～2015年大气污染控制措施)》，"十二五"期间，北京年均经济增速在8%左右，2015年，北京市能源需求总量为8500万～9500万吨标准煤，比2010年7000万吨标准煤约增加17%，年均增长5.34%，北京市计划2015年将燃煤消费总量控制在2000万吨以下，相比2010年2700万吨标准煤，总量削减700万吨。同时提高天然气在能源消费总量中的比重达到20%。

上海市属于第一类地区，"十二五"单位生产总值能源消费下降目标是

18%，相比北京市提出的煤炭消费总量控制计划，具有经济中心地位的上海市则更倾向采用能源消费总量控制目标，上海市计划到 2015 年把能源消费总量控制在 1.4 亿吨标准煤以内。

天津市也属于第一类地区，采用了煤炭消费总量控制目标，但考虑到天然气供应不足，天津市难以效仿北京大幅度削减其煤炭消费总量，2015 年预计天津市煤炭消费总量将比 2010 年 4900 万吨的基数要高，但通过推广煤制气等措施，有望减少煤炭的直接燃烧。

同属于第一类地区的江苏、广东和浙江省分别提出了能源消费总量控制目标为 3.41 亿吨标准煤、2.28 亿吨（取中间数）标准煤、3.2 亿吨标准煤。其中江苏省从增加能源供给，优化能源结构，加快科技和体制创新，提高能源效率，努力构建安全稳定经济清洁的现代能源体系等不同角度，将"十二五"节能低碳目标分解为 4 大目标，颇具新意。①总量目标：控制一次能源消费总量在 3.41亿吨标准煤。②结构目标：降低一次能源消费中的煤炭比重，2015 年非煤比重达到 30% 以上。天然气消费占比达到 10%，核能达到 1.4%，风能达到 1.3%。③能效目标：2015 在 2010 年基础上降低 GDP 能源强度下降 18%，达到 0.6 吨标准煤/万元（2005 年价格）。④节能环保目标：2015 年供电煤耗下降到 317 克/千瓦时，碳排放强度比 2010 年下降 19%。

福建省属于第三类地区，"十二五"单位生产总量能源消费下降目标是16%。福建省发布的"十二五"能源规划确定，2015 年一次能源消费量为 1.4亿吨标煤，年均增长 7.6%；2015 年全省用电量 2270 亿千瓦时，用电最高负荷3840 万千瓦，分别年均增长 11.5% 和 11.6%。

同属于第三类地区的湖南省"十二五"规划提出，到 2015 年，能源消费总量控制在 2.3 亿吨标准煤以内，单位规模工业增加值能耗累计下降 18%。与其他地区不同，湖南省特别强调重大工程建设，围绕节能减碳、生态治理等重点领域，实施工业节能、湘江流域综合治理、生态环境保护等 21 大工程，将规划建设 77 个重大项目，总投资规模 0.49 万亿元，5 年投资 0.45 万亿元。

吉林省"十一五"节能目标曾经高达 30%，后来降低到 22%，但相比其他各省仍是最高的。"十二五"吉林省没有延续高要求、高目标的路径，而是落入第三类地区，目标更加务实，初步确定了 2015 年能源消费总量目标为 1.35 亿吨标准煤。

云南省属于第四类地区,"十二五"单位生产总值能源消费量下降目标是15%,在此基础上,云南省发挥水电资源等可再生能源丰富的优势,提出单位生产总值碳排放要达到20%,超过全国17%的目标,但尚未提出能源消费总量控制目标。

新疆维吾尔自治区"十一五"期间在节能减排方面付出了艰辛努力,单位生产总值能耗累计下降8.9%,改变了"十五"时期单位地区生产总值能耗逐年上升的局面,但仅完成国家下达"十一五"节能目标的44%。"十二五"新疆属于第五类地区,节能目标仅10%,但仍面临巨大挑战。新疆提出要坚持"环保优先、生态立区"的理念,按照"资源开发可持续、生态环境可持续"的思路,但尚未提出具体能源消费总量控制目标。

四 "十二五"节能低碳目标前景展望及政策建议

"十二五"是全面建设小康社会的关键时期,是深化改革开放、加快转变经济发展方式的攻坚时期。要顺利实现节能低碳目标,特别是非化石能源占一次能源消费比重目标,落实能源消费总量控制非常关键。"十一五"期间,一些地方出现的先使劲做大分母再补救式地控制能耗以降低能耗强度的做法,背离了节能低碳发展的初衷,显然是不可取的。"十二五"通过控制能源消费总量就是为了避免重蹈覆辙。但就目前情况看,从能耗强度目标向能耗总量控制目标的转变存在不少障碍和困难。

第一,在国家层面上GDP增速与能源消费总量目标之间存在不匹配的问题。"十二五"规划设定的GDP增速预期性目标是年均增长7%,到2015年,实现能源强度下降16%目标,能源总消费量只有38亿吨标准煤左右,几乎不可能实现。如果控制GDP平均增速在8%左右,能源消费总量需控制在41亿吨标准煤左右。2011年上半年,国内GDP同比增长9.6%。为了确保实现节能低碳的约束性目标而制定一个可行的能源消费总量目标,很可能要突破GDP增速的预期性目标。

第二,"自上而下"的国家目标分解与各地方"自下而上"提出的目标不对应。据研究机构测算,2015年国内能源合理需求的范围是40亿～43亿吨标准煤,能源初步考虑能源总量控制目标在41亿吨或42亿吨。而各地方提出的能源消费目标加总后很可能接近50亿吨。这一方面有地方和全国统计数据范围、口径不一致的影响，另一方面也反映出多数地方政府为发展本地经济迫切希望增加能源消费指标。以晋陕蒙宁等地为代表地处矿产资源产地的省份，希望能够依托资源优势，加快发展地区经济，而东部经济相对发达且能耗强度相对较低的省份，如广东，继续节能减排的压力很大。目前，能源局正试图将能源消费总量控制目标分解到地区，中央和地方围绕能源消费指标的博弈在所难免。能源消费总量目标难以最终商定很可能是"十二五"能源专项规划迟迟不能出台的原因之一。

第三，在实施"十二五"节能低碳目标过中，不同行业之间也可能因不同的利益和政策诉求存在此消彼长的博弈。例如化石能源与非化石能源行业之间，火电与新能源之间。钢铁、水泥等能源密集型行业受节能低碳政策影响最大，能源消费总量控制政策在设计和实施过程中也必须考虑其行业的特殊性。从"十二五"扩大针对重点用能企业的能源管理，更多将约束性指标由地方政府转向企业的趋势看，企业在节能减排中的作用已经逐渐受到重视。企业与政府之间的关系正从被动服从转向积极互动。

第四，如果能源总量控制目标能够分解落实到各个地区和行业，对于突破目标的地区或行业采取怎样的限控或惩罚措施尚不明确。如果以行政命令手段，对"两高"行业实施刚性约束会导致较高的经济成本，尤其在目标分解不尽合理的情况下，以行政问责和行政处罚等高压手段强制实施，很可能再次出现拉闸限电的现象。如果能引入市场机制，例如通过各地区之间能源消费指标的交易，允许地方和企业灵活选择，则可能降低节能减排的经济成本。"十二五"期间建立"碳排放权交易体系"已经在人力、物力、组织和制度方面具备了相当的基础和条件，但还需要周密的政策设计、相关基础设施建设，以及相关机构、企业的能力建设，通过试点示范逐步推进。在中国市场经济不完善的条件下，建立和完善市场机制仍需要一个过程。

第五，实施能源消费总量控制还需要建立和完善一系列相关的机制和制度，应加快建设能源和温室气体的统计核算制度，低碳产品标准、标识和认证制度，节能低碳目标责任考核和奖惩制度，主要耗能产品能耗限额和产品能效标准，固定资产投资项目节能评估和审查制度等。

2011年作为"十二五"规划的开局之年，在制定"十二五"规划、设定目标、出台相关政策的同时，已走过了大半年时间。2011年上半年，国内GDP同比增长 9.6%，高于年初预计的 8% 的增速。同期，全社会用电量同比增长 12.2%，煤炭需求同比增长 9.2% 左右，成品油表观消费同比增长 7.2%。经济发展速度与能源消费增速几乎平行。如果"十二五"开局之年不能实现能耗强度下降 3.5% 的目标，后续任务将更为艰巨。

总之，全球绿色低碳发展的大趋势对中国来说，既是严峻的挑战，也蕴含重要的机遇。顺利实现"十二五"节能低碳目标，是中国作为负责人大国履行对国际社会的郑重承诺的必然选择，更是中国实现结构调整和增长方式转变，促进自身可持续发展的必然选择。中国能否在"十二五"期间通过不懈的努力，向全国人民，也向国际社会交出一份令人满意的答卷，令人期待。

Gr.11
全球视野下的中国可持续发展

王 毅*

摘　要：全球及中国的可持续发展进程，即取得了成功的经验，也存在一系列问题和面临新的挑战。发展绿色经济、节能减排、争取协同效应已经成为国际上可持续发展的新战略取向，并且正通过生产方式、消费方式、国际合作与贸易方式的转型，以及管理、政策、技术的组合与系统创新，形成新的发展和竞争格局。中国长期的高速增长和巨大的社会经济规模，不仅使其面临的资源环境问题异常复杂，而且其发展选择将对全球可持续发展产生深远影响。经过过去 20 年的努力，中国在处理环境与发展关系上取得了很大的成绩，同时也面临各种新的挑战。未来 5 到 10 年，中国的可持续发展道路应以绿色低碳发展和节能减排为主线，通过阶段目标和长期目标、效率和总量、计划与市场、制度与技术、政策与管理、国内与国际相结合，寻求系统的解决方案，为中国乃至全球的可持续发展作出重要贡献。

关键词：中国　可持续发展　节能减排　绿色低碳发展　全球视野

自 1992 年联合国环境与发展大会在巴西里约热内卢召开至今已近 20 年了（以下简称里约环发大会）。在这 20 年间，全球可持续发展既取得了一定的成绩，同时也存在不少问题和面临新的挑战。

当今全球正处于进入 21 世纪最重要的转型阶段的时期，未来人类文明如何发展将取决于我们今天的选择。中国已经成为世界第二大经济体，无论从规模还是从取得的成绩来看，中国都越来越深刻地影响着全球社会经济发展及其格局演

* 王毅，中国科学院科技政策与管理科学研究所副所长，研究员、博士生导师。研究领域：可持续发展战略与政策。

变。与此同时，崛起的中国也面临着日益增长的国际冲突和发展问题。我们还必须看到，由于存在发展阶段、国情特征、国际分工等因素，中国还需要解决脱贫、就业、老龄化等一系列发展中的问题，尤其是要避免资源能源消耗、污染排放等对全球环境产生负面影响。因此，世界迫切希望中国在重塑世界可持续发展和发展绿色经济的进程中起到举足轻重的作用。

中国在可持续发展领域正面临持续性的国际金融危机、应对全球气候变化，以及国内多样性资源环境问题的三重挑战。经过 21 世纪头 10 年的战略调整和努力，中国在高速增长和转型的过程中，逐步探索具有中国特色的可持续发展模式和绿色低碳发展道路。在不断变化的全球背景下，中国在 2011 年公布的"十二五"规划纲要中，把转变经济发展方式作为主线，并将绿色低碳发展和建设资源节约型、环境友好型社会作为未来 5 到 10 年中国的基本发展理念。这是中国为应对国内外各种挑战、加快转变经济发展方式、保证可持续增长的重要举措。把绿色发展的理念融入经济转型的过程中，既是我们难得的机遇，也是历史赋予我们的神圣使命。

一　全球实施可持续发展战略 20 年

可持续发展的概念已经问世 20 多年了，这一阶段也是人类反思自身发展的不断演变进化的过程。1987 年，世界环境与发展委员会在《我们共同的未来》报告中所提出的"既满足当代人的需要，又不对后代人满足其需要的能力构成危害的发展"，至今仍是可持续发展的经典定义①。这一理念在 1992 年联合国环境与发展大会上已被包括中国在内的 100 多个与会国家普遍接受，之后在 2002 年联合国可持续发展大会上，进一步明确了把经济发展、社会发展和环境保护这 3 个各自独立又彼此强化的组成部分作为促进地区、国家、区域乃至全球层面可持续发展的三大支柱。可持续发展强调公平、均衡和上述三个支柱的融合，把消除贫困、转变不可持续的生产和消费方式、保护和管理社会经济发展的自然资源基础作为首要目标②。

---

① WCED, *Our Common Future*, Oxford University Press, 1987.

② WSSD, *Johannesburg Plan of Implementation of the World Summit on Sustainable Development*, UN, 2002, http：//www. un. org/esa/sustdev/documents/WSSD_ POI_ PD/English/POIToc. htm.

里约环发大会召开近20年来，一方面，我们看到可持续发展在全球得到了广泛的传播，美国、加拿大、欧盟等发达国家和区域以及中国、巴西等发展中国家先后制定了可持续发展战略及相关政策。另一方面，我们也应该看到，由于缺少强制性的法律规范，一些国家特别是发展中国家，可持续发展的实质性进展十分有限，所提出的好高骛远的目标难以实现，仍无法摆脱不可持续的发展轨迹。与此同时，发达国家并没有完全兑现支持发展中国家的承诺，环境和发展的冲突还在加剧，消除贫困的任务依然艰巨。联合国环境规划署发布的《全球环境展望4》提出，只有部分简单的环境问题正得到妥善解决，人类还在面临空前的环境变化的挑战①。

近年来，随着全球气候谈判的升温，应对气候变化成为可持续发展领域的主流话题，低碳发展也成为许多国家减缓温室气体排放的重要选择。由于哥本哈根气候大会没有达成具有法律约束力的协议，全球的气候热潮也随之降温，许多官员学者估计2011年在德班的气候变化大会也难以达成针对第二承诺期的实质性协议。人们开始反思，我们应该何去何从。我们也认识到，除气候变化之外，全球面临着非常严重的资源环境压力，包括能源、矿产、土地、水、稀土等战略和关键资源紧缺，一些传统的可持续发展问题，如脱贫、公平、常规环境问题等都还没有得到很好解决。因此，我们仍然需要在经济增长和改善环境等问题间达成平衡。在此背景下，尽管我们还很难给出统一的定义，但发展"绿色经济"已成为各国追逐的新目标。

预计到2050年，全球可能有包括中国在内的20亿～30亿人逐步摆脱贫困，实现现代化。其中，中国作为率先崛起的发展中大国，由于规模庞大，实现绿色崛起和绿色发展必然对世界政治、经济乃至资源环境格局产生重大影响，也包括对全球气候与环境的影响。要发挥新兴经济体和负责任大国的作用，中国自身必须全力探索绿色崛起与符合国情的发展模式，实现绿色低碳转型。

二　中国可持续发展政策的进展和新的发展背景②

中国是最早参与《我们共同的未来》报告编写的国家之一，并于1992年签

---

① UNEP，*GEO - 4*，2007.

② 中国科学院可持续发展战略研究组，《2008年中国可持续发展战略报告——政策回顾与展望》，科学出版社，2008。

署了《里约宣言》和《21 世纪议程》。1994 年，中国率先发布了第一个国家级的 21 世纪议程——《中国 21 世纪议程——中国 21 世纪人口、环境与发展白皮书》。1996 年，可持续发展被正式确定为国家的基本发展战略之一，可持续发展已从科学共识转变为政府工作的重要内容和具体行动。"十五"计划还具体提出了可持续发展各领域的阶段目标，编制和组织实施了重点专项规划。迄今我国已制定了涉及人口、资源、能源、环境等领域的法律约 30 部，包括《环境保护法》、《水法》、《节约能源法》、《循环经济促进法》等。国务院制定的有关可持续发展的行政规章 100 余项，各部委的部门规章和国家标准也分别有数百件，批准和签署多边国际环境条约 50 多项，为实施可持续发展战略提供了一系列的制度安排。全国人大常委会专门成立了环境与资源保护委员会，在法律起草、监督实施等方面发挥了重要作用。

在组织机构方面，1992 年，中国政府成立了由国家计划委员会和国家科学技术委员会作为组长单位的跨部门的《中国 21 世纪议程》编制领导小组及其办公室，随后还设立了具体管理机构——中国 21 世纪议程管理中心。2000 年，《中国 21 世纪议程》编制领导小组更名为全国推进可持续发展战略领导小组，负责跨部门的可持续发展协调工作和项目组织。1998 年，国家环境保护局也升格为部级的国家环境保护总局，提高了环境行政管理的地位和作用。同时，各部门的可持续发展工作也都在有条不紊地推进。尽管可持续发展给我们展示了清洁、安全、公平和更富竞争力与活力的发展前景，但是当前我们所面临的问题和发展背景与十多年前相比已经发生了很大变化，要实现可持续发展，我们还必须克服许多已经存在和正在形成的威胁：

第一，中国已经进入以重化工业快速发展为主要特征的工业化中期阶段，消费结构逐步升级，正经历着资源能源消耗和污染物排放密集化的客观历史过程，我们面临着要利用重要战略机遇期迅速实现工业化和进行结构调整与增长方式转型的双重压力。

第二，人口规模庞大，人与自然矛盾尖锐。伴随着人口结构转型，提高人口质量、缓解人口老化压力、解决就业等问题逐渐突出，消除贫困的任务仍然繁重。

第三，油气、水、土地及重要矿产等战略资源供需形势严峻，特别是油气等资源的进口依存度不断提高，资源可持续利用和资源安全问题日渐紧迫，并可能对社会经济发展及可持续性形成严重冲击。

第四，与传统污染问题不同，我们正在面临难以应付的复合型的跨界环境污染问题，区域性大气污染和流域性水污染日趋严重。

第五，越来越多的证据表明，人类活动产生的温室气体正在促使全球变暖，并将产生一系列系统变化，使风险加剧。作为温室气体排放大国，中国将面临巨大的国际减排压力，这有可能影响我国的现代化进程。

第六，我们对城市的可持续发展还不够重视。高速增长的城镇化进程，日益扩张的消费主义倾向，对城市建设中资源环境问题的轻视或忽视，使我们实现可持续城镇化的空间和时间不断缩小。

第七，随着各政府部门、企业、公民社会组织等利益集团的日益多样化，各群体表达其权利诉求的能力逐步增强，带来各种矛盾和冲突，但弱势群体和弱势地区的利益却常常被忽视，因而改善可持续发展治理的呼声不断提高。

随着科学发展观与和构建和谐社会理念的提出，以及我国经济、科技实力的明显增强，节约资源与环境保护工作正逐渐主流化，成为转变发展方式和促进国民经济与社会发展不可或缺的组成部分。具体而言，"十一五"规划所提出的节能减排约束性目标及其一系列配套政策和大规模环境基础设施、生态保护工程建设给中国实现可持续发展带来了真正的机遇。"十二五"期间，中国不仅将延续上述政策取向，而且还在不断将之深化，把转变经济发展方式作为主线，努力实现绿色低碳发展理念。

三　探索中国特色的可持续发展道路

为了完成可持续发展提出的目标和任务，我们需要进一步加强政府各部门的领导和协作，建立更广泛的推进可持续发展的合作伙伴关系，在总结历史经验的基础上，从更长远目标入手，重视推进可持续发展的制度建设，改善政策执行的环境，提高政策效率，加强资源环境监管，采取有效的优先行动，克服可持续发展的难题，使我国的现代化发展进入良性循环的轨道。

作为现代化的后发国家，借鉴国际先进经验是明智之策。总结国际上可持续发展的经验，大致有如下几方面：第一，可持续发展战略，不单靠某一方面的解决措施；第二，经历制度化的过程，通过制定相关法律、法规、战略、规划、标准等，形成比较完备的制度体系，许多国家都成立了国家层面的可持续发展委员会或类似的协调机构；第三，利用各种政策工具，包括经济激励手段、战略环评等，调整发展与保护的关系，共同解决问题。第四，应对气候变化和发展低碳经济已经成为国际上新的可持续发展的核心，并且正通过政策组合与技术创新形成新的竞争力。

未来中国特色可持续发展道路的四大任务：第一是绿色低碳发展和节能减排；第二是维护生态系统，改善环境质量；第三是保证资源特别是战略资源和关键资源的持续安全供给和高效循环利用；第四是逐步使物质消耗与经济增长脱钩，实现资源、能源、环境、气候与发展的协同效应。

政策目标设置：阶段性目标和长期性目标相结合，效率和总量相结合。作为短期政策目标，应把效率性指标放在第一位，把总量指标放在第二位。在"十二五"和"十三五"规划期间，要在延续"十一五"规划的约束性指标基础上，不断增加指标数量和实现力度，为长期的结构和模式转型奠定制度基础。根据行业和地区差异，实现差别政策、分类指导和标杆管理。同时，还必须对现有规划实施动态和适应性管理，根据国际国内情况变化，及时进行总结、评估。平衡政策目标，适时调整指标值及管理手段。以下针对可持续发展涉及的法律法规、管理机构、政策手段、公众参与等政策领域，提出改革与发展的建议和优先行动。

（一）完善可持续发展的立法体系

可持续发展原则应该成为各项法律法规制定与修订的基本原则。目前，中国与可持续发展相关的法律法规之间存在着冲突和矛盾的情况，缺乏综合、协调和统筹管理的理念，各利益相关方的参与及其责任和义务的规定还不够明确，应对此进行深入研究，对相应的法律进行通盘考虑。

1. 关于国家可持续发展相关立法的建议

第一，统筹考虑法律法规的修订。鉴于目前中国的立法程序仍然存在部门主导立法的倾向，法律法规之间缺少协调和配合，缺乏跨部门、跨行政区综合管理的规定，以及程序性立法不足和执法不严等突出问题，近期，在可持续发展的框架下对现有法律法规进行了调整，使之适合可持续发展的综合性要求，以解决跨部门、跨行政区的可持续发展难题。

第二，增加利益相关方的立法内容。有关可持续发展利益相关方的法律规定

还存在空白，例如部门协调的机制、各利益相关方（包括政府部门）在生态补偿中的职责、公众参与的程序、信息披露制度、污染事故发生之后的认定程序以及解决程序等。应对法律进行修改，增加相应的内容。

第三，明确部门管理机构在可持续发展相关管理领域的职责。例如，在流域水环境管理方面，目前环境保护部门、水利部门、流域机构以及其他有关政府机构之间的职责划分不清晰，使得开展相关工作时出现许多难协调的问题。应对相关法律进行修改，明确各部门的职责范围。

2. 优先行动

第一，修订《环境保护法》。《环境保护法》自 1989 年实施以来，情况已经发生了很大的变化，该法已经不能满足环境与发展变化的需要，应该尽快列入立法修订计划。

第二，修订目前冲突较大的相关法律法规。在可持续发展和流域综合管理的框架下优先完善《水污染防治法》和《水法》的修订方案，明确各部门的职责，强化协调机制，减少冲突条款。

第三，支持地方立法能力建设。我国很多地区，尤其是中西部地区，立法能力较弱，立法进程相对滞后。因此，可以通过举办培训、组织专家制订地方立法模板等方式支持地方立法能力建设。

（二）建立可持续发展相关领域的综合管理机构

机构改革是可持续发展的核心内容之一，没有合理的管理体制机制，可持续发展是不可能实现的。目前，与可持续发展相关的能源、环保、交通等政府职能被分散在多个政府部门、行业协会甚至国有企业，这些利益相关方之间缺少必要的协调机制，经常造成事倍功半的管理效果。因此，需要建立相关领域统一、综合的管理部门。实施综合管理并非将所有权力都集中在单一政府部门，而是把分散在各部门的相关领域政府管理职能统一起来，充分利用中央权威在解决可持续发展紧迫性问题上的优势，同时形成良性的治理结构，加强决策的科学化、民主化和制度化，使统一行政主管部门的职能得以有效发挥，部门间的协调与合作机制得以建立，逐步强化各利益相关方的参与，以更好地实现可持续发展目标。

1. 关于管理体制机制的政策建议

由于政府机构改革牵涉的方面很多，需要兼顾长期与短期、整体与局部的关系，应采取渐进的方式，根据不同管理领域的特点区别对待，通过试点积累经验，逐步推开。

第一，在可持续发展的核心领域，如能源、环保、交通等领域优先开展"大部制"试点，合并原来分散在各部门中的相关政府职能，以解决职能交叉、多头管理、行政低效等问题。同时，通过建立统一监管机制、协调机制、综合决策机制和社会参与机制，确保管理体制的正常运转和目标的实现，从而比较完整地体现可持续发展工作的统一性、综合性和协调性的要求，以实现节能减排、应对气候变化、转变发展方式等可持续发展优先目标。

第二，健全国家层面的可持续发展综合协调机制。由于受自身性质、地位限制和权威不足的影响，无论环保部际联席会议制度还是全国推进可持续发展战略领导小组都无法承担高层次的可持续发展协调工作，即使是建议成立的能源、环保、交通等综合行政主管部门也不具备跨部门的协调能力。因此，需要在国务院层面建立可持续发展的综合协调机制。

2. 优先行动

第一，在大部制框架下，优先建立能源部、环境保护部、综合运输部等统一行政主管部门。以环境部为例，应将污染控制、水质与水量管理、流域管理、生态保护、可再生资源管理等政府职能统一起来。

第二，成立国务院可持续发展委员会或国务院资源与环境保护委员会，将之作为协调国务院各部门、行业协会、公民社会组织涉及可持续发展长远问题的战略、决策等相关事宜的机构，由国务院可持续发展工作的主管领导担任主任，以保证权威性和决策的落实。

（三）提高可持续发展政策的一致性，发挥政策组合的作用

1. 涉及跨部门的政策建议

第一，将"绿色低碳发展"作为可持续发展的重要内容，建立"资源节约型、环境友好型、低碳导向型社会"。气候变化带来的挑战是全方位的，而发展绿色经济已经逐步成为全球重要的发展方向之一，但绿色低碳发展道路涉及复杂的政策目标，应采取相对谨慎的态度认真应对，加强综合研究，权衡发展与气候变化的不同政策目标，适时取舍，并从政府的政策制定以及企业行动中获得实践知识，从而对我国应对气候变化的战略性调整产生更为积极的影响。

第二，为了发挥政策组合的作用，防止各自为政的政策制定，应该对现有的各类政策及其执行环境进行综合评估，从相对长期的角度分析不同政策的利弊与先决条件，认真总结政策的成功经验与失败教训，处理好增长、环保、就业、替代生计、企业竞争力等因素的相互关系，明确政策目标，减少政策的重复性，采取最成本有效和可操作的经济激励手段。

第三，开展流域综合管理的试点示范。实施流域综合管理是解决流域性资源环境问题、平衡流域经济开发与生态保护目标的重要政策措施。流域综合管理需要从流域立法、综合规划、流域性政策等多方面入手，建立流域综合管理的框架，因地制宜，通过试点示范，总结和推广流域综合管理的经验。

第四，完善信息系统建设，建立综合信息平台。可持续发展的基本信息是制定政策的基本依据，通过信息监测、系统评估及相应的科学研究，了解资源环境问题的基本情况，帮助我们认识存在的风险和不确定性，为问题的解决和政策制定提供科学的决策依据。

2. 优先行动

第一，制定我国绿色低碳发展的路线图及相关的推进政策，权衡发展绿色经济所涉及的开发低碳技术、发展可再生能源、提高能效与适应措施等各类政策目标。

第二，综合考虑能源税、环境税、碳税及相关的财税激励政策，并与整个财税体制改革相配套，保持税收中性，采取统一的解决方案和政策实施时间表。同时充分发挥政府环境财政的主渠道作用，研究制定需求管理政策，引导人们的消费行为向可持续发展方向转变。

第三，建立现代产权制度，推进能源、矿产资源、土地、水资源、排污权等领域的产权制度改革，形成合理的资源收费、价格形成和交易机制。

第四，开展流域管理机构改革，建立各利益相关方的协调机制，将流域综合管理原则作为指导流域综合规划修编工作的基本原则，促进管理体制、政策措施、发展目标的相互衔接与配套，加强流域生态补偿的试点工作。

第五，制定区域和城市的可持续发展规划，开展区域和城市可持续发展的综合评估工作，并建立相应的绩效评估和考核指标，推广中国可持续城镇化的模式。

第六，在健全监测体系的基础上，制定基于区域大气污染物排放总量和流域的水污染物总量控制的相关政策，按照区域和流域进行污染物减排目标的分解，在近期以资源环境效率指标为最优先的控制目标，并制定相对长期的总量削减时间表和配套政策。建议选择松花江、太湖流域为试点。

第七，落实战略环境评价制度。对于《环境影响评价法》规定的必须进行环境评价的规划，要切实进行战略环境评价，加强战略环境评价的能力建设，并探索政策、立法等领域的战略环境评价工作。

第八，通过建立政府和民营部门合作伙伴关系，将重点放在城市公用事业改革和重点行业节能减排技术创新的试点工作上。同时建立中小企业节能减排技术创新补偿资金。

（四）改善治理结构，逐步推进公众参与

1. 加强公众参与的政策建议

公众参与在环境保护、可持续发展工作中的意义重大。在中国推进公众参与可持续发展的政策制定与决策过程有其特殊性，需要从多个层面着眼，循序渐进地开展行动，建议做好以下几方面工作：

第一，在相关立法中加强对社团组织、公民等非政府主体参与可持续发展相关管理的权益规定，出台具体的公众参与的程序性规定。

第二，积极推动环境公益诉讼。任何公民和社会团体都可以对不履行法定职责的管理机关或者污染、破坏环境的单位和个人提起公益诉讼，并采用"举证责任倒置"制度。

第三，采用多种手段支持 NGO 的发展。例如，修改相关法规让非政府组织的注册更容易；推动免税捐赠的相关法律，以鼓励中国企业与个人向当地非政府组织捐款；关注 NGO 的能力建设。

第四，扩大公众知情权。推行政务公开，实行环境保护政策法规、项目审批、案件处理等政务公告公示制度。完善相关政府网站，公开发布环境质量、环境管理等信息，使公众与 NGO 可以更容易获得资源环境基础信息、管理决策与规划执行的相关信息。依法推进企业环境信息披露，如公布企业使用的有毒物质清单。

第五，充分发挥媒体的作用，利用舆论监督相关管理部门依法行政和企业的环境行为，加强公众参与重要性方面的宣传，提高广大公众积极参与资源环境管理事务的积极性和责任感，同时为利益相关方创造彼此合作的压力和动力。

2. 优先行动

第一，推动建立重大工程建设项目行政审批的公告和听证制度。对于区域或流域开展的重大工程建设项目，建立明确的公告与听证制度，推动在各类行政许可的行政审批程序中，加入公众参与的环节，使跨部门、跨地区的其他利益相关者有平等对话的机会，保护弱势群体与潜在受害者的权益。

第二，提高利益相关方参与可持续发展管理的能力。推动交流平台建设，如论坛、研讨会等形式，促进利益相关方参与。与相关教育和培训机构合作，开设可持续发展相关管理的课程，提高利益相关方的参与意识，增强其参与能力。

第三，建立环境信息公开制度。落实政府信息公开、企业环境信息披露，促进综合性的信息发布平台建设，如建立信息公开门户网站，促进各种资源环境信息的及时发布并作为公众交流和反馈意见的虚拟平台。

第四，加强国际交流与合作。根据中国可持续发展的需求，有针对性地开展与有关国家及机构的各类交流与合作，特别是在节能减排、应对气候变化、区域大气污染控制、流域综合管理等领域开展管理、技术、资金等方面的合作，不断提高我国参与全球可持续发展事务的能力，促进我国的可持续发展事业。

（五）转变对外发展方式，促进多层面国际合作

调整对外经济合作战略，提升海外开发的社会和环境责任。随着国际社会对崛起的中国的日益关注，在新形势下调整我国的对外经济合作战略十分必要。目前有三方面优先内容：一是制定新时期对外经济合作的战略（包括中国的全球资源能源战略），并把节能减排和应对气候变化作为指导对外经济合作的重要参考因素，加快对外经济发展方式的转变，更加合理地利用海外资源和能源；二是调整"走出去"战略，制定中国海外开发企业行为的指导性原则，除遵守必要的商业规则和国际惯例外，还必须承担企业在当地的社会和环境责任；三是转变海外援助模式，将节能环保、应对气候变化作为海外援助的重点内容，利用海外援助资金直接或间接地促进海外资源能源的开发利用，树立国家和企业的绿色形象。

以立法形式，保证关键资源安全，科学合理地增加战略资源储备。鉴于现行的 WTO 规则存在缺陷以及不断增长的贸易冲突，应从提高资源税和环境成本的角度入手制定相关法规，减少和限制包括稀土资源在内的国内重要战略性资源、

原材料的出口；从国家利益角度制定我国各种战略性资源的长期储备计划，增加进口和战略性资源储备。同时建议我国政府在新一轮 WTO 贸易谈判中提起关于协调 WTO 规定与国际多边环境协议的请求，以尽可能避免未来绿色产业发展过程及国际贸易中可能出现的各种规则冲突。

加快外贸发展方式的转变，实现绿色贸易转型。争取用 10 年左右的时间改变目前贸易"环境逆差"的局面，从贸易角度促进我国节能减排目标的实现。具体措施包括：采用以征收出口环节的环境关税为主导的绿色贸易政策，优先减少"两高一资"产品的出口；通过提高出口退税率等政策，鼓励环境标志产品的出口；改变对外援助方式，增加优质、低成本的节能环保产品的海外援助。

走有中国特色的可持续发展道路是中国面临的前所未有的挑战，没有成熟的经验和固定的模式可以借鉴。走有中国特色的可持续发展道路是一个需要不断学习、实践、渐进、调整、创新的过程，需要所有利益相关方的共同参与和努力。

G.12
中国低碳城市建设的推进模式

庄贵阳*

摘　要：中国的低碳城市建设正在从最初的自发性、零散性的尝试走向国家层面的系统性安排，目的是形成科学的低碳经济发展框架。从国家发改委的"五省八市"低碳试点，到交通部建立低碳运输交通体系试点，再到发改委或财政部节能减排财政政策综合示范，都是通过试点示范，总结经验，再逐步在面上推广，这似乎已经成为中国政策制定的惯例。中国低碳城市建设要规划先行，同时要加快建立完善温室气体排放统计的核算体系。

关键词：低碳城市　试点示范　推进模式　着力点

一　中国低碳城市建设的实践探索

低碳发展是近些年来全球为了应对气候变化而诞生的新的理念和行动，其核心是减少发展过程中产生的碳排放，从而保证全球升温相对工业化前水平不超过2度。由于城市占排放总量的70%以上（本地排放以及消费引起的间接排放），以及城市集中了各国主要的人口和经济，所以从一开始，如何实现城市的低碳发展便成了各国应对气候变化行动的主要内容。

在发达国家和国际大都市积极采取行动向低碳经济转型的同时，国内城市也热情高涨。自2008年起，全国已有保定、上海、贵阳、杭州、德州、无锡、吉林、珠海、南昌、厦门等100多个城市提出了建设低碳城市的构想，这些城市都争取成为国家低碳城市试点。虽然每个城市的"低碳"所指不尽相同，但毋庸

---

* 庄贵阳，中国社会科学院城市发展与环境研究所研究员，研究领域为低碳经济与气候变化政策。

置疑的是城市对新型城市发展形态的思考和探索，反映了城市在新一轮全球经济竞争中的定位和尝试。

（一）局部尝试型

作为中国最大也是最重要的城市，上海很难一时做到全市范围、各个层次全面的低碳转型，但从上海市的低碳城市实践来看，它着重操作层面的有效性，虽然不能全面铺开，也可以从目前可以实施的部分开始尝试。2010年上海世博会的世博园区，成为上海的"低碳试验田"。上海市以世博园区建设为契机，从选址、规划，到设计、建设、运营等的全过程，始终贯彻低碳理念，从源头上减少碳排放。此外世博会组委会还积极落实"碳补偿"措施，尽可能抵消世博会的额外碳排放。上海世博会汇集了全球最高端的低碳技术，运用了低碳交通、低碳建筑、低碳能源、低碳宜居城市图景等，传播了社会大众低碳生产、低碳生活的理念。世博会园区通过对低碳技术在城市发展的综合应用，为未来低碳城市发展提供了系统解决方案和实验场。上海世博会对上海低碳发展具有战略效应、技术效应、经济效应和理念效应。[①]

（二）特色产业型

与上海相比，有一些城市则具备更明显的低碳发展优势，可以把低碳产业作为今后自身竞争力的来源。以保定为例，保定市借鉴美国加州硅谷的发展模式，提出了建设"中国电谷"的概念，近年来已形成光电、风电、节电、储电、输变电与电力自动化六大产业体系，同时推动新能源技术的创新与应用，构成了建设低碳城市的良好基础。德州市拥有丰富的太阳能资源，德州市政府致力于推广太阳能的应用，2005年开始实施"中国太阳城"战略，启动实施了"百万屋顶"、"千村浴室"、"5555"光电照明示范工程等全市规模太阳能普及应用推广工程。太阳能光热利用技术成熟、普及率高，德州市城镇家庭太阳能热水器普及率为75.4%，农村住户太阳能热水器普及率约为15.0%。太阳能产业发展迅速并处于国际领先水平，形成了以太阳能热水器为主，包含真空集热管、太阳能电

---

① 于宏源、汤伟，《低碳世博与城市发展》，见王伟光、郑国光主编《应对气候变化报告（2010）》，社会科学文献出版社，2010。

池组件、光伏发电系统、太阳能照明系统、太阳能交通灯、节能玻璃和太阳能一体化建筑技术等的较为完备的产业链。①

（三）系统规划型

国内很多城市具有发展低碳经济的愿望，但有些城市或者被历史包袱缠身，困于高污染、高能耗、低附加值的局面；或者身处腹地，鲜有发展机会。中国有一批这样的城市，不得不尝试另辟蹊径，寻求突破瓶颈的办法。正是在这样的背景下，东北重工业老城吉林市成为国家发改委指定的第一个低碳经济案例研究试点城市，为国家政策制定积累经验和提供实践支持。2010 年 3 月，《吉林市低碳发展路线图》② 成果正式发布。吉林市从众多产业中，找出自己已有的关键行业，明确石化行业的支柱产业地位，希望通过石化产业的拉动作用，带动整个工业体系。在实现经济发展的同时，也改善了产业结构，降低了能源强度，实现了低碳转型。杭州市的情况则不同，早在 2008 年 7 月，中共杭州市委十届四次全会上就提出要把减碳放在更加突出的位置，制定低碳城市指标体系、评价体系和专项行动计划，建好低碳科技馆，打造低碳经济示范区，大力调整能源结构，发展低碳经济，倡导低碳生活，打造低碳城市。杭州市于 2009 年起草了 50 条"低碳新政"，明确提出杭州要率先在国内打造低碳经济、低碳建筑、低碳交通、低碳生活、低碳环境、低碳社会六位一体的低碳城市。

二　推进中国低碳城市建设的试点与示范

通过试点示范总结经验并推广似乎已成为我国政策制定的惯用模式。中国的低碳经济理论和实践，一直共同"成长"，共同进步。虽然国内很多城市提出了建设低碳城市的构想，但总体上具有自发性、零散性和尝试性的特点，在"学中干，干中学"，尚未形成统一的体系。从最初能够看到机会的切入点着手，尝试并推出实验性的举措。随着低碳理念逐渐被社会所接受，有些城市确实是在做

---

① 中国人民大学环境政策与环境规划研究所：《德州市"十二五"低碳发展规划研究报告》，2010 年 12 月。

② Low Carbon Development Roadmap for Jilin City, Chatham House, Chinese Academy of Social Sciences, Energy Research Institute, Jilin University, E3G, 2010.

低碳的努力，而有些城市则只是在喊口号，甚至提出偏激的"零碳城市"的概念，忽略技术与社会现实，只是因为它听起来比低碳更响亮，就把这顶华丽的帽子扣在头上。还有些城市把与低碳不相关的内容当做低碳城市规划，如把循环经济、绿色经济视为低碳经济，忽略了其中最关键的碳排放的刚性指标。为了统一认识，规范国内的低碳实践，国内从不同主体、不同侧面开展了低碳城市建设的试点示范。

（一）外力助推型

低碳经济首先以学术概念的形式被介绍到中国，国际机构资助学术团体开展"低碳城市项目"研究实践。可以说，这些国际合作研究项目成为初期低碳城市研究的试点与示范。2007 年秋，洛克菲勒兄弟基金会支持气候组织开展珠江三角洲地区包括广东和香港地区的低碳经济路线图的研究，直接推动了两个地区的低碳探索。WWF 的"低碳城市发展项目"于 2008 年初选择保定市为示范项目试点城市，因其先期在新能源产业上的成功尝试，保定领导层也较其他城市领导层先接触到低碳的理念，从而推动其在城市运营其他方面走向低碳。英国战略方案基金（SPF）推动中国各省及地方的低碳发展，先后支持了吉林市、南昌市、重庆市和广东省等进行低碳城市发展的研究和规划。在能源基金会的项目支持下，清华大学等机构对山东和苏州进行低碳战略前期研究，同时广东、湖北、重庆、南昌、保定等省市的地方研究机构在已有的低碳研究的基础上，继续编制低碳试点方案。瑞士—中国低碳城市项目于 2010 年 6 月启动，选定银川、北京东城区、德州和眉山为试点，关注城市管理、低碳经济、交通和绿色建筑等领域，制定城市低碳发展行动计划，助力城市低碳发展。①

（二）整体推进型

面对各地发展低碳经济的社会需求，为了统一认识与行动，2010 年 8 月，国家发改委把广东、辽宁、湖北、陕西、云南五省和天津、重庆、深圳、厦门、杭州、南昌、贵阳、保定八市列为低碳试点省市。此次发改委选择的试点省市，既考虑了已有的工作基础，也充分考虑了地域代表性和不同的城市类型。试点省

---

① 气候组织：《中国的清洁革命Ⅲ：城市》，2010。

和试点市既具有明显的地域特色，又处在不同的发展阶段，产业结构、资源禀赋等差异也很大。这既有利于国家积累指导不同地区绿色低碳发展的经验，也为不同地区各显神通、发挥主动性创造性提供了巨大空间。

作为绿色低碳发展的先行者和探索者，试点省市就是要在控制温室气体排放、应对气候变化方面发挥先锋模范作用。本地区碳排放强度下降等指标设定，要符合中央确定的总体要求，同时还要体现出试点地区的先进性，发挥典型示范作用。根据低碳试点工作要求，试点省市将在以下五个方面进行探索：编制低碳发展规划，制定支持低碳绿色发展的配套政策，加快建立以低碳排放为特征的产业体系，建立温室气体排放数据统计和管理体系，积极倡导低碳绿色生活方式和消费模式。

（三）行业推进型

由于城市规划和建设具有刚性特征，各种基础设施等一旦建成，在短期内很难改变，存在一定的"锁定效应"。因此，需预先做好城市基础设施的总体规划，保证城市基础设施设计的低碳化。交通领域的碳排放是发达国家碳减排的重点，也是我国碳排放增长的潜力股之一。世界各国实践证明，政策制度的创新和发展是推动交通领域碳减排和实现低碳发展的重要驱动因素。虽然中国为缓解城市交通拥堵、改善城市空气质量、保证交通用能安全以及推动交通可持续发展制定的许多相关政策都对中国交通领域的碳减排起到重要的促进作用，但中国在这一领域尚未出台系统的低碳交通战略。

结合国家发改委正在组织开展的低碳省区和低碳城市试点，2011年2月交通运输部确定选择在天津、重庆、深圳、厦门、杭州、南昌、贵阳、保定、武汉、无锡10个城市开展低碳交通运输体系建设试点工作。目前，交通运输部已编制完成《建设低碳交通运输体系指导意见》、《建设低碳交通运输体系试点工作方案》，为低碳交通运输体系建设提供了系统的工作指南和具体方案。本次试点主要有六项内容：建设低碳型交通基础设施，推广应用低碳型交通运输装备，优化交通运输组织模式及操作方法，建设智能交通工程，完善交通公众信息服务，建立健全交通运输碳排放管理体系。

（四）政策推动型

节能减排与开展温室气体排放具有协同效应，是中国向低碳经济转型的重要内容。根据《国民经济和社会发展第十二个五年规划纲要》，为进一步推动节能减排工作，促进经济结构调整和经济发展方式转变，"十二五"期间，财政部、国家发改委决定在部分城市开展节能减排财政政策综合示范，通过整合财政政策，加大资金投入力度，力争取得节能减排工作新突破。2011 年 6 月，财政部和国家发改委选定了北京市、深圳市、重庆市、浙江省杭州市、湖南省长沙市、贵州省贵阳市、吉林省吉林市、江西省新余市等 8 个第一批示范城市，旨在在示范城市树立绿色、循环、低碳发展理念，加快构建政府为主导、企业为主体、市场有效驱动、全社会共同参与推进的节能减排工作格局，实现工业、建筑、交通运输等领域能效水平大幅提高，低碳技术广泛推广，可再生能源规模化应用，主要污染物排放量显著减少，服务业加快发展，合同能源管理等市场化机制逐步健全，使试点城市节能减排工作走在前列，可持续发展能力显著增强。具体来说，通过节能减排综合财政政策的试点示范，试点以下六个目标：围绕产业低碳化加大产业结构调整力度，围绕交通清洁化改造城市交通体系，围绕建筑绿色化推动建筑节能，围绕集约化加快发展服务业，围绕主要污染物减量化促进城市环境质量改善，围绕可再生能源利用规模化优化城市能源结构。

三　推进中国低碳城市建设的着力点

中国对低碳城市发展的认识和行动是与应对气候变化、发展低碳经济等理念和行动同步发展的。低碳城市发展的理念在中国不仅满足了应对气候变化的需要，而且与中国政府一直以来所倡导的可持续发展具有很大的一致性。随着中国政府颁布和出台越来越多低碳发展方面的战略、法规和政策，尤其是 2009 年 11 月 26 日国务院提出到 2020 年单位国内生产总值二氧化碳排放比 2005 年下降 40% ~ 45%，并将其作为约束性指标纳入国民经济和社会发展中长期规划，同时要制定相应的国内统计、监测、考核办法以来，低碳发展已经从部分城市的自愿行动逐步变成每个城市必须采取的战略和行动。

低碳试点示范工作的开展，最重要的是促使地方在认识上有了极大的提高，各地方对相关理念进行了更为深入的理解和掌握，建立了相应组织管理机构，提出的低碳发展目标、主要举措和重点任务更加明确和具体。随着试点省市低碳发

展规划方案的陆续实施，促进低碳发展的体制机制将不断健全，助力城市建设的低碳产业也会蓬勃兴起。

（一） 低碳城市发展规划

低碳城市发展规划是在特定经济社会发展状况下，在低碳理念及技术与城市空间规划和城市发展规划相结合的基础上，对城市进行空间和发展时序的制度性安排。编制城市低碳发展规划，可以有效发挥规划的综合引导作用，通过明确城市低碳发展目标，识别确定低碳发展任务，提出具体保障措施，探索城市低碳发展模式。

现行的中国城市规划体系由三部分构成，其一是城市空间形态规划，其二是城市经济社会发展规划，其三是城乡土地利用规划。以上三项规划的共同特点都是从不同角度对城市的整体建设发展进行规划，是多目标指向或非目标指向的。而低碳城市发展规划是从低碳化目标出发来规划城市的发展建设，因此是单目标指向的，其规划的重点更多在于城市社会经济的低碳化发展。由于城市空间安排和土地利用指标的配置对城市低碳发展具有重要影响，因此，低碳城市发展规划应该在低碳经济社会发展规划基础上，对城市空间规划和城乡土地利用规划给出方向性的规定。[①]

借鉴国内外对低碳城市发展的研究和实践，尤其是结合中国城市发展的特点，建议城市在开展低碳城市建设时，按照以下步骤来进行，至少在构思、规划和实践低碳发展时可按照以下步骤。[②]

1. 了解清楚城市目前的碳排放状况

低碳城市意味着城市碳排放量或排放强度比自身以前的低，或者比别的城市低。无论哪种比较，清晰地了解城市目前的碳排放状况都是基础。了解清楚当前的碳排放量、主要排放源和减排潜力对指导低碳规划和低碳行动也至关重要。如果能够了解清楚城市过去若干年中的碳排放状况，则可更清晰地分析出本城市碳排放与社会经济发展之间的关系及发展趋势。编制温室气体排放清单是目前科学地了解城市碳排放状况的主要方法。

① 庄贵阳、李红玉、朱守先：《低碳城市发展规划的功能定位与内容解析》，载《城市发展研究》2011年第8期。
② 雷红鹏、庄贵阳、张楚编著《把脉中国低碳城市发展：策略与方法》，中国环境科学出版社，2011。

2. 研究城市未来中长期的碳排放情景

在掌握城市的碳排放状况后，基于城市未来的经济社会发展趋势和目标，对未来中长期的碳排放情景进行分析是设定减碳目标、编制低碳发展规划的基础。情景分析并非预测，而是提供了一种分析问题及其内在成因及影响的方法，它是一种政策评价和规划战略制定的工具。城市的能源系统及由能源消费引起的碳排放量是情景分析的核心内容，寻找控制和减缓城市温室气体排放的增长速度和排放量的途径和方法是情景分析的焦点问题。情景结果的政策解读对编制城市低碳发展规划和能源发展战略具有实际指导意义。

3. 设定量化的减碳目标

一个综合的量化的减碳目标是发展低碳城市必不可少的核心内容之一。设定减碳目标一方面要量力而行，充分考虑城市的发展阶段、资源禀赋、排放构成、发展定位等，同时要考虑国家的总体目标；另一方面，设定目标应考虑一定的领先性，展示城市的意愿和形象。现阶段，中国城市大多考虑减少碳排放强度目标，也有部分城市设定了人均排放量目标。在人口变化一定的情况下，人均排放目标其实就是排放总量目标。设定排放总量目标是未来发展的必然方向，越早进行相关的尝试与实践，城市会越早从中受益并占领先机。

4. 编制城市的低碳发展规划

城市的低碳发展规划是一切低碳行动的总纲领，是将减碳总目标分解到各行各业的指导文件，也是对保障低碳目标实现的各种资源投入和制度建设的安排和要求。城市低碳发展规划应该包括建筑、交通、产业、能源等主要领域，以及政府引导、金融政策、公众参与、企业参与等。编制城市低碳发展规划应考虑与现行城市经济社会发展规划与各专项规划之间的协调，并通过合理途径确保相关核心目标和措施的法律地位与可操作性。

5. 实施低碳发展规划

低碳发展规划的实施应由城市宏观经济管理部门牵头，协调各专业管理部门，充分调动企业及公众的积极性，通过制度建设、资金支持、科技支撑、舆论倡导全面加以推进。规划实施应由易到难，对各项措施单位投入的减排潜力进行排序，从"小投入、大减排"的活动开始。政府表率，政府办公建筑和公共基础设施的低碳先行，政府充分发挥引导作用，推动企业和全社会低碳。充分发挥市场机制的资源配置作用，在碳金融和碳交易、碳标识和碳认证等方面开展研究和实践。

6. 评估和监测减碳效果

评估和监测城市各方面行动的减碳效果，可通过每年编制温室气体排放清单进行，也可基于低碳城市的评价指标体系进行。评估和监测城市的减碳效果，有利于及时修订和完善低碳发展规划，确保低碳目标的实现。

开展低碳城市建设的第一到第四步的核心目的是制定一个科学的、基于城市本身情况和特色的、具有可操作性的低碳城市发展规划。第一和第二步相对比较难，但是比较重要。现实中，很多城市通过对排放现状和未来不同的发展情景做一个简单的分析，然后设定量化的降低碳排放强度目标，再制定和实施规划，这对推进低碳发展也起到了积极作用。

根据国家发改委五省八市低碳试点工作要求，试点省区都编制了低碳发展规划，制定了试点城市实施方案。虽然试点省市低碳发展规划和实施方案并未对外公布，但从内部渠道了解的信息来看，试点城市的低碳规划编制在格式上都大同小异，基本均是上按照上述步骤进行编制。

（二）城市温室气体排放清单

作为应对气候变化和低碳转型工作的主体，城市温室气体清单编制是城市温室气体减排可测量、可报告和可核查的先决条件，是制定城市低碳发展路线图的一项基础性，但又极为重要和紧迫的任务。然而，在城市温室气体研究的地域分布上，欧美发达国家城市占绝大多数，亚洲和非洲等国家的研究成果较少。基于城市层面温室气体排放清单的编制和碳排放监测的研究目前在我国仍处于亟须被填补的空白状态。城市温室气体排放清单编制以及温室气体排放模型的理论和方法的研究缺乏、技术支持不足、数据缺乏和能力不足成为我国城市低碳发展的瓶颈，严重制约城市的低碳发展科学决策。

1992 年通过的《联合国气候变化框架公约》规定了各国都有编制温室气体排放清单并提交国家信息通报的义务。1996 年政府间气候变化专门委员会（IPCC）颁布了《国家温室气体排放清单指南》，为各国编制清单提供方法学和操作上的指导。通过不断实践和完善，2006 年 IPCC 颁布了新的排放清单指南，是目前编制国家层面温室气体排放清单的国际通行规则。根据国家发改委对五省八市的工作要求，试点城市建立温室气体排放数据统计和管理体系。然而我国在温室气体排放清单编制方面尚未形成常态化、标准化编制体系，清单编制工作所采纳的数据依赖小范围抽样调查和专家判断，难以满足上述要求。尽管许多关于国家能源使用和碳排放的研究已相继发布和出版，然而在城市尺度上该类研究还不多。覆盖城市各部门的温室气体研究方法学还在发展阶段，正在不断完善的过程中。

温室气体清单编制是应对气候变化的一项基础性工作，通过清单编制可以识别出温室气体的主要排放源，了解各部门排放现状，预测未来减缓潜力，从而有助于制定国家和地区控制温室气体排放的政策和行动。目前国家发改委正在着手编制 2005 年和 2007 年中国国家温室气体排放清单，研究的核心问题在于确定宏观层面的活动水平数据和开展排放因子收集和测试，建立温室气体清单数据库管理系统，完成数据库管理系统用户界面、清单查询系统数据库和清单编制工作数据库的设计。

为了积累省级清单编制经验，国家发改委确定广东、湖北、辽宁、云南、浙江、陕西、天津七个省（直辖市）为编制 2005 年温室气体排放清单试点省（直辖市），先行开始编制。根据这个工作方案，试点地区要在 2011 年 6 月底完成一个清单初稿，2011 年年底完成清单报告。

国家发改委要求，各试点省（直辖市）需落实编制经费，抓紧启动收集整理编制省级温室气体排放清单相关的基础资料数据工作。日前，国家发改委应对气候变化司下发了《省级温室气体清单编制指南（试行）》，旨在加强省级清单编制的科学性、规范性和可操作性，为编制方法科学、数据透明、格式一致、结果可比的省级温室气体清单提供有益指导。

通过在几个城市的初步调研来看，城市层面的能源统计工作还处于起步阶段，一些城市的统计局建立了能源统计科，但很多城市还没有编制能源平衡表。关于城市碳排放统计工作基本没有涉及。城市层面碳排放清单的编制及能力建设将是一个长期的过程。

Gr.13

中国碳排放交易市场的发展状况及前景展望

陈洪波　林 伟　周枕戈*

摘　要： 国际气候谈判举步维艰，2012 年后清洁发展机制（CDM）能否持续尚存在不确定性，但市场机制仍将被许多国家作为应对气候变化的重要手段。中国"十二五"规划明确指出要"建立完善温室气体排放统计核算制度，逐步建立碳排放交易市场"。可以预见，中国在未来几年将陆续研究制定碳交易相关政策，逐步建立中国国内碳交易市场。中国碳市场建设将通过从自愿到强制、从区域试点到全国统一市场的途径逐步推行，首先规范和促进自愿减排碳交易，其次促进试点省市和重点行业开展限额碳交易政策，同时推动碳市场基础设施建设，包括气候变化立法和建立温室气体排放统计核算核查的制度，并根据国际谈判进程，开展国际或两边碳交易合作的制度，最终建立国内统一并与国际衔接的中国碳市场。

关键字： 中国碳市场　发展状况　前景

一　中国 CDM 市场的发展状况及面临的挑战

（一）中国 CDM 项目开发状况及特征

截至 2010 年 10 月底，在国内已经批准的 2732 个清洁发展机制（CDM）项目中有 1003 个项目在联合国清洁发展机制执行理事会（EB）成功注册，其中，

---

* 陈洪波，中国社会科学院城市发展与环境研究所副研究员，博士；林伟，北京易澄信诺碳资产咨询有限公司总经理；周枕戈，中国社会科学院研究生院研究生。

新能源和可再生能源项目数量约占 78.9%、节能和提高能效项目占 8.6%、甲烷回收使用项目占 5.7%，预计年均可产生减排量 2.3 亿吨二氧化碳当量，约占全球清洁发展机制注册项目减排总量的 60.8%[1]。

2011 年 10 月，新施行了《清洁发展机制项目运行管理办法（修订)》，以进一步推动清洁发展机制（CDM）项目在我国的有序开发和清洁发展机制（CDM）市场健康发展[2]。至 2011 年 9 月 15 日，我国在联合国清洁发展机制执行理事会（EB）成功注册项目数量增加为 1574 个，约占东道国注册项目总量的 45.70%；预期产生年均减排量约为 329248915 吨二氧化碳当量，占东道国注册项目预期年均减排总量的 63.83%；签发量约为 419457044 吨二氧化碳当量，占全球总签发量的 57.91%，累计收入超过 30 亿美元。在全球供需缺口为 45266854 吨二氧化碳当量的情景下，如果已注册的项目有 50% 能够得到签发，未来每年收入则约可达到 10 亿美元。此外，我国各地区的资源特点和经济发展水平不同，各地区开发的 CDM 项目类型也差别很大（见图 1）。

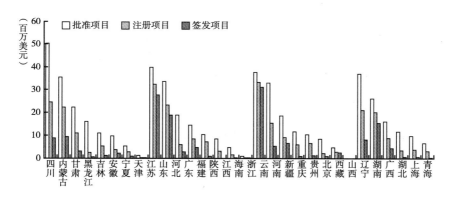

图 1　中国分省 CDM 项目减排量分布

资料来源：中国清洁发展机制网，国家发展和改革委员会气候司主办。

（二）中国 CDM 市场面临的挑战

未来面临的挑战与机遇并存。国内层面，"十二五"期间各种新的节能减排

---

①　国家发展和改革委员会，《中国应对气候变化的政策与行动 2010 年度报告》，2010 年 11 月。

②　《清洁发展机制项目运行管理办法（修订)》，2011 年第 11 号令，2011 年 8 月 3 日。

政策法规会加快出台，将使部分项目失掉额外性。节能减排的推进、淘汰落后产能、可再生能源开发力度加大将压缩 CDM 项目开发空间。节能减排项目在企业里一般都是技改项目，它给企业带来的是费用的增加而不是收益的增加，节能减排技术进步加快，既影响额外性，也压缩项目开发空间。

　　国际层面，国际谈判异常艰难，《京都议定书》的实施期仅涵盖 2008～2012 年，各国对其有关规定仍存有广泛争议。2012 年后，《京都议定书》能否继续，尚未可知，全球共同应对气候变化的未来发展路线以及清洁发展机制的未来出路迟迟未能确定，这严重阻碍了各方开发项目的积极性；市场流通方面，至 2010 年底，全球碳交易市场价值总量约为 1419 亿美元，同比下降了 1.25%，其中，由于 2012 年之后时期的制度安排的暂时性缺失，初级 CDM 市场价值量连续三年走低（见图 2），相对 2006～2008 年的 55 亿～75 亿美元的市场价值总量，2010 年初级 CDM 市场价值总量约为 15 亿美元，项目合约签发量处于低迷时期，同比降低了约 44.44%，对形成统一的国际碳市场产生不利影响。

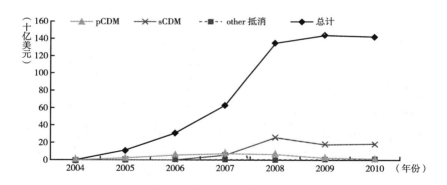

图 2　全球碳市场价值总量及主要配额市场价值量演进图示

资料来源：World Bank，Point Carbon，Ecosystem Marketplace，UNEP。

　　在发展中国家参与方面，联合国清洁发展机制执行理事会（EB）制定的包括对项目类型、地区分布和工作程序等方面的新规则，趋向于将发展中国家分成不同层次，分别推行不同的市场机制（见表 1），该动向已在 2012 年之后时期配额输入的政策安排中有所反应，这一改变有可能对中国的碳市场发展产生不利影响。

表 1   CDM 项目开发的双层体系取向*

	CDM 项目东道国
非最不发达国家(non – LDC)	中国、越南、印度、危地马拉、韩国、智利、菲律宾等
最不发达国家(LDC)	柬埔寨、马达加斯加、卢旺达、乌干达、坦桑尼亚等

资料来源：陈洪波，《京都灵活机制与全球碳市场》，《应对气候变化报告：通向哥本哈根》，2009，社会科学文献出版社。

二   中国国内碳交易市场建设的政策动向

过分依赖强制性命令和行政手段应对气候变化的局限性逐渐凸显。"十一五"期间（2005~2010 年），中国将应对气候变化作为促进发展方式转变、调整经济结构的重大机遇，将节能减排、绿色低碳发展作为可持续发展的内在要求，采取一系列政策与行动，取得显著成效：单位国内生总值能耗逐年下降，累计约19.06%；能源消耗节约量达 6.3 亿吨标准煤；产生的二氧化碳减排量约为 15 亿吨；化学需氧量（COD）、二氧化硫排放分别下降 12.45% 和 14.29%[①]。然而，一方面要看到取得这样的成绩是由于各级政府对节能减排、应对气候变化工作高度重视。采取的行政首长负责制和强有力的行政措施，为完成"十一五"期间任务提供了重要组织保证。另一方面更要看到这种主要依赖强制性的命令和行政手段来淘汰落后产能、强行关停高耗能发电厂、钢铁厂和水泥厂，以及提供大量财政补贴等方式的经济与社会成本问题和可持续性问题，严重影响了企业生产和居民生活，尤其是在 2010 年，一些地方为了完成"十一五"节能目标，强行拉闸限电，受到广泛质疑。应当充分发挥市场配置资源的基础性作用，更多地采取经济的宏观调控手段，建立节能减排、应对气候变化的长效机制。

碳交易机制正式写入中国最重要的政府文件与国家规划。2009 年 11 月，中国政府明确公布了 2020 年应对气候变化目标，即：到 2020 年中国单位 GDP 二氧化碳排放量比 2005 年下降 40%~45%，非化石能源占一次能源消费比重达到15%；十七届五中全会上，我国提出了到 2020 年控制温室气体排放的行动目标，并将其纳入国民经济和社会发展中长期规划，以积极应对全球气候变化，同时，

[①]   温家宝，《政府工作报告——2011 年 3 月 5 日在第十一届全国人民代表大会第四次会议上》。

把温室气体排放权交易作为减缓温室气体排放的不可或缺的市场化方法[①]；2010年10月，《国务院关于加快培育和发展战略性新兴产业的决定》中提出了要建立和完善主要污染物和温室气体排放交易制度，之后，国家发改委发布了对《国务院关于加快培育和发展战略性新兴产业的决定》的解读，再次明确要建立污染物和温室气体排放交易体系[②]。

2011年3月，全国人民代表大会通过的《国民经济和社会发展第十二个五年（2011~2015年）规划纲要》，进一步提出了"十二五"时期单位国内生产总值能耗、二氧化碳排放、化学需氧量（COD）、二氧化硫排放、氨氮化物排放、氮氧化物排放、森林覆盖率、非化石能源消费在一次能源消费总量中比重等约束性发展目标，这些都是或直接或间接地影响激励着温室气体减排的发展目标，整体上看，这是一个纳入了应对气候变化、厉行能源节约和严格生态环境保护的国民经济发展体系；其中，单位国内生产总值能源消耗、单位国内生产总值二氧化碳排放量、氮氧、二氧化硫排放分别需要下降16%、17%、10%和8%[③]；同时提出了"建立完善温室气体排放统计核算制度，逐步建立碳排放交易市场"、"增加森林碳汇"的举措，这是中国政府首次在国家级正式文件中提出建立中国国内碳市场，表明碳交易市场建设已经进入政府工作程序。此后，国家发改委等多个部委着手开展碳交易方案设计和其他基础性工作，围绕"十二五"单位国内生产总值能耗指标，分别编制了节能减排和控制温室气体排放的施行方案，拟通过推行居民用电用水阶梯价格与供热计量收费、加大差别电价与惩罚性电价实施力度、加大金融机构对节能减排与低碳项目的信贷支持力度及建立银行绿色评级制度、加快节能环保标准体系建设和建立"领跑者"标准制度、适时扩大低碳试点内容和范围等措施开展强化节能减排、降低碳强度等方面的工作，包括[④]：科学合理确定各地区"十二五"节能减排和降低碳强度的目标，健全统计、监测和考核体系，对地方节能减排、降低碳强度的目标完成情况进行评价考

---

① 《中共中央关于制定国民经济和社会发展第十二个五年规划的建议》，2010年10月18日中国共产党第十七届中央委员会第五次全体会议通过。
② 《国务院关于加快培育和发展战略性新兴产业的决定》，国发〔2010〕32号，2010年10月18日。
③ 《中华人民共和国国民经济和社会发展第十二个五年规划纲要》，2011年3月17日《人民日报》。
④ 解振华，《积极应对全球气候变化是中国坚定不移的战略选择》，http://www.chinatoday.com.cn，2011年9月。

核，把考核结果纳入政府绩效管理，推行问责制；开展碳汇造林试点，积极推进实施清洁发展机制下造林碳汇项目，促进碳汇林业健康有序的发展；健全节能环保和应对气候变化的法律法规；推广节能减排市场化机制，扩大主要污染物排放权有偿使用和交易试点，逐步推动碳排放交易市场建设，推行污染治理设施建设运行特许经营；加快节能环保标准体系建设，建立"领跑者"标准制度，促进用能产品能效水平快速提升；探索建立低碳产品标识和认证制度；建设完善温室气体排放统计核算制度；强化节能减排监督检查，动员全民参与节能减排和应对气候变化，进而使相关核心指标对于国民经济生产生活中应有内容更加明确、细化，更具操作性和指导性。

中国国内碳交易市场的发展进程在"十二五"期间将取得明显进展。在碳市场运行的基础设施建设发面，国家发改委等相关部门正在研究制定建立和完善碳市场基础设施建设的政策，包括气候变化立法和建立温室气体排放统计核算核查的制度；正在组织制定的《中国温室气体自愿减排交易活动管理办法（暂行）》已经完成编写工作，进入征求意见和履行报批手续阶段。通过该管理办法对国内自愿减排交易起到重要规范作用，建立自愿交易最基本的注册登记系统，明确自愿减排交易项下内容和程序，使之组织化、程式化、制度化；通过自愿交易市场的运行，为建立强制性市场探路，为政府监管碳市场积累经验；通过区域碳交易试点，逐步扩大交易范围，为建立全国交易市场积累经验，探索建立多元化的应对气候变化投融资机制，积极引导外资投向低碳技术研发和低碳产业发展领域；对减排量核证机构进行资质认定，制定统一的核证标准等；更重要的是帮助发现、引导市场需求，其中主要包括定价机制与解决买家需求等问题。

三　中国国内市场建设的试点行动

根据"十二五"规划的要求，中国将全面构建国内碳市场，并将大力扶植节能减排产业的发展。现阶段，在地方或行业层面已经开展的主要工作包括：①构建国内自愿减排体系；②开展五省八市的低碳试点工作；③建立中国绿色碳汇基金会；④企业和机构自发的碳中和行动。

（一） 中国自愿减排体系的建立

中国作为发展中国家目前尚不承担强制性减限排指标，但是，应对气候变化是全人类共同的责任。中国是一个负责任的大国，中国政府历来高度重视气候变化问题，积极应对气候变化已成为中国经济社会发展的重大战略和坚定不移的政策取向；同时，积极承担"共同但有区别"的责任，在温室气体自愿减排等领域作出了积极的尝试和探索。

在国家政策的引导下以及国际大环境的推动下，2009 年 12 月，北京环境交易所联合 BlueNext 交易所推出了中国首个自愿碳减排的标准即"熊猫标准"。这一标准旨在建立一个与中国国情相符合，且兼容国际规则的自愿减排项目市场的核证、注册的标准体系，并在哥本哈根会议期间，正式推出我国第一个自愿碳减排标准"熊猫标准"的公共测试版。

"熊猫标准"的建立推动了中国自愿交易市场的发展，为即将迅速壮大的中国碳交易市场提供透明而可靠的碳信用额，并通过鼓励对农村经济的投资来达到口国政府消除贫困的目标。"熊猫标准"将为中国政府降低单位 GDP 碳强度的努力提供帮助，为国内自愿减排市场提供能力建设并促进具有显著扶贫效果的农林行业减排项目的开发。

在建立自愿减排标准同时，中国自愿减排市场体系迅速发展。2008 年 8 月 5 日北京环境交易所、上海环境交易所同时成立，2008 年 9 月 25 日天津排放权交易所成立，中国迈出了构建国内碳交易市场体系的第一步。此后全国各地都掀起了成立环境交易所的热潮。2009 年以来，武汉、杭州、昆明，大连和安徽、贵州、河北、山西等省市相继建立环境交易所。

北京、上海和天津的环境交易所均开展了自愿减排的碳交易机制探索：上海环境交易所打造了绿色世博自愿减排平台，天津排放权交易所发起了企业自愿减排联合行动，北京环境交易所推出了中国低碳指数。2010 年 4 月 27 日国内首个自愿碳减排交易平台——上海环境能源交易所网上交易平台正式开通，第一个月共成交 526 例，这一自愿碳减排交易系统主要包括了远程交易、即时报价、网上交割以及核证标准等技术系统，同时还建立了登记结算系统。随着交易系统和交易机制的进一步完善，这一平台将具备与国际机构同等的碳交易技术能力。

（二）中国低碳省市试点

2010 年 8 月 10 日，国家发改委发布《关于开展低碳省区和低碳城市试点工作的通知》，明确将在广东、辽宁、湖北、陕西、云南五省和天津、重庆、深圳、厦门、杭州、南昌、贵阳、保定八市开展试点工作。

国家发改委在下发的一份通知中要求试点地区要将应对气候变化工作全面纳入地区"十二五"规划和明确提出地区控制温室气体排放的行动目标、重点任务和具体措施，降低碳排放强度，积极探索具有地区特色的低碳绿色发展模式；同时，制定支持低碳绿色发展的配套政策，推行控制温室气体排放目标责任制；运用低碳技术改造提升传统产业，发展低碳建筑、低碳交通，加快建立以低碳排放为特征的产业体系；建立温室气体排放数据统计和管理体系，积极倡导低碳绿色生活方式和消费模式。2011 年又将碳排放交易作为补充内容列入其中，鼓励和支持试点地区通过设置总量控制目标，开展区域碳排放交易试点。国家发改委多次召开试点省市碳交易市场建设专题会议，部署和推动区域碳交易试点建设。

根据国家的总体规划，广东省的试点工作开展较快。广东地处改革开放的前沿地区，抓住了自己的区位优势，积极推进粤港合作以及深港一体化建设，建立健全亚洲排放权交易所平台的体制机制。在组建碳排放权交易机构的过程中，广东省政府也积极提供构建交易所平台相关项目的"绿色"交易通道，积极拓宽对外交流渠道，广泛宣传教育，提升社会各界的参与度，为碳交易机构的构建提供了良好的外部环境。

中国开展低碳省区和低碳城市的试点工作，有利于充分调动各方面积极性，有利于积累对不同地区和行业分类指导的工作经验，对中国国内整体的碳市场政策制定起到了先行实践提供经验的作用，是推动落实我国控制温室气体排放行动目标的重要抓手。2011 年，中国社科院城市发展与环境研究所配合国家发改委，将"低碳城市评价指标体系"具体化为 100 个以上的指标，预计于2011 年底结题。包括该指标体系在内的各机构研究成果获得国家发改委认可后，低碳城市有望从局部自愿试点转为试点硬性考核，并最终将城市低碳化考核推向全国。

（三）中国绿色碳汇基金

2010年8月30日成立了中国绿色碳汇基金，其前身是2007年7月20日在中国绿化基金下设立的绿色碳基金。绿色碳汇基金是中国第一家以"增汇减排、应对气候变化"为主要目标的全国性公募基金。其宗旨是致力于推进以应对气候变化为目的的植树造林、森林经营、减少毁林和其他相关的增汇减排活动，普及有关知识，提高公众应对气候变化意识和能力，支持和完善中国生态效益补偿机制。该基金采用一种全新的运行模式，即企业和个人捐资到该基金会，开展碳汇造林、森林经营等活动，林木所吸收的二氧化碳将记入企业和个人碳汇账户，在网上予以公示；农民通过参与造林与森林经营等活动获得就业机会并增加收入，提高生活质量，由此起到"工业反哺农业、城市反哺农村"的作用。

自成立以来，中国绿色碳汇基金会已募资9680万元人民币；成立了北京、山西、浙江、大兴和温州五大专项基金；与国家林业局合作，资助9个省（市）开展碳汇造林试点，造林面积达到12万亩。同时，基金会在陕西延安、江西井冈山、内蒙古多伦、云南腾冲等15个全国首批个人捐资碳汇造林基地为公众参与碳补偿、消除碳足迹，实践低碳生活创造了条件

中国绿色碳汇基金会为企业和公众搭建了一个通过林业措施"储存碳信用、践行企业社会责任、提高农民收入、改善生态环境"四位一体的公益平台。中国绿色碳汇基金会的林业碳汇，有一吨碳汇，一定有一片林子；每一吨碳汇都包含了扶贫减困、促进农民增收、保护生物多样性、改善生态环境等多重效益；碳汇量在网上公示，公开透明；简单易行，人人可以参与，具有良好的社会效益。

（四）碳中和行动

2010年1月，在北京环境交易所的发起下，"中国碳中和联盟"正式成立。中国碳中和联盟以"绿色地球、以中致和"的价值理念，为国内众多深具社会责任感的企业、机构、团体提供全方位的碳中和服务，率先实践企业社会责任、落实国家可持续发展战略。

2011年6月16日，北京环境交易所发起并联合众多专业机构共同发布

"中国企业自愿减排排行榜"，共有 41 家机构。根据所发布的榜单，百度、中国国际航空、中国光大银行、招商银行、兴业银行等中外上市公司包括在内。这些机构通过购买自愿碳减排指标（VER）的方式来抵消自身在运营企业或者组织活动过程中所产生的温室气体排放，共计减少温室气体排放量约 21 万吨二氧化碳当量。

在上榜企业中，中国光大银行在过去的一年中通过多种形式的努力，在环境改善以及企业社会责任方面都作出了积极的努力。该公司在 2010 年度购买自愿碳减排指标（VER）抵消其总行及 33 家分行 2009 年在公司运营过程中产生的二氧化碳排放，成为中国首家碳中和银行。光大银行还通过绿色信贷机制、推动模式化融资、创新碳金融产品等多种方式积极推进碳金融业务，将绿色可持续发展作为金融行业的重要目标。

除了光大银行之外，中国国际航空公司推出国内首个绿色航班；兴业银行发行了国内首张低碳主题认同信用卡——中国低碳信用卡；百度成为国内互联网行业首次尝试通过碳减排量购买来抵消碳排放的行业领袖。

现阶段，中国已初步建立了碳中和服务平台，可以提供碳管理与碳中和服务，包括碳足迹测算与核证、碳中和交易与认证、碳资产管理与咨询等方面的服务。

目前，中国已经从国家发展战略的高度充分重视低碳产业、体系的构建，并采取多项措施和行动来全面构建国内碳交易市场。低碳产业和体系以及碳排放权交易机构的建立，为碳交易提供了交易平台，为中国政府制定相关政策、建立相关规则提供了有效依据并奠定了坚实基础；同时，对增加中国在国际碳交易的议价能力、降低买卖双方的交易成本、创造碳交易市场更大的流动性，都具有重要意义。中国目前在低碳领域所作出的努力和尝试，对中国国内整体的碳市场政策制定起到了先行实践和提供经验的作用，是未来碳市场发展过程中不可替代的阶段。

四　国内碳市场前景展望

由于排放权交易市场体系本身是一个复杂系统特性的工程，其建立又有着制度方面的复杂性，一方面有着从自愿交易市场起步，到区域性碳交易试点，

到全国碳交易市场体系建立与完善这么一个有条不紊、丝丝入扣的发展可能性；更有着模块统筹推进，通过一揽子协定建立和推进全国性碳交易市场发展的可能性，为了勾勒出碳市场的全貌，分析的审慎，我们沿着从自愿市场到规定性交易市场、从区域试点到全国性碳市场的发展脉络说明中国国内碳市场建设进程。

第一步，依托《中国温室气体自愿减排交易活动管理办法（暂行）》，建立自愿碳排放交易注册登记系统，规范中国温室气体自愿减排交易活动，保证自愿减排市场的公开、公正和透明，提高企业参与减缓气候变化行动的积极性，增加对温室气体减排信用需求方的吸引力，解决国内自愿减排市场缺乏信用体系的问题；鼓励和支持有条件的地区和行业探索碳排放权交易，五年内在部分行业和省份试点推出碳排放权交易。《中国温室气体自愿减排交易活动管理办法》虽没有对自愿减排标准以及定价规则作出说明，可明确了自愿减排交易的交易产品、交易场所、新方法学申请程序以及审定和核证机构（DOE）资质的认定程序，使减排量认定、项目注册、减排量签发等将在政府部门的全程监管下完成。第二步，建立区域性碳交易试点，通过部署和推动区域碳交易试点建设，为建立全国交易市场积累经验，探索建立多元化的应对气候变化投融资机制，积极引导外资投向低碳技术研发和低碳产业发展领域①。第三步，在试点的基础上，逐步扩大交易范围，有计划、有步骤地建立全国性的碳交易市场。

当前，中国碳市场的发展进程将依赖于市场基础设施建设的进程，中国碳交易市场建设当下虽尚没有明确的时间表，可以肯定的是，在"十二五"期间，中国国内碳市场发展将取得明显进展，自愿交易市场的运行将为建立强制性市场提供积极的探索，为政府监管碳市场、与国际市场对接，平衡国际碳市场压力积累经验；清洁发展机制（CDM）类项目开发仍将在一定范围内继续，新的双边、多边交易机制有可能启动，将为中国国内碳市场与国际碳市场之间

---

① 2010年，广东、辽宁、湖北、陕西、云南五省和天津、重庆、深圳、厦门、杭州、南昌、贵阳、保定八市开始推进低碳发展试点工作，碳排放交易作为低碳试点的重要内容，鼓励和支持试点地区通过设置总量控制目标，开展区域碳排放交易试点。该批试点地区分布于东部沿海发达地区以及中、西部地区，在自然资源、自然条件、经济发展水平和产业结构等各方面都有差异，这将有助于积累在不同地区建立局部排放交易市场，推动低碳绿色发展的有益经验。

流动性提供链接的基础①；由于经济体的总量效应和发展的阶段特性，坚持包容性增长，从制度上建立体制和机制、建立中国的交易平台和代理机构并逐步实现国际化、不断发展碳交易并积累经验、建立碳资源储备是客观需要，这促使中国从仅为温室气体减排信用额度的供给者向高水平的全球与地区碳市场参与者转变。

---

① 按照《坎昆协议》，未来发达国家与发展中国家共同应对气候变化的市场机制仍将以清洁发展机制（CDM）为蓝本，同时在进一步完善其机制与规则、优化流程、增加工作透明度、提高各方工作效率、解决项目等待时间长的问题方面提出了新的要求。

Ⓖ.14
中国交通领域碳排放现状、低碳政策与行动

蔡博峰　冯相昭 *

摘　要：中国 2007 年交通领域 CO_2 排放量为 4.36 亿吨，占 2007 年全国能源利用 CO_2 排放的 7%，低于 2007 年全球交通部门 23% 的排放比例。中国道路运输 CO_2 排放为交通领域绝对主体，占 86.32%。交通领域 CO_2 排放是发达国家碳减排的重点，而这一领域在我国却未受到足够重视，中国尚未出台系统的低碳交通战略。考虑到道路交通在国内以及国际交通领域 CO_2 排放的绝对主体作用，中国交通领域低碳政策与行动的综述和回顾以道路交通为主，侧重燃油经济性、替代燃料、新能源汽车和燃油税等，同时讨论铁路、民航、水运等其他交通方式的低碳发展与行动。

关键词：交通　碳排放　政策　行动

一　中国交通领域二氧化碳排放现状和特征

（一）研究背景及研究方法

交通领域已经成为全球石油消耗的最大和增长最快的部门①。交通部门不仅是石油消耗大户，同时也是发达国家 CO_2 排放控制的重点部门。根据国际能源机构（IEA）计算，2007 年全球交通领域排放 CO_2 66.23 亿吨，占能源活动 CO_2 排放

---

* 蔡博峰，环境保护部环境规划院，副研究员，博士，研究领域为温室气体排放清单、低碳城市等。冯相昭，环境保护部环境与经济政策研究中心，经济学博士，研究领域为能源与气候变化经济学研究，交通领域减排政策分析等。

① IEA，CO_2 Emissions from Fuel Combustion 2010，2010.

的 23%，是 1990 年 45.74 亿吨的 1.4 倍，2030 年预计会比 2007 年增长 41%，达到 93 亿吨[1]。美国 2008 年交通领域 CO_2 排放共 17.95 亿吨，占美国当年 CO_2 总排放的 30.32%；从 1990 年到 2008 年，美国交通领域 CO_2 排放上升了 20%[2]。欧盟（EU – 15）2008 年交通领域 CO_2 排放量为 8.29 亿吨，占 CO_2 总排放量的 24.98%；1990～2008 年，EU – 15 大部分工业领域都做到了成功减排，而交通领域 CO_2 排放却增长了 21%[3]。中国从 1994 年到 2007 年，交通领域的排放增长了 160%，高于同期能源活动总排放 118% 的增长率，未来也将成为中国 CO_2 的潜在排放大户。

根据《中华人民共和国气候变化初始国家信息通报》，中国 1994 年交通领域 CO_2 排放量为 1.66 亿吨，占当年 CO_2 总排放量的 5.40%。中国交通领域的能源消耗统计与国际口径有较大差异，导致很难获取全口径交通领域能源消耗数据。我国统计的交通运输业能源消耗仅包括从事社会运营车辆的能源消耗，大量非运营交通工具（以私人汽车为主）的燃料消耗没有纳入。而随着经济增长，以轿车为主的非运营交通方式的能源消耗占交通领域的比例越来越大。同时交通领域由于主要是移动排放源，限于各省统计数据，交通领域 CO_2 排放很难进行区域分解。根据一些基于 IEA 数据对亚洲国家的研究[4]，2005 年中国道路运输的 CO_2 排放仅占整个交通部门的 66.5%，明显低估了道路运输的 CO_2 排放。

从图 1 可以看出，我国交通领域 CO_2 排放近 20 年始终呈现上升趋势，道路交通始终是交通领域排放的主体。自 1990 年以来，道路交通 CO_2 排放占交通领域 CO_2 排放的份额除个别时间段有波动外，总体上呈现逐渐上升态势，当前已经成为交通领域 CO_2 排放的绝对主体，这和发达国家的发展历程是一致的。随着中国道路机动车保有量的不断增加，交通领域的客运量有向道路交通转移的趋势[5]。

---

[1]　IEA，World Energy Outlook 2010，2010.

[2]　EPA U. S.，Inventory of U. S. Greenhouse Gas Emissions and Sinks：1990 – 2008，2010.

[3]　European Environment Agency，Annual European Union greenhouse Gas Inventory 1990 – 2008 and Inventory Report 2010，2010.

[4]　Timilsina G R，Shrestha A. Transport Sector CO_2 Emissions Growth in Asia：Underlying Factors and Policy Options，*Energy Policy*，2009，37（11）：4523 – 4539.

[5]　Timilsina G R，Shrestha A. Transport Sector CO_2 Emissions Growth in Asia：Underlying factors and Policy Options，*Energy Policy*，2009，37（11）：4523 – 4539.

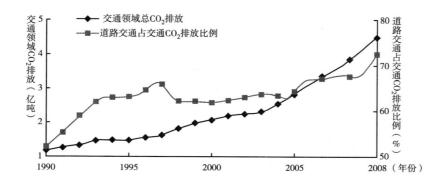

图1 中国交通领域及道路交通 CO_2 排放及趋势

注：交通领域 CO_2 排放包括道路交通、铁路运输、国内航空运输和国内水运。

资料来源：国际能源机构（IEA）相关数据 IEA，CO_2 Emissions from Fuel Combustion 2010，2010；IEA，CO_2 Emissions from Fuel Combustion 1971 – 2004，2006。

交通领域包括道路运输、铁路运输、航空运输和水路运输。根据《IPCC2006 国家温室气体清单指南》，移动源（交通领域）CO_2 排放核算方法可以分为两大类：方法一是自上而下，基于交通工具燃料消耗的统计数据计算；方法二是自下而上，基于不同交通类型的车型、保有量、行驶里程、单位行驶里程燃料消耗等数据计算燃料消耗，从而计算 CO_2 排放。本研究主要采用第一种方法，即基于燃料消耗的统计数据计算 CO_2 排放。

（二）中国交通领域二氧化碳排放现状[①]

根据各省各类交通运输燃料消耗量和排放因子，计算中国各省 2007 年交通领域 CO_2 排放量，共计 4.36 亿吨（见图2），高于 IEA 计算的 4.11 亿吨。从图1 中可以看出，道路运输 CO_2 排放是交通运输排放的绝对主体，占 86.32%，其次是水运，占 5.49%，航空运输近些年增长较快，但整体排放量占交通运输排放量的比例不高，为 5.14%。铁路运输 CO_2 排放量低于何吉成等计算的 2005 年排放量（1640 万吨），主要是 2005 年尚存在一定量的燃煤蒸汽机车，并且此后铁

[①] 蔡博峰、曹东、刘兰翠等：《中国交通二氧化碳排放研究》，《气候变化研究进展》，2011，7（3）。

路电气化发展较快。铁路运输排放比例仅占 3.05%，成为交通领域 CO_2 直接排放中比例最小的。

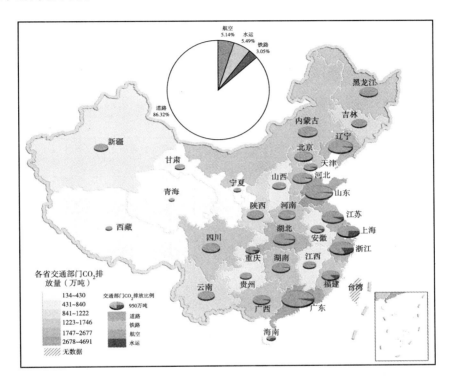

图2　中国道路交通 CO_2 排放趋势

中国各省交通运输 CO_2 排放水平相差很大。东部沿海省份由于经济发达，其交通领域 CO_2 排放量相对西部内陆地区高。东部个别省份例如安徽、江西排放量也较低；西部省份中新疆 CO_2 排放水平相对较高。全国排放总量最高的是广东省，达到4690万吨。由于广东省经济活动强度大，同时又是沿海省份，所以道路、水运、航空交通强度都比较大。排放最小的省份是青海省，为134万吨。西藏旅游业发达，所以其航运和道路运输强度都高于青海省，排放量达到196万吨。各类交通运输形式在各省中的 CO_2 排放比例也不尽相同，北京、上海、海南等地航空 CO_2 排放占交通运输排放的比例较高，沿海省份上海、浙江、广东等水运 CO_2 排放比例较高，河北、河南、辽宁等省的铁路运输比例较高；而西藏、吉林、云南、内蒙古的道路运输 CO_2 排放比例都超过了95%。

（三） 中国交通领域二氧化碳排放特征[①][②]

表1对比了中国与国际组织和典型国家交通领域 CO_2 排放分配比例。整体而言，道路运输都占据绝对主体，欧盟高达94.17%，美国国内航空发达，因而这一比例较低，为85.33%，相比而言，中国水路运输和铁路运输比例都较高。

表1　2007年中国和国际交通领域 CO_2 排放比例对比

单位：%

CO_2 排放比例	全球	附件 I	欧盟 - 15	日本	美国	中国
道路运输	72.81	88.93	94.17	90.04	85.33	86.32
航空运输		6.25	2.62	4.57	9.23	5.14
水路运输	27.19	2.77	2.54	5.12	2.93	5.49
铁路运输		2.05	0.67	0.27	2.51	3.05

注：附件 I 是指《京都议定书》附件 I 国家

道路交通是交通领域 CO_2 排放强劲增长的主要驱动力和绝对主体，1990～2008年，全球道路交通 CO_2 排放增加了47.5%，其中 OECD 国家（经济合作与发展组织成员国）的道路交通 CO_2 排放增长了30.00%，非 OECD 国家（主要指发展中国家）增长了88.71%，其中亚洲国家（不包括中国）增长了111.10%，而中国增长了410.30%。同时，全球道路交通 CO_2 排放占交通领域 CO_2 排放比例始终保持在70%以上，其中，欧盟（EU - 15）2008年的比例甚至达到了93.17%。

道路交通 CO_2 排放是发达国家 CO_2 排放的重要组成部分，也是发达国家 CO_2 减排的重点领域。中国为发展中国家，在经济高速发展和轻型轿车保有量快速增长的背景下，道路交通 CO_2 排放增长很快，逐渐凸显为国家和区域 CO_2 排放的重要领域。

比较中国和世界国家或地区的人均交通领域 CO_2 排放时（表2），可以明显看出中国交通领域人均 CO_2 排放非常低，仅相当于全球水平的1/3，和欧盟及美国相差更远。这在一定程度上说明了，如果中国沿用发达国家的交通发展模式，

① 蔡博峰、曹东、刘兰翠等：《中国交通二氧化碳排放研究》，《气候变化研究进展》，2011，7（3）。

② 蔡博峰、曹东、刘兰翠等：《中国道路交通二氧化碳排放研究》，《中国能源》，2011，33（4）。

其交通领域 CO_2 排放很可能快速增长。但同时，也可以看出由于澳大利亚、加拿大、美国等国陆地国土面积广阔，所以其城市发展模式和欧洲及日本紧凑型差异很大，也导致其人均交通 CO_2 排放较高，我国国土面积和美国及加拿大接近，因而，从这一角度需汲取这两国交通模式发展的经验教训。同样，分析单位陆地国土面积 CO_2 排放时，可以看出，日本属于典型的紧凑型发展模式，因而其单位陆地国土面积的 CO_2 排放非常高，而欧洲不论从人均和地均上讲，CO_2 排放水平都较低，很大程度上说明其城市发展、产业结构等是有利于低碳交通发展的。

表2　2007年中国和国际人均和单位陆地面积交通领域 CO_2 排放对比

	人均交通领域 CO_2 排放（kg CO_2/人）	单位陆地国土面积交通领域 CO_2 排放（t CO_2/平方公里）
全　　球	1004	51
EU－27	1941	43
日　　本	1874	656
美　　国	5983	197
加　拿　大	4997	18
澳大利亚	3703	10
中　　国	330	45

注：CO_2 排放数据除中国外来自 IEA（2009）；国土面积数据来自 FAOSTAT，中国交通领域 CO_2 排放数据来自本研究，中国陆地国土面积取960万平方公里。

二　中国交通领域的低碳政策与行动

世界各国实践证明，政策制度的创新和发展是推动交通领域碳减排和实现低碳发展的重要驱动因素。迄今为止，中国尚未出台系统的低碳交通战略，而且也鲜有政策直接是针对交通领域 CO_2 减排的，即狭义低碳交通政策发展滞后。但从实践效果来看，中国为缓解城市交通拥堵、改善城市空气质量、保证交通用能安全以及推动交通可持续发展制定的许多相关政策都对中国交通领域的碳减排起到重要的促进作用，即中国仍不乏广义的低碳交通政策。

考虑到道路交通在国内以及国际交通领域 CO_2 排放的绝对主体作用，以下着重回顾和分析中国道路交通领域的低碳政策与行动，此外也讨论了铁路、民航、水运等其他交通方式。

（一）道路交通的低碳化政策

从系统的观点来看，道路交通领域是一个由人、车辆、燃料、道路等四个基本元素构成的综合系统，而现阶段该部门的所有政策措施，也主要是以这些基本要素为作用对象的。从表现形式来看，这些政策措施主要包括三种类型：一是命令控制型，主要包括一些法律法规、标准、规划等，如乘用车燃料消耗量限值标准，变性燃料乙醇及车用乙醇汽油"十五"发展专项规划等；二是经济激励手段，如燃油税，国家863计划对新能源汽车技术研发的财政补贴等；三是劝说教育手段，如2007年开始在中国倡导的"绿色出行周"、"无车日活动"等①。表3政策矩阵列举了中国交通领域的一些低碳政策实践。下面将就目前正在执行的几项主要低碳政策措施进行讨论。

表3 中国道路交通领域的低碳政策矩阵

交通要素 政策类型	机动车	燃料	道路	人
命令控制型	燃油经济性标准（乘用车燃料消耗量限值，轻型商用车燃料消耗量限值）；机动车牌照拍卖或摇号制度；机动车限行措施；《道路运输车辆燃料消耗量检测和监督管理办法》；《营运客（货）车燃料消耗量限值及测量方法》等	变性燃料乙醇及车用乙醇汽油"十五"发展专项规划；变性燃料乙醇GB18350－2001标准；车用乙醇汽油GB18351－2001标准	BRT；机动车限行措施；道路交通事故快速处理办法	弹性工作制（错峰上下班制度）
经济激励型	中心城区高额停车费；节能环保汽车税收优惠；淘汰黄标车、以旧换新财政补贴政策等；车船税等	研发财政补贴（国家863计划对替代燃料、混合动力以及电动汽车的研发支持）；生产及使用替代燃料的财政补贴（关于燃料乙醇亏损补贴政策的通知）；燃油税；税收优惠		公司交通补贴；公交、地铁低票价制度；P＋R公交枢纽停车优惠等
劝说教育型	《轻型汽车燃料消耗量标识》；《机动车环保合格标志管理》	空气净化工程——清洁汽车行动等		绿色出行周；无车日活动

---

① 冯相昭：《城市交通系统温室气体减排战略研究》，气象出版社，2009。

1. 燃油经济性标准

目前，燃油经济性标准被国内外公认为政府控制机动车油耗和碳排放最有效的手段之一。2008 年以前世界各国或地区实际燃油效率数据以及未来计划实施燃油经济性标准的目标限值如图 3 所示，可以看出欧盟和日本的乘用车燃油效率最高，单辆机动车 CO_2 排放水平最低。

中国自 2005 年起开始实施《国家乘用车燃料消耗量限值》（GB19578 - 2004），对新生产的乘用车汽车提出了燃油经济性要求。标准实施几年以来，累计节约汽油达 91.03 万吨，柴油 68.06 万吨，相当于减少了 514.94 万吨的 CO_2 排放。从广义上讲，中国目前的燃油经济性标准还包括与这两项标准相对应的试验方法、审批公示制度、标识管理、监督机制以及奖惩配套管理办法等[1]。其中，《轻型汽车燃料消耗量标识》已于 2010 年 1 月 1 日起在中国强制实施用以引导公众选择节能环保车型，提高公众的低碳环保意识[2]。

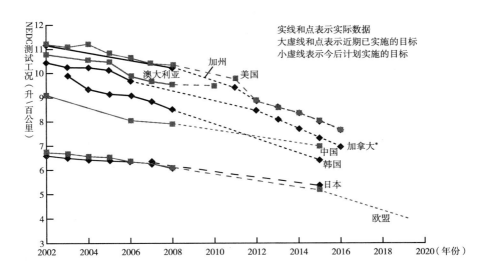

图 3 世界各国乘用车燃油经济性标准目标对比[**]

注：* 图中所示的加拿大 2016 年目标值为 ICCT 的估计值，而非官方公布值。

** 《中国机动车排放控制措施评估——成功经验与未来展望》，国际清洁交通委员会（ICCT），2010，http：//www.theicct.org/2011/04/overview - vehicle - emissions - controls - china/。

---

① 冯相昭、邹骥、许光清：《中国燃油经济性标准的经济研究》，《环境保护》，2008，392。

② 王佐函：《轻型汽车燃料消耗量标识 2010 年强制执行》，《商用汽车》。

将中国的燃油经济性目标折算为 CO_2 排放标准与国际对比（见图4）。可以看出，发达国家对于控制机动车 CO_2 排放力度很大，美国下降幅度最大，中国2015年的目标相比发达国家而言，尚有一定距离。

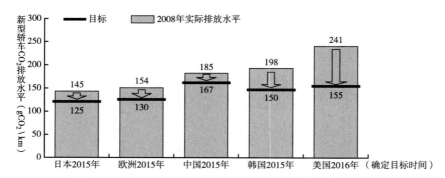

图4 世界主要国家新轻型载客汽车 CO_2 排放现状和目标*

注：*气候组织：《低碳技术市场化之路电动车》，2010。

资料来源：中国数据是根据中国有望近期出台《乘用车燃料消耗量限值》新版本的报道内容，即2015年正式执行使全国平均新乘用车燃油消耗量降至7L/100km左右，CO_2 排放降至167g/km来计算的。

根据国际清洁交通委员会（ICCT）的最新评估研究，未来中国如果对机动车排放控制采取改善方案（2015年实施国Ⅳ，轻型车标准每年严格3%等）和强化方案［国Ⅴ（2012）和国Ⅵ（2015），2020年实现"超低排放"（轻型车）及国Ⅶ（重型车）等］，则可以实现非常显著的 CO_2 减排效果（图5）。

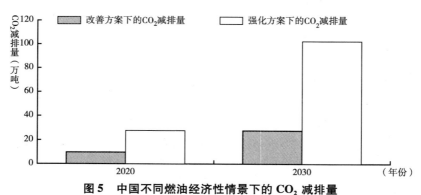

图5 中国不同燃油经济性情景下的 CO_2 减排量

2011年上半年中国发布的《交通运输"十二五"发展规划》明确提出，"十二五"期间，与2005年相比，营运客车、货车单位运输周转量能耗将分别下降6%和12%；营运车辆单位运输周转量能耗和二氧化碳排放将分别下降10%和11%。

2. 车用替代燃料相关政策

车用替代燃料被认为是世界各国减少交通领域 CO_2 排放的一项重要战略选择。中国现阶段已初步建立了国家宏观政策引导，地方具体政策支持的鼓励车用替代燃料以及替代燃料汽车发展的政策体系。

除了在《节能法》和《可再生能源法》等法律中明确发展车用替代燃料的战略地位之外，进入21世纪以来，中国政府相继颁布的一些发展规划中也多次强调了车用替代燃料对发展低碳交通的重要意义，如《国家能源中长期发展规划纲要（2004～2020)》。为了积极推动车用替代燃料的使用，还颁布了相关的财政税收激励政策。财政部在2004年6月下发了《关于燃料乙醇亏损补贴政策的通知》，即国家对燃料乙醇的生产及使用实行优惠补贴的财税及价格政策。对四家指定的燃料乙醇生产企业免征5%的消费税，对生产燃料乙醇的增值税实行先征后返，对其生产所需的陈化粮实行补贴，对陈化粮的供应价格实行优惠等。此外，一些地方政府对车用替代燃料生产企业以及加气站的企业所得税适用优惠税率等。

3. 新能源汽车相关经济激励政策

在节能和低碳压力下，发展新能源汽车已成为全球汽车产业面临的重要机遇。为推动新能源汽车的发展，除了加大对新能源汽车关键技术研发支持之外，采取经济激励措施加快新能源汽车技术商业化、产业化也非常重要[①]

2005年以来，中国在多项相关规划中明确指出推动新能源汽车产业的发展，并出台了一系列优惠政策以加快新能源汽车的产业化进程。2009年1月23日，财政部、科技部联合发布了《关于开展节能与新能源汽车示范推广试点工作的通知》，正式启动"十城千辆"工程，即"十城千辆节能与新能源汽车示范推广应用工程"，明确指出要在北京、上海、重庆等13个城市开展节能与新能源汽车示范推广试点工作，以财政政策鼓励在公交、出租、公务、环卫和邮政等公共服务领域率先推广使用节能与新能源汽车，对推广使用单位购买节能与新能源汽车给予财政补助，力争使全国新能源汽车的运营规模到2012年占到汽车市场份额

---

① 贾新光：《加强落实系能源汽车补贴政策》，《经济》2010年第8期，第110页。

的 10% 。2010 年 5 月，增加天津、海口等 7 座试点城市，中国试点推广城市已增加至 20 个。

2010 年 6 月，中国正式启动了私人购买新能源汽车补贴试点工作，对满足支持条件的新能源汽车进行直接经济补贴，确定了在上海、长春、深圳、杭州、合肥等 5 个城市启动私人购买新能源汽车补贴试点工作（之后又增加了北京），补贴标准根据动力电池组能量确定，对满足支持条件的新能源汽车，按 3000 元/kWh 予以补贴。

4. 燃油税及机动车税费优惠政策

燃油税也被认为是能够有效引导消费者合理消费车用燃料、降低道路交通能源消费以及减少碳排放的一种重要政策。在中国，燃油税是指对在中国境内行驶的汽车购用的汽油、柴油所征收的税，实际就是成品油消费税。具体而言，2009 年 1 月 1 日开始实施的燃油税就是取消了原来的在成品油价外征收的公路养路费、航道养护费、公路运输管理费、公路客货运附加费、水路运输管理费、水运客货运附加费等六项收费，同时将价内征收的汽油消费税单位税额每升提高 0.8 元，即由每升 0.2 元提高到 1 元，柴油消费税单位税额每升提高 0.7 元，即由每升 0.1 元提高到 0.8 元。

消费税、车辆购置税和车船税也是决策者推进交通节能减排的重要手段。从 2006 年开始，中国先后提高了大排量汽车等产品的消费税率，同时对小排量汽车实施优惠税率。2009 年 1 月 20 日，财政部、国家税务总局联合发布《关于落实车辆购置税减征政策的通知》，提出对 2009 年 1 月 20 日至 12 月 31 日购置 1.6L 及以下排量乘用车，暂减按 5% 的税率征收车辆购置税。2011 年 2 月，中国通过了《车船税法》，自 2012 年 1 月 1 日起施行。车船税基于排量大小递增税率，非常类似欧洲国家的机动车碳税（Vehicle Carbon Tax）。本文将车船税简单折算为碳税水平，当我国机动车 CO_2 排放水平为 160g/km 时，所征收的车船税相当于 11 元人民币/吨 CO_2 的碳税水平。

5. 其他低碳政策与行动

（1）交通规划与城市规划相结合。

在规划层次保障城市总体规划与交通规划的有机结合目前被视为能够有效缓解城市拥堵、提高城市交通系统服务水平的一项重要举措。交通规划与城市规划在实践中的有机结合，实际上就是 TOD（以公共交通为导向的土地开发模式）

所积极倡导的。TOD 是一种以公交引导的城市发展模式，它产生于美国的城市规划理念，其要点是通过对城市土地和城市交通的协调统一规划，使城市沿着大容量公交线路进行高密度和多功能的开发，从而减少人们的日常出行需求，并使大多数出行通过公共交通来实现，有效地改善交通系统运营效率，减少交通用能，降低交通系统的碳排放水平。

北京在一定程度上已开始探索交通规划与城市规划有机结合的实践，比如按照 2004～2020 年北京城市总体规划和北京交通发展纲要，开展了道路运输规划、轨道交通规划、公路网规划、综合运输规划、奥运专线、公交线网规划与运营组织等专项规划的编制工作。

（2）轨道交通及快速公交专用车道建设。

为缓解城市交通拥堵，促进城市交通可持续发展，近年来国内许多大中型城市的轨道交通建设已进入了快速发展新阶段。截止到 2008 年，全国城市轨道交通运营里程已达到 775.6 公里，在建 1800 多公里，涉及在建城市 15 个，规划报批城市 10 个，筹备建设的城市 7 个。

快速公交专用车道（Bus Rapid Transit，BRT）作为快捷、可靠、舒适、低成本的大运量快运系统，近年来也在中国得到了快速发展。自 2005 年 12 月 30 日北京南中轴线 BRT1 号线全线贯通运营以来，到 2008 年末，中国共有 10 个城市建成 20 条快速公交线路：北京、济南和厦门各 3 条，杭州、合肥、昆明和常州各 2 条，大连、郑州、重庆各 1 条。

（3）机动车限购政策和限制使用政策。

为缓解城市交通拥堵、改善城市区域空气质量，限制机动车拥有和使用也是国内外许多城市管理部门采取的低碳政策选择。在中国，这类政策的主要表现形式为机动车牌照竞拍、摇号制度以及机动车限行制度。

迄今为止，上海是中国唯一实施私家车牌照竞拍政策的城市。自 1994 年开始对中心城区新增私车额度通过投标拍卖方式进行总量调控。由于牌照竞拍制度的实施，上海的私人机动车保有量与北京相比，始终保持在一个较低的水平。

与上海的竞拍政策不同，北京从 2011 年 1 月 1 日开始实施机动车限购政策，即机动车申购摇号制度。根据《北京市小客车数量调控暂行规定》及其实施细则，2011 年北京年度小客车总量额度指标为 24 万个，指标将按照公开、公平、公正的原则，以摇号方式无偿分配。2011 年 7 月 11 日，贵阳市政府也发布了

《贵阳市小客车号牌管理暂行规定》，从 7 月 12 日起，对可在市区一环以内（含一环）行驶的新上牌小客车（9 座以下载客汽车）指标进行限制，每月新增3000 辆，以摇号的方式获取。

除了限购措施之外，国内一些城市还实行机动车尾号限行的相关措施。以北京为例，2008 年以来一直实施着机动车尾号限行措施，而且已从奥运期间的单双号限行演变成目前的"每周限开一天"限行模式。

（4）开展交通节能环保的宣传教育活动。

通过宣传教育、信息扩散等方式以达到促进人们改变不合理的消费行为等目的，也是世界各国政府通常的政策选择。鉴于公共交通和自行车出行具有成本低、排放小的特点（见图 6），所以鼓励城市居民选择自行车、公共交通等绿色出行方式，往往也是低碳交通发展的重要内容。

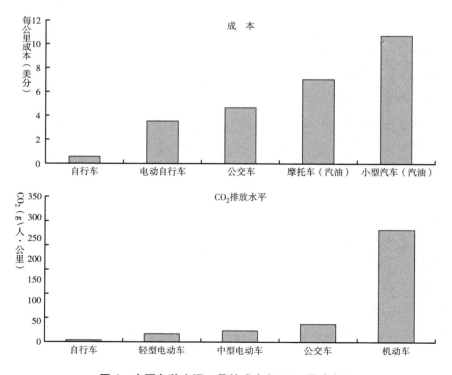

图 6 中国各种交通工具的成本和 CO_2 排放水平

资料来源：The World Bank，*World Development Report*：2010 *Development and Climate Change*，2009。

2006 年 11 月，原建设部向全国发出开展"中国城市公共交通周及无车日活动"的倡议，希望通过政府、企业、媒体和公众的共同参与，加快城市公共交通和可持续城市交通系统的建设和发展。全国有 110 个城市响应倡议，签署了《中国城市公共交通周及无车日活动承诺书》。首届活动定在 2007 年 9 月 16 ~ 22 日，活动主题为"绿色交通与健康"。通过这种形式的活动，促进了交通节能减排，城市空气质量改善。如昆明市一环路内，活动日与前一日对比，汽车尾气排放 CH、NO_2、CO、CO_2 和可吸入颗粒物分别下降了 55. 9% 、45. 1% 、32. 9% 、15. 4% 、20. 7% [1]。

（二）其他交通方式的低碳化进程

1. 铁路交通

中国铁路在"十一五"期间迎来了史无前例的高速、跨越式发展。截至 2010 年底，全国铁路营业里程达到 9. 10 万公里，比"十五"末增长了 21. 3% ，居世界第二。高速铁路建设取得突出成就。目前，我国投入运营的高速铁路已达 8358 公里，运营里程高居世界第一，全国铁路每天开行动车组列车近 1200 列，还有一大批高速铁路正在建设之中[2]。

通过对铁路机车牵引动力结构改革，从过去以蒸汽机车为主转变为以内燃、电力机车并重，铁路的能耗结构得以优化，已从过去的以用煤为主发展到目前的以用电和用油为主。"十一五"期间，新线投产 1. 47 万公里，是"十五"的 2 倍；复线投产 1. 12 万公里、电气化投产 2. 13 万公里，分别为"十五"的 3. 1 倍和 3. 9 倍。全路复线率、电气化率分别达到 41% 、46% [3]。

同时，通过改进内燃机车的技术装备，发展电子燃油喷射技术等措施，内燃机车燃油经济性水平得到很大程度提高；通过既有线的电气化改造，电力机车牵引比重提高。"十一五"期间，铁路单位运输量能源消耗水平呈现明显下降态

① 江玉林、吴洪祥、申枨：《畅通、高效、安全、绿色——中国城市公共交通可持续发展重大问题解析》，科学出版社，2010。
② "综合观察：2011 年中国铁路投资不减去年"，和讯网，http://futures. hexun. com/2011 - 02 - 24/127540850. html，2011 年 2 月 24 日。
③ "综合观察：2011 年中国铁路投资不减去年"，和讯网，http://futures. hexun. com/2011 - 02 - 24/127540850. html，2011 年 2 月 24 日。

势，机车单位运输工作量综合能耗从 2005 年的 5.73 吨标煤/百万换算吨公里下降到 2010 年 4.9 吨标煤/百万换算吨公里。

2. 航空运输

为应对国内外减排压力，减少日益增长的航油成本负担，目前国内的航空产业采取各种有效措施，节约航油消耗，降低航油成本开支。就各航空运输企业而言，在现有飞机技术条件下，通过科学飞行、运行挖潜、机务保障等措施实现运营的全过程节油控制。如在加强机型、航线和市场的匹配度，且满足航程、业载的前提下，启用单位油耗相对低的机型执行航线任务，实现生产经营源头节油。与此同时，航空公司的节能减排离不开空管、机场等部门的通力合作。通过开放原有管制航路、开辟新航路等措施，民航飞机将截弯取直，从而减少飞行时间和降低航油消耗。在空管过程中，航管水平的提升可以营造有序、便捷的空中交通环境，减少不必要的空中盘旋和地面等待时间。在机场区，设计合理的候机楼、停机位和跑道等将缩短飞机的入位等待时间和进出港地面滑行时间。所有这些措施为航空业节能减排打下了坚实的基础[①]。

欧盟委员会于 2008 年 11 月 19 日通过了新法案（2008/101/EC）决定将国际航空业纳入欧盟排放交易体系（EU - ETS）之中，自 2012 年 1 月 1 日起，将所有飞往和经停欧盟机场的欧盟和非欧盟航班纳入 EU - ETS，2012 年航空公司的排放额将被限制在 2004~2006 年平均年排放量的 97%。这对我国航空运输的低碳发展提出了新的挑战。

"十一五"期间，中国民航吨公里燃油消耗（千克）已从 2005 年 0.336kg 下降到 0.306kg，相当于 2010 年相对基准情景减排 CO_2 497 万吨。根据《中国民用航空发展第十二个五年规划》，"十二五"期间，民航 5 年平均吨公里燃油消耗将从"十一五"的 0.306kg 降到 0.294kg 以下。

3. 水路交通

近年来，中国水路交通领域相继出台了《公路、水路交通实施〈中华人民共和国节约能源法〉办法》等部门规章；制定了《水运工程节能设计规范》等标准规范；发布了《公路水路交通节能中长期规划纲要》以及各年度节能减排工作要点；印发了《交通行业全面贯彻落实〈国务院关于加强节能工作的决

---

① 柴雨丰：《新形势下对我国航空公司节能减排工作的思考》，《空运商务》2009 年第 16 期。

定〉的指导意见》、《资源节约型环境友好型公路水路交通发展政策》等指导性文件。

此外，通过加强水路运输行业管理，建立节能减排监管体制，提高航运企业集中度，加快船舶技术升级改造等措施，积极开展港口轮胎式集装箱门式起重机（RTG）"油改电"，探索应用靠港船舶使用岸电技术等，在节能降耗减排方面取得了一定进展。根据最新发布的《公路水路交通运输节能减排"十二五"规划》，"十二五"期间营运船舶单位运输周转量能耗和 CO_2 排放要在 2005 年水平基础上分别下降 15% 和 16%；海洋和内河营运船舶单位运输周转量能耗分别下降 16% 和 14%。

三 中国交通领域低碳发展的政策建议及展望

在中国，尽管目前已采取一些低碳交通政策与行动，但交通领域碳排放快速增长的态势仍比较明显，也是碳排放增长最快的终端部门之一，所以应该高度重视交通领域的碳减排工作，逐渐构建和完善低碳交通政策体系，为保障节能降耗减排目标的实现、促进交通领域的可持续发展作出应有贡献。就道路交通而言，可从以下几个方面着手。

一是在机动车管理政策方面，要及时评估现行乘用车和轻型商用车燃料消耗量限值标准的实施效果，适时提高并严格执行乘用车和轻型商用车燃料消耗量限值标准，抓紧出台重型商用车燃料消耗量限值标准，促进机动车整体燃油经济性水平的提高；加大淘汰黄标车的力度，加强节能环保机动车购置优惠措施以及机动车以旧换新财政优惠政策的贯彻落实，促进"十二五"的节能目标和氮氧化物减排目标的实现。

二是在车用替代燃料和新能源汽车方面，要制定中长期发展规划，发挥行业协（学）会的作用，组建电动汽车产业技术创新联盟，加快相关标准体系建设和准入政策制定，进一步加大对车用燃料和新能源汽车研发及产业化的支持力度，出台中长期替代燃料汽车和电动汽车基础设施建设规划。

三是利用税收杠杆、财政工具积极推进低碳交通。以成品油价格形成机制改革为契机，完善燃油税制度，筹措部分资金用于支持城市道路交通系统建设；依托环境税制改革，促进机动车购置税、消费税的低碳化调整，并积极探索机动车

碳税在中国的可行性。

四是进一步提升交通规划在城市规划全过程中的地位，加强城市土地利用与城市交通的协调发展，努力完善相关法律法规建设，积极推动 TOD 在中国的相关实践。

五是加快城市轨道交通等基础设施建设，增加公共交通设施供应量，改善城市道路交通系统的营运效率，缓解拥堵状况，促进交通节能和降低系统碳排放水平。

六是积极开展各项宣传教育活动，进一步提高公众低碳环保意识，倡导绿色出行，以较小的碳足迹满足合理的出行需求。

此外，在铁路、航空、水运等领域，通过进一步加强节能减排降耗管理，优化用能结构，实施重点节能减排工程，提高能源利用效率，积极推动节能减排关键技术等基础研究并加快其推广和商业化应用，这都有助于低碳交通运输综合体系的构筑和完善，促进国内"十二五"节能和碳强度下降目标的顺利实现，以及保证在满足日益增长的交通需求的同时积极应对气候变化的严峻挑战。

中国可再生能源和新能源的
发展现状及市场前景

王　宇　张希良*

摘　要：可再生能源与新能源的发展对于中国能源结构调整、减少温室气体排放、保护环境发挥着积极的作用。本文分析了自 2005 年《可再生能源法》颁布后中国可再生能源与新能源的发展现状，对中国水电、风电、太阳能、核能、生物质能源等的技术发展进行了评价。同时，对中国发展可再生能源与新能源的主要政策及其效果、发展前景进行了简要评述。

关键词：可再生能源　新能源　温室气体排放　成本

一　中国可再生能源和新能源发展现状

自 2005 年我国颁布《可再生能源法》以来，中国的可再生能源和新能源得到了迅猛发展。截至 2010 年底，计入沼气、太阳能热利用等非商品可再生能源，我国可再生能源和新能源年利用量总计 3 亿吨标准煤，占当年能源消费总量的 9.6%。

2010 年底，我国水电装机容量达 2.1 亿千瓦，年发电量 6500 亿千瓦时，折合约 2.08 亿吨标准煤，占能源消费总量的 6.3%，水电装机容量和发电量多年稳居世界第一。"十一五"期间，中国风电新增装机容量连续四年翻番，2010 年我国风电新增装机 1890 万千瓦，累积装机容量超过 4000 万千瓦，装机规模达到世界第二位。目前我国已有 80 家整机制造企业，1.5 兆瓦机组本地化率已超过

---

* 王宇，清华大学能源环境经济研究所，博士，研究领域为可再生能源技术评价及可再生能源规划战略分析等；张希良，清华大学能源环境经济研究所所长，博士，教授，研究领域为可再生能源技术评价、车用能源战略、能源预测预警。

70%，风电上网电价已与火电机组上网电价相差不到一倍。2010年，中国太阳能光伏组件产量超过800万千瓦，占全球太阳能电池总产量的53%，但中国2010年太阳能装机规模仅为52万千瓦，累积装机规模达到89万千瓦；太阳能热水器集热面积年生产量达3000多万平方米，累积安装达1.6亿平方米，可替代化石能源3000万吨标准煤，一直保持世界第一位。中国的生物质能逐渐向多元化方向发展，2010年，生物质发电装机容量达到550万千瓦；农村大中小型沼气工程总计产气量130亿立方米，为8000多万农村人口提供了清洁、优质的生活燃料；生物乙醇年生产能力达180万吨，生物柴油年生产力超过50万吨。2010年，中国新增核电装机容量174万千瓦，累计装机容量达到1082万千瓦，同时，全国已经核准建设的核电项目共34台机组，已经开工建设的核电机组为28台，占全球在建规模的40%，是目前世界上核电在建规模最大的国家（见表1）。

表1 我国可再生能源利用现状

应　　用		2005年	2010年	增长率(%)
水　电	发　　电	1.17亿千瓦	2.1亿千瓦	79.5
		小水电3800万千瓦	小水电6000万千瓦	57.9
风　电	发　　电	126万千瓦	4470万千瓦	3447.6
太阳能	光伏发电	7万千瓦	89万千瓦	1171.4
	热 利 用	热水器集热器面积达8000万平方米	热水器集热器面积达1.6亿平方米	100
生物质	发　　电	200万千瓦	550万千瓦	175
	燃　　料	生物乙醇102万吨	生物乙醇180万吨	76.5
		生物柴油5万吨	生物柴油50万吨	900
	沼　　气	80亿立方米	140亿立方米	75

资料来源：国家电力监督委员会：《电力监督年度报告（2010）》；Renewables 2011 Global Status Report. www. ren21. net。

二 可再生能源与新能源技术发展评价

（一）水电

水电是主要的清洁、可再生能源。我国具有丰富的水能资源，理论蕴藏量达

6.94 亿千瓦，技术可开发量达到 5.42 亿千瓦，居世界第一位。20 世纪 80 年代以来，我国水电机组的设计、制造正逐步全面达到世界先进水平，并已走向国际市场。2010 年，以小湾 4 号机组投产为标志，我国水电装机已突破 2 亿千瓦。目前，中国不但是世界水电装机第一大国，也是世界上在建规模最大、发展速度最快的国家，已逐步成为世界水电创新的中心。

水电技术可根据其规模划分为大型和小型两类，一般以 10～30 兆瓦为界限，但无论大水电还是小水电都是成熟的发电技术，已经在世界各地广为应用。小型水电站通常为河床式水电站，由于它很少对河流产生干扰，因此具有环境友好的优点，多用于为乡村人口供电；大型水电站比较复杂，通常会对河流下游产生影响。与传统火电技术相比，水电技术具有很好的成本竞争优势及环境效益。首先，水电可以提供清洁电能，缓解用能紧张，支持经济社会发展；其次，水电是促进节能减排的重要手段，能够减轻环境污染；再次，水电资源主要集中在西部的布局使得水电的开发为西部的发展带来前所未有的历史机遇，有利于区域协调发展。目前我国大水电的发电成本平均在 0.15～0.20 元/千瓦时，小水电的发电成本平均在 0.21～0.24 元/千瓦时，均低于火电的成本，具有很强的市场竞争力。但需要引起注意的是，小水电的上网电价机制尚有待建立，电站的维护和管理有待加强；而大水电的生态环境保护问题和水电开发移民问题日益突出。

（二）风电

中国政府大力支持风力发电的发展，目前已初步建立了覆盖风能资源评测、风电设备产业化、上网电价、税收优惠等的政策体系。2009 年，国家发改委出台了《关于完善风力发电上网电价政策的通知》，建立了风电区域标杆电价制度，结束了风电定价机制不明确、多种电价并存的局面；从 2010 年起，中国取消了风电设备国产化超过 70% 的要求，鼓励包括外资在内的各种资金投资风电建设。在上述政策措施的支持下，我国风电发展迅猛，2005～2009 年，风电装机容量连续 5 年实现了 100% 以上增长。截至 2010 年，中国风电装机容量累计超过 4000 万千瓦，提前 10 年完成了"可再生能源中长期规划"中设定的 2020 年风电发展目标。同时，我国企业已经基本掌握了兆瓦级风电机组制造技术，主要零部件能够国内制造，2～3 兆瓦容量机组的多种样机也陆续研制出来。从经济角度分析，风电机组价格为 5000 元/千瓦左右，按年等效满负荷小时数 2000～

2800 小时计算，风电的发电成本可控制在 0.5～0.6 元/千瓦时。根据世界风能理事会最近对风力发电成本下降进行的研究表明，风力发电成本下降中的 60% 依赖于规模化发展，40% 来自技术进步。随着规模的增加，未来中国风电成本有进一步下降的空间，因此一定时期内，风电是除水电外最具经济竞争优势的可再生能源技术。中国已经开始建设 8 个"千万千瓦级"风电基地，并开展了沿海首批海上风场特许权招标，但是作为间歇性资源，风电的大规模并网、输配、消纳以及如何保持电网稳定运行已经成为我国风电发展的瓶颈；而在风能资源评估方面，还亟待开展经济开发储量的评估工作，进一步提高评估的准确性。[①]

（三） 太阳能

中国出台了一系列政策措施支持太阳能的发展。2009 年，财政部、科技部和国家能源局发布了《金太阳示范工程财政补助资金管理暂行办法》，对规定范围内的并网发电项目原则上按光伏发电系统及其输配电工程总投资的 50% 给予补助，偏远无电地区的独立光伏发电系统按总投资的 70% 给予补助。在世界光伏市场拉动和国内优惠政策的鼓励下，中国光伏产业发展迅速。目前，中国太阳能电池组件产量达到 1000 万千瓦，占世界产量的 45%，安装光伏发电组件超过 80 万千瓦；光伏电池制造产业年产量占全球市场的 40%。太阳能发电技术包括太阳能光伏发电和聚光太阳能发电技术，其中后者在我国尚处于研究示范阶段，而光伏发电技术中的晶体硅技术已基本成熟，薄膜技术尚处于示范阶段。单晶硅和多晶硅技术是晶体硅技术中已趋于成熟的两个重要路径，其中单晶硅技术效率（达到 15%，有望提高到 25%～28%）比多晶硅高，但相应成本也较高。薄膜技术可以用较少的原材料获得更高的自动控制性能和资源生产效率，同时可以实现光伏电池与建筑物的结合，但发电效率较低。根据全寿命期评价的方法，我国不同地区光伏发电的能量回收期为 2.8～5.1 年。2008 年底，中国并网光伏系统的总成本约为 30 元/Wp～50 元/Wp，其中光伏电池成本约占 66% 左右；并网光伏发电系统的发电成本为 1.5 元/千瓦时。[②] 预计到 2015～2020

① Zhang, X. L., Chang, S. Y., Huo, M. L., Wang, R. S., 2009. China's wind industry: policy lessons for domestic government interventions and international support. Climate Policy 9 (5), 553 – 564；王仲颖、任东明、高虎：《中国可再生能源产业发展报告 2008》，化学工业出版社，2009。
② 王仲颖、任东明、高虎：《中国可再生能源产业发展报告 2008》，化学工业出版社，2009。

年，中国光伏系统的发电成本有可能下降到 0.9～1.8 元/千瓦时，因此必须加大系统核心技术研发，加快推进太阳能发电示范项目建设，积累必要经验，提高系统的经济性。[①]

中国的太阳能热利用一直居于国际领先地位，其太阳能热水器的核心技术已达到国际领先水平。20 世纪 90 年代后期，我国的太阳能热水器产业迅速发展，太阳能集热器、热水器生产的骨干企业达到 100 多家，年生产量超过 4000 万平方米，产品产值接近 450 亿元。在此基础上，财政部、住房和城乡建设部组织实施了可再生能源建筑应用示范项目，出台了《可再生能源建筑应用城市示范实施方案》和《加快农村地区可再生能源建筑应用的实施方案》，推动太阳能光热技术生产、设计、施工三者有效结合。有研究表明，太阳能热水器只需 1.1 年就可以收回产品生产能耗；太阳能空调系统初始投资的回收期为 6 年左右；太阳能集热系统的能源成本在 0.24～0.37 元之间，因此，太阳能热利用技术与传统能源相比具有较大的成本优势，在未来也有相当的发展潜力。

（四）生物质能

生物质发电是现代生物质能利用技术中最成熟和发展规模最大的领域，包括直燃发电、混燃发电、垃圾填埋气发电和垃圾焚烧发电技术几类，其主要技术特征见表 2。到 2010 年底，我国生物质发电装机容量达到 550 万千瓦。为规范生物质发电价格，进一步促进生物质发电技术的发展，中国政府于 2010 年 7 月发布了《关于完善农林生物质发电价格政策的通知》，要求对农林生物质发电项目实行标杆上网电价政策。从技术角度分析，我国生物质直燃发电产业发展迅速，其核心技术是从国外引进的；生物质混燃发电是生物质规模化利用的重要手段，但由于在混燃发电方面我国尚未出台明确的政策优惠，因此混燃技术的使用仅属于示范阶段；中国的生物质气化发电系统已达到兆瓦级；垃圾填埋气发电示范项目也已建设完成。从成本角度分析，目前国内运行的直燃生物质电厂的发电成本在 0.7～0.8 元/千瓦时；自主开发的小型生物质气化电厂的发电成本在 0.4～0.5 元/千瓦时；城市垃圾焚烧电厂发电成本在 0.7～0.8 元/千瓦时，均高于火电成本。此外，各种生物质发电技术也面临着不同的问题：生物质直燃发电技术本地

[①]　吴抒：《我国光伏产业的能源、环境与经济效益评估》，清华大学硕士学位论文，2009。

化进程缓慢，初始投资高，原料收集成本高，项目运行风险大；城市垃圾焚烧发电技术本地化程度低，且初始投资高，涉及的利益相关方多，各方利益关系尚待理顺；畜禽养殖场和工业有机废水沼气发电存在上网难的问题，发电成本也较高；生物质气化发电技术已实现了初步产业化，但存在系统效率偏低、焦油尚未充分资源化、内燃机单机规模系统必须具有一定规模才有效益等问题。

表2 生物质发电典型技术发电效率比较

转化类型	典型容量	净效率
直接燃烧发电	10~100兆瓦	20%~40%
热电联产（CHP）	0.1~1兆瓦	60%~90%（全部）
	1~50兆瓦	80%~100%（全部）
混合燃烧	5~100兆瓦（现有）	30%~40%
	>100兆瓦（新厂）	
垃圾填埋气	200千瓦~2兆瓦	10%~15%（电）
BIGCC*发电	5~10兆瓦（示范）	35%
	30~200兆瓦（未来）	40%~50%

  * BIGCC，Biomass Integrated Gasification Combined Cycle，生物质联合气化联合循环。
  资料来源：OECD/IEA，2008；王仲颖、任东明、高虎：《中国可再生能源产业发展报告2008》，化学工业出版社，2009。

为保障能源安全、降低温室气体排放，我国政府加大了对生物质燃料开发的财政支持力度。目前，全国燃料乙醇生产企业产能已达到200万吨/年左右，混有燃料乙醇的乙醇汽油（E10）已在全国10个省份推广使用，乙醇汽油消费量已占到全国汽油消费量的20%左右；生物柴油年生产力超过50万吨，中国生物燃料乙醇利用量达180万吨左右。从技术路线角度分析，生物液体燃料可以划分为三代技术：第一代生物燃料以糖类、淀粉类、油脂类作物或动物脂肪为原料，主要采用发酵和酯交换法等传统的转化技术生产燃料乙醇或生物柴油；第二代生物燃料以农作物秸秆或林业废弃物等纤维素为主要原料；第三代生物燃料以藻类等新材料为生产原料，仍处于技术研发阶段。[①] 从经济效益的角度分析，由于原料成本所占比重较大（60%~85%），其对第一代生物燃料成本的影响也较大，成为影响第一代生物燃料发展的关键因素之一。从全寿命周期

---

  ① OECD/IEA，2008. FROM 1ST TO 2ND generation biofuel technologies：an overview of current Industry and RD&D activities，WWW. IEA. ORG.

评价看，作为交通替代燃料，第二代生物燃料的能源消耗和 CO_2 排放都要明显小于传统汽油和柴油。[1] 国际能源署对生物燃料的成本进行了估计（见表3），认为如果以一个较为乐观的学习曲线来估计，纤维素乙醇和生物合成柴油的生产成本都将在 2010 年后有大幅降低，在 2030 年时达到一个相对稳定水平，约 0.6 美元/升汽油当量。如果以一个较为悲观的学习曲线来估计的话，生产成本下降的速度较慢，直到 2050 年生产成本仍然在 0.65 美元/升～0.7 美元/升汽油当量之间。生物燃料技术在我国的规模化发展在近 10～20 年内将始终面临原料成本高的问题，其第二代技术中还有许多关键技术有待突破。

表3　第二代生物燃料技术生产成本

第二代生物燃料技术	假设	生产成本/元/吨[a]		
		2010 年	2020 年	2030 年
纤维素乙醇[b]（生物化学法）	乐观估计	6806	5105	4934
	悲观估计	6806	5955	5785
BTL 合成柴油[c]	乐观估计	10000	6500	6000
	悲观估计	10000	8000	7800

资料来源：IEA, 2008, Energy Technology Perspectives: Scenarios & Strategies to 2050. Paris: IEA, 2008.

a. 1 美元 = 8 元人民币（2005 年价格）；

b. 1 升纤维素乙醇相当于 0.84 升汽油当量；

c. 1 升合成柴油相当于 1 升汽油当量，BTL，biomass to liguids，生物质合成柴油。

（五）核电技术

由于具有清洁、经济、安全的综合特性，核电已成为未来能源发展的重要力量。中国将核电发展作为大规模替代火力发电、减少温室气体排放的重要手段，制定了宏伟的发展目标。核电技术包括核聚变发电技术和核裂变发电技术。核聚变发电技术目前处于研发阶段，估计在 2050 年前无法投入商业应用，核裂变发电技术的发展通常划分为四代，见表4。采用第一代核电技术的核电站现已基本

---

[1] Ou, X. M., Zhang, X. L., Chang, S. Y., Guo, Q. F., 2009. Energy consumption and GHG emissions of six biofuel pathways by LCA in（the）People's Republic of China. Applied Energy 86（supplement 1），S197 - S208.

关闭，第二代核电技术是当前运行核电站的主力技术，第三代和第四代核电技术是先进的核能技术，是未来核电发展的主要技术。

表4　核电技术发展阶段及特征

	第一代	第二代	第三代	第四代
技术特征	早期原型堆，现已基本关闭	商用动力堆在役主力：LWR、CANDU、WER 等*	先进轻水堆：ABWR、System80＋、AP600、AP1000 等	未来核能复兴主要技术：超临界水冷堆、超高温气冷堆、气冷快中子堆、铅冷快中子堆、钠冷快中子堆、熔盐增殖堆等
发展阶段	20 世纪 50 年代末至 60 年代初	20 世纪 60 年代至 70 年代初	20 世纪 80 年代开始，90 年代末投入市场	刚刚开始，2035 年左右投入市场

　*：LWR，light water reactor，压水堆；CANDU，Canadian Devterivm Uranium Reactor，加拿大重水铀核反应堆；WWER，water-water Energetic Reactor，水冷却慢化反应堆。

　　我国通过多年的引进、消化、吸收，已经掌握了自主的二代改进型核电技术，也是目前核电建设所采用的主要技术。目前，我国还分别从美国、法国引进了 AP1000 和 EPR 等第三代先进核电技术，消化吸收这一先进技术后，我国新建核电站的安全性和铀资源利用率都有望得到较大的提高。截至 2010 年底，我国核电装机容量超过 1000 万千瓦，核准建设的核电机组有 34 台，已经开工建设 28 台，占全球在建规模的 40%，是目前世界上核电在建规模最大的国家。

　　与火力发电技术相比，核电具有初始投资高（在核电发电成本中，初始投资占 50%～60%，燃料成本占 20%～30%）、运行成本低、设计寿命长的特点。第二代和第三代核电厂初始投资在 2000 美元/千瓦左右，投资回收期为 10～15 年。目前，核电的发电成本在 0.4 元/千瓦时左右，随着火电燃料成本的不断升高，核电的市场竞争优势将越来越显著。但目前，第三代核电技术消化吸收还没完成，装备制造体系尚不健全，面临着初始投资高、缺乏核电大发展所需的人才等问题。

　　2011 年 3 月，日本福岛核泄漏事故引发了日本乃至全球民众对核安全的质疑和讨论，如何在确保核设施安全性与满足能源需求之间取得平衡，也成为我国核电大发展过程中需要谨慎考虑的问题。目前，我国核安全监管部门和环境保护部门已在运行的核电场设置了监测装置，以确保核电的安全运行。我国相关部门也已表示中国会在核电发展战略上和发展规划上适当吸取日本方面的教训，但中国发展核电的决心和安排不会因日本的核泄漏事故而动摇。

（六） 小结

从经济角度比较，除水电技术发电成本低于传统火电技术外，其余新能源和可再生能源发电成本均高于火电。但其中核电和风电的发电成本与火电比较接近，随着其自身技术的不断完善、规模效益的显著提高、化石燃料价格的上涨，核电与风电在中近期内在国家政策的扶持下已与火电技术具有一定的竞争优势。小规模生物质气化发电技术的成本虽然较低，但由于受到原材料的限制，难以大规模发展。生物质直燃技术、垃圾焚烧发电技术和太阳能光伏发电技术的成本目前是火电成本的 2 倍以上，需要进一步降低成本、提高效率（见图 1）。

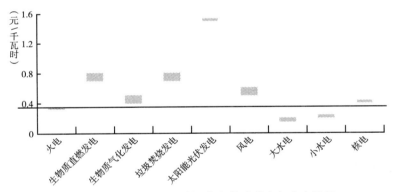

图1　新能源和可再生能源发电技术成本与火电比较

三　促进可再生能源与新能源发展的政策与效果

随着能源、环境问题的日益尖锐，积极发展新能源和可再生能源已经成为新时期国家能源战略的重要任务之一，为此，中国政府一直重视新能源与可再生能源的开发利用，设计制定了一系列政策措施，以保证新能源和可再生能源的健康、快速发展，并取得了积极成效。

（一） 建立健全相关法律法规和制度

完善可再生能源法等法规，是大力发展新能源与再生能源、积极调整能源结

构的基本保障。2005 年，第十届全国人大常委会审议通过《中华人民共和国可再生能源法》，自 2006 年 1 月起实施。《可再生能源法》中构建了五项重要的制度，即总量目标制度、强制上网制度、分类电价制度、费用分摊制度和专项资金制度。在这五项制度下，我国支持可再生能源发展的政策框架基本形成。2009 年底，全国人大对已实施三年的《可再生能源法》做了进一步修订，明确了要编制全国和地方可再生能源开发利用规划的要求，确定了国家实行可再生能源发电全额保障性收购制度，同时明确规定国家设立可再生能源发展基金。

（二） 强化规划的指导作用

根据《可再生能源法》，中国国家发展和改革委员会先后颁布一系列规划，从国家能源发展的战略角度对中国非化石能源发展进行了科学规划。规划中设定的新能源与可再生能源发展的总体目标是"提高可再生能源在能源消费中的比重，解决偏远地区无电人口用电问题和农村生活燃料短缺问题，推行有机废弃物的能源化利用，推进可再生能源技术的产业化发展"，同时规则中明确了重点发展领域，进行了投资估算与效益分析，提出了保障措施，以促使规划的顺利实施。2009 年底，中国政府根据各类技术的不同发展状况对规划目标进行了调整，使之更加符合各项技术的发展现状。

（三） 加大先进适用技术开发和推广力度

研究并掌握快堆设计及核心技术、相关核燃料和结构材料技术，突破钠循环等关键技术，积极参与国际热核聚变实验反应堆的建设和研究；重点研究低成本规模化开发利用技术、大型风力发电设备技术、高性价比太阳光伏电池及利用技术、太阳能热发电技术、太阳能建筑一体化技术、生物质能和地热能等开发利用技术。

（四） 制定经济激励政策

2000 年以来，中国公布了一系列经济激励政策，进一步推动了我国非化石能源的迅速发展。中国出台了《关于完善风力发电上网电价政策的通知》，制定了四类资源风电标杆电价水平，分别为每千瓦时 0.51 元、0.54 元、0.58 元和 0.61 元，规范了风电价格管理；推出了《金太阳示范工程财政补助资金管理暂行办法》，对规定范围内的并网光伏发电项目原则上按光伏发电系统及其配套输配电工程总投资的50%给予补助，偏远无电地区的独立光伏发电系统按总投资的70%给予补助；制定了可再生能源上网费用分摊办法，明确了电网企业优先调度和全额收购可再生能源发电的具体办法；颁布了《可再生能源发展专项资金管理暂行办法》，明确提出专项资金主要用于科技研究，标准制定和示范工程，农村、牧区生活用能，偏远地区和海岛的独立发电系统等方面；推出了一系列财税优惠政策以促进清洁能源的发展。

（五）提高资金投入水平

"十一五"期间，中国电源工程建设投资向非化石能源发电领域倾斜，水电、核电、风电等能源发电投资占电源投资的比重从2005年的29%持续提高到2010年的64%，火电投资完成额由2005年的2271亿元快速减少到2010年的1311亿元。2010年中国对可再生能源的投资高达540亿美元，超过德国的410亿美元，跃居世界第一位。

在《可再生能源法》及其配套措施的大力支持下，我国的新能源和可再生能源产业得到蓬勃发展，各种可再生能源开发利用规模明显增长。据统计，新能源和可再生能源的开发利用量从2005年的1.66亿吨标准煤增加到2009年的2.6亿吨标准煤，为保障我国的能源安全、减缓温室气体排放作出了巨大贡献。

2010年水电发电量6500亿千瓦时，相当于每年少烧煤炭约2.08亿吨标准煤，减少二氧化碳排放约6亿吨；太阳能热水器安装使用总量达1.6亿平方米，替代化石能源约3000万吨标准煤，减少二氧化碳排放约8000多万吨；核电机组13台，总装机容量1080万千瓦，发电量747亿千瓦时，相当于每年少烧煤炭2500万吨，减少二氧化碳排放7300万吨。

四 可再生能源与新能源未来的发展前景

"十二五"期间，新能源产业被列为战略性新兴产业，重点发展新一代核能、太阳能热利用和光伏光热发电、风电技术装备、智能电网、生物质能。新能源汽车产业重点发展插电式混合动力汽车、纯电动汽车和燃料电池汽车技术。根据国家新能源与可再生能源项目布局，"十二五"期间，我国将完成以下任务。

（一）积极发展水电

水电技术为无悔的 CO_2 减排技术，"十二五"期间，中国将在高度注重生态环境保护和移民、征地等社会问题的情况下，加快大中型水电开发利用进程，积极发展小水电，通过重点推进西南地区大型水电建设，扩大"西电东送"的规模；因地制宜开发中小河流水能资源，建设金沙江、雅砻江、大渡河等重点流域的大型水电站，开工建设水电1.2亿千瓦。

（二）加强并网配套工程，有效发展风电

加强风电资源的勘探开发，促进机组大型化和在海上应用，解决风电并网问题，鼓励风、光互补发电和分散式供电，在风能资源丰富的内蒙古东部、新疆等地区建设6个陆上和2个沿海及海上大型风电基地，在风能资源量较小的地区因地制宜发展风电场，新建装机7000万千瓦以上。

（三）在确保安全的基础上，高效发展核电

核电技术虽然不是无悔的 CO_2 减排技术，但具有减排成本低的优势。中国将利用国内外两个市场解决铀矿供应问题，通过对第三代技术的消化吸收，提高我国规模化制造、安装、建设能力，加快辽宁、山东、江苏、浙江、福建、广东、广西等沿海省份的核电发展，稳步推进江西、湖南、湖北、安徽、吉林等中部省份的核电建设，开工建设核电4000万千瓦。

（四）积极发展太阳能、生物质能、地热能等新能源

"十二五"期间，中国将进一步加快太阳能热水器的普及；加强太阳能光伏技术的研发并努力开拓下游市场，进行商业化示范和推广，解决太阳能光伏发电两头在外的问题，以西藏、内蒙古、甘肃、宁夏、青海、新疆、云南等省区为重点，建成太阳能电站500万千瓦以上；在生物质资源富集地区推广生物质发电，鼓励发展煤、生物质共燃发电，加大对城市垃圾焚烧发电、畜禽养殖场沼气发电、工业有机废水沼气发电的支持力度，合理布局农林生物质发电厂；在地热资源丰富的地区适度发展地热能利用工程。

（五） 加强第二代生物燃料的研发和示范

在 2020 年以前，碳捕集和封存技术和第二代生物燃料在中国 CO_2 排放控制中的作用有限，其间需要加大对它们研发和示范的支持力度，为它们在 2020 年以后的产业化大规模应用提供必要技术准备和运行经验。

预计到 2020 年，中国水电装机容量将达到 3 亿千瓦以上（其中包括小水电 7500 万千瓦）；风电总装机容量将达到 2 亿千瓦；太阳能发电装机容量将超过 2000 万千瓦，太阳能热水器总集热面积将达到 8 亿平方米；生物质能总装机将达到 3000 万千瓦，沼气年利用量达到 440 亿立方米，生物燃料乙醇和生物柴油年产量达到 1200 万吨，再加上地热能、海洋能等，届时全国可再生能源利用量将相当于 6 亿吨标准煤，再加上预计 7000 万千瓦的核电，总计非化石能源在一次能源消费中的比重可超过 15%。这一目标的实现将为我国能源结构调整作出重大贡献，对减少温室气体排放、保护环境发挥更加重要的作用。

气候风险与适应战略

Climate Risks and Adaptation Strategy

G.16

全球天气气候灾害的
影响、趋势与减灾政策

谈 丰 方 玉 姜 彤*

　　摘　要：在全球气候变化背景下，极端天气气候事件发生的频率和强度不断增加，气候灾害造成的损失也呈显著上升趋势，其中经济发展致使人口稠密和工业集中区域的社会财产易损性增强是灾害损失增多的重要原因，为此开展气候灾害风险管理、开发新型风险转移工具、提高气候服务水平，完善减灾防灾的机制和政策，将有效提高气候变化适应能力和减缓气候变化带来的影响。

　　关键词：全球气候变化　气候灾害影响　趋势　风险管理　减灾政策

* 谈丰，南京信息工程大学，硕士，研究领域为气候灾害风险管理、气象指数保险；方玉，研究领域为灾害风险管理；姜彤，中国气象局国家气候中心，研究员，研究领域为气候变化影响评估、气候变化对水资源影响和洪水响应。

一　全球气候灾害概述

（一）　全球天气气候灾害综述

天气气候灾害是指大范围、持续性的气候异常所造成的灾害，一般统称为气候灾害。① 这些灾害包括洪水灾害、风暴灾害（飓风、龙卷风、热带气旋、暴风雪、冰雹等）、干旱、高温热浪、寒潮等。作为自然灾害中发生次数最多、影响范围最广、造成损失最大的灾害，如何有效地应对气候灾害，是人类面临的重要课题之一。

随着社会经济的高速发展，人类生产生活对天气、气候条件的依赖程度进一步加深，气候灾害对人类社会的影响也不断扩大，特别是受全球气候变化加剧的影响，极端气候事件发生的频率和强度也呈增加趋势，给经济安全、国防安全、粮食安全、生态安全和环境安全等带来了一系列挑战。

气候灾害每年都会造成大量的人员伤亡和社会经济损失。据统计，1980～2010 年全球范围内记录到的重大自然灾害（死亡人数超过 500 人，或经济损失超过 6.5 亿美元的灾害事件）共 773 件，总共导致了 200 万人丧生、2.5 万亿美元的经济损失和 6000 亿美元的保险损失，其中 88% 的自然灾害、59% 的死亡、75% 的经济损失和 91% 的保险损失，均是由气候及其次生灾害引起的。②

（二）　近十年的全球特大气候灾害事件

根据联合国的定义，"特大型"灾害是指受灾国家或区域 GDP 受到严重打击、靠自力明显无法抗御、需要其他地区或国际援助的灾害（一般特指造成超过 2000 人死亡或超过 20 万人无家可归的灾害事件）③，近十年来，特大气候灾害主要集中于北美洲和亚洲，发生在北美洲的特大气候灾害经济损失普遍较高，

---

① 为了论述方便，本书中不特意区分天气气候灾害、气候灾害和气象灾害。
② 资料来源于 MR NaTCat Service。
③ Munich Re：Topic 2010，2011.

人员伤亡较少，而发生在亚洲的灾害经济损失相对较少，人员伤亡较多，这主要是由于两个区域的人口密度和经济水平差异所致（见表1和图1、图2）。

表1　2002～2010年全球特大灾害事件

时　间	灾　害	影　响
2002年2月	洪　水	欧洲易北河、伏尔塔瓦河、多瑙河流域发生洪灾,经济总损失达185亿美元,保险损失30亿美元
2004年9月	风　暴	Lvan飓风席卷加勒比海和美国大部分地区,经济损失230亿美元,保险损失115亿美元
2005年夏季	洪　水	印度西海岸发生洪灾,死亡200多人,转移40万人,保险损失达7.7亿美元
2005年8月	飓　风	Katrina飓风在迈阿密附近登陆,随后席卷美国,造成1300多人死亡,经济损失达1250亿美元,保险损失620亿美元
2007年11月	热带气旋	Sidr旋风席卷孟加拉国海湾,造成该国有史以来最大的灾难,造成3700人死亡
2008年1～2月	暴风雪	中国南方发生强降雪天气,损毁房屋48.5万间,死亡129人,经济损失210亿美元,保险损失12亿美元
2008年5月	热带气旋	Nargls台风登陆缅甸,最高时速达215公里/小时,损毁房屋80万间,死亡人数达8.5万人,经济损失40亿美元
2008年9月	飓　风	lke飓风席卷加勒比海和美国,死亡168人,经济损失380亿美元,保险损失1500万美元
2010年7～9月	洪　水	巴基斯坦发生洪灾,近万个村庄受灾,6.9万平方公里农田受淹,死亡1760人,经济损失95亿美元,保险损失1亿美元
2010年夏季	高温热浪	俄罗斯夏季遭受高温热浪天气,最高气温达45℃,为130年之最。致使野火频发,大量农田、森林烧毁,死亡5.6万人,经济损失36亿美元,保险损失2000万美元

资料来源：各年的Munich Re. Topic，其中的损失数据均为原始数据。

二　气候灾害趋势分析

（一）总体趋势分析

据统计，1980～2010年期间各类气候灾害的发生次数都呈明显的上升趋势，进入21世纪以后的灾害总次数超过了20世纪80年代的2倍，不同的是洪

188

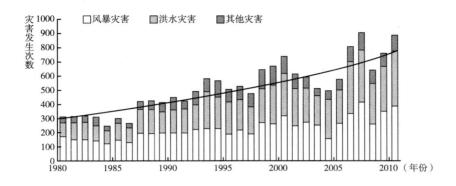

图 1　1980 ~ 2010 年气候灾害逐年发生次数

资料来源：MR NatCat Service，并根据国家气候中心灾害数据库修改。

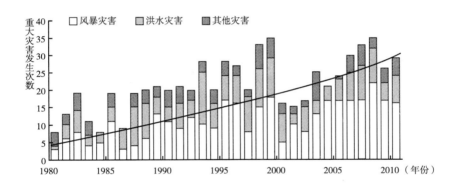

图 2　1980 ~ 2010 年重大气候灾害逐年发生次数

资料来源：MR NatCat Service，并根据国家气候中心灾害数据库修改。

水灾害和风暴灾害依旧处于不断增长的趋势中，其中 2010 年发生洪灾达 374
次，为有记录以来发生次数最多的年份，几乎为 1980 年发生次数的 4 倍，风暴
灾害发生最多的年份为 2007 年，共 421 次；相比洪水灾害和风暴灾害不断增长
的趋势，其他气候灾害①在 20 世纪 80 年代发生次数较少，共 476 次，而进入
90 年代后发生次数迅速增加，相比 80 年代增长了一倍多，同期比前两类灾害
增速要快，而进入 21 世纪后此类灾害并没有延续 20 世纪 90 年代的增长趋势，
发生次数基本与 90 年代相当。重大灾害方面，风暴灾害在所有灾害类型中比

---

①　根据 MR NatCat service 对灾害的分类，其他灾害主要包括寒冻、干旱、高温热浪等气候灾害。

例最高，差不多每20次风暴灾害中就有一次达到重灾级别，并且其重灾①次数还处于不断增长的趋势中（见表2）。

表2　1980～2010年重大气候灾害/气候灾害发生次数统计

时　　段	1980～1989年	1990～1999年	2000～2010年	合计	重灾比例(%)
风暴灾害	63/1605	125/2204	159/3376	347/7185	4.8
洪水灾害	53/1273	85/2176	73/3192	211/6641	3.2
其他灾害	31/476	42/967	39/1003	112/2446	4.6

资料来源：MR NatCat Service，并根据国家气候中心灾害数据库修改。

伴随着各类气候灾害事件发生次数和强度的增加，灾害造成的损失和保险损失也都呈明显的上升趋势，其中保险损失的增长速度要明显快于总的经济损失，进入21世纪以来的重大气候灾害的年平均保险损失相对于20世纪80年代增加了493.8%，其所占经济总损失的比重也呈明显的增长趋势；而经济总损失在同期增长率为150.3%，且近11年的经济总损失相对于90年代并没有增加。但在特大灾害造成的损失方面，超过1000亿美元损失的重灾年份在1994年以前没有出现过；在20世纪90年代中仅有1995年损失超过了1000亿美元；而在2000～2010年的11年中出现了2004年、2005年、2008年三个重灾年份，造成的经济总损失分别达到了1213.5亿美元、1776.1亿美元、1539.9亿美元（见图3和表3）。

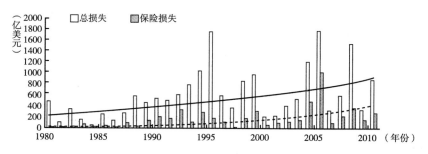

图3　1980～2010年全球重大气候灾害总损失及保险损失
（按照2010年价格计算）

资料来源：MR NatCat Service，并根据国家气候中心灾害数据库修改。

---

①　根据联合国定义，重大灾害指死亡人数超过500人，或经济损失超过6.5亿美元的灾害事件。

表3 1980～2010年重大气候灾害造成经济损失统计（按照2010年价格计算）

单位：亿美元

时　段	1980～1989年	1990～1999年	2000～2010年	合　计
经济总损失	2950.6	8146.3	8124.3	19221.2
保险损失	465.7	1953.0	3041.9	5460.6
保险损失比例（%）	15.8	24	37.4	28.4

资料来源：MR NatCat Service，并根据国家气候中心灾害数据库修改。

（二）未来趋势

在一系列 SRES 排放情景下，预估未来20年将以每10年增加大约0.2℃的速率变暖。即使所有温室气体和气溶胶的浓度稳定在2000年的水平不变，预估也会以每10年大约0.1℃的速率进一步变暖。之后的温度预估越来越取决于具体的排放情景。[1] 这一结论表明未来还将持续全球变暖的趋势。而在中国，有研究表明，在全球变暖情景下，中国21世纪中期无论冬夏，预估的全国表面气温都将升高，升温幅度在1.2℃～2.8℃，随纬度升高，增暖幅度相应增大。[2]

很明显，随着全球变暖现象的持续发展，极端天气气候事件将持续现在的发展趋势，不难预测，未来气候灾害发生的频率和造成的经济损失将持续增加，而随着社会经济的不断发展，其中经济损失值的增加将更为明显。

三　气候灾害成因分析及对策

（一）气候变化及其未来发展趋势

造成气候灾害发生的原因是多方面的，归纳起来，主要是自然因素与人类活动和社会经济因素两大类。就自然因素而言，最为根本的是大气环流和天气过程

---

① IPCC（2007），"Climate change 2007：Impacts，Adaption and Vulnerability. Contribution of Working Group II to the Fourth Assessment Report of the Intergovermental Panel on Climate Change"，Cambridge，UK and New York，USA：Cambridge Press.

② 李博、周天军：《基于 IPCC AIB 情景的中国未来气候变化预估：多模式集合结果及不确定性》，《气候变化研究进展》2010年第4期，第270～276页。

的异常，如影响我国天气气候及其异常的因子主要为亚洲季风、青藏高原、"厄尔尼诺"以及环流系统的异常。①

除自然因素外，人类活动和社会经济发展也是气候灾害发生的重要诱因。随着社会的发展、文明的进步，人类活动的影响已经不再是局部性问题，温室效应、环境污染等已经对天气、气候及极端事件产生影响，并导致全球气候变化。主要表现为：人口的不断增长带来巨大的资源和环境压力；人类活动影响土地利用，造成环境恶化，引发多种灾害；人类活动影响全球变暖，导致一系列气候灾害的发生；热岛效应造成城市灾害。

根据《IPCC 第四次评估报告》，1906～2005 年的温度线性趋势为 0.74°C [0.56°C，0.92°C]，这一趋势大于《IPCC 第三次评估报告》给出的 0.6°C [0.4°C，0.8°C] 的相应趋势（1901～2000 年），全球温度普遍升高，在北半球高纬度地区温度升幅较大。如今全球变暖的趋势仍在持续，2010 年全球地表平均温度比 1961～1990 年的平均值（14°C）高 0.53°C，为 1880 年以来的最高值；2001～2010 年全球地表平均温度比 1961～1990 年的平均值高 0.46°C，是有系统监测记录以来最暖的 10 年。② 为此世界气象组织（WMO）总干事迈克尔·雅罗表示，全球变暖的趋势已无可争辩。

在此背景下，酷热日数与热浪增多，加速了水分的循环，进而导致风暴、洪水、干旱等极端天气气候事件频发，强度不断增强；全球温度的正向变化亦导致"厄尔尼诺"现象频发与强度的增强③，"拉尼娜"现象作为"厄尔尼诺"现象的反相，时常伴随"厄尔尼诺"现象之后发生，而"厄尔尼诺"和"拉尼娜"又反过来加剧了全球气候异常，令世界各地频繁出现高温热浪、寒冻、干旱、暴雨洪涝等气候灾害。

灾害损失的不断增加，一方面是由于受全球气候变暖影响，导致热带风暴、暴雨洪涝、高温干旱等极端气候灾害呈多发趋势；另一方面是由于社会经济的不断发展，以及全球人口和财产向自然灾害高风险地区的集中和高风险地区的开发

① 郝立生、丁一汇、闵锦忠、张晓东：《华北降水季节演变主要模态及影响因子》，《大气科学》2011 年第 2 期，第 211～234 页。

② 中国气象局气候变化中心：《2010 中国气候变化监测公报》，2011。

③ Tsonis A. A，Elsner J. B，Hunt A. G，Jagger T. H（2004），"Global Temperature Fluctuations Regulate El Nino Frequency"，American geophysical union，Fall Meeting.

利用，不仅加速了自然环境的恶化，还增加了人口稠密与工业集中区域的社会财产易损性。① 同时，经济社会的复杂性使得次生和衍生灾害呈现放大效应，成灾就意味着巨大的损失，这是近年来气候灾害损失增多的重要原因。

（二） 适应气候变化的防灾、减灾机制

在全球变暖背景下，仅靠政府的力量来应对日趋频发的气候灾害和突发事件是远远不够的，必须建立全社会的防灾减灾责任机制和服务体系，要在全社会形成各行业、各部门乃至各个家庭共同承担防灾、减灾责任的机制。在这种责任机制下，行业、部门根据自身特点研究制定防灾、减灾战略，部署和安排防灾减灾工作，与气象研究部门和专业化研究单位建立委托咨询服务关系，例如，电力、交通、农业、森林等部门可建立自己的防灾、减灾委托研究服务体系。这种责任机制可充分发挥部门、行业的作用，使防灾、减灾服务更具有针对性，更为行之有效。

目前，国际上应对灾害的总体趋势主要是由过去被动的灾后应急救援和危机管理模式向主动的风险分析和风险管理方面发展。充分做好灾前准备工作比灾情发生时的应急抢救和灾后的救助对于防灾、减灾更加有效，根据世界银行和美国地质调查所的计算，目前情况下，如果在备灾、减灾和防灾战略中投入 400 亿美元，就可以在世界范围使自然灾害造成的经济损失减少 2800 亿美元。也就是说，人类社会在备灾、减灾和防灾战略中投入的经费，可以在灾害到来时以 7 倍的数额得到补偿。② 为减少自然灾害损失，加拿大在备灾、减灾和防灾战略中投入了大量的人力、物力和经费。仅在冬季铲除冰雪一项，加拿大每年约投入 10 亿加元③，各省、市都组织大量人力时刻监视气候变化和路面状况，配备成百上千的多种类型的撒盐车、铲雪车、运雪车，入冬前就将上万吨的融雪盐分送到各个融雪站。一旦有需要，大量的撒盐车、铲雪车、运雪车集体出动，从高速公路到市内公路、居民区小路、人行道，全面展开撒盐和铲雪的工作，由于在应对冬季暴风雪

① 姜彤、王润：《2000 年全球重大自然灾害概述》，《自然灾害学报》2002 年第 1 期，第 15～19 页。

② 灾害成本，http://www.chinajz.gov.cn/jzb/jianzaigl/huiji/zaihai.htm。

③ 杨少、陶元兴：《加拿大应对重大气候灾害的经验和措施》，《全球经济科技瞭望》2009 年第 3 期，第 26～29 页。

方面做好了充足的灾前准备，加拿大城市路面交通受到冬季暴风雪的影响很小。

除了必要的灾前物质准备，精神准备、广泛的防灾教育和民众的共同参与在防灾减灾工作中也至关重要。我国自 2009 年起，将每年的 5 月 12 日作为我国的"防灾减灾日"，以通过媒体的宣传来增强全社会的防灾减灾意识，总之，应对自然灾害的基本策略就是做好风险分析，尽可能通过灾害风险管理和科学技术手段进行预警、预防，形成"政府主导、全民参与"的防灾、减灾的责任机制。

（三） 加强气候灾害风险管理的意义及经济手段

气候灾害风险管理是针对不同的风险区域，在气象灾害风险评估的基础上，利用气象灾害风险评估的结果判断是否需要采取措施、采取什么措施、如何采取措施，以及采取措施后可能出现什么后果等做出判断。减少或预防与气象有关的自然灾害风险是气候灾害风险管理的重要功能。目前，在全球气候变暖，气候灾害的强度和频次显著增加的条件下，气候灾害风险的减少将直接依靠气候灾害风险管理，为此加强气候灾害风险管理对于应对气候变化、加强防灾减灾能力建设、保障社会经济的可持续发展具有重要的意义。

气候灾害风险管理主要有两种手段：工程手段和非工程手段。工程手段是在气候灾害发生前通过各种工程设施，如筑堤、建坝等对气象灾害进行防御，增强承载体的抗灾能力，减少一般气候灾害发生造成的损失，将损失的严重后果降低到最低程度；非工程手段是通过对人们进行风险教育、制定风险管理对策、经济手段、灾害保险等手段来降低风险区的风险。在进行风险管理时以上两种手段要结合使用才会达到风险管理的最佳效果。

保险作为气候灾害风险管理的经济手段已经运用了多个世纪。传统的以实际损失作为赔偿标准的保险已在应对气候灾害风险中开展多年，尤其是在经济发达国家，灾害风险的保障较为完善[①]，但是传统保险中，由于灾害信息不对称，容易引发道德风险和逆向选择问题。另外，传统保险经营成本较高，赔付周期长，定损难度大，这在很大程度上阻碍了保险在规避灾害风险效率的提高以及气象灾害保险的进一步发展。应对全球变暖带来的不断增加的气候灾害风险，必须要设

---

① 吴铭奇、王润、姜彤：《联邦德国自然灾害保险评述》，《自然灾害学报》1999 年第 2 期，第 38～42 页。

计更适合的保险产品，以满足气候灾害风险市场的需要。

气象指数保险作为一种新型的风险转移工具，是指以事先规定的气温、降水等气象事件发生为基础，把气象条件指数化，然后根据此指数的变动决定是否赔付及赔付多少，这是一种金融工程与气象工程技术相结合的产品。其概念最早出现在 20 世纪 90 年代后期，自 2002 年开始，在世界银行的推动下，气象指数保险在亚洲、非洲和拉丁美洲的一些发展中国家得到了较快的发展，目前开展最多的是以温度和降水指数设计的保险产品，如印度、墨西哥、马拉维、埃塞俄比亚和坦桑尼亚开办的干旱指数保险，孟加拉与越南开办的洪水指数保险等，相比传统的保险产品，气象指数保险具有规避市场失灵、降低经营管理成本、理赔周期短、易于再保险等优势。

除了气象指数保险外，国际上应对气候灾害风险的新型管理工具还有天气衍生品和巨灾风险证券化等，天气衍生品是农业保险创新的产物，它将金融工具的理念用于自然灾害的风险管理，为气候灾害风险转移提供了新的途径，由于天气因素产生的风险与资本市场中的风险常常并不相关，保险公司和社会上的投资者运用天气衍生工具也降低了他们经营中的风险，这就是天气衍生产品近几年在美国金融市场上迅速发展的主要原因。

四 减灾政策综述与展望

防灾、减灾工作，是适应气候变化的一项重要内容，减灾政策也是在防灾、减灾工作中不断地发展和完善的。从减灾过程来看，减灾政策不但要考虑灾害预防工作，还要考虑灾害的应急和恢复重建工作。随着社会的成熟程度和国民需求的发展，政策的重点从防灾转向减灾或"防"、"减"结合。减灾的政策手段不断多样化，除传统的财政金融等经济手段外，还有运用高新技术的科技手段。政府从鼓励防灾减灾工程设施等硬件建设，逐渐转向民众参与、风险分析与评估以及综合防灾减灾等软件的制度建设。减灾的主体不仅是政府，而且也鼓励个人、家庭、社区、企业、社团、非政府机构（NGO）和非营利机构（NPO）等合作建立防灾安全网络。①

---

① 顾林生：《国外减灾政策的动态研究》，《中国减灾》2009 年第 7 期，第 5~8 页。

（一）联合国的减灾政策

1999年，联合国建立了国际减灾战略（ISDR），强调"在21世纪建设更安全的世界"，呼吁全世界"通过把减轻灾害风险工作综合到可持续发展中这一方法，继续进行防灾减灾和风险管理"。

2005年，联合国在日本神户召开了第二次世界减灾大会，共有168个国家参会并签署了《兵库行动框架2005～2015》①。各国达成了共识：在持续发展的基础上努力降低灾害风险。该框架指出，通过将政策、计划和组织进行有效的系统集成，并利用双边、区域和国际合作（包括伙伴关系）的有利支持来降低贫困。在具备这些先决条件的同时，还要进一步加快和加强国家区域范围内的应对灾害的能力，这样才能有效降低气候变化所带来的更多灾害风险。

2009年9月，联合国在瑞士日内瓦召开了第三次世界气候大会②，会议推动建立了"全球气候服务框架"（GFCS），旨在为适应气候变率和变化的风险，促进气候灾害风险管理，减少极端天气气候事件带来的损失，提供相关观测和预测的气候信息。该框架在气候变率、气候变化，以及风险管理决策支持之间建立了清晰的联系。

（二）国际上的减灾政策

在联合国的防灾减灾战略下，主要发达国家根据各自的国情，开展了各种防灾、减灾工作，在防灾、减灾政策上主要涉及法律体系、科学管理技术、防灾教育和经济保障几个方面。

第一，完善防灾、减灾和应急管理的法律体系，明确政府、企业和公民等的职责，政府各部门全面参与防灾、减灾与应急管理。重视先期应急处置能力建设。应急管理工作是个系统工程，它不只是应急管理协调部门或防灾减灾专业部门的专项工作，还是整个政府部门的日常行政事务之一，并在此基础上，强化了"自救、互救、公救"相结合的合作关系。

---

① Hyogo Framework for Action 2005 – 2015（HFA）：Building the Resilience of Nations and Communities to Disasters.

② World Climate Conference – 3. http：//www.wmo.int/wcc3.

第二，提倡综合灾害风险管理。建立灾害风险和脆弱性评价体系以及早期预警系统。在风险评估方法上，各国政府发动居民参与灾害风险评估工作，提高居民的防灾意识和政府应急管理的科学性。完善和落实防灾减灾与应急管理建设规划和预案，构建应急救灾平台支撑体系，形成统一的公共安全空间布局。

第三，提高国民安全文化教育和理性的国民危机意识，提倡灾害互助关爱精神。防灾安全教育分为学校教育、社会教育和企业教育，三者相互结合，发达国家主要侧重学校教育，从小学抓起，把防灾安全教育纳入教学大纲。广泛动员全社会的力量，促进防灾自发组织、安全社区或防灾社区的建设，鼓励居民和政府、企业、非政府组织之间的合作并参加志愿者活动等。

第四，多层次的社会保障体系与财政政策。政府通过财政预算和金融政策对防灾、减灾的各阶段进行投资和补助，并鼓励民间投资。除了政府的财政政策外，发达国家还具有健全的社会保障制度，以此形成了一个完善的社会保障体系，以此减轻受灾个人的损失和政府的负担。

（三）中国的减灾政策

我国作为气候灾害频发国家，必须把加强防灾、减灾作为重要的战略任务，近年来，我国大力发展气象事业，更是把防灾、减灾作为气象工作的重中之重，制定了一系列应对气候变化的减灾政策。

国家经济发展"十二五"规划纲要明确指出，坚持减缓和适应气候变化并重，充分发挥技术进步的作用，完善体制机制和政策体系，提高应对气候变化能力。在增强适应气候变化能力一节中特别强调"在生产力布局、基础设施、重大项目规划设计和建设中，充分考虑气候变化因素。要加强适应气候变化特别是应对极端气候事件能力建设"。

《政府工作报告》也强调"积极应对气候变化，加强适应和减缓气候变化的能力建设，大力开发低碳技术，推广高效节能技术，积极发展新能源和可再生能源……加强防灾减灾能力建设"。

总体来讲，与发达国家相比，我国的减灾政策在律法、体制机制、各种主体的责任与权利、经济保障等很多领域值得研究。我国可以借鉴发达国家的经验，不断建设和完善我国的减灾政策，将有效提高气候变化适应能力和减缓气候变化带来的影响。

ℊ.17

中国气象灾害的影响和趋势

高 歌 赵珊珊 徐 影*

摘 要：近50年来，我国主要灾害性天气气候有明显的时空变化趋势特征：干旱变化区域特征明显，从辽河平原、海河平原、黄土高原、四川盆地至云贵高原一带干旱频率增加；全国年暴雨日数总体呈现增加趋势，南多北少的变化态势明显；热带气旋生成个数明显偏少，但年平均登陆强度有增加趋势；夏季高温天气更为频繁，全国年高温日数总体呈现增加趋势；低温冷冻灾害发生频次和沙尘暴日数呈现减少趋势。气象灾害近20年直接经济损失增加趋势明显，人员死亡明显减少，除受灾害性或极端天气气候变化影响外，社会经济发展造成人类社会脆弱性增加，气象灾害风险加大。近10年发生的重大气象灾害事件，暴露出在气候变化及社会经济发展新的形势下，气象灾害对人类社会的深远影响，未来10~50年，预估表明我国气象灾害和次生灾害将增加，科学地改进和完善防灾减灾措施、规避风险是适应气候变化的途径之一。

关键词：灾害性天气气候 气象灾害 影响 趋势

气象灾害是指由气象原因直接或间接引起的，给人类和社会经济造成损失的灾害现象。我国东部位于东亚季风区，西部地处内陆，地形地貌多样，天气和气候系统复杂，是世界上受气象灾害影响最为严重的国家之一。我国气象灾害具有灾害种类多、发生频率高、持续时间长且时空分布不均匀、影响范围广、损失重

---

* 高歌，中国气象局国家气候中心，正高级高工，博士，研究领域为气候变化对水资源影响、气象灾害监测、风险评估等；赵珊珊，高级工程师，博士，从事气象灾害监测、影响评估等方面的研究；徐影，博士，研究领域为气候变化归因检测与未来预估、气候灾害风险评估等。

等特点，平均每年造成的直接经济损失占全部自然灾害损失的 70% 以上。随着气候变化和社会经济迅速发展，近几十年气象灾害变化又呈现新的格局和特征，严重影响人类社会和经济的可持续发展，防灾、减灾和适应气候变化面临新的挑战。

一　近 50 年来我国主要灾害性天气
气候的时空变化特征

近 50 年来，我国主要灾害性天气气候有着明显的时空变化趋势特征，对气象灾害的发生区域、频次、范围、持续时间、强度有着直接的影响。

（一）干旱

近 50 年干旱变化特征与降水量的变化特征基本一致。降水量，我国 110°E 以东地区呈现南方地区降水增多北方减少的格局；110°E 以西地区，中西部降水以增加趋势为主，东部则为减少趋势。这样的格局造成区域性旱涝变化特征明显。1958～2007 年，中国自辽河平原—海河平原—黄土高原—四川盆地—云贵高原形成一个较为严重的干旱化带状区域，干旱频率增加，旱情较为严重。这些地区干旱化趋势的产生与降水量的减少密切相关，而气候变暖是这些地区干旱化趋势加剧的另一主要原因。[1]

（二）暴雨

1961～2010 年，全国年暴雨站日数呈明显增加趋势，暴雨事件增多。2010 年为 1961 年以来第三多，仅次于 1998 年和 1983 年（见图 1）。我国东南部地区，近几十年来，降水量呈现增加趋势，暴雨日数也呈现增加趋势，是洪涝灾害发生频繁的主要原因之一。北方流域暴雨日数呈现减少趋势[2]，但部分地区暴雨日数仍有增加趋势。

[1]　陆桂华、闫桂霞、吴志勇、何海：《近 50 年来中国干旱化特征分析》，《水利水电技术》2010年第 3 期，第 78、82 页。
[2]　陈峪、陈鲜艳、任国玉：《中国主要河流流域极端降水变化特征》，《气候变化研究进展》2010年第 4 期，第 265～269 页。

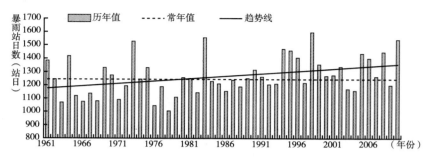

图1 1961~2010 年全国年暴雨站日数历年变化

（三）热带气旋

1961~2010 年，西北太平洋和南海热带气旋生成个数明显减少；登陆时达热带风暴及以上级别的个数也略呈减少趋势，1997 年和 1998 年最少，之后又呈现明显增加趋势（见图2）。从中心最低海平面气压和附近最大风速看，热带气旋年平均登陆强度长期呈现明显的线性增强趋势，登陆中国华南和东部地区的热带气旋强度都有增强趋势，前者趋势更为明显，热带气旋登陆海岸带和时间更为集中。[①] 在 1975~2009 年的 35 年中，热带气旋年平均陆上持续时间呈现增加趋势，陆上持续时间的增加与热带气旋降水增加和大尺度的引导气流变化有关。[②]

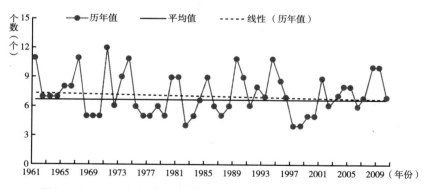

图2 1961~2010 年登陆时达热带风暴及以上级别的个数历年变化

① 杨玉华、应明、陈葆德：《近 58 年来登陆中国热带气旋气候变化特征》，《气象学报》2009 年第 5 期，第 689~696 页。

② Chen Xiaoyu, Wu Liguang, and Zhang Jiaoyan. 2011, Increasing duration of tropical cyclones over China, Geophysical Research Letters, 38, L02708, doi: 10. 1029/ 2010GL046137.

（四） 夏季高温

1961～2010 年，全国夏季（6～8 月）日最高气温≥35℃的高温日数呈明显增多趋势，特别是 2010 年夏季，全国平均高温日数为 9.7 天，为 1961 年以来历史同期最高值（见图 3），自 1997 年以来，夏季高温日数持续较常年同期偏多。

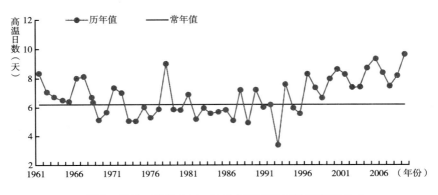

图 3　1961～2010 年 6～8 月全国高温日数历年变化

（五） 低温冷害、霜冻及降雪

低温冷害是我国主要农业气象灾害之一。其中以南方春季低温冷害、东北夏季低温冷害、南方秋季冷害对粮食产量的影响较大。随着气温变暖，低温冷害、霜冻及降雪日均呈明显减少趋势。

总体上，2000 年以来，南方地区春季低温冷害频次呈偏少特征，大部分地区 20 世纪 90 年代低温冷害偏多偏重。① 华南南部早稻播栽期间低温冷害以 1951～1970 年较多，1971～1984 年较少，1985～2000 年最多，2000 年之后低温冷害显著减少；华南北部低温冷害在 1969～1992 年出现频次较多，其余时段较少，1997 年至今低温冷害很少发生。长江中下游地区 20 世纪 60 年代中期至 70 年代初，1980～1999 年间低温冷害偏多，20 世纪 50 年代末至 60 年代初、70 年代中期以及 2000 年之后为偏少时段。四川盆地 1983～1999 年低温冷害发生频繁，

---

① 韩荣青、陈丽娟、李维京、张培群：《2～5 月我国低温连阴雨和南方冷害时空特征》，《应用气象学报》2009 年第 3 期，第 312～320 页。

1964～1970 年、1980～1984、2000 年以后低温冷害少发。

南方水稻寒露风过程次数自 20 世纪 80 年代以来也呈减少趋势，特别是 90 年代后期以来减少趋势显著。①

东北夏季低温冷害由于气候变暖也呈现明显减少趋势。

1961～2010 年，全国平均年降雪日数和霜冻日数均呈现明显减少趋势。1961 年以来，全国平均终霜冻日期自 20 世纪 80 年代起明显提早，初霜冻日期自 20 世纪 90 年代开始明显推迟，全国平均无霜冻期自 20 世纪 80 年代起明显延长。②

（六）沙尘天气

中国北方地区年沙尘暴日数总体趋势是下降的，20 世纪 80 年代中期以后，年沙尘暴日数普遍较常年偏少，减少速度比较快。特别是 2003 年以来，北方平均沙尘暴日数都小于 1 天。尽管近半个世纪北方地区的沙尘天气总体上呈减少趋势，但个别地区如青海北部、新疆西部、内蒙古的锡林浩特等地沙尘天气有增加的趋势，中国北方的典型强沙尘暴事件在近半个世纪也呈波动减少趋势，20 世纪 50 年代强沙尘暴较为频繁，90 年代相对较少，21 世纪初又相对增多。③

二　气象灾害影响

我国自然灾害中，气象灾害所占的比重超过 70%。气象灾害中，暴雨洪涝、雷电和冰雹等强对流灾害、热带气旋造成的人员伤亡较大，暴雨洪涝、干旱、热带气旋灾害造成的直接经济损失较大。1990～2010 年，我国因气象灾害造成的直接经济损失平均每年达 2105 亿元，近 5 年直接经济损失持续较常年偏多，其中 2010 年最多，达 5000 多亿元（见图 4），随着经济的发展，气象灾害造成的直接经济损失所占 GDP 的比例则呈现明显减少趋势。气象灾害造成的死亡人数

---

①　中国气象局：《中国灾害性天气气候图集（1961～2006 年）》，气象出版社，2007。

②　叶殿秀、张勇：《1961～2007 年我国霜冻变化特征》，《应用气象学报》2008 年第 6 期，第 661～665 页。

③　Zhou zijiang and Zhang Guocai, 2003, Typical severe dust storms in northern China during 1954 - 2002, Chinese Science Bulletin 48, 2366 - 2370.

平均每年达 4044 人，总体呈现下降趋势，近 10 年较 20 世纪 90 年代死亡人数明显减少，且均低于常年水平（见图 5）。气象灾害对我国农业影响较大，其中干旱造成农作物受灾面积最大，占农作物总受灾面积的 57%，其次为洪涝灾害，占 24%，低温冷冻害和雪灾占 11%。

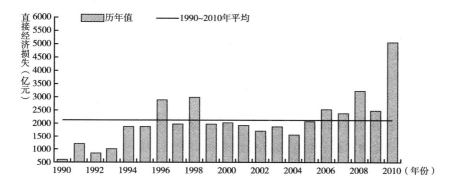

图4　1990～2010年中国因气象灾害造成的直接经济损失变化

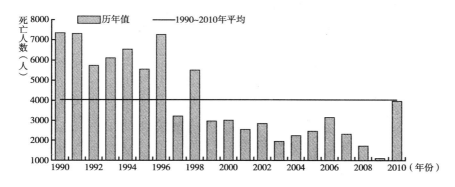

图5　1990～2010年气象灾害造成的死亡人数历年变化

气象灾害特别是重大气象灾害对社会经济和人们生活造成了深远影响。一方面，随着气候变暖，一些极端天气气候事件频繁发生，导致气象灾害危险性增强及发生频率增加；另一方面，随着社会经济不断发展，其暴露度及脆弱性的不断变化，气象灾害的影响也呈现新的特点。许多问题值得我们进一步思考，如随着各行业的关系日益密切，气象灾害连锁效应在气象灾害强度及影响范围等方面日益突出；城市化发展造成人口、财产的高度集中，暴露度明显增加，导致脆弱性增加；人类生存发展的需要，造成资源环境破坏，进一步加剧了气象灾害的危险

生；许多生命线工程如能源电网、基础建设、交通运输等受气象条件影响越来越大等问题。通过对重大气象灾害个例分析，深入分析新形势下致灾因子和各受灾领域的气象灾害影响特点，改进和完善防灾减灾措施，才能保障有效地规避气象灾害风险，适应气候变化。

（一）干旱影响

干旱导致江河湖库水位下降、水库蓄水不足，对农业生产、人畜饮水、城市供水、生态环境造成影响；气候干旱导致热源点显著增多、森林火灾频发；干旱还引发水电供应紧张、物价上涨、工厂停产等问题，对社会经济发展造成深远的影响。

近几十年来，全国因干旱造成的农作物受灾面积和成灾面积均呈现不断增加趋势，进入 21 世纪，区域性干旱频发，影响严重、危害性大，且南方和东部多雨区旱情也在扩展和加重。2000 年、2001 年北方地区发生大范围严重春夏连旱，2001 年和 2000 年全国农作物受灾面积和成灾面积为近 60 年来第一位和第二位；2003 年江南和华南、西南部分地区出现严重伏秋连旱；2004 年东北西部和内蒙古东部严重春夏连旱，华南和长江中下游发生大范围严重秋旱；2005 年，华南南部出现严重的秋冬春连旱；2006 年夏季，川渝遭遇严重伏旱，其中重庆伏旱为百年一遇；2008 年东北、华北等地严重冬春连旱；2009 年北方冬麦区遭受严重秋冬连旱；2009 年秋季至 2010 年 3 月下旬西南地区发生历史罕见特大干旱；2011 年华北、黄淮出现近 41 年来最严重的秋冬持续气象干旱；1～5 月长江中下游流域发生近 60 年来罕见冬春季连旱；西南地区遭受夏秋连旱，旱情严重。

1. 2010 年西南地区发生历史罕见特大秋冬春干旱

2009 年 9 月至 2010 年 3 月中旬，云南、贵州、重庆、四川南部及广西西北部降水量比常年同期偏少 3 成以上，其中云南中部和东部、贵州西南部以及广西西北部部分地区偏少 5～8 成。西南地区大部及广西气温比常年同期偏高 1℃～2℃。温高雨少导致这些地区气象干旱持续发展，西南地区出现有气象记录以来最严重的秋冬春连旱。干旱对农业、水力发电、航运、旅游业、居民生活产生严重影响，共造成滇、贵、川、渝以及甘、青、冀、鄂、湘、桂、粤等地 8000 多万人受灾，直接经济损失超过 300 亿元；其中，滇、贵、川、桂自 2009 年 9 月起受干旱影响，灾情最为严重，直接经济损失280多亿元。①

2. 2011年长江中下游流域发生近60年来罕见冬春季连旱

2011年1~5月，湖北、湖南、江西、安徽、江苏5省持续少雨，平均降水量260.9毫米，较常年同期偏少51.1%，为1951年以来历史同期最少，导致部分地区出现严重旱情。此次干旱具有少雨程度重、持续时间长、干旱区集中、迎汛期受旱等特点。干旱导致洞庭湖水位持续偏低，湖南澧县107座小型水库大部分接近死水位，湖北有上千个大小水库接近死水位，湖北、湖南等地出现人畜饮水困难。江苏主要湖泊水体面积均有不同程度减小，其中高淳石臼湖接近干涸。干旱还导致水产养殖业、农业生产遭受损失。

3. 2011年西南地区再次遭受夏秋连旱，旱情严重

夏季以来（2011年6月至9月15日），西南地区贵州、广西、重庆、云南、四川5省（自治区、直辖市）降水量527.5毫米，较常年同期（655.2毫米）偏少19.5%，为近61年来历史同期次少，无降水日数为最多，最长连续无降水日数为第三多，平均气温为次高值。其中贵州降水量为362.4毫米，较常年同期偏少37.9%，为近61年来最少，无降水日数之多、平均气温之高为1951年以来历史同期之最，高温日数为次多。由于持续高温少雨，导致贵州、云南、重庆、广西、四川等地干旱持续发展。干旱日数西南地区平均37.6天，其中贵州42.8天，均为1951年以来历史同期最多，四川为次多。高温干旱对西南部分地区的工农业、林业、水资源、水力发电、生态环境和居民生活造成了较为严重的影响。高温干旱导致部分地区溪河断流、库塘干涸；可用水源减少，部分县城饮水告急；电力供应缺口大，因拉闸限电造成部分工业企业停产、减产；森林火险气象等级偏高，重庆、贵州等地发生多起城镇和森林火灾。据2011年8月底统计，贵州、云南、重庆、广西、四川5省（自治区、直辖市）累计受灾人口3876.3万人，农作物受灾面积334.4万公顷，直接经济损失约213亿元。干旱至10月初才得到明显缓解。

（二）暴雨洪涝的影响

近50年来，全国因暴雨洪涝农作物受灾面积总体呈现显著增多趋势，尤其

---

① 中国气象局：《全国气候影响评价》，气象出版社，2010。

是 20 世纪 90 年代，平均受涝面积最大，1991 年、1998 年农作物受涝面积分别为 2459.6 万公顷和 2229.2 万公顷，排名前两位。进入 21 世纪，农作物受涝面积虽有所减少，但 2003 年、2010 年受涝面积之大分别列近 50 年来第三位和第五位。淮河流域洪涝灾害发生频繁，2003 年淮河流域暴雨造成安徽、江苏、河南 3 省 5800 多万人受灾，直接经济损失 350 多亿元。2007 年淮河流域发生新中国成立后仅次于 1954 年的全流域性大洪水，有 2600 多万人受灾，死亡 30 多人，直接经济损失 170 多亿元。2008 年初夏，珠江流域和湘江上游发生严重洪涝灾害，暴雨洪涝及其引发的山体滑坡、泥石流等灾害共造成 3600 多万人受灾，死亡 177 人，直接经济损失 296.6 亿元。2010 年，中国暴雨过程频繁，降雨强度大，导致多流域汛情并发，滑坡和泥石流等次生灾害严重。5～7 月南方遭受 14 次强降雨轮番袭击，汛情严重；7 月中旬至 9 月上旬，北方出现严重暴雨洪涝；甘肃舟曲局地强降雨引发特大山洪泥石流灾害；云贵川等地汛期频发泥石流、滑坡灾害；10 月上中旬，海南出现历史罕见持续性强降水。近几年来，中小河流域山洪、泥石流灾害影响重、城市内涝问题突出。

1. 2010 年汛期南北方汛情严重

2010 年 5～7 月，南方共出现 14 次强降雨天气过程，强降水主要集中在江西、湖南、广东、福建、广西、浙江、安徽等地，部分地区累计降雨量达 800～1200 毫米，福建武夷山高达 1481.5 毫米，入汛后频繁的强降水过程，使得江河湖库水位居高不下，长江上游干流、赣江、信江、抚河、渠江发生洪水，经济损矢和人员伤亡较重。尤其 6 月中旬，受连续强降水影响，江西 5 大河流、鄱阳湖和长江九江段全面超警戒水位，其中抚河、信江、赣江发生超历史纪录的特大洪水，抚河干流唱凯堤发生决口。另外，7 月中旬至 9 月上旬，我国北方和西部地区遭受 10 轮暴雨袭击，渭河、辽河、第二松花江等出现汛情。

夏季泥石流滑坡灾害严重，2010 年 6 月 27 日 21 时至 28 日 20 时，贵州省关岭县岗乌镇降水量达 260.4 毫米，前期干旱和强降水引发岗乌镇重大山体滑坡，造成 42 人死亡，57 人失踪；7 月 13 日，强降水引发云南省巧家县小河镇发生特大山洪、泥石流灾害，造成 19 人死亡，26 人失踪；8 月 7 日晚，甘肃省甘南藏族自治州出现局地短时强降水，此次降雨过程局地性强、短时强度大、突发性强，引发舟曲县发生特大山洪泥石流灾害，造成 1700 多人死亡（含失踪）。8 月 12～23 日，四川省多次出现区域性暴雨天气过程，导致汶川、映秀、汉源等地震灾区发生严重泥石流、滑坡等地质灾害。

　　长期以来，由于中小河流治理缺乏投入机制和渠道，加上中小河流域堤防、水利工程防洪标准低、设计施工质量不高、年久失修、未及时维护、河道受洪水及不合理采沙等人类活动的影响，河床淤积抬高，河道变窄变浅，蓄水与排泄功能大幅降低，日益增长的需求和林木资源过度开采造成山地植被破坏、水土流失日益严重，导致防洪抵抗灾害能力锐减，暴雨洪水灾害风险加大。

2. 2011 年城市内涝频繁发生

　　城市人口密集，是社会经济活动中心，对气象灾害更为敏感和脆弱，如2001 年 12 月 7 日，北京一场小雪引起了城市交通大堵塞，影响十分严重，至今人们还记忆犹新。暴雨洪涝是城市面临的主要气象灾害之一，近几年来，我国部分大城市频繁遭受暴雨袭击，严重影响居民正常生活，2011 年汛期，深圳、杭州、武汉、北京、长沙、成都、南京等城市出现严重城市内涝，强降水致使城市街道成河、住宅进水、汽车没顶、交通阻塞，对城市正常运行造成严重影响，并造成人员伤亡和财产损失。一方面，随着全球气候变暖，极端天气气候事件的发生频率增加、强度增大，城市化也使得城市局地气候和生态环境发生变化，导致城市热岛、湿岛等效应的存在，加大天气气候的极端性和发生频率；另一方面，在城市规划和布局中，采用的设计标准比较老，不适应新的气象灾害特点和强度，增加了城市供电、供水、供气、通信、交通等生命线系统气象灾害风险，城市排水系统等基础设施建设滞后、不完善、设计标准低，再加上下垫面大面积硬化，降雨时渗透性不好，容易形成积水内涝等灾害。

（三）热带气旋的影响

　　1990～2010 年，平均每年全国因热带气旋造成 429 人死亡，直接经济损失达 307 亿元，2001～2010 年与 1991～2000 年相比，经济损失增加 53.9 亿元，而死亡人数明显减少 185 人。但个别年份造成的经济损失和人员伤亡仍较大，如2005 年直接经济损失达 814.7 亿元，2006 年死亡人数达 1522 人，均为近 20 年第二位。

　　2004 年强台风"云娜"造成浙江、福建、江西、安徽、湖北、河南共计有1800 多万人受灾，169 人死亡，直接经济损失超过 200 亿元。2006 年百年一遇超强台风"桑美"登陆浙江，造成 483 人死亡，直接经济损失达 196 亿元；强热带风暴"碧利斯"横扫南方7省，在历史上极为少见，共有3100多万人受灾，因灾死亡843人，直接经济损失达348亿元。2009年强台风"莫拉克"造成台湾阿里山过程降水量为3139毫米，且连续两天日降水量超1000毫米，强降水导致台湾南部地区发生近50年来最严重水灾，造成重大人员伤亡和财产损失。1011号台风"凡亚比"造成广东、广西、福建3省（区）共222.5万人受灾，死亡129人。

因热带气旋造成的直接经济损失增加与近20年沿海各省的经济发展有密切关系，人员伤亡人数的减少与人们防灾意识提升和政府各级部门组织抗灾救灾能力加强有关。

（四）低温冰冻害及影响

在气候变暖背景下，冬季寒潮、低温冰冻等冷事件的出现频率总体上呈现降低趋势，但极端冷事件仍然可能出现，危害强度更大。随着社会经济的发展，电力、交通、能源等重大生命线工程似乎对异常的气候灾害变得更加脆弱。2005年2月，湖南、湖北、贵州部分地区发生严重冰冻灾害，湖南省电网遭遇1954年以来最严重的冰冻破坏。2008年初，我国南方经历了50年一遇、部分地区100年一遇的低温雨雪冰冻灾害，这次气象灾害具有范围广、强度大、持续时间长、影响重的特点，对交通运输、能源供应、电力传输、通信设施、农业及人民群众生活造成严重影响和损失，全国受灾人口1亿多人，直接经济损失达1590多亿元。经济损失之大、受灾人口之多为近50年来同类灾害之最。2011年1月，全国平均气温创历史同期新低，南方地区先后出现3次较明显的低温雨雪冰冻天气过程。其中湖南、贵州等地低温日数多，冻雨时间长，两省区域平均气温、平均最高气温、平均最低气温均为1961年以来最低值，两省受低温雨雪冰冻天气影响最为严重，造成贵州、湖南、江西、安徽、湖北、广西等10省（自治区、直辖市）受灾人口约4400万人，农作物受灾面积250万公顷，直接经济损失160多亿元。

（五）高温热浪的影响

高温热浪除对农业生产造成影响外，还造成城镇用电负荷明显增加，电力供应紧张，工业生产受到影响；持续高温天气给人体的生理和心理带来了种种不利，身体内热平衡机能紊乱，对人体健康也造成较大危害，中暑、心脑血管疾病、感冒、腹泻等"高温病"多发。2003 年盛夏江南、华南出现的持续高温少雨天气，致使空调等降温用电大幅增加，用电负荷接连创历史新高，在用电高峰期，华东、华中、华南电网火电机组全部满负荷运行，共有 19 个省市采取了拉闸限电措施。上海、江苏、浙江、福建电网全线告急。上海有 800 多家企业调整厂休，错开用电高峰，300 多家企业避峰让电，近千家企业被限电；浙江由于缺电，成为全国拉闸限电范围最大、最严重的省。河南、湖北、湖南、江西电网最高负荷也都创历史纪录。南京军区总医院和长江第一医院一天收治的中暑患者都分别超过了 200 人。① 2010 年夏季持续高温及闷热天气对人们身体健康和正常生活造成较大影响，尤其是对露天和户外工作人员。炎热天气造成突发疾病明显增多，医院出诊量明显增加，中暑人数多，内蒙古、山东、陕西、重庆等地甚至出现中暑死亡的情况。

三 未来气象灾害趋势展望

近 100 年来我国年平均气温明显上升，升温幅度比全球同期平均气温略高。不同温室气体排放情景下未来我国将继续保持升温趋势，极端高温、热浪事件将增加；极端降水变化的空间差异较大，气象及其次生灾害可能出现增多增强的趋势。

基于气候模式预测结果分析，21 世纪中国在高、中、低不同温室气体排放情景下平均温度增温趋势分别为每百年 4.2℃、3.7℃和 2.1℃；长江以北地区增温幅度大于长江以南地区，东北地区、西北地区增温幅度较大，华南地区增温幅度最小；秋冬季的增温幅度大于春夏季，冬季增温较为显著。2040 年以前中国地区降水变化趋势不明显，某些年份会出现减少的趋势，2040 年以后降水开始持续增加；就 10 年平均来说，21 世纪前期华南、西南地区降水略有减少；降水增加幅度以华北地区最大，东北地区、西北地区次之，华南地区最小。②

未来 10 年，除青藏高原外，我国年平均高温日数都将增加，其中新疆南部、

① 中国气象局：《全国气候影响评价》，气象出版社，2003。
② 许崇海、罗勇、徐影：《全球气候模式对中国降水分布时空特征的评估和预估》，《气候变化研究进展》2010 年第 6 期，第 398～404 页。

黄淮中部等地将增加 15～20 天，其他大部分地区增加值在 7～15 天之间。我国平均小雨日数（日降水量 1～10 毫米）在西北地区北部和黄淮及长江流域部分地区将增加，增加值大都在 5%～25% 之间，东北和青藏高原及西北南部部分地区则将减少，减少值在 −25%～−5% 之间；平均中雨日数（日降水量 10～25 毫米）的变化在东北地区、南部沿海、青藏高原中部、西北及内蒙古部分地区等地有所减少，西南地区东部、西北大部、内蒙古西部部分地区则将增加；大雨以上日数（日降水量大于 25 毫米）的变化总体来看以增加为主，增加量基本都在 10% 以上，但在黄淮、东北中部、西部部分地区等地减少也较为明显，局地最大减少 50% 以上。

21 世纪中期（2046～2065 年），在中等排放情景下，中国区域年平均温度、最低温度增加 2.5℃ 左右，最高温度增加 2.4℃ 左右。在变暖背景下，最高温度、最低温度极值将持续增加，热浪高温事件将增加，冷日减少。冬季最低（夏季最高）温度 20 年一遇的极低（高）值也将升高，增加 2.9℃（2.5℃）左右，其增温幅度大于同时期内冬季最低（夏季最高）温度的增温幅度；东北、西北以及青藏高原地区热浪指数和暖夜指数的增加幅度比长江以南地区更为明显，新疆、西藏地区热浪指数值增加 40 天左右，东北地区增加 30～40 天；暖夜指数在西部地区特别是西南地区增加幅度最大；冷日在青藏高原地区减少最为显著，东北地区和沿海地区减少幅度也比较大。

同时，21 世纪中期（2046～2065 年），在中等排放情景下中国区域年平均和季节平均降水表现为增加趋势，区域年平均降水增加 6% 左右。20 年一遇降水极大值中国区域平均值在 40 毫米/天左右，在西南地区增加幅度较大，中部地区增加幅度也较为明显。年平均连续无降雨日数、连续降雨日数的变化在不同时期内表现出一定的区域性差异，但是 5 天最大降水量、极端降水百分率、降水强度在全国大部分地区都表现为增加趋势。连续无降雨日数在新疆和长江以南地区将增加，而东北、华北和青海附近地区将减少；连续降雨日数在北方地区没有明显变化，而长江以南地区减少，西南地区减少量较为显著；日降水量大于 10 毫米的日数在西北地区没有明显变化，其他地区都表现为增加，青藏高原东南部增加最明显；除新疆地区外，5 天最大降水量在全国大部分地区都将增加，西南地区增加幅度较大，长江流域增加幅度也较为显著；极端降水百分率在各个季节上都表现为增加并且增幅相差不大，只是冬季在 28°N 以南地区没有明显增加或减少；

降水强度也是在全国范围内都表现为增加，相对来说长江以南地区增加幅度较大。

综合中国各大江河流域上述几个降水极端气候指数的未来变化特征，初步研究认为：在中等排放情景下，21 世纪中期，热浪和高温事件发生的频率会增加，强降水事件将增多，局地性洪涝灾害发生的概率会增加；松辽流域夏季极端降水事件增多，发生洪涝灾害的可能性增大；黄淮海流域春季极端降水的变化没有表现出明显增加或者减少趋势，但是年际震荡变化明显，相隔几年会出现强降水；南方流域连续性降水期将缩短，但是极端降水的强度会增加，这可能会有更多的暴雨过程，发生洪水的威胁性增加，尤其是夏季强降水和洪涝灾害不会有明显改善。①

在中等排放情景下，21 世纪前期到中期，虽然降水增加但在变暖背景下中国地区仍然表现为持续的干旱化趋势，总体干旱面积和干旱频率持续增加，其中极端干旱面积的增加为主要趋势；严重干旱和中度干旱面积在 2030 年前为增加趋势，此后下降但也高于 20 世纪后期的水平；轻度干旱和轻微干旱面积为减少趋势。就区域变化来说，东部地区干旱频率增加幅度明显大于西部地区。未来 40 年持续时间 1~3 个月的干旱年数在全国大部分地区表现为减少；持续时间 4~6 个月的年数在全国大部分地区表现为增加，内蒙古东部—吉林西部、西南地区重庆—贵州—广西周围地区以及青海减少 3 年左右；超过 6 个月的年数除在西北东部、四川盆地局部地区表现为减少，全国其他大部分地区都表现为增加，其中东北中部、华北西北部、西南大部以及青海增加较为显著。②

因此，根据未来 10~50 年我国气温和降水趋势以及极端气候事件指数的预估结果，未来我国气象灾害和次生灾害将增加。

一是局地洪涝。由于强降水（大雨以上的降水）总体以增加为主，未来 10 年，我国局地洪涝的发生也将增多，且因极端降水的分布空间差异较大，局地洪涝的分布范围也将扩大。在我国东北南部、华北至黄淮、西北东部、新疆北部、西南东部等地区出现局地洪涝的概率较大。

① Xu Chonghai, Yong Luo, Ying Xu, 2011, Projected changes of precipitation extremes in river basins over China, Quaternary International, doi：10. 1016/j. quaint. 2011. 01. 02.

② 许崇海、罗勇、徐影：《IPCC AR4 多模式对中国地区干旱变化的模拟及预估》，《冰川冻土》2011 年第 5 期，第 867~874 页。

二是干旱。未来 10 ～ 50 年，我国出现阶段性干旱和季节连旱的可能增大，区域性干旱发生频率增加，干旱面积有扩大趋势。我国西南东部、华南、华北北部、内蒙古东部等地发生区域性干旱的概率较大。

三是高温热浪。由于气温呈上升趋势，我国高温热浪事件也将增多，新疆、华北、黄淮、长江中下游和江南等地出现极端高温热浪的概率增大，高温热浪引起的社会、能源和水资源问题有可能加剧。气温升高也会导致森林、草原火险等级上升。

四是泥石流。未来 10 年，受局地洪涝增多的影响，发生泥石流灾害的风险也呈增加趋势，特别是西北东部、西南东部等地质灾害多发区的泥石流风险更为突出。

五是草原、森林火险。未来 10 年，受气温变暖、干旱发生趋势增加的影响，我国内蒙古东部及东北西部、西南东部、江南、华南等地的森林和草原火险有增大的趋势。

总体来讲，未来气象灾害变化趋势不容乐观，应继续加强天气、气候变化监测，致力于气象灾害致灾因子及致灾机理、社会对气象灾害脆弱敏感性等方面的研究，提高气象灾害风险预估和预警能力；加快建立和完善"政府领导、部门联动、社会参与"的气象灾害防御机制；强化气候变化对敏感性行业、重大工程、城市规划发展等方面的影响评估，完善气象灾害风险管理，提高全社会规避气象灾害风险的能力，适应未来气候变化。

Ɠ.18
面向适应气候变化的灾害
风险管理与行动

宋连春　袁佳双*

摘　要：在气候变化背景下，极端事件和灾害发生的强度和频率都在增加，《巴厘行动计划》提出将减少灾害风险与适应气候变化政策系统地结合起来；《坎昆适应框架》通过后，抵御极端气候事件和灾害风险管理成为适应气候变化的核心内容。对于发展中国家来说，相对于减缓来说，适应气候变化显得更为现实、紧迫。加强灾害风险管理，尽早制定适应气候变化和防灾减灾联合规划，并将灾害风险管理纳入国家应对气候变化整体战略规划，显得尤为重要。

关键词：适应　气候变化　灾害　风险管理

一　极端事件和气候灾害趋势

20 世纪 50 年代以来，全球许多地区热浪频繁发生，强降水事件和局部洪涝频率增大，风暴强度加大。台风和飓风强度增强，强台风频率增大，由 70 年代初不到 20% 增加到 21 世纪初 35% 以上。预计随着全球气候的继续变暖，高温、热浪和强降水事件发生频率很可能会持续上升。台风和飓风风速更大，降水更强，破坏力更为严重。千年一遇洪水发生频率可能变为百年一遇；而百年一遇洪水发生频率可能变为 50 年一遇甚至更短；而在部分地区，可能会发生从未发生过的极端事件。①

---

* 宋连春，中国气象局国家气候中心，研究员，博士，研究领域为气候灾害风险管理；袁佳双，中国气象局科技与气候变化司，副研究员，研究领域为气候变化政策和灾害风险管理。

① 政府间气候变化专门委员会：《IPCC 第四次评估报告》，2007。

极端事件是指天气（气候）的状态严重偏离其平均态，在统计意义上属于不易发生的事件，通常指50年一遇或100年一遇的小概率事件。与极端事件相关的灾害影响广泛，涉及社会经济各个方面和各个部门，特别是在人类健康和社会安全领域都造成了极大的影响。2010年，巴基斯坦发生历史罕见的持续暴雨并引发严重的洪涝灾害，导致上千万人流离失所，带来了深重的社会和民生问题；俄罗斯出现百年一遇的持续干旱少雨天气及其引发的大范围严重森林火灾，不仅烧毁房屋、电力系统、军事基地，大量和大范围扩散的烟雾也使大气环境质量恶化，生产生活秩序恶化；在我国甘肃舟曲，强降雨引发了特大山洪泥石流灾害，人员伤亡和财产损失巨大，给经济社会造成严重影响。

防御极端事件，降低灾害风险，提高灾害管理和应急能力，是人类社会应对气候变化、保障可持续发展的当务之急。

二 灾害风险管理的特点与意义

灾害风险管理是通过动用行政命令、机构和工作技能和能力实施战略、政策和改进的应对力量，以减轻由致灾因子带来的不利影响和可能发生的灾害。气候变化带来的影响，既有直接的、局部的，也有间接的、长期的。适应气候变化，是在自然或人类系统中由于实际的或预期的气候刺激或其影响而做出调整，以求趋利避害。

在气候变化背景下，大气环流变化异常，热带风暴、暴雨洪涝、高温干旱等极端事件呈多发趋势，是造成人员伤亡和财产损失的重要原因。在《巴厘行动计划》中，气候政策制定者就减少气候变化脆弱性、降低灾害风险已达成共识。2005年在日本神户召开的联合国世界减灾大会上，与会的各国政策制定者已经意识到，有必要将气候变化纳入减灾的考虑范围内，该主张体现在会议达成的《兵库行动框架：2005～2015》之中。[①] 2009年哥本哈根气候大会后，如何引起人们对适应气候变化和减少灾害风险的普遍关注，包括制定政策措施和采取实际行动，从而实现降低灾害风险、适应气候变化与实现可持续发展的共赢显得尤为

---

① 史培军、杜鹃、叶涛等：《加强综合灾害风险研究，提高应对灾害风险能力——从第6届国际综合灾害风险管理论坛看我国的综合减灾》，《自然灾害学报》2006年第5期，第1～6页。

重要。2010 年坎昆气候大会，通过了《坎昆适应框架》，各国的气候变化适应行动进一步得到落实，抵御极端气候事件和灾害风险管理成为适应气候变化的核心内容。

（一）灾害风险管理是适应气候变化的内在要求

在全球变暖背景下，极端事件的变化幅度可能远高于气候平均态的变化，极端事件引起的灾害对社会和经济发展已构成严重威胁。据慕尼黑再保险公司的全球灾害数据库统计，2010 年全球发生主要自然灾害事件 960 件，其中 90% 以上为气象灾害，包括热带风暴、飓风、冰雹、高温热浪、干旱、寒冻、强降水及其引发的洪涝灾害等，这些灾害造成的经济损失超过 1000 亿美元，造成的保险损失为 240.5 亿美元。据国家气候中心数据，2010 年中国气候极为异常，全年降水偏多，旱涝灾害交替发生，高温日数创历史新高，极端高温和强降水事件发生之频繁、强度之大、范围之广为历史罕见，气象及其次生灾害造成的直接经济损失超过 5000 亿元，因灾死亡 4800 多人，损失为 21 世纪以来之最。

气候反常对人类生活和生产所造成的灾害损失越来越大，无论是在防御能力脆弱的农村，还是在人口密集的城市，极端事件频发及其引发的灾害对世界各国和地区的经济社会发展和人民生命财产安全构成了严重威胁。发展中国家不但要完成发展经济、改善民生、消除贫困，同时还面临着气候变化和灾害风险的挑战。但是，由于大多数发展中国家经济发展水平较低，应对灾害的能力不强，在极端灾害面前往往表现出极大的脆弱性。[①] 一是减灾工程建设严重匮乏，抵御灾害能力低下；二是灾害救援装备落后，救灾物资储备严重不足，灾害应急能力不强；三是灾害管理不系统、不规范、不科学，配套法律法规不健全，缺乏灾害防御综合规划和专项预案；四是科技创新和应用能力有限，灾害综合监测预警能力欠缺，评估技术手段落后；五是防灾减灾科普、宣传和教育能力有限，资源不足，人才匮乏，培训机制不完善。对于包括我国在内的广大发展中国家而言，大力提升抵御极端灾害风险和适应气候变化的能力，是当前应对气候变化最紧迫、最现实的内容。

---

① 罗勇、刘洪滨等：《提升发展中国家对气象灾害的防御和风险管理能力是应对气候变化的当务之急——从我国北方冬麦区严重气象干旱说起》，2009，http://www.ipcc.cma.gov.cn/。

（二）灾害风险管理是提高防灾减灾能力的重要抓手

在气候变化背景下，强降水频发，特别是降水过程出现累计雨量大、单点雨强大、时段集中等特点。2004～2010 年的气候统计资料表明，我国部分大城市频遭暴雨袭击，不仅严重影响人们的日常生活，强降水引发的城市内涝成为阻碍我国城市正常运转的主要威胁之一。

同时，城市正常运转出现明显困难，其原因不仅与自然条件等客观因素有关，城市的能源动力系统、水资源及供水排水系统、道路交通系统、邮电通信系统、生态环境系统和防灾系统等在灾害前的脆弱性，特别是城市地下管网、抽排能力，地铁、隧道、人防工程等地下工程，城市大建设、大发展时期的工地和渣土等也对灾害的影响起了一定推波助澜作用。极端事件对城市现有的基础设施和管理水平提出了新考验。

随着我国城市化进程加快，城市中建筑物和人口越来越密集，而城市现有的减灾能力建设和管理跟不上城市发展步伐，人工管道排水能力有限，排水系统设计标准偏低，气候变化及其引发的极端事件所造成的损失呈现上升趋势。近年来，极端暴雨天气导致的城市水患洪涝愈演愈烈（见表1）。

表 1   2004～2010 年我国部分大中城市强降水事件及其影响

时　间	城　市	降雨量	影　响
2010 年 5 月 7 日	广　州	最大 1 小时和 3 小时降水量分别达到 99.1 毫米和 199.5 毫米	市区内涝严重
2009 年 7 月 13 日	北　京	遭遇短时暴雨，13 日 14 时至 18 时，城区平均降雨量为 15 毫米，新发地的降雨量达到 74 毫米，玉泉营为 70 毫米	北京丰益桥等 7 桥区积水严重，部分交通中断。首都机场上百航班延误
2008 年 8 月 10～11 日	北　京	普降大到暴雨	造成市区部分路段大量积水，一些室外奥运赛事被迫中断或延期
2008 年 8 月 25 日	上　海	上海市出现短时大暴雨，徐汇区 1 小时最大降水量 117.5 毫米，为徐家汇自 1872 年有气象纪录以来所未遇	造成市区 150 多条马路严重积水，最深达 1.5 米，交通堵塞，有的路段封闭达 10 小时，400 多个班次的长途班车晚点；虹桥机场 138 架航班延误

时　　间	城　市	降雨量	影　　响
2008 年 6 月 12 日	桂　林	桂林市普降暴雨,降雨量达到 180 毫米	市区出现严重内涝
2007 年 8 月 6 日	北　京	突遭暴雨突袭,1 小时降雨达 82 毫米	安华桥下积水最大深度达到 1.7 米,造成主路交通中断
2007 年 7 月 18 日	济　南	1 小时最大降雨量达 151 毫米,为 1958 年以来该市历史最大值	造成济南市严重内涝,大部分路段交通瘫痪,并造成 25 人死亡
2007 年 7 月 17 日	乌鲁木齐	日降水量为 57.4 毫米,突破历史极值	部分路段积水严重导致交通拥堵
2007 年 8 月 5 日	上　海	杨浦、虹口、崇明、嘉定、南汇等地雨量均超过 100 毫米	部分地区出现大面积积水,积水最深处达 30~40 厘米,交通一度受到影响,并造成机场多架航班延误
2004 年 7 月 10 日	北　京	出现多年罕见的局地暴雨,丰台 1 小时最大降水量达 52 毫米,10 日 8 时至 11 日 8 时丰台、天安门、天坛降雨量均超过 90 毫米,天坛达 109 毫米	造成城区 41 处积水,复兴门、莲花桥最深处达 1.5 米以上,城市交通严重瘫痪

　　2011 年 5~7 月,我国深圳、杭州、武汉、北京、长沙、成都等部分大中城市遭受暴雨袭击,出现严重城市内涝。一次强降水致使城市街道成河、住宅进水、汽车没顶,对城市正常运行造成严重影响,并带来人员伤亡和财产损失。因此,加强灾害风险管理,特别是提高极端事件的防御能力,不仅是应对气候变化的需要,也是提高防灾减灾能力的手段。

(三) 灾害风险管理是社会经济可持续发展的重要保障

　　总体来说,在气候变化背景下,我国对日益增多的极端事件防御能力和风险管理意识尚不到位。不仅仅是城市地区,在我国大部分地区,对于极端气候事件的认识和防御能力都有待提高。

　　从 2011 年 1 月开始,长江中下游降水明显减少,出现了自 1954 年有完整气象观测记录以来较为严重的旱情。干旱偏多导致江河、湖泊水位异常偏低,鄱阳湖、洞庭湖面积减少约 2/3,洪湖 1/4 湖区干裂,截至 2011 年 5 月 27 日,湖北、湖南、安徽、江西、江苏 5 省已有 3483.3 万人受灾,直接经济损失 149.4 亿元,

生态损失无法估计。

2011年6月，长江中下游地区先后出现5次强降水过程，大部分地区累计降水量在200毫米以上，其中湖北东南部、安徽南部、浙江西部、江西北部等地达400~800毫米，普遍比常年同期偏多5成至2倍。由于暴雨范围广、降雨时间长、累计雨量大、局地降雨强，导致部分地区旱涝急转，10多条河流发生了超保证水位的洪水，湖北陆水上游、江西乐安河、浙江钱塘江上中游、湖南湘江支流涓水等河流发生超历史实测纪录的大洪水。据不完全统计，江西、湖北、湖南、浙江、安徽等省共3394.7万人受灾，死亡106人，农作物受灾面积208.3万公顷，直接经济损失293.6亿元。

极端干旱和旱涝急转的形势，给我国的社会经济可持续发展带来极大挑战，也暴露出了当前气候风险管理的薄弱环节。一是气候变化与灾害性事件的关系及演变规律尚不清楚。由于当前科学水平的限制，监测站网密度等限制，目前无论是通过模式预估还是历史灾情分析，对气候变化的检测与归因、对灾害性天气气候事件的机理认识仍有不足。二是气候风险暴露不足，对未来气候变化的预估以及未来社会经济发展情景的分析，都存在着相当大的不确定性，导致采取的气候灾害预防措施存在风险，既包括高估影响所造成的人财物的浪费，也包括低估所造成的人员伤亡和经济损失。三是极端气候事件的预测技术和预警机制尚没有建立，极端灾害应急管理和救灾能力有限。四是社会防御能力不足，科普宣传和培训教育能力及资源有限，民众对灾害防护和自救能力仍不足，综合防灾减灾能力急需提高。

（四）灾害风险管理是国家安全和保护人民生命财产的重要组成部分

"风险社会"和"世界风险社会"的存在打破了传统的国家安全观念，气候变化成为国家"非传统安全"领域之一。气候变暖环境下，海平面升高使得沿海地带的生态环境正在发生变化，咸潮及海水倒灌给河口海岸地区带来巨大的水资源和环境风险，并给沿海地带造成其他环境问题。同时，为应对气候变化，满足快速增长的能源需求，人们寻求发展核电和水电等低碳能源，但是从日本福岛核危机来看，这些替代性能源在自然灾害面前也隐藏着巨大的安全风险。我国一些部门和领域在气候变化中的脆弱性正逐步显现，在粮食安全、生态安全、水安全等领域风险暴露不足，部分地区处在灾害高风险区域但经济上相对贫困，在协调经济与环境发展等方面尚未有有力措施。开展气候风险评估与管理是国家安全研究的重要组成部分。

同时，极端事件是多种安全生产事故的诱因之一。强降水、大雾、大范围暴雪、路面结冰和冻雨等是交通事故的主要诱因。夏季施工高峰期，高温使得施工现场作业人员极易疲劳、易中暑，容易发生高处坠落、触电等重大安全事故。冬季寒冷干燥，是道路交通、烟花爆竹、火灾、煤气中毒、机械伤害等事故的易发期。全球气候变暖、极端气候事件的强度和频率增加，使得火灾和森林火灾的发生可能性增加。强降雨多发，极易引起地质滑坡、洪涝积水等次生灾害事故，给工矿业生产带来损失。因此，工业选址和开发要考虑当地的地理、气候环境，其生产和运行中也需要关注天气信息。在城市化建设的过程中应该充分考虑地理环境和气候的影响，在城市规划建设中进行承灾、防灾能力评估，修订城市规划和建筑的设计标准，科学规划城市防涝设施，加强新农村建设中灾害区划和建设规划，提高基础设施防御暴雨洪涝和滑坡、泥石流等灾害的能力。科学规划，保障人民生命财产安全和社会经济可持续发展。

三　中国灾害风险管理现状

（一）　中国现有灾害管理机制

中国是一个自然灾害频发的国家，灾害种类多、分布地域广、损失重。中国政府高度重视防灾减灾工作，把防灾减灾纳入经济和社会发展规划，作为实现经济社会可持续发展总体目标的重要保障。[1] 中国政府建立以应急预案为主体，应急体制、机制和法制为一体的灾害应对机制，建立了统一指挥、功能齐全、反应灵敏、协调有序、运转高效的灾害应急管理机制，统筹利用各地区、各部门、各行业的减灾资源，构建了灾害监测预警预报网络，建立了抢险救灾的应急体系。[2]

我国应急管理将灾害应对按照统筹安排，从事前、事中、事后等不同阶段出

① 张继权、冈田宪夫、多多纳裕一等：《综合自然灾害风险管理——全面整合的模式与中国的战略选择》，《自然灾害学报》2006 年第 1 期，第 29～37 页。

② 《中华人民共和国突发事件应对法》，2007，http：//news. xinhuanet. com/legal/2007－08－30/content_ 6637105. htm.

发，将灾害应对管理按照预防、预测预警、信息报告、信息发布、应急响应和处置、灾害重建 6 个环节来处理。①

一是预防。主要是指排查隐患，制订预案，加强宣传教育和培训，开展演练、落实人员、资金、物资和通信保障措施，组织研发应急技术和装备，建立调动社会资源和力量的社会动员机制等。

二是预测预警。主要是完善预测预警机制，开展风险分析，做到早发现、早报告、早处置。

三是信息报告。发生突发事件或是灾害后，政府启动应急信息渠道，立即上报到上级政府，部署开展相关工作。

四是新闻信息发布。第一时间向社会发布简要信息，逐步核实灾害情况，并及时公布政府应对措施和公众防范措施等，进行舆论引导。

五是应急响应和处置。对于先期处置未能有效控制事态的，及时启动相应的应急预案，必要时成立现场应急指挥机构，统一指挥处置工作，采取一切必要的措施平息事态。

六是恢复重建。灾害的威胁和危害得到控制或者消除后，当地政府要组织评估造成的损失进行估评，尽快恢复灾区和受影响地区的正常秩序，制定并实施恢复重建计划；查明突发事件的发生经过和原因，总结经验教训，制定改进措施。

（二）中国气候风险管理特点及展望

气候灾害普遍具有明显过程性和可预报性的特点，当前，我国的气候灾害风险管理普遍实施的是预报预警响应和事件响应"两类响应"机制。此外，气候风险评估和区划也是近年来中国政府和气象部门的重要工作之一，初步探索形成了集灾害风险区划、评估和风险分担策略于一体的灾害风险管理思路。中国气候风险管理主要包括以下内容：

一是风险识别。查明重点区域主要风险隐患，建立灾害风险隐患数据库。健全灾情统计机制和灾害信息沟通、会商制度，建设灾害信息共享平台。

二是风险区划。基于灾害风险隐患和灾情信息，利用地理信息系统，开展暴

---

① 《国家突发公共事件总体应急预案》，2006，http：//www.gov.cn/yjgl/2005－08－31/content_27872.htm。

雨洪涝、冰冻、台风、干旱、大风等气候风险区划，编制全国各类灾害高风险区及重点区域灾害风险图，摸清各类气候风险分布的地区差异性。

三是早期预警。在完善现有监测站网的基础上，适当增加监测密度，构建立体监测体系，实现气象灾害早发现。注重加强频发易发灾害和极端事件的预警预报能力，建立完善灾害预警预报决策支持系统，实现灾害早期预警。

四是风险评估。根据灾害风险区划和早期预警结果，实现对可能带来潜在威胁的气候风险和承灾体脆弱性的评价，为各级政府防灾救灾抗灾提供科学的评估信息。

五是预警信息发布。建立健全气候风险预警信息发布机制，充分利用各类传播方式，准确、及时发布灾害预警预报信息。包括电视、手机、电话、网络、报纸、专用警报器、预警喇叭、海洋预警电台等。

六是应急处置。建立健全统一指挥、综合协调、分类管理、分级负责、属地管理为主的灾害应急管理体制，形成协调有序、运转高效的运行机制。努力形成纵向到底、横向到边的灾害应急预案体系。建立完善社会动员机制，充分发挥基层自治组织和志愿者队伍在减灾工作中的作用，如减灾示范社区、气象信息服务站、气象信息员。

七是风险转移。灾害发生后，通过历史灾害发生规律分析、灾害风险区划、灾害影响评估等实现保险政策和制度的合理设计、科学核损理赔、制定保险汇率，开展灾害保险服务，探索适合中国国情的灾害风险分散和转移途径，提高关键领域，特别是农业抗灾害风险的能力。

四　国内外灾害风险管理研究进展

（一）国外有关研究进展

减轻灾害风险和适应气候变化目标的完成必须依靠多个部门的协力合作。环境部门通常是负责适应气候变化政策的组织和实施，而灾害管理部门、民防和国家安全部门通常负责减少灾害风险政策的组织和实施。以联合国为代表的国际组织对此表现出极大的关注并积极推动二者的有机融合，多个组织机构例如政府间气候变化专门委员会、国际减灾战略、联合国开发计划署等都参与其中。除此之外，多个政府以及学术会议也集中探讨气候变化与灾害风险的相关议题，包括第

三届世界气候大会，2009 年斯德哥尔摩气候防灾政策论坛等，联合国减少灾害风险全球平台大会等。①

世界各国，不论是发达国家还是发展中国家，近年来都对气候的变化高度重视，出台气候变化国家战略规划并将灾害风险管理纳入其中。英国政府 2008 年 7 月发布了适应气候变化的行动框架——《适应英国的气候变化》，对气候风险也就是气候变化可能带来的灾害风险进行详细分类，同时对不同级别、不同类型的气候风险所涉及的部门也进行了系统分析，包括政府层面即内部层面例如规划交通部门、经济部门、环境部门等，外部利益相关者包括居民、商业组织等。德国联邦内阁 2008 年 12 月 17 日通过了《德国适应气候变化战略》，在人类健康、森林保护、金融服务行业等各个受到气候变化影响的领域都进行了可能的灾害影响分析。除此之外，民防作为国家的紧急预警和防灾系统尤其在适应气候变化战略中被重点提出。菲律宾 2009 年制定《菲律宾气候变化法》，则更是明确表示将灾害风险管理嵌于国家和地方的气候变化政策制度框架中，确保气候变化和减少灾害风险能够被整合到国家、部门以及地方政府的发展规划和项目中。

在发展中国家，由于生态条件脆弱，资金缺乏，公共设施落后，教育水平较低，远离市场经济中心，这类地区长期以来容易并且一直困扰于气候变化的影响，特别是气候变化不利影响所导致的诸如粮食和水资源短缺、卫生健康恶化等方面的严重问题。开始探索减少灾害风险和适应气候变化之间的交互点，以应对未来灾害风险的挑战。越南政府于 2007 年开展了名为"国家预防、应对和减少自然灾难战略 2020"的项目，2008 年开展了"气候变化应对国家性目标项目"，并在此基础上又于 2009 年 10 月组织了国家论坛来提升民众意识，增强以上两个项目之间的协同。萨摩亚群岛政府 2007 年制定"紧急灾害行动"和"2006 ～ 2009 年国家灾害管理计划"，并将二者作为实施灾害管理的框架。马尔代夫政府也在制定关于减少灾害风险和适应气候变化的国家战略行动规划。②

---

① 张强等：《气候变化应对与灾害风险管理：从分而治之到有机融合的政策框架》，2010 年 11 月 11 ～ 17 日，台湾花莲，"灾害救助与社会工作"研讨会报告，www. cares. org. tw/S_ 4200_ detail. asp? boolsn = 79。

② 张强等：《气候变化应变化对与灾害风险管理：从分而治之到有机融合的政策框架》，2010 年 11 月 11 ～ 17 日，台湾花莲，"灾害管理与社会工作"研讨会报告，www. cares. org. tw/S_ 4200_ detail. asp? boolsn = 79。

（二）中国适应气候变化有关行动进展

我国是一个气候条件复杂、生态环境脆弱、自然灾害频发、易受气候变化影响的国家。各级政府重视适应气候变化，并着力强化适应气候变化的能力建设，在农业、水资源、自然生态系统、综合海岸带治理、防灾减灾、人类健康等领域采取了一系列有效的政策措施，已经取得了显著成效。

我国正在开展适应气候变化的政策研究，包括全国气候变化适应战略和规划、分领域的研究和对策探讨。在农业、水资源、减灾和人类健康等领域取得一定的成果，有关科研单位已经开展了国家级农业、草地畜牧业、水资源领域的影响评估和适应对策研究，广东、内蒙古、宁夏等地也结合本地的区域特点开展了适应气候变化的行动。近两年，先后发表了长江流域、华东区域、云南省、鄱阳湖、长江三峡库区等流域和区域的气候变化综合影响评估报告，对当地的气候变化风险进行了分析，提出了相应的减缓和适应对策。

（三）灾害风险管理与适应气候变化结合的困难和障碍

从全球实践来看，适应气候变化的政策和研究是一个新兴的领域，无论是中央政府还是地方政府层面，在现有的政府管理体系需要制定和改进政策，促进适应行动的开展和灾害风险的管理。发展中国家本身在防灾减灾观念、体制机制、法制等方面相对欠缺，做好气候风险管理，适应气候变化的影响，尚存在着薄弱环节。有关风险管理和防控措施尚未明确到政策层面，以灾害发生后的救灾行动和恢复重建为主，预防及管理的长效机制尚未建立，缺乏战略性政策安排。

灾害风险管理的目的是"通过防灾、减灾和备灾活动和措施，来避免、减轻或者转移致灾因子带来的不利影响"。根据"灾害链"理论，灾害是自然与社会相互作用的结果。在气象灾害（寒潮大风、台风暴雨、干旱）链中，气象因素扮演着十分重要的角色，几乎直接决定着灾害生成和发展的过程。气象因素是大量的次生、衍生灾害链链条的上游环节，如暴雨引发泥石流、山体滑坡等地质灾害等。灾害的生成、升级或扩大往往在短时间内完成，抓住灾害发生初期最宝贵、最有效的防控时机，通过灾害早期预警，以最小的代价消除或延缓灾害的进一步发展，是做好灾害管理的关键环节。

同时，尽早启动制定适应气候变化和防灾减灾联合规划，并把适应气候变化和防灾减灾的相关措施和行动纳入国家应对气候变化整体战略规划，显得尤为重要。需要从传统的以救灾和恢复重建为主转向全过程的灾害风险管理为主，特别是建立一个防灾减灾与应对气候变化相融合的统一发展政策框架，需要治理创新来建立多部门协同的政策框架，并催化相应的社会创新来深化全社会的应对网络。① 同时，加强全球气候变化与灾害性天气气候事件的关系及演变规律研究，识别气候变化脆弱性部门和受气候风险影响的国计民生重大问题，探索重大气候灾害的早期预警信号和预测方法，建立灾害早期预警机制，是减少灾害损失的必要途径。

五　展望与建议

对于包括我国在内的广大发展中国家而言，大力提升防御极端灾害风险和适应气候变化的能力，是当前应对气候变化最紧迫、最现实的内容。

（一）适应气候变化的目标分析

在我国的"十二五"规划中，对应对气候变化，特别是适应气候变化提出了明确的要求：制定国家适应气候变化总体战略，加强气候变化科学研究、观测和影响评估。在生产力布局、基础设施、重大项目规划设计和建设中，充分考虑气候变化因素。加强适应气候变化特别是应对极端气候事件能力建设，加快适应技术研发推广，提高农业、林业、水资源等重点领域和沿海、生态脆弱地区适应气候变化水平。加强对极端天气和气候事件的监测、预警和预防，提高防御和减轻自然灾害的能力。

目前，我国正在制定《国家应对气候变化规划（2011~2020）》，对适应气候变化提出了明确要求。从经济社会可持续发展的战略高度全面评估气候变化的不利影响，研究制定适应气候变化的整体措施，不断完善适应气候变化的体制机制、政策体系和指标体系。在各经济部门间、部门内部推广适应理念，从国家安

---

① 张强等：《气候变化应变化对与灾害风险管理：从分而治之到有机融合的政策框架》，2010 年 11 月 11 ~ 17 日，台湾花莲，"灾害管理与社会工作"研讨会报告，www. cares. org. tw/S_ 4200_ detail. asp? boolsn = 79。

全和产业安全的角度统筹协调工业、建筑、交通、农业、林业、水利等重点行业和领域的战略布局。将适应气候变化指标评价体系纳入基础设施建设、产品开发、运输等生产、流通、消费的各个环节，作为重大项目工程建设决策和实施的重要参考指标。

（二）"十二五"规划中的灾害风险管理

我国"十二五"规划指出，要加强生态保护和防灾减灾体系建设，推行自然灾害风险评估，科学规划生产和生活设施，合理避让风险区域。"十二五"期间，我国要实施的主体功能区战略，将对人口密集、开发强度偏高、资源环境负荷过重的部分城市化地区优化开发，对资源环境承载能力较强、集聚人口和经济条件较好的城市化地区重点开发，必要也必须考虑气候风险。

气候风险评估与管理是我国"十二五"和其他重要规划的重点工作之一，也是保障我国可持续发展的必要条件之一。通过对灾害数据和历史发生规律的分析，开展气候风险区划和影响评估，探索敏感行业如农业，以及社会经济对气象灾害适应能力研究，探索建立适合中国国情的气候风险分散和转移途径等工作迫在眉睫。

做好灾害风险管理的策略之一就是从风险分析和风险防控出发，根据灾害的发生机制和"链式反应"，通过管理和科学技术手段进行预防、预警，形成"政府主导、全民参与"的防灾减灾机制，为社会经济可持续发展保驾护航。

（三）落实我国适应气候变化方案的建议

中国在积极应对气候变化过程中，需要提高适应气候变化的能力，进一步提高灾害风险管理水平，需要考虑以下几个方面。

1. 加强基础研究和适应风险管理，建立巨灾风险转移机制

通过改进我国人口、资源和基础设施建设等方面的标准和要求，加强气候风险管理；加强财政金融支持力度，建立巨灾保险基金，推广气象指数保险产品及衍生品，建立气候风险国际分担机制。

2. 开展区域影响评估和适应措施研究，在重点领域和脆弱区域增强适应气候变化的能力

针对关键脆弱地区开展区域尺度上气候变化影响、脆弱性和适应性研究，从

而使适应策略更有针对性，适应措施更有效；在重点领域和脆弱地区，包括农业、水资源、自然生态系统、海岸带和人体健康等领域和地区，考虑易受影响的行业，编制生态系统、农林业、水利、卫生保健、交通运输、能源以及沿海地区的相关气候变化适应方案。

3. 增强防灾减灾和科普宣教工作力度，加强对极端事件的预测预警水平，提高社会公众对气候变化的适应能力

通过实施适应气候变化示范项目，提高全国范围内对气候变化影响和适应方面的认知水平；将气候风险管理纳入行业和各级区域的发展规划当中，提高防灾减灾水平。

灾害防御和风险管理能力是体现一个国家的经济社会发展水平、衡量一个国家科技水平和综合国力的重要标志。我国需要进一步完善气候变化适应机制和防灾减灾体系，提高灾害风险的管理和应急响应能力，为经济社会可持续发展创造良好和谐的环境。

Gr.19

三峡水利工程气候效应分析与评估

郑国光　宋连春　陈鲜艳　高学杰　郭战峰*

摘　要：本文利用气象观测资料和区域气候模式研究了三峡库区气候变化特征及未来气候变化趋势，并对三峡水利工程的气候效应进行了评估。结果表明：近50年三峡库区年平均气温呈上升趋势，降水量具有年代际变化特征，21世纪库区转为少雨期，这种变化趋势与西南地区、长江上游乃至整个长江流域基本一致。未来20年，长江流域的气温仍将升高，降水量上游增加、中下游减少。水库蓄水后对库区附近气温产生调节作用，夏季降温和冬季增温效应明显，而库区年降水量没有明显变化。数值模拟显示三峡水库对气候的影响范围一般不超过20公里。

关键词：三峡水库　气候效应　影响

一　引言

2006年重庆发生了百年一遇的干旱，2007年重庆又遭创纪录的大暴雨袭击，2009/2010年西南地区发生特大干旱，2011年长江中下游在发生了近60年来最严重的冬春持续气象干旱后，6月连续遭受4轮强降水，致使部分地区旱涝急转。面对长江流域发生的各类极端天气气候事件，关于三峡大坝诱发极端天气气候事件的说法争论不止，三峡工程的气候效应受到社会各界的广泛关注。有人认为三峡大坝的兴建，在长江上堵住了向四川盆地输送水汽的通道，从而引起了长江上游的降水

---

* 郑国光，中国气象局局长，研究员，研究领域为气象学与气象发展战略；宋连春，国家气候中心主任，研究员，研究领域为气候灾害风险管理；陈鲜艳，国家气候中心高级工程师，研究领域为气候影响评估。

减少；也有研究通过卫星资料分析发现三峡大坝建成后大坝附近的降水有所减少，而大坝和秦岭山脉之间区域的降水有所增加，从而认定三峡大坝气候效应可达上百公里。但是国家气候中心多年的监测发现，四川盆地形成降水的水汽主要来源于孟加拉湾、南海和青藏高原，而且水汽输送通道处于 1000 米到 5000 米的海拔高度，可以说三峡大坝对长江上游水汽输送的影响微乎其微，大坝的"木桶效应"没有科学依据。此外，三峡大坝建成期正好处于我国东部旱涝的年代际转变时期，2003 年后，不仅大坝和秦岭山脉之间降水增多，而且整个北方地区降水也是增多的。卫星资料的结果恰好反映了我国夏季雨带北抬的空间分布变化，并未反映出三峡大坝的气候效应。

大型水利工程对周边气候到底有没有影响？国内外相关研究成果一般认为水库的建成蓄水，对大范围气候的影响并不明显。位于巴西和巴拉圭两国交界的伊泰普大坝是特大型水利工程，伊泰普水文站在水库建成（1984 年）前后的监测数据分析表明，水库周围的年均温度和空气相对湿度都增加很少，兴建水库并未引起库区周边地区的气候发生任何趋势性的变化。位于埃及境内的阿斯旺水库（1967 年建成）是非洲最大的水库，在控制尼罗河洪水、解决干旱区灌溉问题、利用水力发电等方面都起到了巨大的作用。相关研究表明，阿斯旺水库未对附近地区的气候和大气环流产生明显的影响。

为了系统分析三峡水利工程的气候效应，本文利用 1961～2010 年三峡库区（33 个站）、长江流域（163 个站）和西南地区（118 个站）的逐日气象站资料，揭示了库区近 50 年气候变化特征。在进行三峡库区气候效应分析时，分别在三峡水库外围（远库区）和三峡水库边（近库区）选择趋势变化接近的代表站，计算蓄水后（2004～2010 年）和蓄水前（1993～2004 年）两段时期近库区和远库区各气候要素的差值和比值，得到两者气温、降水等要素的相对变化和差异，进行库区局地气候效应分析。

高分辨率的区域气候模式是研究三峡水库蓄水对周边气候和环境影响的有效工具，国内外已有的一些三峡工程对周边气候的数值模拟研究，大部分试验或多或少存在不够完善之处，如模式运行时没有考虑初始化过程、积分时间不够长、结果缺乏统计显著性检验等。为此，国家气候中心使用区域气候模式 RegCM3，通过双重嵌套和次网格陆面过程方法，通过系列数值模拟研究，系统分析了三峡水库对局地和区域气候的影响。对模拟结果的分析表明，RegCM3 模式能较好地模拟中国和川渝地区的气候；有无三峡水库的对比试验表明，水库对周边区域气温、降水的影响很小，通过统计信度检验的格点基本集中于水库水体上方，表现为气温降低、降水减少，这一效应在夏季较冬季更明显，而邻近区域内气温和降水的变化随距库区的距离变远而迅速变小，到20公里距离时基本可以忽略不计。

二 三峡库区气候变化特征及未来变化趋势

三峡库区南依云贵高原，北有秦岭、大巴山阻挡，北方冷空气不易侵入，这种独特的地理条件形成了独特的气候环境，终年气候温暖湿润。库区年平均气温为17.8℃，气温自东向西递增；长江以北及重庆市区年平均气温基本上都在18℃左右，而长江以南大部地区年平均气温基本都在17℃以下。1月平均气温为6.7℃，全年最低；8月平均气温为28.2℃，全年最高。

1961年以来，库区年平均气温整体呈升温趋势，平均每10年增加0.08℃，最近10年较20世纪60年代增加0.4℃，与西南地区、长江上游乃至整个长江流域的年平均气温的变化趋势基本一致，2004年水库蓄水后这种趋势未有明显变化（见图1和图2）。

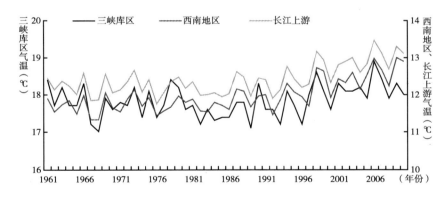

图1 三峡库区、西南地区和长江上游平均气温历年变化（1961～2010年）

库区各地降水丰富，年降水量大多超过1000毫米，沿江河谷降水略少，外围山地降水多；库区降水主要集中在夏季，占全年降水的43%，冬季降水仅占5%，5～9月常有暴雨出现。

1961以来，三峡库区年降水量呈现出年代际变化特征。20世纪70～80年代降水略偏多；20世纪60年代和90年代降水略偏少；21世纪以来降水是近50年

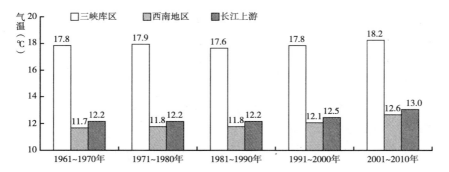

图2 三峡库区、西南地区和长江上游平均气温年代际变化
(20世纪60年代以来)

来最少的10年，年降水量由原来的1100多毫米减少到1000多毫米，减少了10%左右。对比分析表明，三峡工程建成前后库区降水的变化与西南地区、长江上游乃至整个长江流域的变化趋势是一致的（见图3和图4）。

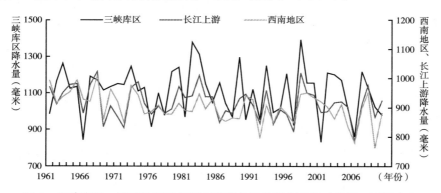

图3 三峡库区、西南地区和长江上游历年平均降水变化（1961～2010年）

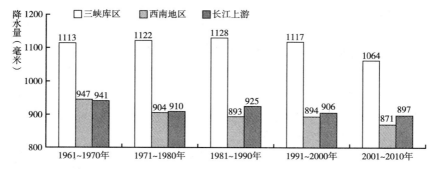

图4 三峡库区、西南地区和长江上游各年代降水变化

三峡库区降水日数较多，各地全年降水日数约 130 ~ 170 天，几乎是 2 ~ 3 天一场雨。1961 年以来，库区降水日数呈下降趋势，每 10 年减少 4.6 天，与长江上游和西南地区降水日数的变化趋势基本一致（见图 5）。

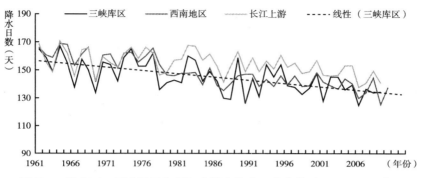

图 5　三峡库区、西南地区和长江上游年降水日数变化（1961 ~ 2010 年）

由于三峡特殊的地理位置，库区年平均相对湿度较大，在 70% ~ 80%。近 50 年来，西南地区、长江上游地区的年平均相对湿度均呈现出弱的下降趋势，但库区相对湿度变化趋势不明显，21 世纪以来有所降低，比西南地区、长江上游的变化幅度小（见图 6）。

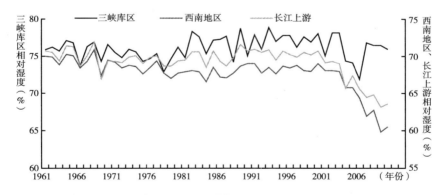

图 6　三峡库区、西南地区和长江上游年平均相对湿度变化（1961 ~ 2010 年）

三峡库区是我国多雾地区，1 月和 10 ~ 12 月雾日较多，7 月和 8 月较少。1976 年以来，库区雾日数呈下降趋势，每 10 年减少 2.5 天，但与西南地区（每 10 年减少 5.3 天）、长江上游（每 10 年减少 5.0 天）变化趋势相比，下降趋势缓慢（见图 7）。

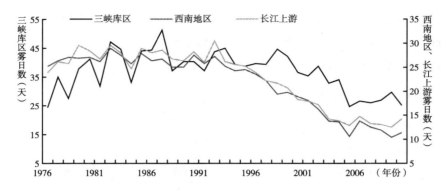

图7 三峡库区、西南地区和长江上游年平均雾日数变化（1976~2010年）

利用区域气候模式对未来的气候变化预估表明，未来20年长江流域的气温将有明显升高，幅度一般在0.5℃~0.8℃之间，以上游和下游的升温幅度更大。长江上游降水量将可能增加，上游和中游南部地区强降水极端事件的发生频率会有较大增加，增加幅度可以达到10%以上，而长江中下游降水将减少，幅度可能达到5%~10%，下游干旱将呈增加趋势。

三　三峡水库的气候效应

三峡库区位于长江上游下段，东起湖北省宜昌，西迄重庆江津区。水库蓄水至175米时，回水长度663公里，水库平均水深约70米，坝前最大水深170米左右，干流平均宽度约1.5公里，断面窄深，仍然保持狭长的条带河道形状，属典型的峡谷河道型水库。

三峡水库属季节性调控水库，秋冬季蓄水，汛期放水，年水位在145米至175米调整。2010年10月22日水位174.37米，接近水库设计的最高水位，2011年7月8日水位145.7米，接近汛期防洪限制水位，为年内水位最低时期。根据这两个时段卫星遥感监测显示，库区水体面积差异最大的地方为坝区，受水位降低影响，坝区水体面积由253平方公里减少至179平方公里，减少约29%，2011年7月水库干流较2010年10月有所变窄，同时部分支流入河口变窄，长度退缩，库区其余地方水体面积差异不大（见图8）。由此表明，库区不同蓄水时期河道宽度变化不大，其气候效应主要反映在南北两岸范围，一般不超过几十公里。

图 8　三峡地区水体变化卫星监测图

选取靠近水库的气象测站（巫山、巴东）与远离库区的气象测站（巫溪、兴山）的监测数据，分析库区蓄水前后距离水库不同远近的气温的变化。结果显示，近库区、远库区年平均气温变化趋势一致，但在 2003 年以后两地气温差值增大，比 2003 年前的差值增大了 0.3℃，并在 2009 年后两者差值始终维持。进一步分析发现，蓄水后夏季近库区升温小于远库区，导致两者夏季平均气温差值减小 0.1℃左右。冬季近库区增温幅度略大于远库区，两者平均气温差增大 0.4℃左右（见表 1）。由于气温差值已经排除了大气候背景对整个库区的影响，可以近似认为这种近、远库区平均气温差值变化是由水库局地气候效应造成的，冬季增温，夏季降温。

表 1　近库区与远库区气温差值比较

时　段	冬季温差	夏季温差
蓄水后	0.9℃	0.4℃
蓄水前	0.5℃	0.5℃
变　化	增温 0.4℃	降温 0.1℃

选取同样近库区和远库区气象代表站，将两个区域的年降水量相除，去除大尺度变化的影响并得到一个相对稳定的比值变化趋势。近 50 年来，两地降水比值没有呈现明显增加或减少的变化趋势，蓄水后降水比值的波动仍处于正常的变化范围内，表明三峡水库蓄水后附近地区降水没有明显变化（见图 9）。

利用 RegCM3 区域气候模式对三峡库区气候特征进行模拟，结果显示三峡水库对周边地区气温和降水的影响非常小，除引起库区水体上方气温有所降低外，在其他地

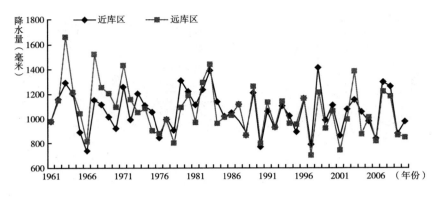

图9 近库区与近库区降水量变化（1961～2010年）

方均看不出系统性的变化。大范围的陆地覆盖状况的改变，会对局地和区域气候产生明显影响，而作为典型的非常狭窄的河道型水库，三峡水库对区域气候的影响非常小。

图10给出沿三峡水库在距水体不同距离下，冬、夏季气温和降水的变化。

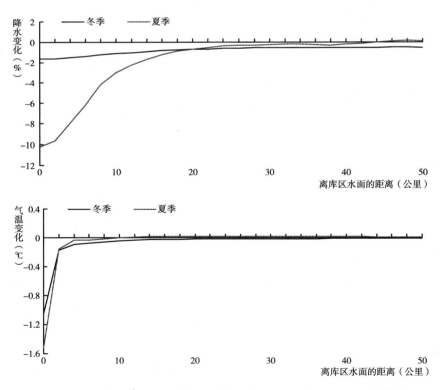

图10 距三峡库区不同距离冬、夏季降水（上）和气温（下）的变化

可以看出水库仅对水面上方的气温有明显降低作用，冬、夏季分别为1℃和1.5℃左右，而紧邻水面的陆地降温仅有0.1℃，并迅速衰减至0.01℃以下。这主要是水体引起的蒸发冷却导致的，这个冷却同时会引起空气下沉，减少降水，其中冬季降水的减少值很小，在距水面10公里以内的减少程度仅在1%~2%之间；夏季稍大一些，在水面上为10%左右，而到10公里的地方已衰减至5%以下。

四　长江流域旱涝灾害的成因

近年来，西南地区和长江中下流域先后发生严重干旱，其中包括2006年川渝大旱、2009/2010年西南地区干旱以及2010/2011年长江中下游冬春严重干旱等。这些旱灾的发生与我国大尺度的旱涝转换规律和降水演变特征有关。据统计，20世纪80年代前后长江流域经历了一个多雨的时期，从1999年开始转为少雨期，近十几年来，长江流域年降水量减少了10%~12%，长江流域的干旱正是在这种大的少雨气候背景下发生的。

大气中的水分循环包括外循环和内循环，外循环即按地球自转规律水汽随大气环流进行输送的循环，内循环即局部区域内大气局地环流中的水分循环。就自然降雨而言，外循环的水汽对各地降雨的影响占95%，内循环水汽对各地降雨的影响占5%左右。

三峡库区水汽主要来自孟加拉湾、索马里和中国南海及青藏高原的输送，库区水汽内循环不足5%。水库蓄水虽使附近水汽的内循环有一定变化，但这种水汽内循环相对于外循环是微不足道的，不能导致比它面积大很多倍的区域性旱涝灾害的发生。研究表明，一个地区的暴雨发生需要从比它大十几倍以上面积的地区收集或获得水汽。三峡水库不能左右比它面积大很多倍的区域性旱涝过程。实际上，长江流域近几年发生的干旱和洪涝等气象灾害主要是由海洋温度和青藏高原积雪的变化造成大范围大气环流和大气下垫面热力异常所引发的，与三峡水库没有直接关系。

五　结论与讨论

近50年来三峡库区气温和降水的演变特征与我国西南地区、长江上游乃至整个长江流域的变化趋势基本一致，这说明了三峡水利工程建设并未导致气候发生趋势性变化。近几年长江流域发生的大范围旱涝灾害主要是由大尺度的大气环流和大范围地表热力异常造成的，认为与三峡水利工程建设相关联是缺乏科学依据的。

库区气候变化趋势可能在某些方面会影响三峡水利工程的运行。一方面，气候均值的变化引起入库水量增加，超出原库容设计标准及相应的正常蓄水位而带来水库运行风险；另一方面，未来长江上游强降水可能增加，极端气候事件出现的概率将加大，引起的滑坡、泥石流等地质灾害可能对三峡水库形成冲击，危害大坝的安全，对水库调度运用和蓄水发电也将产生不利影响。因此，在全球气候变暖背景下，要做好应对三峡大坝上游和山区强降水引发的暴雨洪涝以及其他极端天气气候事件的工作。

由于气候系统的复杂性，加上三峡水库蓄水时间还不长，气候观测网积累的资料较少，水库的气候效应有一定的不确定性，需要继续加强对三峡库区及周边的气候监测、影响评估和科学研究。

参考文献

IPCC. Climate Change1995：The Science of Climate Change. Contribution of Working Group I totheSecond AssessmentReport ofthe InternationalPanel on Climate Change，Cambridge，UK：CambridgeUniversityPress，1996.

WU L G，ZHANG Q，JIANG Z H. Three Gorges Dam affects regional precipitation，*Geophysical Research Letters*，2006，33：L13806.

李黄、张强：《长江三峡工程生态与环境监测系统局地气候监测评价》，气象出版社，2003。

吴佳、高学杰、张冬峰等：《三峡水库气候效应及 2006 年夏季川渝高温干旱事件的区域气候模拟》，《热带气象学报》2011 年第 1 期。

陈鲜艳、张强、叶殿秀等：《三峡库区局地气候变化》，《长江流域资源与环境》2009 年第 1 期。

陈鲜艳、张强等：《长江三峡局地气候监测（1961～2007 年）》，气象出版社，2009。

陈鲜艳、廖要明、张强：《长江三峡工程生态与环境监测系统——三峡气候及影响因子研究》，气象出版社，2011。

高学杰、石英、Giorgi F.：《中国区域气候变化的一个高分辨率数值模拟》，《中国科学》2010 年第 7 期。

张冬峰、高学杰、赵宗慈等：《RegCM3 对东亚环流和中国气候模拟能力的检验》，《热带气象学报》2007 年第 5 期。

GIORGI F，FRANCISCO R，PAL J. Efects of a subgrid-scale topography and land use scheme on the simulation of surface climate and hydrology. part 1：Effects of temperature and water vapor disaggregation，*Journal of Hydrometeorology*，2003，4（2）：317 – 333.

G.20

沿海城市适应气候变化的实践与进展

曹丽格　苏布达　翟建青*

摘　要：全世界经济、社会和文化最发达的区域多位于沿海地区，随着经济发展，沿海城市集中了大量的人口和财富，同时也成为受气候变化影响严重的地区。海平面上升、台风、暴雨洪涝、风暴潮、高温热浪、雾霾、雷电等灾害给沿海城市的发展带来了巨大挑战。本文分析了上海、广州、天津、厦门、香港和纽约、伦敦、东京、悉尼、威尼斯、新加坡、开普敦等中外沿海城市在适应气候变化领域的现状，对各城市采取的措施进行了对比，并对沿海地区适应气候变化的挑战和未来进行展望。

关键词：沿海城市　适应　气候变化

沿海地区是地球上人口最为密集的地区，全球一半以上的人口生活在距海岸线100公里以内的范围内，而且这个数字在未来的20年可能继续增长25%，全球经济财富大部分产生于海岸区域。[①] 沿海地区成为经济、社会和文化最发达，人口最密集的地区。

沿海港口和城市是带动经济繁荣和发展的龙头，也是推动该区域城市化进程的重要动力。作为人口、资源和基础设施集中的地区，气候变化最不利的影响将可能出现在这些地区。城市人口集中，增加了受气候变化影响的脆弱性，不仅有海平

---

* 曹丽格，中国气象局国家气候中心，硕士，研究领域为气候变化与灾害风险管理；苏布达，中国气象局国家气候中心，博士后，副研究员，研究领域为气候变化影响评估、气候灾害风险管理、气象指数保险；翟建青，中国气象局国家气候中心，副研究员，博士后，研究领域为气候变化影响评估、气候变化对水资源影响和洪水响应。

① Xu Y J, Singh V P（Eds），*Coastal environment and water quality*，Highlands Ranch，USA：Water Resources Publications，LLC，2006，1 – 3.

面上升以及强度可能增加的台风的威胁，还有暴雨洪涝、风暴潮、高温热浪、雾霾、雷电等灾害的影响，采取务实有效的适应性措施对沿海政府来说至关重要。研究表明，海岸带的适应成本巨大，并且其成本随着海平面的上升规模不同而不同。[①] 提高城市适应气候变化的能力，成为沿海城市规划者和管理者的当务之急。

一 沿海地区气候变化风险分析

（一）海平面上升的风险

海平面上升作为一种缓发性海洋灾害，其长期的累积效应将加剧风暴潮、海岸侵蚀、海水入侵、土壤盐渍化和咸潮等海洋灾害的致灾程度。最直接的影响是海水入侵，使得沿海城市地下水咸化问题突出，主要水源地受到严重威胁；其次是沿海潮位升高，咸潮倒灌严重威胁城市的生态环境和饮水安全，以及工业生产和生态系统，在入海淡水河段生存繁衍物种的生存环境会受到威胁甚至毁灭。另外，台风等强度增大，可能引发海堤溃决，沿海土地咸化后需要数年时间的雨水冲洗才能淡化。同时，海平面上升会对防洪设施造成一定影响。跨海大桥下净空间减少，部分桥面也许会遭遇顶浮的危险，丧失航运功能；海平面上升还会降低城市的排水能力和净化污水的能力，增加了城市内涝的可能性。海平面升高和台风等强度的增强，会使得原本"千年一遇"的灾害频繁发生，高潮水位很容易使得防汛墙和防洪设施的防护能力由"千年一遇"下降为"百年一遇"。

（二）城市化与气候风险

港口和城市是带动沿海地区繁荣和发展的龙头。沿海经济的进一步发展必然带动沿海地区的城市化进程。气候变化和城市化是使得人类更容易遭受灾害影响的两大因素，这两个因素在城市群叠加，使其成为容易遭受灾害侵袭并造成重大损失的高风险区。[②] 城市的人口集中在给人们带来更多机会的同时，也给他们带

① 段晓峰、许学工：《海平面上升的风险评估研究进展与展望》，《海洋湖沼通报》2008 年第 4 期，第 116～122 页。

② 世界银行：《气候变化适应型城市入门指南》，中国金融出版社，2009，第 2～3，17 页。

来了更多的遭受自然灾害、城市灾害和气候变化的威胁。由于城市特有的结构，包括经济社会的特点，使得它对气候风险有放大效应，灾害的关联性特征也特别突出。例如，一场暴雨可能会带来一系列的次生灾害，造成城市内涝、交通瘫痪；一次大雾会使高速公路关闭、飞机航班取消，甚至使得输电线路发生"污闪"而引起大面积停电等，直接威胁城市的正常运行。由于城市各项功能的运转都要依靠交通、电力、通信、供水、供气、排污等生命线系统的保障，气象灾害一旦对生命线系统造成破坏，将使灾害迅速扩大和蔓延到生命线系统涉及的广大范围甚至整个城市。气候变化对环境的影响还造成某些城市其他灾害类型发生态势的改变，如城市有害生物的发生和演变规律改变。

（三）极端气候事件对沿海城市的影响

在气候变化背景下，极端事件发生更加频繁，带来的损失也越来越大。沿海城市除了受到海平面上升、风暴潮等灾害的影响，台风、暴雨洪涝、高温热浪、雾霾、雷电等极端事件带来的损失也越来越大。台风强度增大，对沿海城市居民的生命、财产和城市经济、交通等都带来严重的威胁。雷电、暴雨的频率和强度的增加，造成局部地区的水灾及道路破坏、交通阻塞、电力中断、电子信息系统受损等，严重影响城市社会经济正常运转和城市基础设施安全，城市内涝也成为一个严重问题。大雾、干旱等对城市防灾和减灾能力提出了严峻的考验，同时也暴露出许多城市非常薄弱的基础设施和公共安全应急系统。城市交通对天气或气候因素相当敏感，使得交通基础设施建设的成本提高，运营效率大大降低，交通安全隐患加大。

（四）综合灾害风险对沿海城市的影响

沿海城市出现了人口集中、建筑物集中、生产集中、财富集中等快速发展的趋势，而且伴随这种趋势，城市同时也作为灾害风险巨大的承载体而存在着。[①] 城市的规模越大，现代化水平越高，其灾害风险的种类越多，各种灾害发生的概率越高，危险性也越大。城市灾害风险呈现出诸多新特征和发展趋势：①灾害由

---

① 陈婧、刘婧、王志强等：《中国城市综合灾害风险管理现状与对策》，《自然灾害学报》2006年第6期，第17～22页。

个别的孤立事件变成普遍现象；②灾害由偶发事件变成频发现象；③灾害由主要是单一因素事件变成复合型事件；④局部性灾害往往会迅速蔓延，酿成全局性危机；⑤灾害所造成的一国危机随时可能转化为跨国危机，甚至造成全球危机。①沿海城市地区的发展管理及空间规划需要充分考虑灾难风险管理和预期的气候变化，并将其作为城市发展的一个核心组成部分。

二 我国沿海城市的气候风险管理实践

沿海地区是中国人口稠密、经济活动最为活跃的地区，中国拥有海岸线（大陆岸线和岛屿岸线）的城市分布在 8 个省、1 个自治区、2 个直辖市，以及香港、澳门和台湾地区，现有中等以上城市 20 余个②，平均 720 公里一个，小城市比较少。达到中等发达水平以后，在 1.8 万公里海岸线上可能有 500 个左右不同规模的城市和港口，形成城市化的经济、社会和文化发达的地带。而这个地带大多地势低平，极易遭受因海平面上升带来的各种海洋灾害威胁，气候变化和海平面上升等问题影响着区域可持续发展。

中国沿海三角洲地区是我国城市化程度最高、人口和财富最为集中的地区。近 30 年来，中国海平面上升趋势加剧，未来中国沿海城市将面临更多的气候变化威胁。通过选取"长三角"城市群的上海、"珠三角"城市群的广州、环渤海城市群的天津、香港和厦门作为我国沿海城市的代表，可以看出，气候变化与海平面上升对不同城市的影响不同，各城市根据自身的发展规划，也采取了有针对性的适应措施（见表 1）。在长期措施之外，部分城市根据自身需求，针对特定的极端事件，采取应急措施。例如，广东是中国南部沿海大省，拥有约 9449 万人口，经历了极其快速的发展阶段，咸潮灾害对城市发展造成了严重影响。在 2005 年，珠江三角洲遭遇了 20 年来最严重的咸潮灾害，严重影响了当地的工农

---

① 张继权、张会、冈田宪夫等：《综合城市灾害风险管理：创新的途径和新世纪的挑战》，《人文地理》2007 年第 5 期，第 19～23 页。

② 主要包括辽宁省的丹东、大连、营口、葫芦岛，河北省的秦皇岛，天津市，山东省的东营、龙口、烟台、威海、青岛，江苏省的连云港，上海市，浙江省的舟山、宁波、台州、温州，福建省的福州、泉州、厦门，广东省的汕头、汕尾、广州、深圳、珠海、湛江，海南省的海口、三亚，广西壮族自治区的北海、钦州、防城港等，以及香港、澳门和台湾省的部分城市。

表1 我国典型沿海城市的气候变化风险及应对措施

城市	概况及主要气候变化威胁	应对措施
上海 ("长三角")	上海市位于长江入海口,仅比海平面高出4米,夏季台风、风暴潮和江流暴涨都会形成巨大的洪水灾害,面临着严重的洪涝灾害和海水入侵等风险	上海市加强部门和区域间合作,积极采取措施适应气候变化。①加强对海平面上升的监控并建立预警体系。②加强城市工程应对防范措施,保护水源水质。在防潮堤坝、沿海公路、港口和海岸工程的设计过程中,将海平面上升作为一种重要影响因素来加以考虑,修改相关规范,提高其设计标准。③加强科学研究,进行河口功能区划。减轻泥沙回淤,调整长江口深水航道走向,利用疏浚土在横沙岛东部堆积建设新的陆地。④提高区域气象服务能力,制定了完善的应对气候变化的制度和措施
广州 ("珠三角")	由于地处沿海,易受海平面上升及台风和洪水等极端气候事件频发的影响。如台风强度增大、风暴潮灾害严重;水资源供需矛盾加剧,江河水位和水量变化引起海水倒灌;气候变暖使得灰霾天气增多,高温日数增加,高温、热浪愈发频繁,城市供水将更加紧张,城市用电供需矛盾加剧	广东针对与气候变化有关的旱涝严重、极端气候事件频发,经济损失显著增加等形势,采取的行动措施包括如下几个方面:一是制定应对气候变化的宏观战略。在"十一五"期间,防灾减灾和水资源综合利用项目先后投资580亿元和1000多亿元,加强灾害监测预警和水资源管理,对海洋环境、湿地、红树林领域制定了保护和发展规划。二是加强基础设施建设,全面提高海岸带和农业抗灾能力。三是提升气象观测预报能力,构建气候信息系统,加强气候变化科学的宣传,提高公众参与意识
天津 (环渤海)	天津滨海新区是海平面上升影响脆弱区,受海平面上升和风暴潮影响最为严重。随着海平面的上升,当前堤防设施的防御能力将逐渐下降,各种潮位对天津海岸带都有不同程度的影响。海平面上升后,只有不到1/2的堤防设施能够抵御历史最高潮位和百年一遇的最高潮位	根据海平面变化对沿海地区的综合影响,做出了天津滨海新区海平面影响脆弱区划。滨海新区在制定发展规划中考虑海平面上升和地面沉降等因素的影响。具体措施包括:加强海平面影响综合评价工作;控制地下水开采,兴修和完善水利设施;提高堤防工程设计标准,加强防护设施的建设、维护与监管;加强该地区生态系统的恢复和重建,保护滨海生态资源,建立应对气候变化、海平面上升的立体防御体系等,来减轻和防范海平面上升和地面沉降对天津滨海新区所带来的不利影响
香港	香港是亚洲第一大港、国际金融城市,位于珠江三角洲对面,四面临海,最显著的气候变化影响有海平面上升、风暴潮、洪水、海水倒灌和一些极端天气,特别是台风等	香港采取了积极的减缓策略,提出与2005年相比,2030年能源强度降低25%。主要减缓措施包括减少化石能源使用、利用可再生能源发电、推广绿色建筑物、减少交通碳排放、增加绿化以及推行公营机构节能等措施。采取节约用水的措施,尽量利用海水,节约淡水,弹性调度东江供水水量。采取积极的灾害天气应对策略
厦门	厦门市位于福建省东南沿海地区、九龙江入海处,濒临台湾海峡。过去50多年,厦门平均气温、极端高温上升明显,暴雨日数增加,平均风速和相对湿度减小;能见度减弱,灰霾、雾日增加明显	台风、局地暴雨、高温热浪等极端气候现象频繁发生,特别是强降雨形成的大面积城市内涝及台风灾害等,给厦门市人民的生命和财产造成了巨大的损失。厦门市通过城市发展综合规划,防洪标准由过去的"20年一遇"提高到"50年一遇",加强了对海平面上升的监测管理及海洋和海岸带管理,先后实施人造沙滩工程,扩大红树林种植面积,为白海豚、文昌鱼等珍惜濒危物种创造了良好的栖息环境

资料来源:综合、整理自气候数据网站、相关城市气候行动报告及《气候变化适应型城市入门指南》和《全球气候变化与河口城市脆弱性评价:以上海为例》。

业生产和人民生活。为应对这次灾害，珠江流域实施了第一次大规模远程跨省区应急调水，以压咸补淡。2010年4月，广东沿海海平面偏高，我国西南地区大旱使珠江上游来水减少，珠江口再次遭遇严重的咸潮入侵，广东省也采取了多种措施，包括通过珠江三角洲供水规划和供水体系建设，从根本上保障珠海、澳门等珠三角地区咸潮期的正常供水。

三　国外城市低碳发展与适应行动进展

"低碳发展"已成为世界各地的共同追求，许多国家和地区在应对气候变化领域中，更多的目光被吸引到公众碳减排等减缓方面，适应越来越频繁和严重的气象灾害一直没有得到重视。但是近几年，在经历了多次极端天气气候事件，特别是坎昆会议后，研究如何承受和适应气候变化获得了越来越多的关注。

（一）　国内外城市减缓与适应气候变化的政策与实践

沿海城市作为各国城市群的核心、城市发展的引领者，在低碳发展与适应气候变化的政策与实践方面，可以因地制宜，发挥各自不同的优势与特色（见表2）。例如，在发展绿色经济、循环经济，建设生态宜居城市的同时，将城市风险管理和防灾减灾能力建设纳入城市规划，提高城市对气候变化的适应能力。沿海地区作为气候变化的脆弱区，在低碳城市建设中，不仅要高度重视节能减排技术，减少碳排放，而且要采用积极的适应气候变化措施，保护沿海湿地、河口和冲积平原，减缓海岸侵蚀，加强灾害预警防御水平，提高防御能力。

由墨卡托基金会资助的"杜赛尔多夫与无锡的城市气候保护"项目作为低碳未来城市的研究方向之一，在交通、工业及房地产开发及城市规划等方面的气候保护和节能策略之外，更加关注气候变化的不利影响，探讨了适应气候变化的措施和途径。

国际型大都市如纽约、东京、伦敦在减缓方面付出了较大努力。开普敦和悉尼作为全球最著名的旅游城市之一，在当地产业发展过程中，注重环境保护与气

表2　国外典型沿海城市的减缓与适应行动的进展

城市	概况/主要气候变化威胁	主要应对措施	特色/具体做法
美国纽约	纽约是美国第一大都市和第一大港，也是全球最重要的商业和金融中心，是美国大西洋沿海城市群的中心之一。因为热岛效应，在1900~2005年期间，年平均气温上升高于全球平均水平，海平面在1920~2005年上升了26厘米。高温天数的增多使得纽约用水量需求上升，河流流量减少，城市供水不足；暴雨总量上升，加大了地质灾害发生的可能，对水库蓄水能力及防洪堤坝都提出了更高的要求；特别是海平面的上升，给沿岸造成了更多的洪涝灾害，城市的排水能力也面临挑战	纽约的气候变化适应策略主要集中在水源供给、减少用水需求、水处理系统、应对洪水和水源质量下降，制定为期20年的绿色基础设施计划。具体的措施包括：①水源供给多样化。②通过各种节水方案，加强用水控制和保护，减少用水需求。③应对洪水：针对可能的街道被淹、地下室水浸、下水道被淹等情况，增加水收集系统，收集雨水，清理下水道，修改排水设计标准，利用和加强自然景观的排水功能，在风暴发生时，推行非常规的洪水应对方式（例如控制洪水进入指定区域）。④水处理系统：在极端天气时使用不同水质标准的水源供给，增强净化设备的处理水量，提高排污能力，制订更好的设计标准等。⑤应对水源质量下降：采取节水措施，升级水处理系统，减少径流进入雨水收集系统和下水道系统	利用地下水、淡化海水等，建立水供给网络，使得水源供给多样化，保护水源，控制水消耗，改进供水设备，加强土地利用管理、增强地面水的净水功能，加强水的质量控制。针对海水入侵和沿海的洪水，增加堤坝设施的建设标准，增加潜水泵、防护屏障、防水堤，备份重要的排水等设备，对最危险的区域实行撤退计划，或者将容易淹没的地区设置成公园，减少洪水损失
英国伦敦	伦敦作为英国首都、世界金融中心和关键的贸易港，在气候变化方面的主要威胁包括：气温将不断上升，季节性降水更多，夏季更干燥，冬季更湿润。海平面到2050年预计上升90厘米。受城市热岛效应的影响生物带南移，湿地对于气候变化的反应更为敏感，海平面上升导致泥滩和盐沼面积减少。高温、洪涝和风暴会导致更多的伤亡和传染性疾病	针对洪涝灾害，减少和控制目前以及未来的洪涝风险，包括通过GIS技术预测未来洪涝风险和加强信息共享，检修防洪设施，提高个人和社区的洪涝防范和应急意识。在干旱方面，保持伦敦水源供需平衡和可持续性，加强饮用水和废水等管理，减少用水消耗，增强对干旱的适应能力，建立干旱应急预案。减少和控制高温天气对伦敦的影响，增加城市绿地和植被覆盖面积，到2012年增建1000公顷绿地，降低城市热岛效应。在健康领域，与公共卫生组织建立合作关系。在基础设施领域，对交通基础设施进行气候风险评价。多部门合作，对伦敦河道进行生态修复，将气候风险纳入常规风险管理和计划中	伦敦采取了积极的减缓政策，包括建设低碳首都，成为世界低碳经济的引领者，确保能源供给安全，加强家庭节能和公共建筑节能，建设低碳建筑，保证2012年奥运会建设项目符合碳排放标准，推行节能交通和零碳交通

城市	概况/主要气候变化威胁	主要应对措施	特色/具体做法
日本东京	东京是日本在太平洋沿岸的重要城市,也是首都圈和城市群的核心,由于拥有大片滨海区域及礁石区域,资源依靠其他地区和国外,对海平面上升等威胁的抵抗力十分脆弱。主要气候变化威胁包括:气候异常导致粮食生产减少、饮用水枯竭,由海平面上升导致的可利用土地减少等	东京提出在2020年前实现减排2000年碳排放量25%的目标,建立低碳低能耗型社会,加强新型能源(太阳能、未被利用的城市废热等)的使用,改善城市居住环境,将自然光、风能、热能积极运用于城市居民生活。城市建筑除了本身建筑特点外,还需要特别考虑建筑与周边建筑、绿化的关系,有效改善当地小气候	提出建设新型城市经济,促进低碳城市和低碳技术的发展和完善,最大化地减轻环境负担,提高城市魅力吸引更多商业投资,成为低碳经济的先锋城市,使其在世界范围内更具竞争力
澳大利亚悉尼	悉尼是澳大利亚最大城市和港口,也是商业、贸易、金融、旅游和文化中心,基础设施完善。气温升高以及降水的变化将会对城市产生长远的影响,将对社会、建筑、自然和经济环境的方方面面都造成影响,海平面上升的直接后果便是海滩、湾岸和河口三角洲受到侵蚀,低洼陆地永久被淹或湿地化	悉尼市已在减少温室气体排放和节水方面采取了积极的措施。积极遵守《京都议定书》的有关条款,努力成为澳大利亚第一个零碳城市。此外,悉尼市还主动制定了一系列适合自身发展模式的资源节约目标。例如,2050年,温室气体排放量将在1990年的基础上减少70%;2020年,电力资源中的25%将来自可再生能源;2015年的水资源消耗量将与2006年水平相同;到2014年,城镇废物资源化率将达到66%	城市采取了一系列措施,以减少对火电的依赖,转为使用低碳能源,大力推广绿色节能设施。悉尼市倡导的"国家自行车战略"、"地球一小时"等行动,彰显了一个关注环境的城市的积极态度,使其成为一个环保先驱城市
意大利威尼斯	威尼斯作为意大利东北部的重要港口,建于离岸4公里的海边浅水滩上,平均水深1.5米,是世界著名的水城。城市的发展受到气温、降水和海平面上升的影响。特别是海平面不断上升已经对威尼斯城市发展和人们的生活造成了威胁,当地的经济产业也因此受到很大影响	近年由于降水影响,城市受到季节性洪水的困扰,大片区域饱受海水浸泡。2008年11月威尼斯经历了在过去20年中最厉害的一次大潮,这次大潮迫使威尼斯人兴建新的防洪系统,并在适应战略上加大投入大潮的监测预警。威尼斯目前正在实施的"MOSE"项目,即在威尼斯城与大海间建起一道防潮闸,以应对海平面上升带来的威胁。该项目可以控制并利用潮汐能,同时利用岸边沙土的沉积来应对海平面上升所带来的问题	目前常用的"扩坝"(向外人为地延长海岸线)和"撤退"(将老的社区撤出危险区域)等方法,取得了非常好的效果,对解决这一问题起到了积极作用

城市	概况/主要气候变化威胁	主要应对措施	特色/具体做法
新加坡	新加坡是东南亚的岛上的城市国家,也是东南亚主要的经济大国之一。经济活动,特别是与服务业和金融业相关的经济,对灾难风险和气候变化的影响反应非常敏感	通过清洁的环境战略、空气污染管理战略等实现低碳密集度的目标。通过提高能源使用效率及使用清洁的能源,在1990~2004年,已将其碳的密度改善了22%,并承诺到2012年时,将其碳密度比1990年改善到25%。建立国家能源政策框架,努力在经济竞争力、能源安全、环境的可持续性等政策目标之间保持平衡。通过多元化的能源供应、提高能源效率、加强国际合作,在电力、运输、建筑、工业等部门开发节能技术,降低能源需求,发展低碳技术,提高公众对气候变化的认识,来提高应对气候变化的水平	新加坡的民防部队建立了预警系统、保护系统、救援系统及指挥调度承担自然灾害等预防和救灾等工作,制订了严格的楼房及其他建筑物的设计与建造标准
南非开普敦	开普敦是南非第二大城市。面临着更严重的旱灾,城市供水压力倍增,暴风雨等事件频发,生物多样性损失和森林大火频次上升,沙滩型海岸线侵蚀和流失的风险增高。天气更加炎热、空气污染加重、可能增多的洪水都将影响居民健康,使常见传染病、登革热等更容易流行	开普敦采取专项措施应对城市供水紧张、暴风雨及森林大火的增加。在沿海区域制定一个海岸线管理计划,提升适应能力。改进空气污染控制,减少烟尘污染、燃油汽车的数量。在卫生保健领域,加强基础设施和公共卫生设施建设,让更多人懂得如何控制炎热带来的压力和其他疾病。关注气候变化对保险业、银行业、交通与通信的基础设施及建筑业的影响,特别关注流动人口的非正式居所面临的火灾和洪水的威胁	采取综合性应对策略包括建立合适的灾难处理计划,即"灾难处理行为和国家灾难处理体制",加强风险评估计划和运用方案,对重要公共基础设施的系统性灾难风险进行评估,加强生态多样性维护、沿海地区管理等

资料来源:综合、整理自气候数据网站、相关城市气候行动报告及《气候变化适应型城市入门指南》和《全球气候变化与河口城市脆弱性评价:以上海为例》。

候变化应对工作的结合。2007年,悉尼作为"地球1小时"① 活动首次开展地,超过220万悉尼家庭和企业参加,并在全球引起了巨大反响。

很多国家包括发展中国家已经开始在全国范围内研究气候变化的潜在影响并制定"国家适应行动计划"。一些城市已经率先行动,制定了"城市适应行动计

---

① "地球1小时"(Earth Hour)是世界自然基金会在2007年向全球发出的一项倡议,呼吁个人、社区、企业和政府在每年3月份的最后一个星期六熄灯1小时,以此来激发人们对保护地球的责任感,以及对气候变化等环境问题的思考,表明对全球共同抵御气候变暖行动的支持,已成为全球迄今为止最大规模的环境保护活动。

划",开普敦作为南非以及非洲经济较发达的地区,制定了城市灾难应对和恢复计划,为当地适应气候变化提供了范例。这些政策与经验可以成为中国城市的借鉴。

上海、广州和天津作为我国的特大城市,也作为"长三角"城市群、"珠三角"城市群和环渤海城市群的代表性城市,在适应气候变化领域,为其他城市和所在区域提供了良好的参考。上海市增设沿海和岛屿以及水源地的观测网点,建立沿海潮灾预警和应急系统,强化海岸带综合管理,实现海岸带经济的可持续发展,统筹经济发展、公共利用、环境保护等目标。在沿海城市河流入口附近设立水闸,减缓河口海水倒灌和咸潮上溯引起的地表水和地下水污染,以应对海平面上升带来的淡水咸化问题。为控制海水入侵的强度,在枯水季节综合管理流域内的取水行为。开展了气候变化及极端天气气候事件影响评估预估,为上海及整个长三角地区应对气候变化和海平面上升提供了科学支持。厦门市在海岸带管理、红树林和珍稀濒危物种保护方面的实践,也为同类城市提供了参考案例。

新奥尔良市是美国路易斯安那州最大的城市,也是重要的港口和工业城市。在过去一个世纪,由于石油和天然气的大规模开发、堤防和航道的建设,新奥尔良市失去了大量湿地。2005年,卡特里娜飓风带来的悲剧向世界展示了新奥尔良面临的巨大挑战。当地政府以及路易斯安那州政府从原先的"可能需要论"向"必须需要论"转变,制定了一个务实而有效的战略规划,以整合沿海恢复工程与防洪工程。在墨西哥湾规划了11条自然—人工防御线,抵御风暴潮及降低暴风雨的危害,建立并维持良好的湿地环境。相对于传统的海岸生态恢复方式和方法,该战略规划对新奥尔良的生态和经济以及路易斯安那州都将起到积极作用。同时,新奥尔良作为典型的河口型城市,位于海、河、陆三相交汇处的地势低洼地区,更容易受到气候变化、海平面上升、环境污染和土地侵蚀的影响,河口城市常常又是航运港口以及周围都市圈或大都市带的核心城市,其适应气候变化的实践和灾害风险管理的经验具有更广泛的参考意义。①

(二) 发展中国家与发达国家之间的适应能力差异

发达国家沿海城市的气候变化应对工作起步较早,有关行动比较深入。例如

---

① 王祥荣、王原:《全球气候变化与河口城市脆弱性评价:以上海为例》,科学出版社,2010,第36~47页。

伦敦、悉尼等，已经开始评估伴随气候变化而出现的新风险或加剧的风险及其相关影响。这些城市还进一步对适应措施选项进行识别，包括所有必要的行业特定行动。新加坡通过经济适用住房政策很好地解决了贫困人口的住房问题，使得新加坡对气候相关灾害防御达到了较高水平。威尼斯除了"MOSE"计划，还通过建立新海滩、拓展海岸线、建造"防护堤"工程、修复古代海边防护墙等手段防止海岸线被侵蚀，同时尽力恢复湖区形态，遏制和扭转环境恶化。

而在发展中国家，对当前气候变化的适应能力非常低，更不用说对未来气候变化的适应了。最易受气候变化风险影响的城市大部分都在发展中国家，而且保护居民免受气候变化影响所需的基础设施和服务不足的情况在发展中国家的城市地区表现得最为显著。[①] 很多城市都面临着大量严重问题，比如缺乏基础设施（全天候道路、自来水供应、污水渠、排水渠、电力供应等）、城市社会服务机构（如卫生和教育）以及管理能力等。对城市地区极端天气事件进行的灾难影响研究显示，在灾害中丧命或受重伤以及损失大部分或全部财产的人大多来自低收入群体。城市贫困人口将承担气候变化的主要影响，因气候改变而加剧的灾害风险使得城市人口中女性、老人、儿童、少数民族群体和贫困人口成为易受灾人群，富裕人口具有相对较弱的易受灾性。发展中国家已经显现的城市环境问题，使得卫生系统面临更加严峻的挑战。

沿海城市是否采取气候变化适应举措，将影响数以亿计的人们的生命和生活。气候变化与灾害风险管理成为城市急需采取的行动，在城市规划和发展中加强适应能力和防灾减灾能力建设，在城市发展和扩建过程中，为将来与气候相关的潜在风险做好准备。因此，发展中国家的大多数城市最需要的不仅是气候变化适应计划，而且是融入气候变化适应措施的发展规划。

四　沿海地区适应气候变化的挑战和未来展望

（一）发展中国家面临的主要挑战

海岸带对于人类社会和经济发展至关重要，全球变化和海平面加速上升将极

---

① 联合国人类住区规划署：《城市与气候变化：政策方向——全球人类住区报告2011》，2011，第42～46页。

大地改变未来沿海地区人居环境和经济社会发展的风险状况。尽管如此，大部分政府及很多国际机构给予城市适应活动的关注依然有限。在城市层面上适应气候变化，会面临很多威胁和挑战，特别是在发展中国家，主要的挑战包括以下方面。

1. 资金限制

发展中国家城市投资能力相对有限，气候变化的应对，特别是当前的适应行动和防灾减灾能力建设资金有限，发展应对未来风险的资金更加困难。

2. 城市化发展迅速，进一步加重基础设施的不足

包括我国在内的发展中国家的城市化进程大大加快，大量农村人口进入城市，城市数量和体量都有大幅度增加。由于城市人口和财产大量增加，城市规模不断扩大，而城市现有的减灾能力建设和管理跟不上城市发展步伐，并且可能会加大处于危险地带的居住区范围，造成的损失呈现上升趋势，这也是发展中国家普遍面临的困境。

3. 沿海城市灾害风险管理能力有限，防灾减灾能力亟待加强

气候变化背景下，城市对日益增多的极端天气气候事件防御能力和风险管理意识尚不到位。从城市布局、规划、建设看，对气候变化风险和气象灾害风险考虑不足，风险管理尚未纳入城市防灾减灾体系。

因此，对于沿海城市，最迫切的挑战是将适应气候变化作为可持续发展的重要组成部分，加强城市风险管理和防灾减灾能力建设。

（二）将适应气候变化与城市可持续发展战略结合起来

1. 高度重视气候变化应对工作，从"气候变化减缓"走向"气候变化减缓与适应"的综合策略

沿海城市的政府和社区必须了解气候变化的影响及其后果，不仅要高度重视节能减排技术，减少碳排放，而且要采用积极的适应气候变化措施，保护沿海湿地、河口和冲积平原，减缓海岸侵蚀，提高自然防御能力。加快深水港的建设，提高港口建设的防潮设计标准，加高加固沿海现有防潮设施是中国沿海相对海平面上升防护对策的核心。①

---

① 施雅风、朱季文、谢志仁等：《长江三角洲及毗邻地区海平面上升影响预测与防治对策》，《中国科学》（D辑）2000年第3期，第225～232页。

2. 将适应气候变化和防灾减灾纳入城市发展规划，统筹考虑应对气候变化问题，建立并完善应急机制，提高灾害综合应对能力

在沿海城市建设中，充分考虑气候变化风险，提高市政工程的设计标准，环保设施和排水工程都要考虑海平面上升的影响；科学评估适当提高基础设施设计标准，特别是在防潮堤坝、沿海公路、港口和海岸工程的设计过程中，将海平面上升作为一种重要影响因素来加以考虑。[①] 在沿海城市发展规划中，开展气候风险脆弱性评估，关注不同的人群所面临的共同及不同的风险，并确定降低风险的目标和方法；加强海平面变化监测能力建设，提高灾害预警水平和应急响应能力，加强城市适应气候变化与防灾减灾能力建设，提高灾害防御水平。

3. 引导公众走向低碳的消费方式和提高防灾减灾意识

加大媒体对应对气候变化的宣传力度，提高公众的气候保护意识，建立气候变化领域科学技术支撑体系，采取措施适应气候变化，积极促进社会、自然的和谐发展，促进沿海城市的可持续发展。

[①] 李秀存、廖桂奇、覃维炳：《气候变化对海岸带环境的影响及防治对策》，《广西气象》1998年第 3 期，第 28～31 页。

G.21

全球气候服务框架及中国的行动

宋连春　周波涛*

摘　要： 为应对气候变率和气候变化给人类社会带来的挑战，第三次世界气候大会提出了建立全球气候服务框架（GFCS），该框架把气候预测和信息与相关的风险管理相结合，从而为各国决策者和用户提供有效服务。本文详细介绍了全球气候服务框架的发展历程以及框架的建设内容。在此基础上，文中还阐述了中国在全球气候服务框架发展过程中的立场和所作的贡献，并概述了中国气候服务系统的发展思路。

关键词： 全球气候服务框架　中国气候服务系统　发展历程

一　全球气候服务框架的发展历程

从 20 世纪 70 年代以来，世界上不少地区出现了历史罕见的严重干旱和其他极端气候事件，给许多国家的国民经济造成了巨大损失，特别是严重影响了世界的粮食生产。为应对这一挑战，联合国第六次大会特别联大于 1974 年要求世界气象组织（WMO）承担气候变化的研究。为此，世界气象组织于 1979 年在瑞士日内瓦召开了主题为"气候与人类"的第一次世界气候大会（WCC），来自 50 多个国家约 400 人参加了这次会议。第一次世界气候大会宣言指出，粮食、水资源、能源、住房和人体健康等各方面均与气候具有密切关系。人类必须了解气候，才能更好地利用气候资源和避免不利的影响。第一次世界气候大会奠定了"人类活动很可能造成气候变化"的科学基础，并呼吁所有国家针对气候变化的威胁采取迫切的国际行动，最终

---

* 宋连春，国家气候中心，研究员，博士生导师，主要从事气候和气候变化影响评估方面的研究；周波涛，国家气候中心，副研究员，主要从事气候和气候变化机理以及古气候模拟研究。

推动建立了世界气候计划（WCP）和政府间气候变化专门委员会（IPCC）。

1990年，召开了以"全球气候变化及相应对策"为主题的第二次世界气候大会。本次大会审议了世界气候计划的进展情况，并决定加大对气候研究的支持，加强对全球气候系统的监测，进而推动建立了全球气候观测系统（GCOS）。同时，以IPCC第一次评估报告为基础，大会呼吁采取紧急国际行动，以阻止大气中温室气体的迅速增加。这一呼吁最终促成《联合国气候变化框架公约》（UNFCCC）的诞生。因此，第二次世界气候大会对加强全球气候系统监测、扩大国际社会解决气候变化问题的政治意愿和承诺、促进国际社会和各国政府共同应对气候变化具有里程碑意义。

当前，全球气候正经历着以变暖为主要特征的显著变化。在全球变暖背景下，气候变化的不利影响已逐步显现，体现在冰冻圈、农业、水资源、生态系统、海岸带、人体健康等诸多方面。特别是全球变暖引起极端天气气候事件频繁发生，给生命财产安全和经济社会可持续发展带来严重影响。因此，适应气候变化、加强气候风险管理成为所有国家的当务之急和优先重点，尤其是发展中国家、最不发达国家，因为它们面对气候变化的不利影响非常脆弱，这也就对气候服务提出了迫切需求。第一次和第二次世界气候大会以来所取得的长足进步，尤其是世界气候计划、IPCC和全球气候观测系统的建立，为各国开展一系列的气候服务奠定了坚实的基础，也大大提高了国际社会将气候知识应用于决策的意识。但是，目前气候服务方面的能力与用户需求之间存在很大的差距，远不能满足当前和未来的需求，而且各种气候信息服务的潜在效益也未得到充分发挥。因此，需要一个全球框架来组织气候信息的有效流动，并填补空白和弥补不足。

为此，2009年召开了以"为决策服务提供更好的气候预测和信息"为主题的第三次世界气候大会，旨在充分利用气候预测和信息，促进面向用户的气候服务的发展，强化气候服务在社会经济规划中的应用。第三次世界气候大会的成功举行对深化国际社会理解气候及气候变化产生的重大而深刻的影响、对推动气候信息在经济社会发展中的广泛应用具有重要作用。大会的主要成果是决定建立全球气候服务框架（GFCS）①，从而确保决策者获得不同时空尺度的气候信息，以

---

① The Report Of The High-Level Taskforce For The Global Framework For Climate Services（GFCS），http：//www. wmo. int/hlt－gfcs/downloads/HLT_ book_ full. pdf.

适应气候变率和气候变化的风险。全球气候服务框架的建立，是新形势下气象业务服务发展的必然，它将为各国改进气候业务、加强防灾减灾和适应气候变化能力建设提供良好的机遇。

2010 年 1 月，世界气象组织在瑞士日内瓦召开了气候框架高级别专题组政府间会议，授权世界气象组织秘书长建立了包括中国秦大河院士在内的由 14 位国际知名人士组成的高级别专题组，负责编写在全球建立气候服务框架的可行性报告。高级别专题组根据全球气候服务框架简要说明中的理念，经过一年多的努力，编写了《全球气候服务框架高级别专题组的报告》，并于 2011 年提交给第 16 次世界气象大会审议该框架及其实施计划。

二 全球气候服务框架的建设内容

（一）全球气候服务框架的组成部分

全球气候服务框架的目标是建立一个端到端的系统，以提供有效气候服务，并广泛应用于社会各阶层的决策，从而避免和管理气候风险。其核心思想包括两方面：一是气候风险应由所有的国家、行业和社区进行系统管理；二是需要新的合作，以有助于在全球范围内提高气候风险管理能力。全球气候服务框架由用户界面平台、气候服务信息系统、观测和监测、研究模拟和预测、能力建设五个部分组成（见图 1）。

1. 用户界面平台

为用户、气候服务提供方和研究人员提供开展互动的平台。用户界面平台是全球气候服务框架关注气候服务如何开发和使用的焦点。其重点是确定用户对气候服务的需求，以改进气候服务。框架的设计必须符合用户的需求，必须灵活地实施用户界面平台，以满足各类利益攸关方的利益和要求。因此，它要求确定和涵盖不同用户群，并鼓励与用户、服务提供方和研究人员开展互动（如通过区域气候展望论坛、部门协作、研究小组以及网络等方式）。

2. 气候服务信息系统

这是一个交换资料和产品的网络化系统。它主要由用于资料和产品交换的计算机网络与通信渠道、统一的资料交换电码和格式，以及资料交换的国际协议组

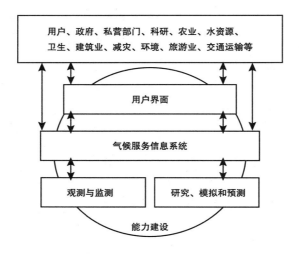

图1　全球气候服务框架组成

成。这个系统需要根据用户需求以及国家政府与其他资料提供方达成的协议，收集、加工和分发气候资料与产品。

3. 观测和监测

旨在确保必要的气候观测以满足气候服务的需求。为了支持气候服务，需要对整个气候系统和相关的社会经济变量进行高质量的观测。气候观测的现有能力为改进全球气候服务提供了坚实的基础，目前全球气候观测系统可以进行全天24小时观测。但是，在最不发达国家、海洋和极地地区的观测能力还不足，与气候服务的需求尚存在较大差距，有些类别的资料甚至完全缺失。因此，框架的主要任务就是确定观测和监测在这方面的差距，重视这些不足并协助予以弥补。

4. 研究、模拟和预测

促进核心预测工具、应用和产品的开发，尤其是不同时空尺度的气候预测。这对于发展和不断改进气候服务至关重要。研究团体在模式资料标准、气候变化影响研究、区域尺度预测预估产品等方面将作出重要贡献。

5. 能力建设

支持必要的机构、基础设施和人力资源的系统发展，以提供有效的气候服务。能力建设不仅限于发展中国家，它涉及所有的国家和部门。目前，框架涵盖的许多要素的能力还不足，需要进一步改进，特别是在脆弱的发展中国家。因此，继续分析框架中不同要素的需求是框架的一项任务，特别是在国家层面。

（二）全球、区域和国家层面的作用和责任

全球气候服务框架的重点是提供气候服务，它应在全球、区域和国家三个层面运行，以支持全球、区域和国家不同层次的利益攸关方及其之间的协作。用户可以根据自身的需求和能力，从现有的全球、区域和国家渠道获取气候信息。全球气候服务框架将对全球、区域和国家三个层面的气候服务进行组织和管理。总体来讲，三个层面都需要参与全球气候服务框架的五个主要功能部分，但会有一定的侧重。

1. 全球层面

侧重于制作全球预测产品，协调并支持资料交换，开展重大能力建设活动，建立标准和规程，为全球用户提供服务。

2. 区域层面

侧重于多边努力，以确定和针对区域需要提供区域服务，例如通过区域政策和产品、知识和资料交换、基础设施建设、研究和培训等。

3. 国家层面

侧重于资料和知识产品的获取，根据用户要求定制信息，确保在规划和管理中有效地利用这些信息，并且在这些方面开发可持续的能力，以满足国家需求。

（三）全球气候服务框架的实施原则

为有效地使用气候信息，降低脆弱性以及管理气候风险，确保全球气候服务框架为最需要气候服务的用户提供最大效益，气候框架在实施过程中应坚持以下八项原则。

1. 原则 1：所有国家均受益，但优先考虑气候脆弱的发展中国家的能力建设

全球气候服务框架优先考虑对气候最脆弱的国家，特别是要关注非洲国家、最不发达国家、内陆发展中国家和小岛屿发展中国家的特殊需要。框架应着手满足它们对实际气候服务以及对现行能力建设的需要，发达国家要向发展中国家转让技术和资金，缩小两者之间的差距，以应对气候变化的挑战和实现"千年发展目标"。

2. 原则 2：框架的主要目标是确保所有国家更好地提供、获取和利用气候信息

框架的设计必须要满足用户的需求。用户界面平台的一个主要任务就是确定

不同用户群并与其进行沟通和交流，以此提高气候服务能力。

3. 原则3：框架活动针对三个地理区域：全球、区域和国家

气候影响是国家和地方层面最为关切的问题。气候变率、气候影响、气候变化、观测系统协调以及科学研究是全球层面关切的问题。在这两个层面之间还有区域机构，它们一般处理自己区域共同关心的问题。三个层面在信息的制作和交换方面具有特定的要求和职责。因此，全球气候服务框架要处理好全球、区域和国家三个层面的作用，以使其履行各自的责任。

4. 原则4：气候服务业务化是框架的核心内容

气候服务需要连续的气候资料和产品。全球气候服务框架应支持参与的组织机构积极实施满足用户需求的业务内容，从而为用户提供可持续的气候服务。

5. 原则5：气候信息主要是一种由各国政府提供的国际公益产品，政府通过框架在气候信息管理中发挥核心作用

气候信息很大程度上由公共资金资助，它在公益领域（如公共安全、卫生、农业、工业和国家规划）所产生的效益远远超过投入成本。由于这种公益性质，政府需要在框架管理中发挥核心作用。

6. 原则6：框架将促进免费和开放地交换与气候有关的观测资料，同时尊重国家和国际资料政策

免费和开放的资料交换是提高气候信息实际效益的基础，也有利于科学研究和新产品研发应用。因此，框架下的政策与活动在尊重现有的资料政策的基础上，尽可能鼓励免费和开放地交换资料。

7. 原则7：框架的作用是促进和加强，而不是重复建设

框架是一个促进合作、协调、知识转让和日常信息交换的全球工具。作为一个合作实体，框架的工作主要是靠能够制作和提供气候资料与服务的机构的现有基础和未来贡献来实现。许多机构目前已具备良好的能力和服务，加强现有的能力建设是实施气候框架的快速途径。发展中国家可能需要援助，以使它们发挥作用。

8. 原则8：框架以"用户—提供方"合作伙伴关系为基础

框架成功实施的关键在于支持实施一个响应迅速的业务系统，使之能为社会每一个部门提供一系列新的气候服务。鼓励需要制定气候相关决策的个人、组织和团体通过用户界面平台成为新的合作伙伴，这既有助于框架满足他们的需求，也利于有效地提供气候服务。

（四） 全球气候服务框架实施的后续安排与世界气候计划

为保证全球气候服务框架的顺利实施，世界气象组织执行理事会第 63 次届会（EC－63）专门成立了由 WMO 主席任组长的执行理事会框架任务组，负责制定全球气候服务框架的实施计划草案。到 2013 年底，将完成组织建设。到 2017 年底，在全球范围内提高对四大优先部门（即农业、减少灾害风险、卫生和水）的气候服务，并完成框架执行的中期审议。到 2021 年底，在全球范围提高对所有气候敏感部门的气候服务。至少动员 8 个联合国实体参与金额超过 2.5 亿美元的与气候相关的开发项目。

为支持全球气候服务框架的有效实施和运行，第 16 次世界气象大会（2011 年）还对世界气候计划（WCP）进行重组，以便更好地发挥该计划的作用。世界气候计划建立于第一次世界气候大会，主要由世界气候研究计划（WCRP）、世界气候资料与监测计划（WCDMP）、世界气候应用与服务计划（WCASP）（包括气候信息与预测服务项目）、世界气候影响评估与对策计划（WCIRP）四个关键子计划构成。世界气候计划自创始以来在气候科学、气候资料的研究、模拟、观测和管理以及监测、应用和服务方面发挥了至关重要的作用。为了更好地发挥世界气候计划对全球气候服务框架的支撑作用，世界气候计划将进行重组，重组后的世界气候计划将包括世界气候研究计划（WCRP）、全球气候观测系统（GCOS）和一个新建立的全球气候服务计划（WCSP）。全球气候服务计划将整合世界气候资料与监测计划、世界气候应用与服务计划及气候信息与预测服务（Climate Information and Prediction Services，CLIPS）项目下的活动。

三 中国的立场和行动

（一） 中国的立场及对全球气候服务框架发展的贡献

气候是经济社会可持续发展的重要基础资源。中国政府一贯重视气象和气候服务工作，一直大力支持气候观测、研究、预测和评估，大力促进气候信息在经济和社会生活中的应用，进一步树立了"公共气象、安全气象、资源气象"的服务发展理念。

中国政府高度重视和积极支持全球气候服务框架的实施。国务院副总理回良玉在出席第三次世界气候大会高级别会议时，代表中国政府阐述了中国在气候和气候变化问题上的立场。重点强调要开发利用好气候资源，努力将与气候相关的风险控制到最低限度，支持相关的气候科技计划和建设项目，支持区域和国际气候信息的共享，以利于科学地认识气候规律，从而不断提高自然灾害的防范能力、粮食安全的保障能力、经济社会的可持续发展能力。在向第16次世界气象大会的致辞中，回良玉副总理表示，中国基本赞同《全球气候服务框架高级别专题组的报告》所提出的实施理念，愿意通过中国承办的区域气候中心、"亚洲区域气候监测、预测和评估论坛"等途径在未来的全球气候服务框架中发挥更大作用。

为有效促进《全球气候服务框架高级别专题组的报告》的编写，中国气象局于2010年6月接待了全球气候服务框架高级别专题组联合主席，并陪同其走访了国家发改委、水利部、外交部、农业部等相关部门，探讨如何建立全球气候服务框架并给出了中国政府的建议。同年8月，中国气象局承办了全球气候服务框架高级别专题组第三次会议，讨论并确定未来工作计划。

（二）积极实施中国气候服务系统

在全球气候变暖背景下，极端气候事件发生频繁，充分利用气候信息提高气象灾害风险管理能力，开发利用气候能源，是适应气候变化和管理气候风险的积极有效举措。因此，全球气候服务框架未来将成为国际组织关注的热点，气候服务会像天气服务一样，深入各行各业。借鉴全球气候服务框架的建设理念，中国积极构建以支持面向用户的灾害风险管理和气候风险管理为目标的中国气候服务系统。这也是贯彻胡锦涛总书记"提高气象预测预报能力、气象防灾减灾能力、应对气候变化能力、开发利用气候资源能力"重要指示精神的具体行动。

中国气候服务系统的组成如图2所示，主要包括气候基础业务、气候应用业务和气候服务业务三个部分。

1. 气候基础业务

以基础综合数据库为信息支撑，包含整个系统所需的气象基础数据、社会经济数据和地理信息等；以气候系统模式为技术支撑，以气候监测、诊断归因、气候预测和气候变化预估为业务内容，提供气候服务所需的基本气候信息。

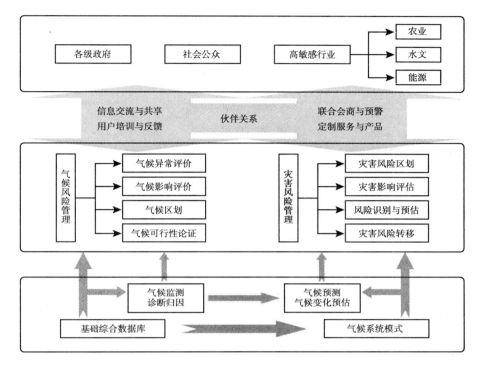

图 2　中国气候服务系统组成

2. 气候应用业务

基于基本气候信息，开展气候影响评价、气候效应评估、气候区划和气候可行性论证等业务，实现气候风险管理；开展气象灾害监测、灾害风险调查、脆弱性评估、灾害风险识别、灾害预警和灾害风险转移等业务，实现气象灾害风险管理。

3. 气候服务业务

加强与各级政府、社会公众和重点行业用户的合作和互动，构建信息交流与共享、用户培训与反馈、联合会商与预警、定制服务与产品为主要内容的气候服务业务，建立气候服务流程和标准，确保气候信息更加科学、全面地纳入用户的规划和政策制定，支撑各层面用户更好地适应和减缓气候变异和气候变化，从而降低和管理气候风险。

（三）展望和建议

经过多年努力，目前中国已建成了比较完备的气候观测网、气候监测预测业务和气候研究团队，随着我国现代气候业务发展，气候监测预测能力将不断提升，气候服务在国家防灾减灾和应对气候变化中发挥的作用将越来越重要，气候服务的用户也将越来越广。中国的气候服务也被《全球气候服务框架高级别专题组的报告》认定为主流化气候服务。尽管如此，我国气候服务在技术上还与发达国家存在较大差距，服务针对性和质量还不能完全满足国家需求。因此，建议中国气候服务系统未来建设中需要加强以下 4 个方面的工作。

1. 强化基础能力建设

进一步加强和完善气候观测系统建设，加快新一代气候系统模式的研发和业务应用，提升气候预测能力。

2. 以需求为牵引，拓宽气候服务领域，提高气候服务的针对性

加强与用户的沟通和交流，深入了解用户需求。根据不同用户的需求，提供有针对性的气候服务，帮助用户有效利用气候信息来规避和控制气候风险。

3. 改善和提高气候服务的质量与效益

建立气候信息服务效果评估和反馈机制，定期征求用户意见，对气候信息服务效果进行评估，不断提高气候信息服务的质量和水平，以充分发挥气候服务信息的效益。

4. 以科技为支撑，提高气候服务的科学性和权威性

以科学研究和技术开发为基础，增强气候服务信息的科学性与权威性。在此基础上，着力开展面向气候敏感行业的灾害风险和气候风险评估与决策支持等服务，提升中国在气候变化适应和气候风险管理的能力和水平。

研 究 专 论

Thematic Studies

Gr.22

气候灾害风险评估与管理：
方法学及案例分析

徐影 於俐 尹一舟 张永香*

摘 要： 本文介绍了与气候灾害风险相关的概念、定义，气候灾害风险的种类和特征以及气候灾害风险评估与管理的方法，讨论了气候灾害风险管理在适应气候变化和应对极端气候事件方面的重要性。选取福建省连江县的1984~2007 年热带气旋（TC）产生的灾害事件，利用信息扩散技术统计方法，结合连江县热带气旋灾害直接经济损失及热带气旋活动特征对理想状态下的热带气旋事件进行了评估，并以此为例介绍了灾害风险评估与管理的流程、方法以及进行评估的指标等。

关键词： 气候灾害 风险评估 方法学

* 徐影，中国气象局国家气候中心，博士，研究领域为气候变化归因检测与未来预估、气候灾害风险评估等。

一　气候灾害风险相关概念

随着经济的高速发展，人类生产生活对天气、气候条件的依赖程度进一步加深，气候灾害对人类社会的影响也不断扩大，特别是全球气候变暖导致极端天气气候事件发生的频率和强度也呈增加趋势，给经济安全、国防安全、粮食安全、生态安全和环境安全等带来了一系列挑战。气象、水文以及气候灾害每年都会造成大量的人员伤亡和社会经济损失。同时，研究表明，随着前期风险评估、预防以及紧急灾害预警管理的实施，目前全球范围内气象水文灾害引发的经济损失虽然在不断上升，但人员伤亡却显著下降。

在 2005 年联合国主持召开的第二次世界减灾大会上，共有 168 个国家参会并签署了《兵库行动框架》，在 2009 年召开的第三次世界气候大会上也推动建立了《全球气候服务框架》（GFCS），旨在为适应气候变率和变化的风险，促进气候灾害风险管理、减少极端天气气候事件带来的损失，提供相关观测和预测的气候信息。

我国是世界上受气象和气候灾害影响最严重的国家之一，资料显示，每年因各种气象灾害造成的农作物受灾面积达 5000 余万公顷，受影响的人口达 4 亿余人次，因灾死亡人数 2000 人左右，造成的经济损失占国内生产总值的 1% ~ 3%。近年来，超强台风、特大暴雨洪涝、特大干旱、低温雨雪冰冻、暴风雪等灾害性天气频发，越来越严重地影响经济社会可持续发展，影响到国家安全和重大工程建设。

国家经济社会发展"十二五"规划纲要在增强适应气候变化能力一节中特别强调"在生产力布局、基础设施、重大项目规划设计和建设中，充分考虑气候变化因素。要加强适应气候变化特别是应对极端气候事件能力建设"。因此，开展气候灾害的风险评估与管理是国家安全研究的重要组成部分，也是我国"十二五"和其他国家重要规划的重点工作之一，是成功适应气候变化的关键。

（一）气候灾害风险的定义

气候灾害风险既具有自然属性，也具有社会属性，无论自然变化还是人类活动都可能导致气候灾害发生。因此，气候灾害风险是普遍存在的。从灾害学的观点出发，可将气候灾害风险定义为：气候灾害事件（包括强度、时间、场地等要素）发生的可能性，以及由其造成后果的严重程度。气候灾害风险是指气候灾害发生及其给人类社会造成损失的可能性。一般还包括以下几个基本概念①：

气候灾害风险识别。即对面临的潜在气候风险加以判断、归类和鉴定的过程。包括识别气候灾害风险发生的风险区、气候灾害种类、引起气候灾害的主要危险因子以及气候灾害引起后果的严重程度，识别气候灾害风险危险因子的活动规模（强度）和活动频次（概率）以及气候灾害的时空动态分布。

气候灾害风险分析。主要有两种方式：一是利用历史气候灾害资料对灾害风险进行量化，计算出风险的大小；二是根据气候灾害风险致灾机理，对影响气候灾害风险的各个因子进行分析，计算出气候灾害风险指数。

气候灾害风险评估。在对气候灾害风险分析的基础上，建立一系列评估模型，根据气候灾害特征（致灾因子及其强度）、风险区特征和防灾减灾能力，寻求可预见未来时期的各种承灾体的经济损失、伤亡人数、作物减灾面积、减产量、基础设施损失状况等。

气候灾害风险管理。针对不同的风险区域，在气候灾害风险评估的基础上，利用气候灾害风险评估的结果，对是否需要采取措施、采取什么措施、如何采取措施，以及采取措施后可能出现什么后果等做出判断。

（二）气候灾害风险的种类和特征

1. 气候灾害风险的种类

目前对气候灾害风险尚无统一的分类，根据认识和需求，大致可以有三种分类方法：

气候灾害风险按致灾因子可以划分为干旱、洪涝、寒潮、霜冻、冰雹等灾害风险。

气候灾害按承灾体可以划分为农业、城市、工业、海洋、交通、通信灾害风险以及其他风险。

气候灾害按风险管理可以划分为可保风险、不可保风险、基本险、附加险、

---

① 张继权、李宁：《主要气象灾害风险评估与管理的数量化方法及其应用》，北京师范大学出版社，2007，第 29～30 页。

可转移风险、保险风险、科技风险与工程风险和其他风险。

2. 气候灾害风险的特征

气象和气候灾害风险都具有客观性；随机性与模糊性；必然性和不可避免性；区域性；社会性；可预测性与可控性；多样性与差异性；迁移性、滞后性与重现性。

二　气候灾害风险评估与管理

（一）气候灾害风险因素分析

在进行气候灾害风险评估之前，首先要对气候灾害风险因素进行分析，包括致灾因子、孕灾环境和承灾体的触发。

1. 气候灾害的致灾因子分析

气候灾害的致灾因子主要是能够引发灾害的气候事件。因此，对气候灾害致灾因子的分析，主要是分析引发灾害的气候事件出现的时间（包括起始、终止及持续时间）、地点（区域）和强度（量级）。

2. 气候灾害的孕灾环境分析

不同类型的气候灾害有着不同的孕灾环境。更确切地说，对于不同的气候灾害，它的孕灾环境因素是不同的。例如，暴雨灾害的孕灾环境因素主要有受灾区域的地形、地貌，受灾点的地理位置（是在水源的上游还是下游，以及与水源的距离），受灾点接受气象信息的情况，防洪设施条件等；干旱灾害的孕灾环境因素主要有受灾区域的地形、地貌，种植作物的品种，水利设施条件，蓄水情况等。

3. 气候灾害承灾体的易损性分析

气候灾害承灾体指的是气候灾害可能危及的对象，如人员、建筑物、有价值物品、电力、通信、交通等。易损性是指某一承灾体易于遭受气象和气候灾害事件危害的程度。影响易损性的因素很多，可分为自然和人文两类。自然因素主要是指受灾区人口密度、人的年龄和健康状况、建筑物及电力、通信、交通等系统的质量、结构、布局等；人文因素则指人类对风险承受体的恢复和重建能力、政府应急响应能力等。

（二） 气候灾害风险评估与管理方法

所谓气候灾害风险评估，即通过分析气候灾害潜在危害，评估现存条件的脆弱性，以及会对依赖于此的人员、财产、牲畜和环境带来的可能威胁和损坏，来确定风险的性质和范围/程度的方法。主要包括以下几个步骤：确定一个灾害的性质、地点、强度和可能性；测定应对该灾害存在的不足和脆弱点的等级；确认应对能力和可用资源；确定能接受的风险级别。

气候灾害风险评估的内容主要包括以下几个方面：详细的和可能的影响效果；风险重复出现的可能性；已知风险；再次确认评估内容；根据严重性对风险进行排序；筛选出可以暂时不用考虑的小风险，从而避免其分散管理者的注意力；最终确定各类风险，进而对其展开详细的分析。

气候灾害风险管理包含四个步骤：风险识别；风险减少（其中包括预防和减轻）；风险转移；灾害管理。

三 案例分析——福建省连江县热带气旋灾害风险评估与管理

本案例选取福建省连江县 1984～2007 年热带气旋（TC）产生的灾害事件，利用信息扩散技术统计出概率分布，并结合连江县热带气旋灾害直接经济损失及热带气旋活动特征来对理想状态下的热带气旋灾害进行评估，建立指数及保险赔付管理方案。①

（一） 数据来源及连江县台风基本特征分析

1. 资料及分析方法

热带气旋资料来源于上海台风所，热带气旋灾害资料由福建省气候中心提供，选取热带气旋影响期间某站最大的日最大风速（Max Daily Max-Wind，简称 MMW）及最大日降水（Max Daily Precipitation，简称 MP）作为建立热带气旋灾害气象指数的基础，时间段为 1984～2007 年。由于直接经济损失数据相对于其

---

① 尹宜舟：《我国热带气旋潜在影响力分析》，中国科学院研究生院博士学位论文，2011。

他损失数据更为完备，为获得较多的有灾害记录的热带气旋样本，本案例以连江县在热带气旋影响期间的直接经济损失（LOSS）作为制定指数保险的基础。

从 1984~2007 年的热带气旋资料中得出 131 个影响福建省的热带气旋（进入距福建海岸线 3 个纬距范围内的热带气旋），并从连江站气象要素资料中得出这些热带气旋影响期间的 MMW 及 MP（若连江站在热带气旋影响期间的某个时间出现缺测值，则相应的值由同时间周边站点经过反距离加权插值获得）。[①] 从连江县灾情资料（共 34 次热带气旋灾害事件样本）中，选取出具有直接经济损失（LOSS）记录的 29 个样本。同样将直接经济损失（LOSS）与相应年的商品零售价格指数（相对于 1978 年）相除，得到具有可比性的损失记录，即修正的 LOSS，然后通过信息扩散技术方法得到一年内热带气旋事件出现的概率、超越概率、累积概率等。其中，超越概率是指在一定时期内，出现大于或等于给定参考值的概率；累积概率是指一定时期内，某个区间内的各个参考值出现的概率之和；某参考值的累积概率则是指出现小于或等于此参考值的概率之和。有了给定参考值的超越概率和累积概率就可以大致了解某事件样本在此参考值左右出现的情况。

2. 保险赔付方案设计

本案例主要是将气象指数灾害保险运用到热带气旋灾害的风险评估与管理中。赔付方案主要是建立在理想情况下，即 MMW 或 MP 越大，损失越大，则相应的赔付额越大。赔付方案分两类：

（1）固定赔付：在某个区间内，赔付额为一固定值，该区间内的事件所引起的损失相对较小。

（2）比率赔付：首先给出一个最大赔付金额，然后在某一区间内，根据事件出现的概率分布，建立一个关系式来进行赔付。

（二）影响连江县的热带气旋灾害及活动特征统计

首先对连江县 29 个热带气旋样本的灾情记录、MMW 及 MP（表 1）进行整理，计算得到修正的 LOSS 与 MMW 的相关系数为 0.43，与 MP 的相关系数为 0.42，而与 MMW 及 MP 组合的相关系数为 0.57。通过对 29 个热带气旋样本中

---

① 汤国安、杨昕：《ArcGis 地理信息系统空间分析实验教程》，科学技术出版社，2006，第 388~392 页。

MMW 和 MP 散点图的分析，可以看出，当 MP 小于 40 毫米时，MMW 均大于 10 米/秒；而当 MMW 小于 10 米/秒时，MMP 均大于 40 毫米。因此根据热带气旋影响期间连江站的 MMW 及 MP，将影响连江县的热带气旋分成三类：

（Ⅰ）大风影响类：MMW ≥ 10 米/秒且 MP < 40 毫米；

（Ⅱ）大雨影响类：MMW < 10 米/秒且 MP ≥ 40 毫米；

（Ⅲ）大风雨影响类：MMW ≥ 10 米/秒且 MP ≥ 40 毫米。

根据灾情损失（见表1）可知，损失排名前 10 位的热带气旋有 6 个属于Ⅲ类，4 个属于Ⅱ类；前 10 位之外，6 个属于Ⅲ类，10 个属于Ⅱ类，3 个属于Ⅰ类。对 1984～2007 年影响福建省的 131 个热带气旋在各自影响期间连江站 MMW 和 MP 的统计，有 17 个、29 个、16 个分别属于Ⅰ、Ⅱ、Ⅲ类，即 131 个热带气旋中共有 62 个热带气旋能够对连江县造成一定的影响，平均每年有 2～3 个。这三类热带气旋均能够对连江县带来一定的影响，第Ⅱ类较为普遍，但是第Ⅲ类往往带来较大的灾害。虽然一个热带气旋袭击时，灾害首先由大风造成，但是风灾往往不如雨灾严重。①

表1 连江县热带气旋灾情记录（1984～2007 年）及相应气象观测资料

热带气旋编号	LOSS/Index*	MMW（米/秒）	MP（毫米）	热带气旋编号	LOSS/Index*	MMW（米/秒）	MP（毫米）
200513	167.15	17.7	147.9	200418	14.71	7.3	60.4
200102	164.59	19.3	122.2	200010	10.19	18.0	87.1
200505	110.88	11.7	150.8	199418	6.77	17.3	75.8
200519	90.33	9.0	71.0	200605	6.59	2.3	43.2
199018	73.30	13.0	115.9	199711	6.57	12.3	2.6
199012	57.78	9.0	160.6	199913	6.03	6.3	40.2
200709	48.85	16.0	116.4	198512	5.04	13.7	111.4
200108	36.39	9.7	88.9	200605	4.70	3.0	127.7
199608	33.99	18.0	184.5	199406	4.26	15.0	57.5
199216	30.72	7.7	190.2	198713	2.40	9.7	41.9
200216	27.34	12.7	3.8	198920	1.48	9.3	79.7
200604	21.11	7.7	130.8	199116	0.94	4.7	96.2
199714	20.14	14.3	76.1	199417	0.52	11.3	6.1
200716	17.79	8.3	115.5	198408	0.10	10.0	62.2
200212	16.43	8.3	140.2				

* LOSS/Index 表示对直接经济损失进行修正，Index 为商品零售价格指数，修正前直接经济损失单位为万元。

---

① 陈联寿、罗哲贤、李英：《登陆热带气旋研究的进展》，《气象学报》2004 年第 5 期，第 541～549 页。

（三）连江县热带气旋灾害指数保险的建立

根据上述的统计结果，通过分析事件出现的概率特征，将概率较大且影响相对较小的事件归入固定赔付方案，且要确保之后纳入比率赔付的事件出现概率呈单调减少分布。对三类热带气旋建立相应的灾害指数保险如下。

1. 第 I 类热带气旋

从 1984 到 2007 年共有 17 个I类热带气旋影响连江县，最大 MMW 为 16.5 米/秒。利用一维正态信息扩散模型，取离散论域为 {10，11，12，13，14，15，16，17}，可得出I类热带气旋中连江站每年出现相关 MMW 的概率及超越概率。结果表明 MMW 为 12 米/秒时每年出现的概率最大，超越概率为 0.5，即在热带气旋影响下，连江县出现大于等于 12 米/秒的 MMW 是两年一遇，出现大于等于 13 米/秒的 MMW 是 2.5 年一遇。因此结合表 1，将I类热带气旋根据 MMW 划分为两区间，一个是 ［10 米/秒，13 米/秒)，一个是 13 米/秒及以上，而 ［10 米/秒，13 米/秒) 与 6 级风的区间 ［10.8 米/秒，13.8 米/秒］ 接近。当出现I类热带气旋时，若连江站 MMW 落在 ［10 米/秒，13 米/秒) 区间，即风速达到 6 级，则进行赔付；对于 MMW 大于等于 13 米/秒时，设定最大赔付为金额，MMW 为 13 米/秒时，假设赔付比率为 0.1，MMW 为 17 米/秒时，比率为 1，建立一个线性方程，按照比率赔付。

2. 第 II 类热带气旋

1984~2007 年影响连江县的 II 类热带气旋共有 29 个，平均每年出现的次数为 1.2 次，最大日降水量为 190.2 毫米，同样采用一维正态信息扩散模型，计算各离散点每年出现的概率、超越概率及累积概率。从最大日降水量的概率分布可以看出，最大日降水量为 40~53 毫米之间时，概率是递增的，而 53 毫米之后是递减的，到 65 毫米时概率值基本处于曲线波峰末部，因此在灾害指数设定时也可以考虑分成两个区间，［40 毫米，65 毫米) 和 65 毫米以上。［40 毫米，65 毫米) 区间的累积概率约为 0.42，即这个区间里的数值为 2.4 年出现一次，且达到 50 毫米的暴雨值位于该区间中点附近，因此 ［40 毫米，65 毫米) 可以作为一个赔付区间，主要针对的是达到暴雨级别的热带气旋降水，只要有 II 类热带气旋发生时，最大日降水量数值落在此区间即可以按照事先约定的合同进行赔付。65 毫米的超越概率为 0.8，即 1.25 年会出现一次最大日降水量大于或等于 65 毫米的情况，随着最大日降水量的递增，其出现的概率递减。因此对于出现最大日降水量为 65 毫米及以上时，设定一个最大赔付金额，然后当最大日降水量等于 200 毫米时，赔付比率为 1，最大日降水量为 65 毫米时，假设赔付比率为 0.1，建立一个关于最大日降水量及赔付比率的线性方程来进行赔付，且当最大日降水量大于 200 毫米时，按照最大赔付金额赔付。

3. 第Ⅲ类热带气旋

由前面的讨论可知第Ⅲ类热带气旋带来的灾害往往是巨大的，且涉及两个致灾因子，因此对于此类热带气旋灾害指数的制订相对比较复杂。第Ⅲ类热带气旋共有 16 个，平均每年有 0.667 个；日最大风速为 19.3 米/秒，最大日降水量为 184.5 毫米，采用二维正态信息扩散模型，设置论域控制点组合，计算出各个组合每年出现的概率，即可得到第 Ⅲ 类热带气旋的灾害风险赔付方案。由于方案比较复杂，在此不详细论述，具体参考相关文献。

综合上述讨论，可以按照相应的管理流程进行连江县热带气旋灾害赔付。在热带气旋影响结束之后，投保人执连江县气象局证明材料，即可到保险部门按照合同约定进行索赔。在此期间，保险部门无须定灾核损，投保人在第一时间可以得到保险金。

四 结论与建议

本文主要介绍了气候灾害风险评估与管理的相关概念和定义，评估和管理方法，并以福建省连江县的热带气旋灾害风险评估与管理为例，通过分析影响福建省连江县的热带气旋活动、灾害特征和热带气旋影响期间连江站日最大风速及最大日降水资料初步探讨了气象指数灾害保险在热带气旋灾害领域中的应用，但由于热带气旋灾害及其活动的复杂性，本文只讨论了热带气旋影响期间的日最大风速及最大日降水。另外，文中的赔付方案主要是在理想情况下建立的，且没有针对某一承灾体（某一农业作物）来进行，需要进行进一步的研究和分析。

上述方法及案例虽然不是非常成熟，但对我们进行气象和气候灾害风险评估与管理具有一定的借鉴意义，通过对灾害风险的评估，再运用综合规划、政策以及行政指令等可提升对气象和气候灾害风险的防范意识，对进一步改善管理，采用有效的手段和方法以减少灾害可能带来的危害，提高对灾难的响应、应对和恢复能力，做好防灾减灾工作，减轻灾害对社会实际或潜在的不利影响方面具有重要帮助。

Gr.23
节能减排与控制温室气体排放的协同

高庆先　付加峰*

摘　要： 人为活动产生的温室气体排放是全球气候变暖的重要原因，而温室气体排放主要来源于能源燃烧、工业过程、废弃物和毁林等。因此，节约能源和减少污染物排放成为减缓温室气体排放的重要手段。本文分析了节能减排与控制温室气体排放之间的两类"协同效应"：一是在控制温室气体排放的过程中对其他污染物排放的影响；二是在控制污染物排放及生态建设过程中的温室气体排放效应。这两方面既可能存在正效应，也可能存在负效应。总体上，节能减排和减少温室气体排放有利于环境保护和经济与环境的可持续发展。

关键词： 节能减排　温室气体排放　协同效应

一　节能减排政策的趋势

落实节能减排政策是中国推动社会经济发展的重要保障。自 1998 年《中华人民共和国节约能源法》实施以来，我国节能减排的政策法规和相关文件逐步出台，加快了我国节能减排的前进步伐。

（一）节能政策的指导作用不断深化

在《中华人民共和国节约能源法》颁布后，建立了一系列新的节能法规体系和与之配套的规范、标准、技术规定等，使政府和用能单位的节能工作逐步纳

---

* 高庆先，中国环境科学研究院气候影响研究中心研究员，研究领域为大气环境和气候变化；付加峰，中国环境科学研究院研究员，研究领域为环境经济和气候变化。

入法制化轨道。1981 年全国五届人大第四次会议上确定了"解决能源问题的方针，是开发和节约并重，近期把节约放在优先地位"。1996 年全国八届人大四次会议批准的"九五"计划和 2010 年远景目标纲要指出：能源工业要"坚持节约与开发并举，把节约放在首位"的总方针。进入 21 世纪以来，能源形势发生了很大变化，重点问题是努力提高常规能源的利用效率和效益，还要大力开发利用可再生能源和新能源。

修订后的《节能法》在注重能源节约的同时，更加强调了工业、建筑、交通运输、公共机构、重点用能单位的能源利用效率的提升和先进技术的开发。工业领域，国家鼓励工业企业采用高效、节能的电动机、锅炉、窑炉、风机、泵类等设备，采用热电联产、余热余压利用、洁净煤以及先进的用能监测和控制等技术。建筑领域，国家鼓励在新建建筑和既有建筑节能改造中使用新型墙体材料等节能建筑材料和节能设备，安装和使用太阳能等可再生能源利用系统。交通运输领域，国家鼓励开发、生产、使用节能环保型汽车、摩托车、铁路机车车辆、船舶和其他交通运输工具，实行老旧交通运输工具的报废、更新制度。目前国家各部门共出台节能方针政策百余条，为全面贯彻落实科学发展观，加快建设资源节约型、环境友好型社会，扎实做好节能降耗和污染减排工作，确保实现节能减排约束性指标，推动经济社会又好又快发展作出了巨大的贡献。

（二）减排向多污染物协同控制转化

污染减排就是要减少污染物排放量，实行污染物排放总量控制制度。通过控制污染"增量"，削减污染"存量"，使污染排放"总量"控制在环境容量允许的范围内。长期以来，我国环境治理主要采取污染物排放浓度控制，达标排放即视为合法，但由于区域经济发展不平衡、区域环境状况差异大、功能分布不一致等原因，单一指标控制难以扭转环境污染加剧的局面。近年来，伴随着发达国家污染物控制已进入深层次综合治理阶段，我国污染物的治理也逐渐由单一控制转向多污染物协同治理。在控制污染物指标方面，在原来"十一五"的二氧化硫和化学需氧量两项之外，又增加了氨氮和氮氧化物；强化重点领域的治污工作，突出重金属污染、危险废物、持久性有机污染物和危险化学品的污染防治。并在《中华人民共和国国民经济和社会发展第十二个五年规划纲要》中提出了"二氧化硫排放减少 8%，氮氧化物排放减少 10%"的目标。

为进一步协同多污染物的减排，在《节能减排综合性工作方案》基础上，2011年又通过了《"十二五"节能减排综合性工作方案》，规定到2015年，单位GDP二氧化碳排放降低17%；单位GDP能耗下降16%；非化石能源占一次能源消费比重提高3.1个百分点，从8.3%提高到11.4%；主要污染物排放总量减少8%～10%的目标。

（三）节能减排与减缓温室气体排放

人为活动产生的温室气体排放是全球气候变暖的重要原因，而温室气体排放主要来源于能源燃烧、工业过程、废弃物和毁林等。因此，节约能源和减少污染物排放已成为减缓温室气体排放的重要手段。

我国也正是基于能源的节约和效率的提升来全面推进温室气体的减排工作。"十一五"期间实施单位GDP能耗下降20%的节能目标，在此基础上，"十二五"又提出单位GDP能耗下降16%的目标，而作为高能耗的工业部门，也明确提出了2015年单位工业增加值能耗降低18%的约束性指标。同时，为了进一步应对全球气候变化，减缓温室气体排放，我国政府提出了到2020年单位GDP的CO_2排放比2005年下降40%～45%，"十二五"期间单位GDP的CO_2排放降低17%的目标，并发布了《中国应对气候变化国家方案》、《中国应对气候变化的政策与行动2010年度报告》等应对策略。然而现阶段开展大规模专项温室气体减排工作的时机尚未成熟，目前的有效选择就是把温室气体排放控制纳入"节能减排"这一社会经济建设和环境保护的中心工作之中，提高能源利用效率和降低污染物排放强度，实现节能减排和减缓温室气体的双重目标。

二 节能减排与控制温室气体排放的协同效应

节能减排与控制温室气体（GHG）之间的"协同效应"包括两方面：一方面，在控制温室气体排放的过程中对其他污染物排放（如二氧化硫、化学需氧量、氮氧化物等）的影响；另一方面，在控制污染物的排放及生态建设过程中对CO_2等温室气体的影响。这两方面的影响既可能存在正效应，也可能存在负效应。[1]

---

[1] 李丽平、周国梅：《切莫忽视污染减排的协同效应》，《环境保护》2009年第24期，第36～38页。

（一） 节能减排与控制温室气体的正协同效应

1. 能源消耗降低直接导致温室气体排放量降低

从节能效果来看，能源消耗的降低会直接导致温室气体排放量的降低。根据研究，如果电力、热力的生产和供应业的煤炭消费相对于2005年节能3.5%，通过调整能源结构，降低钢铁、有色、化工、建材等重点耗能行业能源消耗，则可节能3696.2万吨标准煤，可减少8486.5万吨 CO_2 排放。[①] 国家发改委撰文指出在2006～2008年间，我国淘汰落后炼铁产能6059万吨、炼钢产能4347万吨、水泥产能1.4亿吨、铁合金产能246万吨、电石产能244万吨、焦炭产能6445万吨，截至2009年6月30日，全国已累计关停高耗能、高排放的小火电机组5407万千瓦，相当于每年减排二氧化碳1.24亿吨。[②]

2. 污染物和温室气体的来源具有同源性

从排放来源来看，污染物和温室气体主要源于化石燃料的燃烧，其来源具同源性。[③] 污染物与温室气体的来源大多相同，数据显示，大气中 CO_2 的增加有80%左右来自化石燃料的燃烧，而大气污染物 SO_2 排放也主要来源于煤炭等含硫化石燃料的燃烧。全国 SO_2 排放量的90%、烟尘排放量的70%、 NO_x 的67%、 CO_2 的70%都来自于燃煤。[④] 根据已有的一些研究成果，在调整经济结构和能源结构、提高能源利用效率和节约能源方面，随着能耗的下降，可同时减少 SO_2 和 CO_2 的排放，两者的排放比例关系是每减排1吨 SO_2 将减少约50～300吨 CO_2。[⑤]

3. 污染物减排措施与应对气候变化的要求是一致的

从政策效果来看，污染物减排的相关环保措施与应对气候变化、减少GHG排放、发展低碳经济的相关要求在本质上是一致的，并且提高能效和结构调整是实现两者协同控制的主要举措。

我国提出的减排措施有很多，包括建立污染物排放标准、大力开展减排项

---

① 刘秀丽、Geoffrey J. D. Hewings、汪寿阳、杨晓光：《中美温室气体排放趋势及我国节能减排潜力的测算》，《节能环保》2009年第8期，第16～19页。

② 国家发改委：《我国控制温室气体排放面临强大压力》，http://news.sina.com.cn/c/2009-11-26/234519135039.shtml。

③ 田春秀、於俊杰：《制定环境保护与低碳发展协同政策》，2011年3月17日《中国环境报》。

④ 谢克昌：《煤炭的低碳化转化和利用》，《山西能源与节能》2009年第1期，第1～3页。

⑤ 李丽平：《气候贸易机制助力节能减排》，《环境经济》2009年第1期，第63～67页。

目、在工程建设中采用污染物排放处理设备等。这些减排措施在减少污染物排放的同时也降低了温室气体的排放量。李丽平等人[1]以四川攀枝花市为例对污染减排的协同效应进行了评价研究，从工程减排、结构减排、管理减排三个方面对总量控制减排措施的效果进行了分析，结果表明攀枝花市"十一五"总量减排措施对减缓温室气体排放有显著协同效应，不容忽视。实施关闭四川华电攀枝花发电公司1号机组等减排措施可以削减5.58万吨SO_2，能够实现其"十一五"期间"SO_2排放总量控制在8.1万吨以内，净削减3.37万吨"的总量控制目标，同时，能够减排210.4万吨CO_2。田春秀等人[2]在对西气东输工程进行环境协同效应进行研究时发现在用气项目的范围内，NGS（利用天然气后的情景）下的SO_2排放相比BAU（SO_2和CO_2排放的常规情景）明显减少，同时CO_2等温室气体排放也大幅减少。2003～2020年，累计可以减排约312万吨SO_2和3475万吨CO_2，分别比BAU情景减排40.5%和17.9%。从用气部门来看，不论是SO_2还是CO_2，电力部门用气项目的减排量都占突出位置。

此外，清华大学大气污染协同效应北京案例研究结果表明，积极的能源政策既能够产生地方和全球环境双重收益，还会产生重要的健康收益。若实施积极的政策（如清洁能源消费（CEC）＋工业结构调整（IST）＋能源效率改善计划（EEP）＋绿色运输（GRE）），则在2030年可以减少2590万吨碳当量能源需求、18.5万吨的SO_2排放、41.5万吨氮氧化物排放、5.6万吨PM10排放以及减少781人因为污染导致的死亡，并获得13.8亿元人民币的健康收益。同时还可以减少1050万吨的碳排放，实现污染减排和温室气体控制正协同。上海环境科学研究院大气污染协同效应案例研究结果表明，通过改善空气质量、减少温室气体排放等政策措施，可以使未成年人由于暴露在空气污染中而导致的死亡数大大减少。通过减少空气中PM10的浓度，2010年将使未成年人因空气污染引起疾病的死亡数减少647～5472人，2020年减少1265～11130人。由于PM10减少所获得的社会收益2010年将达1.13亿～9.5亿美元（使用2000年不变价格），2020年达到3.27亿～28.84亿美元。如果采取积极的环保政策，2010年，上海

---

① 李丽平、周国梅、季浩宇：《污染减排的协同效应评价研究——以攀枝花市为例》，《中国资源人口和环境》2010年第5期，第91～95页。

② 田春秀、李丽平、杨宏伟、尚宏博、贾宁、董文萱、姜昌亮、赵罡：《西气东输工程的环境协同效应研究》，《环境科学研究》2006年第3期，第122～127页。

可以减少 900 万 ~ 4700 万吨 CO_2 排放，2020 年可以减少 1400 万 ~ 7300 万吨的 CO_2 排放。[①]

4. 清洁发展机制促进能源节约和污染物减排

清洁发展机制（CDM）在减排温室气体的同时，也促进了能源节约和污染物减排。CDM 项目在实现温室气体减排的同时也带来了明显的环境效益，大大促进了大气污染物的减排。CDM 项目类型与节能减排重点也具有高度一致性。在我国已注册的 545 个项目中，能效项目、新能源和能源替代项目达到 501 个，占总注册项目数的 91.92%，减排量占总注册项目减排量的 50%，这些项目同时也是节能减排的重点项目。[②]

CDM 为节能减排带来先进技术。CDM 的核心内容是发达国家出资提供先进技术设备，在发展中国家境内共同实施有助于缓解气候变化的减排项目，由此获得经核证的减排量，帮助其实现《京都议定书》中的减排承诺。对于发展中国家而言，通过参与 CDM 项目合作可以获得额外的资金和先进的环境友好型技术，从而可以促进本国的可持续发展。[③]

CDM 项目类型与节能减排政策措施具有高度一致性。CDM 项目类型与《节能减排综合性工作方案》中所列具体措施具有高度一致性。方案所列十大重点节能工程，其中：实施钢铁、有色、石油石化、化工、建材等重点耗能行业余热余压利用、加快核准建设和改造采暖供热为主的热电联产和工业热电联产、节能建筑和节能灯都是已经开展和将要开展的 CDM 类型。[④]

另外，CDM 项目在推进资源综合利用、促进垃圾资源化利用方面也都有开展。从已开发的 CDM 类型来看，用于帮助发达国家温室气体减排的项目绝大多数都对发展中国家的环境质量或全球的环境保护有一定积极意义。图 1 是根据中国政府批准和签发的 CDM 类型勾画的温室气体减排效应与国内节能减排的对应关系[⑤]。

① 胡涛、田春秀、李丽平：《协同效应对中国气候变化的政策影响》，《环境保护》2006 年第 9 期，第 54 ~ 58 页。
② 董慧芹、蒋栋、孟亚君、冯世钧：《我国节能减排与清洁发展机制研究》，《节能技术》2009 年第 11 期，第 546 ~ 549 页。
③ 董慧芹、蒋栋、孟亚君、冯世钧：《我国节能减排与清洁发展机制研究》，《节能技术》2009 年第 11 期，第 546 ~ 549 页。
④ 李丽平：《气候贸易机制助力节能减排》，《环境经济》2009 年第 1 期，第 63 ~ 67 页。
⑤ 李丽平：《气候贸易机制助力节能减排》，《环境经济》2009 年第 1 期，第 63 ~ 67 页。

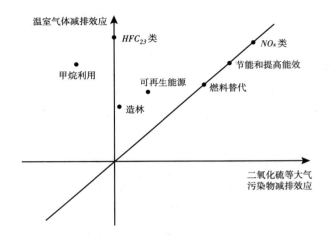

图1　温室气体减排与节能减排的相对关系

（二）节能减排与控制 GHG 的负协同效应

1. 设备运行导致温室气体间接排放增多

节能不仅要考虑生产生活过程中的直接能源消耗，如生产某件产品直接消耗的电力、煤炭、石油等，而且要关注生产生活过程中所需的原材料、设备、厂房等在其开发、建造过程中的能源消耗。[①] 而在实际的生产过程中提高能源的利用效率，改变能源结构和减少污染物的排放都需要设备和高新技术的支持，这些设备的制造和技术的开发又会导致温室气体排放的增加，污染物控制末端减排技术普遍存在高耗能现象。最明显的例子是电厂、钢铁企业加装一些治理装置后导致能耗上升，即相关污染治理措施或技术会导致能源消耗和温室气体排放增加。根据环境保护部环境与经济政策研究中心的相关研究，四川省攀枝花市实现"十一五"总量减排目标采取的钢铁行业石灰石工艺脱硫措施，会对减缓温室气体排放产生负的协同效应。[②]

2. 控制 GHG 排放技术间接地使能源消耗和污染物排放增多

控制 GHG 排放的技术间接地使能源消耗和污染物排放增多。调整能源结构是减少温室气体排放的惯用措施，但调整过程也可能带来负面效应。例如，

---

① 张云飞:《区域节能减排的系统分析与能耗结构关系研究》，上海交通大学。

② 田春秀、於俊杰:《制定环境保护与低碳发展协同政策》，2011 年 3 月 17 日《中国环境报》。

太阳能是清洁能源，但太阳能光伏发电所需的多晶硅生产耗能很高，同时会伴随着产生大量的有害副产品——四氯化硅，难以回收处理，对环境危害严重；又如节能灯的汞污染问题、过度的小水电开发等对环境污染和生态破坏的影响。在低碳建筑方面，一些地方往往忽视建筑功能对气候的依赖性，盲目地采用一些不适宜的节能技术，不仅抬高了投资，运行和维护成本也十分昂贵，还可能导致实际能耗高于一般建筑的情况发生。①

三 节能减排和控制温室气体排放的环境效益

节能减排和 GHG 控制的目的都是为了减少人类活动对环境的负面影响，它们与环境保护在本质上是相通的。国内外研究证明，减缓气候变化和节能减排的成效与环境保护之间具有协同效应，环境改善与温室气体减排是共赢的。②

二氧化碳等气体的过多排放引起的温室效应对环境和人类生存造成了很大的威胁，造成臭氧空洞日益扩大、全球海平面上升、极端恶劣天气增多等③。节约能源，提高能源利用效率，发展可再生和清洁能源不仅能够使资源得到节约，而且能够减少污染物排放。节能减排和 GHG 控制对减少二氧化碳等温室气体具有很大的作用，有利于解决环境问题，减缓环境变化。节能减排和减少温室气体排放有利于环境保护和经济与环境的可持续发展。

首先，我国的节能减排政策极大地促进了能源节约和污染物减排，节能减排和 GHG 控制之间有明显的协同效应，这种效应既有正效应，也有负效应。总的来看，节能减排与 GHG 控制之间的正效应大于负效应，节能减排极大地促进了 GHG 排放量的下降。

其次，节能减排、GHG 控制与环境保护在本质上是相通的，有利于解决面临的全球环境问题，促进社会经济环境的协调发展。

---

① 田春秀、於俊杰：《制定环境保护与低碳发展协同政策》，2011 年 3 月 17 日《中国环境报》。

② 付加锋、庄贵阳、高庆先：《低碳经济的概念辨识及评价指标体系构建》，《中国人口资源与环境》2010 年第 8 期，第 38 ~ 40 页。

③ 王大全：《〈京都议定书〉、"低碳经济"与二氧化碳绿色化》，第十届中国科协年会论文集（三），2008。

Gr.24
企业管理人员气候变化意识的问卷调查与分析

许光清*

摘　要：气候变化已经成为全球工商业的重要议题，作为社会责任的履约者以及气候变化的重要利益相关者之一，企业在应对气候变化中担任着重要的角色。本文的分析基于作者所做的面向企业管理人员的气候变化意识问卷调查，该调查问卷主要针对被调查者对气候变化问题的认知和应对气候变化的行为意愿、已经采取的行动等展开调查。基于该调查问卷，对被调查者对气候变化问题的认知和应对气候变化的行为意愿进行统计分析，同时运用认知指数、行为指数和气候变化意识指数三个指数，就企业管理人员的背景情况与认知、行为、意识间的关系展开分析。最后，以全方位提高企业管理人员的气候变化意识、推动企业积极应对气候变化为目的，提出了相关的政策建议。

关键词：企业　气候变化意识　问卷调查

一　导言

全球气候变化正在深刻影响着人类的生存和发展，是当今国际社会共同面临的重大挑战。气候变化已经成为全球工商业的重要议题，作为社会责任的履约者以及气候变化的利益相关者之一，企业在应对气候变化中担任着重要的角色。

国内外学者开始意识到气候变化背景下企业受到的影响及面临的机遇和挑战，邓梁春认为气候变化本身以及应对气候变化的国际国内行动都将对企业产生影响，气候变化还将使企业的原材料投入、中间产品以及最终产品的价格产生变

* 许光清，中国人民大学环境学院副教授，经济学博士，主要研究方向为环境经济学、气候变化经济学。

化，从而影响企业的市场竞争力，同时也是企业实现生产运营方式和产品服务市场战略转型的重大机遇。① 潘家华等认为企业界之所以越来越重视气候变化问题，有其内在原因。第一，企业已经或者将不可避免地受到更为严格的限制温室气体排放措施的限制，提前行动可以规避因气候变化以及监管措施变动所可能带来的风险；第二，越来越多的公众也开始关注气候变化问题，因此，采取积极态度有利于企业迎合社会舆论，体现社会责任，树立良好商业形象，增加无形资产；第三，关注气候问题有利于企业实现技术创新，保持和提高核心竞争力；第四，关注气候变化问题带来了新的商业机会。②

国内也有研究已经意识到气候变化背景下中国企业界在企业战略层面上的欠缺，如姜克隽等认为，中国企业对气候变化和低碳经济的认识起步较晚，大多数中国企业还没有从战略角度来思考低碳发展问题，也没有以全球视野来研究应对气候变化的重要性。③ 碳信息披露项目中国报告发现，从总体上看，中国企业多数还是将气候变化视为风险，尤其是将其视为政府的政策要求，被动应对，但也有部分行业的龙头企业采取了更积极主动的策略。④

近十几年来，国内外有关公众气候变化意识的调查非常多⑤，但这类调查研

① 邓梁春：《应对气候变化与发展低碳经济：企业的挑战与机遇》，《世界环境》2008 年第 6 期，第 60 ~62 页。

② 潘家华、陈迎、庄贵阳、杨宏伟：《2008 ~2009 年全球应对气候变化形势分析与展望》，载王伟光、郑国光主编《2009 气候变化绿皮书》，社会科学文献出版社，2009，第 1 ~38 页。

③ 姜克隽、苗韧、郑平、李超顾：《气候变化与中国企业》[R/OL]，中国企业家俱乐部，世界自然基金会，2010 [2010 –07 –01]，http：//www. wwfchina. org/wwfpress/publication/climate/CCandCE. pdf。

④ 商道纵横：《碳信息披露项目中国报告》[R/OL]，2010 [2010 – 12 – 01]，http：//www. syntao. com/new_ theme4Detail. asp？ThemeID = 98&T4 AR = 3&Page_ ID = 13324。

⑤ 参见 Richard J. Bord, Ann Fisher, Robert E. O'Connor. Public perceptions of global warming: United States and international perspectives, Climate Research, 1998 (11): 75 – 84; Steven R. Brechin. Comparative Public Opinion and Knowledge on Global Climatic Change and the Kyoto Protocol: The U. S. Versus the World?, International Journal of Sociology and Social Policy, 2003, 10 (23): 106 – 131; Irene Lorenzoni, Nick E Pidgeon. 2006, Public views on climate change: European and USA Perspectives, Climate Change, 2006 (77): 73 – 95; Irene Lorenzoni, Sophie Nicholson-Cole, Lorraine Whitmarsh. 2007, Barriers perceived to engaging with climate change among the UK public and their policy implications, Global Environmental Change, 1 (17): 445 –459; Jan C. Semenza, David E. Hall etc. 2008, Public Perception of Climate Change, American Journal of Preventive Medicine, 35 (5): 479 –487; Yuki Sampei, Midori Aoyagi-Usui. 2009, Mass-media coverage, its influence on public awareness of climate-change issues, and implications for Japan's national campaign to reduce greenhouse gas emissions, Global Environmental Change, (19): 203 – 212;（转下页注）

究主要集中于对公众的研究，而对于作为节能减排、发展低碳经济主力军的企业，专门的调查研究非常少。

气候变化意识属于广义的环境意识的一部分，是伴随着人们对气候变化问题的认识和人类应对气候变化的努力而产生的。气候变化意识也主要包括两方面的含义，其一是对气候变化问题的认识水平，其二是应对气候变化的自觉程度。企业管理人员的气候变化意识主要指企业管理人员作为企业决策、企业行为的主体时的气候变化意识，不完全等同于其作为普通公众的气候变化意识。[①] 由于企业在应对气候变化中的显著作用，企业管理人员的气候变化意识在应对气候变化的进程中起着尤为重要的作用。

本文基于作者所做的一项针对企业管理人员气候变化意识的调查，认为企业管理人员的意识包括对气候变化问题的认知和应对气候变化的行为意愿两部分。其中对气候变化问题的认知包括对气候变化原因的认知、对气候变化全球协议和中国政策的认知、对气候变化的影响的认知、对减缓气候变化的措施的认知和对适应气候变化的措施的认知几个方面；应对气候变化的行为意愿主要包括愿意采取的减缓气候变化的个人行为、各利益相关方在应对气候变化中的责任分担、企业应对气候变化的主要推动力、企业已经采取的应对气候变化的措施等。[②]

二　研究方法

（一）问卷结构及内容

问卷内容的设计基于前述气候变化意识的含义和如下假设：意识水平在企业管理人员的性别、年龄、学历、行业、企业的不同部门、企业规模和企业性质之间可能存在差异。

（接上页注⑤）潘葳楠、余潇潇、潘根兴、李恋卿、张旭辉等：《大学生气候变化意识的一次调查——以南京农业大学为例》，《气候变化研究进展》2009 年第 5 期，第 304～307 页；Lorraine Whitmarsh, Gill Seyfang, Saffron O'Neill. Public engagement with carbon and climate change: To what extent is the public "carbon capable"? Global Environmental Change, 2010（7）：1～9。

① 许光清、郭会珍、原阳阳、董志勇：《企业管理人员气候变化意识及影响因素分析》，《气候变化研究进展》2011 年第 1 期，第 59～64 页。

② 许光清、董志勇、郭颖：《企业管理人员气候变化意识的统计分析》，《中国人口资源与环境》2011 年第 7 期，第 62～67 页。

问卷分三部分，共计22道多选题，包括以下内容。

第一部分是基本情况，包含7道题。包括作答人员的性别、年龄、学历和职务类型，还包括企业的主营业务领域、规模和性质。

第二部分包括8道气候变化方面的选择题，主要涵盖气候变化知识、相关组织公约及我国应对气候变化的相关政策及目标等。该部分主要用于调查被调查者对气候变化相关知识的关注情况和认知程度。

第三部分含有7道行为意愿调查题，主要用于调查企业管理人员作为普通公众转变生活方式、应对气候变化的践行意愿和作为企业决策者应对气候变化的践行意愿、已经采取的行动等。

（二）指数构造

根据前述气候变化意识的含义，本文归纳出三个指数：认知指数、行为指数和意识指数。认知指数反映企业管理人员对气候变化现状、原因、带来的危害、应对措施等的了解程度，以及对气候变化相关国际公约和我国相关政策的认知程度。行为指数反映作为普通公众转变生活方式、应对气候变化的行为意愿和企业管理人员节能、承担社会责任及发展低碳经济的行为意愿、已经采取的行动等。由于前述企业管理人员气候变化意识的特殊性和重要性，行为指数中企业管理人员应对气候变化的行为意愿的分值显著高于其作为普通公众的行为意愿的分值。意识指数等于认知指数和行为指数的算术平均。

（三）指数评价方法

本文采用交叉列联分析的方法分析企业管理人员的背景对其气候变化意识的影响，参考相关文献[①]，指数的评价等级采用如表1所示的四级评价法。

表1　指数综合评价级别

分　值	40分以下	40~60分	60~80分	80分以上
评　价	较差	一般	较好	优良

---

① 洪大用：《公民环境意识的综合评判及抽样分析》，《科技导报》1998年第9期，第13~16页；周景博、邹骥：《北京市公众环境意识的总体评价与影响因素》，《北京社会科学》2005年第2期，第128~133页。

三　被调查者的原始信息

本次调查采用访问调查的方式，时间从 2010 年 1 月至 2010 年 8 月，共发放问卷 380 份，收回 366 份，其中有效问卷 358 份；回收率为 96%，有效回收率为 94%。

（一）性别比例、年龄及受教育程度

在所有的被调查者当中，有男性 240 人，占 67%；女性 118 人，占 33%。

被调查者的年龄与受教育程度的分布也呈现出一定的特点，年龄在 36 岁到 45 岁之间的大约占 40%，然后是 26 岁到 35 岁，由此体现出企业管理人员的年轻化。就受教育程度而言，本科及以下学历的占到了近八成，研究生及以上学历的占近两成，而博士及以上学历的占 3%。

（二）所在企业的基本情况

在被调查者所属企业的主营业务类型中，第三产业和第二产业居多，分别占总体的 50% 和 49%；第一产业仅占 1%。就被调查者而言，本次调查以国有企业为主，占被调查者的一半，其次是私营企业，占 27%。同时，来自大型企业的占 34%，来自中型企业的占 44%，来自小型企业的占 22%。

（三）所在工作部门

本次调查所涉及的企业管理人员所属的工作部门的分布如下：董事和监事占 17%，技术占 22%，销售占 21%，人事和财务占 29%，其他占 11%。

四　气候变化意识的统计分析

（一）有关气候变化问题的认知

1. 气候变化的原因

表 2 列出了有关气候变化的原因以及受访企业管理人员的正确答题率。总体

来说，企业管理人员对于气候变化的原因的认知水平处于中等偏下的状况，平均正确率为44%。58%的企业管理人员认识到全球平均温度上升有90%以上的可能性是人类活动造成的，36%的企业管理人员认识到气候变化是由于大气中温室气体浓度升高造成的，32%的企业管理人员认识到温室气体主要是由化石燃料燃烧排放的，59%的企业管理人员认识到大气中的温室气体绝大部分是工业革命以来发达国家排放的，37%的企业管理人员认识到人类土地利用方式的改变也造成了大气中温室气体浓度升高。

表 2　对气候变化原因相关知识的了解

单位：%

问　　题	正确率
全球平均温度上升有90%以上的可能性是人类活动造成的	58
气候变化是由于大气中温室气体浓度升高造成的	36
温室气体主要是由化石燃料燃烧排放的	32
大气中的温室气体绝大部分是工业革命以来发达国家排放的	59
人类土地利用方式的改变，也造成了大气中的温室气体浓度升高	37
平均正确率	44

2. 气候变化的全球协议和中国政策

表3列出了有关气候变化的全球协议和中国政策的基本问题以及受访企业管理人员的正确答题率。总体来说，企业管理人员对于气候变化的全球协议和中国政策的认知水平相当低，平均正确率只有27%。应对气候变化的相关国际组织和国际公约，包括《联合国气候变化框架公约》和《京都议定书》的三个灵活合作机制——排放贸易、联合履约和清洁发展机制，有35%的企业管理人员选

表 3　对气候变化全球协议相关知识及中国政策的了解

单位：%

问　　题	正确率
应对气候变化的国际组织和国际公约	35
《京都议定书》定义的主要温室气体	25
欧盟提出的全球升温的安全幅度	21
中国提出的2020年二氧化碳排放强度目标	25
平均正确率	27

出了正确答案。在被问及《京都议定书》定义的人类活动排放的六种温室气体时，正确率只有25%，大多数企业管理人员将氮气排除在温室气体之外，但很少有人能将二氧化硫排除在温室气体之外，主要是因为"十一五"期间国内节能减排的工作力度和宣传力度巨大，而其减排的主要污染物是二氧化硫和化学需氧量，在一定程度上使企业管理人员的认知出现了混淆，将大气污染物二氧化硫也看做温室气体。

受访企业管理人员对于欧盟提出的全球升温的安全幅度的答题正确率只有21%。2℃上限属于共同愿景的部分内容，是当前国际谈判的一项重要议题，共同愿景是《巴厘行动计划》在《联合国气候变化框架公约》长期合作行动中列出的要素之一，是一个非常综合而复杂的问题，交织着科学、经济、政治、伦理等诸多因素，与减缓、适应、技术和资金等议题都有联系。无论是欧盟推崇的2℃上限，还是450ppmv或550ppmv危险浓度水平，以及3瓦/平方米或4.5瓦/平方米辐射强迫的稳定情景，都是同一个问题的不同表现形式。由于该问题的难度和复杂性，受访企业管理人员的答题正确率偏低是可以理解的。

只有25%的受访企业管理人员正确选出了中国到2020年的控制二氧化碳排放强度的目标。40%~45%的目标是在2009年哥本哈根气候大会召开前夕由温家宝总理宣布的，被认为是充分体现了中国作为一个负责任的大国的形象，并且在当时广泛宣传。企业管理人员对该问题的答题正确率依然很低，这充分说明受访的企业管理人员的气候变化认知有所欠缺。

由此可见，企业管理人员对于气候变化的全球协议和中国政策的认知水平相当低，说明企业管理人员这方面的气候变化知识有所欠缺，由于传统媒体、网络和看到或听到的环保宣传活动是企业管理人员了解气候变化问题的最主要的途径，企业管理人员了解气候变化问题主要是被动的，自觉程度较低，其气候变化知识缺乏系统性和应有的深度。

3. 气候变化的影响

在对气候变化的影响的认知上，受访的企业管理人员的平均正确率达到了60%，远远超出了对气候变化原因的认识和对气候变化全球协议及中国政策的了解（见图1）。75%的企业管理人员认识到极端气候事件出现的频率增加是由于气候变化的影响，65%的企业管理人员认识到局部地区的洪涝、干旱加剧也是由于气候变化的影响，64％的企业管理人员认识到海平面上升也是由于气候变化的影响，63％的企业管理人员认识到生态系统和生物多样性受影响也是由于气候变化，55％的企业管理人员认识到气候变化还会影响人类健康。由于这些气候变化的影响比较直观，也由于近年来中国国内气象、自然灾害频发，造成了巨大的经济损失，媒体报道的力度也比较大，引起了人们的普遍关注，使得企业管理人员对这部分气候变化影响的认知水平比较高。但是仅仅有35％的企业管理人员认识到气候变化会使粮食产量受影响，这主要是因为受访的企业管理人员主要分布在第二、第三产业，缺乏对农业领域的直观认识，而媒体的报道中也鲜有涉及气候变化对粮食产量的影响的内容。

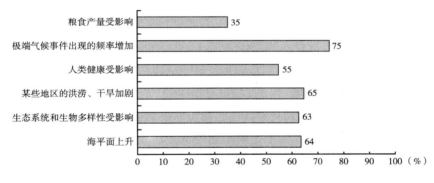

图1　对气候变化影响的认识

4. 减缓气候变化的措施

在对减缓气候变化的措施的认知上，受访的企业管理人员的平均正确率也达到了60％，75％的企业管理人员认识到改变消费模式和生活方式可以减缓气候变化，73％的企业管理人员认识到植树造林、保护森林可以减缓气候变化，66％的企业管理人员认识到开发利用可再生能源可以减缓气候变化，52％的企业管理人员认识到提高能效可以减缓气候变化（见图2）。这些减缓措施的认知程度比较高，主要因为受访的企业管理人员主要分布于第二和第三产业，对上述减缓措施有比较直观的认识，同时也得力于媒体的广泛宣传。但是，对减缓气候变化的具体技术，仅有约1/3（35％）的企业管理人员认识到推广使用碳捕获与封存（CCS）技术可以减缓气候变化，主要由于该技术的成本过高，很难在现阶段大规模推广，导致其在企业管理人员中的认知偏低。但是该技术作为一项重要的在未来有巨大潜力的减缓气候变化的技术，在国际社会上已经得到众多政府官员、研究人员、企业界人士的认可，由此可见，国内受访的企业管理人员对具体的减缓气候变化的技术措施还缺乏系统全面的了解和认识。

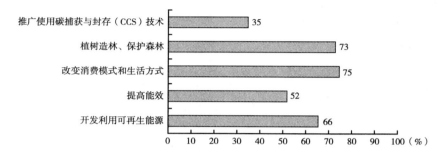

图 2　对减缓气候变化措施的认识

5. 适应气候变化的措施

在对适应气候变化的措施的认知上，受访的企业管理人员的平均正确率达到了46%，但是对各项适应气候变化的措施的认知程度有明显的差别，说明企业管理人员缺乏适应气候变化领域的系统知识，其知识呈现零散化的特点（见图3）。强化对生态系统的保护是受访企业管理人员认识到的最主要的适应气候变化的措施，有88%的受访者选择了这一项；强化水资源管理和提高气象灾害防御能力也是受访的企业管理人员认识到的比较主要的适应气候变化的措施，分别有58%和42%的受访者选择了这两项；仅有1/3左右的受访企业管理人员认

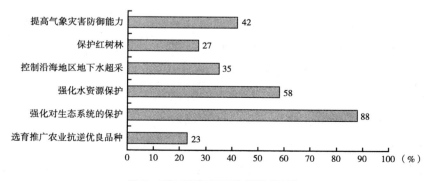

图 3　对适应气候变化措施的认识

识到控制沿海地区地下水超采和保护红树林也是适应气候变化的措施，分别有35%和27%的受访者选择了这两项，可见受访的企业管理人员普遍对海岸带环境与生态系统在气候变化中的脆弱性和我国海岸带在国民经济发展中的重要作用认识不足；在农业领域，仅仅有23%的企业管理人员认识到选育推广农业抗逆优良品种也是适应气候变化的措施，这与前述仅有35%的企业管理人员认识到气候变化会使粮食产量受影响相呼应，再一次印证了受访的企业管理人员缺乏农业领域受气候变化影响及如何适应气候变化的相关知识。

（二）应对气候变化的行为意愿

1. 愿意采取的减缓气候变化的个人行为

企业管理人员也是社会公民的一分子，首先应当承担作为一个公民的环境责任和应尽的义务。表4显示了受访企业管理人员作为公民为了减少温室气体排放而愿意采取的行动。总体上看，分别有86%、84%、77%的受访企业管理人员非常愿意采取节约用水、节约用电、购买节能产品等行动来减缓气候变化，分别有61%和60%的受访企业管理人员愿意采取低碳办公和减少奢侈品的购买和使用等行动来减缓气候变化。然而，在购买当地当季水果和蔬菜、尽量乘坐公共交通工具、尽量减少坐飞机的次数等减缓气候变化的个人行为上，选择肯定会这么做的企业管理人员比例明显下降，分别为40%、39%和28%，这可能与企业管理人员普遍生活节奏紧张、公务繁忙有关，可见当减缓气候变化的行动与工作效率发生矛盾时，大多数人的选择还是以工作效率为主。

表4 愿意采取的减缓气候变化的个人行为

单位：%

减缓气候变化的个人行为	肯定会做	也许，不太确定	不会做
购买节能产品	77	17	2
节约用电	84	11	2
节约用水	86	7	3
尽量减少坐飞机的次数	28	30	13
尽量乘坐公共交通工具	39	46	8
购买本地当季水果和蔬菜	40	45	7
减少奢侈品的购买和使用	60	27	6
低碳办公	61	31	2

2. 各利益相关方在应对气候变化中的责任分担

表 5 是受访的企业管理人员选出的应对气候变化各利益相关方应当承担的责任，可见大部分企业管理人员认为中央政府、地方政府、企业和社会公众是应对气候变化的主要利益相关方。

表5　应对气候变化各利益相关方应当承担的责任

单位：%

利益相关方	完全由该方做	该方做大部分	该方做小部分	完全没必要由该方做
社会公众	22	46	26	2
企　业	31	50	12	2
中央政府	44	43	5	3
地方政府	41	46	42	2
环保非政府组织	23	28	33	8

3. 企业应对气候变化的主要推动力

图 4 是调查中关于企业应对气候变化的主要推动力的结果。从图中可知，69% 的企业管理人员选择了强制性的标准和法令的执行，61% 的企业管理人员选择了经济激励政策的引导，这两项是企业应对气候变化的最主要的原因。

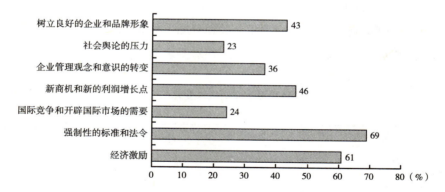

图4　企业应对气候变化的主要推动力

同时，46% 的企业管理人员选择了新商机和新的利润增长点的驱动，有43% 的企业管理人员选择了树立良好的企业和品牌形象、提升企业竞争力的需要，有 36% 的企业管理人员选择了企业管理观念和意识的转变，由此可见，已有少部分的企业管理人员主动将企业的长期发展战略、发展目标和应对气候变化有机结合，并能意识到气候变化带来的新机遇。

另外，仅有24%的企业管理人员认为应对气候变化是国际竞争和开辟国际市场的需要，这可能与此次调查的大多数的企业管理人员来自内向型企业有关，同时也说明大多数的企业管理人员无论在应对气候变化问题上还是在企业发展问题上还没有全球视野；仅有23%的企业管理人员认为应对气候变化是由于受到了来自社会舆论的压力，这说明了全社会应对气候变化的氛围还比较弱，同时也说明在我国，对企业行为来说，社会公众的影响力很小。

4. 企业已经采取的应对气候变化的措施

图5是企业在应对气候变化方面已经采取的具体措施。从图5中可知，57%的企业节能减排成效显著；53%的企业已经提高了能效；有49%的企业已经采取了淘汰落后产能，39%的企业开展了清洁生产和循环经济，另有38%的企业利用了可再生能源。由此可见，中国企业已经采取的应对气候变化的具体措施主要是节能减排取得了明显成效、提高了能效、淘汰了落后产能、开展了清洁生产及循环经济、利用了可再生能源。

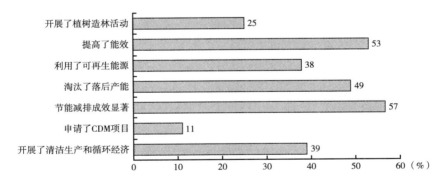

图5 企业在应对气候变化方面已经采取的具体措施

仅有11%的企业申请了清洁发展机制项目，虽然 CDM 项目在我国发展迅速，截至 2009 年底，我国企业通过参与 CDM 项目，已获签发的减排量达 2.2 亿吨 CO_2 当量，但是，对大多数的企业来说，由于信息、能力等障碍，或者产业类型、主营业务的不同，并没有从 CDM 项目中受益，也没有通过 CDM 项目获得相关的气候变化知识，从而提升气候变化意识。

五 气候变化意识的影响因素分析

（一）认知指数及影响因素

根据问卷调查的统计结果，企业管理人员整体认知指数平均得分 67 分，属于中等水平；被调查者中认知得分最高为 100 分，最低为 15 分，个体差异较大；64% 的被调查者气候变化认知得分在 60 分以上，达到中等及以上水平。

根据调查数据，分析企业管理人员的背景情况对认知指数的影响，如表 6 所示。通过交叉列联表分析，单因素 Pearson X2 检验表明，学历、企业性质、企业规模和工作部门对认知指数的影响在 P = 0.05 的水平上是显著的，而年龄、性别、产业类型的 P 值大于 0.05，表明这些因素对认知指数的影响不显著。

表6 认知指数及影响因素

维　度		较差（%）	一般（%）	较好（%）	优良（%）	X²	P
学　历	本科及以下	18	17	26	39	11.26	0.0103
	硕士及以上	10	33	20	37		
企业性质	国有	9	18	25	47	25.07	0.0003
	私营	22	27	23	29		
	其他	25	21	22	32		
企业规模	大型	7	19	27	47	35.95	0.0000
	中型	13	24	21	42		
	小型	34	20	24	23		
工作部门	董事、监事	28	19	25	28	28.33	0.0008
	销售	12	31	17	40		
	技术	23	16	26	36		
	人事、财务	10	22	24	45		

从学历来看，硕士及以上的稍微好些，40 分以上的硕士及以上占 90%，本科及以下为 82%；但另一方面，本科及以下的企业管理人员认知水平的及格率为 65%；硕士及以上的及格率为 57%。

从企业性质来看，国有企业管理人员的认知水平明显优于其他性质企业；私营企业次之；集体所有制企业、"三资"企业和联营企业的企业管理人员的认知水平是较低的。

从企业规模来看，大型企业的企业管理人员的认知水平明显高于中型企业和小型企业，中型的又高于小型的。

从工作部门来看，人事部门和财务部门的认知水平高于其他部门；销售部门和技术部门次之；董事会和监事会的认知水平最低。

（二）行为指数及影响因素

根据问卷调查的统计结果，企业管理人员整体行为指数平均得分 69 分，属于中等水平；被调查者中行为得分最高为 100 分，最低为 12 分，个体差异较大；75% 的被调查者气候变化行为得分在 60 分以上，达到中等及以上水平。

企业管理人员的背景对行为指数的影响见表 7。通过交叉列联表分析，单因素 Pearson X2 检验表明，性别、年龄和工作部门对行为指数的影响是显著的，而学历、企业规模、产业类型和企业性质的 P 值均大于 0.05，表明这些因素对行为指数的影响不显著。

表 7　行为指数及影响因素

		较差(%)	一般(%)	较好(%)	优良(%)	X^2	P
性　　别	男	6	23	45	25	13.18	0.0042
	女	3	14	42	42		
年　　龄	26～35 岁	3	21	39	37	24.33	0.0004
	36～45 岁	5	24	53	18		
	其他	6	16	38	40		
工作部门	董事、监事	8	21	43	28	23.04	0.0061
	销售	3	28	46	23		
	技术	3	24	40	33		
	人事、财务	5	11	43	40		

从性别来看，男性企业管理人员的行为水平要低于女企业管理人员的行为水平，无论是优良水平以上的还是较差水平以下的女性企业管理人员都占优势。

从年龄来看，26～35 岁的企业管理人员行为水平在所有年龄段中是最好的，36～45 岁的企业管理人员的行为水平次之。26～35 岁和 36～45 岁的企业管理人员的行为水平 40 分以上的分布占 97% 和 95%。

从工作部门来看，销售部门和技术部门的行为水平高于其他部门的；人事部门和财务部门次之；董事会和监事会的行为水平最低。可见，无论是认知水平还是行为水平，董事会和监事会都是最低的。

（三）意识指数及影响因素

根据问卷调查的统计结果，企业管理人员整体意识指数平均得分68分，属于中等水平；被调查者中意识得分最高为96分，最低为16分，个体差异较大；71%的被调查者气候变化意识得分在60分以上，达到中等及以上水平。

企业管理人员的背景对意识指数的影响见表8。通过交叉列联表分析，单因素 Pearson X2 检验表明，企业性质、企业规模和工作部门对意识指数的影响是显著的，而性别、年龄、学历和产业类型的 P 值均大于0.05，表明这些因素对意识指数的影响不显著。

表8 意识指数及影响因素

		较差（%）	一般（%）	较好（%）	优良（%）	X^2	P
企业性质	国有	5	17	49	29	21.06	0.0017
	私营	6	31	41	22		
	其他	3	36	39	22		
企业规模	大型	5	15	53	28	26.45	0.0001
	中型	3	25	43	29		
	小型	8	39	34	18		
工作部门	董事、监事	11	23	47	19	23.26	0.0056
	销售	5	29	46	20		
	技术	4	30	41	24		
	人事、财务	2	18	47	33		

从企业性质来看，国有企业管理人员的意识水平优于私营企业及其他，处于一般水平以上的国有企业管理人员的意识水平为95%，私营企业的为94%；及格率以上的国有企业管理人员的意识水平为78%，私营企业的为63%。

从企业规模来看，大型和中型企业的管理人员的意识水平要好于小型企业，因此，从一般意义上来说，企业规模越大，其管理人员的意识水平越高。

从工作部门来看，人事和财务部门的意识水平高于其他部门；技术和销售部门次之；董事会和监事会的意识水平最低。可见，意识水平与认知水平和行为水平保持了一致。

（四）相关影响因素分析

1. 年龄的影响

26～35岁的企业管理人员接触网络等新媒体的机会较多，善于且乐于接受新事物。网络相对于其他传统媒体，更有利于提供系统的气候变化知识，有较多机会接触网络的企业管理人员的意识水平自然要相对较高。同时，本次调查显示26岁以下的企业管理人员意识水平比较低，主要由于该年龄段的企业管理人员样本较少，同时该年龄段的企业管理人员主要来自私营企业和中小企业。

2. 教育程度的影响

受教育程度是影响公众环境意识的一个突出因素，受过较好教育的群体，他们的环境意识远远高于教育程度低的群体。教育程度高的企业管理人员能更主动地获取气候变化相关知识、寻找新商机和新利润增长点。

3. 产业类型的影响

第二产业的企业管理人员具有较高的认知水平，这主要是因为国家已经采取了淘汰落后产能、关停并转等一系列的措施，各企业尤其是第二产业的企业在国家强制性的法律法规等各方面的压力下，纷纷转变发展模式，同时主动寻找应对气候变化中的新商机和新利润增长点。因而，整体来说，第二产业的企业管理人员对气候变化的认知水平要高些。

4. 企业类型的影响

国有企业的企业管理人员具有较高的认知水平和意识水平。国有经济是国家节能减排战略的主要实施者，国有企业在节能减排工作中作出的表率作用促进了其管理人员气候变化意识的提高。应对气候变化，国有企业比其他企业有更大的责任和动力，相应的，国有企业的企业管理人员也有较高的认知水平和意识水平。

5. 企业规模的影响

大型企业的企业管理人员具有较高的认知水平、行为水平及意识水平。在我国，大多数的大型企业既是第二产业又是国有企业。因此，关于产业类型和企业

类型的分析同样适用于企业规模。大型的国有企业处于节能减排和应对气候变化的前沿阵地，其管理人员自然具有较高的气候变化意识。

6. 工作部门的影响

技术和销售部门的企业管理人员具有较高的行为水平，人事和财务部门具有较高的认知水平和意识水平。本次调查显示董事会和监事会的意识水平最低，主要由于参与调查的董事会和监事会主要来自私营企业和中小企业，同时，董事和监事的行为指数较差得分率优于其认知指数的较差得分率，可见虽然这部分管理人员对气候变化问题的认知水平较低，但其践行应对气候变化的行为水平却高于其认知水平。

六　结论和建议

由于企业管理人员气候变化意识在应对气候变化进程中的重要性，识别企业管理人员气候变化意识的影响因素，以全方位地提高企业管理人员的气候变化意识为目的，积极采取相应的政策措施，是政府和相关管理机构应该重视和急需解决的问题。基于上述分析和总结，并结合专家学者及政府官员的观点①，本文提出以下的政策建议：

第一，与媒体宣传相结合，对企业管理人员加强气候变化方面的培训，使企业管理人员对气候变化问题的认知更加具体化、系统化。

第二，积极实行促进企业应对气候变化的经济激励政策，创造全社会积极应对气候变化的氛围，鼓励企业进行低碳产品认证、自愿碳减排、碳交易、碳中和等尝试，使企业管理人员特别是高层管理人员的气候变化意识进一步提高，使中国企业从被动迎接气候变化的挑战转变为从企业战略的高度上主动出击。

第三，与节能减排政策相结合，重视强制性的标准和法规的作用，进一步实行可再生能源强制入网、提高能效标准、循环经济立法和试点、淘汰落后产能、

---

① 郑国光：《对哥本哈根气候变化大会之后我国应对气候变化新形势和新任务的思考》，《气候变化研究进展》2010 年第 2 期，第 79～82 页；徐冠华：《关于建设创新型国家的几个重要问题》，《中国软科学》2006 年第 10 期，第 1～14 页；李俊峰：《发展好新能源产业，政府应该做什么》，《绿叶》2010 年第 8 期，第 9～14 页；唐丁丁：《开展低碳产品认证　引领可持续消费》，《环境保护》2010 年第 16 期，第 32～34 页。

"关停并转"、"上大压小"等一系列命令控制型手段，促进企业采取应对气候变化的战略和行动。

第四，重视针对非国有企业和中小企业的企业管理人员气候变化意识提升的行动和措施，虽然国有企业在一些关系国计民生的重要行业中居主导地位，但非国有经济各项指标在整个国民经济中的比重迅速上升，已经成为中国经济的重要组成部分。非国有企业和中小企业管理人员气候变化意识的提高显然可以极大地促进我国企业应对气候变化的进程。

第五，重视针对第三产业企业管理人员气候变化意识提升的行动和措施，虽然我国当前的能源消费以第二产业为主，但是随着人们生活水平的提高，我国在交通和建筑领域的能源消耗增长迅速，而发达国家第三产业的企业在应对气候变化方面已经做了许多卓有成效的探索和尝试。因此，交通运输业、商品零售业等第三产业的企业管理人员气候变化意识的提高有利于应对未来日益严峻的挑战。

第六，积极发挥学术团体和环保民间社团的作用，提高公众的气候变化意识，创造全社会积极应对气候变化的氛围，充分发挥公众的作用，对企业行为加强监督，从而进一步提升企业的气候变化意识。

第七，通过增加投入，加强国际交流与合作等各种形式，鼓励民间资本进入新技术行业，创设公平的竞争环境，加强企业创新能力，使企业有足够的能力和潜力主动应对气候变化。

Ｇ.25
低碳发展与适应气候变化的
协同效应及其政策含义[*]

王文军　郑 艳[**]

摘　要： 低碳发展与适应气候变化的协同行动是气候领域研究的新课题，本文从这个课题的研究背景出发，对有关减缓与适应行动协同管理的研究文献和实践进展进行了综述，证明对减缓和适应活动进行协同管理是可行的。在协同管理的几个关键要素的基础上，立足于我国减缓和适应的重点领域，对三类适应活动和能源领域的减缓活动之间的协同效应进行了分析，发现约有一半的活动可以通过协同管理发挥协同效应。最后以沿海省份广东为例，进行了减缓和适应活动在具体领域的协同管理分析，并在以上分析基础上进行了经验总结，提出了政策建议。

关键词： 气候变化　低碳发展　适应　协同

减少温室气体排放和适应气候变化是降低气候风险最重要的行动（IPCC AR4，Working Group I & III，2007）。即使最严格的减缓措施也不能避免气候变化在未来几十年里对人类社会产生影响，适应活动势在必行；同样，如果不采取减缓行动，剧烈的气候变化将可能使人类社会难以持续。因此，对减缓和适应活动进行有效管理，通过减缓活动增强地区适应能力，在适应活动中考虑低碳措施，是未来大部分地区的气候政策目标。我国是温室气体排放大国，面临着艰巨

---

  *　本文受到国家自然基金重点项目（编号：70933005）的资助，是中国博士后基金"沿海城市减缓与适应行动的协同效应研究"（编号：y105021001）部分研究成果。

 **　王文军，中国科学院广州能源研究所，经济学博士，研究领域为能源与气候政策、环境经济学；郑艳，中国社会科学院城市发展与环境研究所，经济学博士，研究领域为适应气候变化与可持续发展。

的减缓任务，同时由于许多地区经济、自然条件和地理条件具有气候脆弱性，适应气候变化带来的影响也是当务之急，因此，对减缓和适应行动进行协同管理，是我国应对气候变化的重要举措。

一 低碳发展与适应气候变化的协同管理：研究背景及综述

减少温室气体排放作为低碳发展的主要内容，和适应气候变化行动有着千丝万缕的联系，在时间、空间、内容和效果上部分重叠、交互影响（Gitay et al.，2001；Vellinga et al.，2001；Cohen et al.，2001）。在城市应对气候变化行动中，应该考虑这种交互关系，对具有协同效应的行动进行辨识和管理，低成本高效率地实现低碳发展目标，保持经济社会可持续发展。

（一）研究背景

在 IPCC 首次提出减缓和适应协同行动的设想前，各国在应对气候变化行动中，一般将减缓和适应活动作为相互独立的两个部分分别制订行动方案，没有考虑两者的交互影响。随着应对气候变化活动的深入，发现一些适应气候变化的措施会在减轻地区气候风险的同时带来温室气体排放，不利于低碳目标的实现（如增加化石能源的使用）；或者，一些具有经济/技术可行性的低碳措施可能会增加生态系统脆弱性，降低地方适应气候变化的能力。于是一些学者开始考虑适应气候变化与可持续发展系统之间的关系（Metz，2000；Beg et al.，2002；Markandya and Halsnæs，2002；Klein and Smith，2003；林而达，2007），但是仍然没有涉及减缓和适应行动的协同管理。

IPCC 在第三次评估报告（IPCC，2001a）中首次提出对减缓和适应行动进行协同管理的设想，并得到了部分学者的响应（Moomaw et al.，2001；GAIM Task Force，2002；Clark et al.，2004）。但是，由于当时减缓和适应的关系还没有被理清，对减缓和适应行动协同管理的研究尚处于概念辨识和方法学摸索阶段，以定性研究为主。经过 6 年的探索与研究，国际气候学界正式将减缓和适应活动的协同管理提上研究日程。IPCC 在第四次评估报告中专门增加了一章（IPCC AR4，Chapter 18.，2007c），对减缓与适应行动协同管理的研究现状进行概括和

分析，呼吁各国研究者对减缓和适应行动的协同效应进行定量研究，并指出这是一个非常有前景的研究方向。

根据协同论，如果一个系统内部各子系统之间相互协调配合，共同围绕目标齐心协力地运作，产生"1 + 1 > 2"的效应称之为协同效应。① 同样，如果将应对气候变化行动看成一个体系，其中某些减少大气中温室气体浓度的措施同时也能够减少气候变化对人类和自然环境造成的不利影响，或者减少气候变化不利影响的措施能够降低温室气体浓度，产生比预期更大的效果，我们就称之为减缓和适应行动的协同效应。通过对减缓/适应行动进行有意识的管理，产生更多的协同效应，称之为气候行动的协同管理。②

（二）有关研究文献综述

1. 协同关系的辨识

自 2007 年起，各国学者开始积极探讨减缓和适应气候变化行动之间的协同关系，研究主要集中在三个方面：是否存在协同关系、协同管理的可行性和协同行动的最优点问题。

气候变化通过不同层次影响人类社会，减缓和适应行动可能在一些层面上是互补的，在另一些情况下是冲突的，因此，需要对那些存在协同效应的行动进行辨识。目前在这方面的研究尚不深入。Taylor（2006）列出了减缓和适应活动相互影响的几种情况：减缓对适应的影响；适应对减缓的影响；减缓和适应互不影响；减缓和适应交互影响。农业部门减缓和适应活动之间紧密的交互关系已经得到了广泛认知，但尚未得到足够重视（Boehm et al.，2004）；Peters（2001）认为减缓措施在能源、交通、居民/商业和工业部门对适应的影响被大大地忽略了。

2. 协同管理的可行性

对减缓和适应行动是否可以进行协同管理有两种不同的观点：一些学者对协同行动持乐观态度，认为协同行动存在且有可能通过制度设计取得行动的倍增效应（Venema and Cisse，2004；Goklany，2007；Biesbroek et al.，2009）；Mark

---

① 白列湖：《协同论与管理协同理论》，《甘肃社会科学》2007 年第 5 期，第 228～230 页。
② 王文军、赵黛青：《减排与适应协同发展研究：以广东为例》，《中国人口·资源与环境》2011 年第 6 期，第 89～94 页。

L. Sirower（1997）提出了"协同陷阱"问题；一些学者虽然不否认两者之间存在协同行动的可能性，但对协同行动是否具有成本效益持怀疑态度（Klein et al.，2005；Sovacool and Brown，2009）。英国 Tyndall Center 在对减缓和适应活动的协同管理的可能性进行仔细研究后，认为两者是由一组共同的因素驱动的，在区域和部门层面是有可能发挥协同效应的，但是需要借助其他学科的知识和工具（Richard J. T. et al.，2003）。中国社会科学院学者提出了要区分增量型适应活动和发展型适应活动，不同类型的适应活动和减缓发生协同效应的领域是有差别的（潘家华、郑艳等，2009）。①

3. 协同行动的最优点

目前对于是否存在最优的减缓和适应行动协同管理尚存疑。由于区域地理条件、政策制度、管理能力等因素随着时间和影响要素变化会不断发生改变，要找到最优点非常困难（IPCC TAR，2001）。有研究表明，对最优协同点进行研究的意义不大，具有成本和技术可行的方法是找到能够实现功能倍增或成本降低的协同行动范围（Thomas J. Wilbanks，2007）。还有学者认为减缓和适应协同行动的效果取决于协同管理能力（Yohe，2001；Adger et al.，2003；Adger and Vincent，2005；Brooks et al.，2005）。

（三）国内外实践进展

对减缓和适应活动进行有意识的协同管理案例较少，因为减缓行动"自上而下"的政策路径与适应"自下而上"的行动特点决定了协同行动不可能自动发生，只有通过制度设计才能实现。而目前的气候政策主要目标是减少温室气体排放，而非适应气候变化，因此，减缓和适应协同活动在现实中没有形成系统行动，以自发和零散活动为主。如玻利维亚的挪尔·肯普夫·墨卡多国家公园的气候行动项目（the Noel Kempff Mercado Climate Action Project）和英国的一项地区发展计划（ODPM，2005）对减缓和适应行动的协同管理进行了尝试，玻利维亚的国家公园项目通过建设观赏林取得了三重政策目标：捕获二氧化碳、保护生态系统的多样性、促进了地区经济的可持续发展。德国通过拆除水泥堤岸拓宽城市

---

① 王文军、赵黛青：《减排与适应协同发展研究：以广东为例》，《中国人口·资源与环境》2011年第6期，第89~94页。

水系，恢复城市河道的天然生态，大大改善了河流的生态功能和防洪泄洪能力，同时也减少了因维护水泥堤岸而产生的碳排放。欧洲一些城市推广立体绿化，城市屋顶上修建花园草坪，既能缓解城市热岛效应，增加碳汇，又能在城市暴雨期间滞留部分雨水，避免短时间大量雨水倾泻到城市地面形成水灾，增强了城市适应气候变化的能力。

二 减缓与适应的协同活动及其主要领域

有效的减排行动要求温室气体排放大户的参与，主要受国际条约驱动；适应行动受地区气候脆弱性影响，主要由受气候变化影响的私人部门、社区或者国家政策驱动，并在地区层面实施。[①] 因此，减缓和适应活动是否具有协同效应，具有协同管理的可能性，需要从国家或者地区层面进行分析。为此，本文在这部分将基于《中国应对气候变化国家方案》中界定的减缓和适应的重点领域，对协同活动的范围进行分析，并以能源领域的减排与适应活动为例，进行协同效应分析。在此之前，首先对减缓与适应活动交互影响的性质进行分析和归类。

（一）减缓与适应活动的交互影响分析

减缓或适应活动产生了与行动目的无关的效果，对另外一种应对气候变化行动（减缓或者适应）带来了或正或负的影响，实质上是应对气候变化行动的外部性。这种外部性从主体看，可以分为"适应活动的外部性"、"减缓行动的外部性"；从效果上，可以分为"正外部性"和"负外部性"两种影响。

1. 适应活动带来的排放影响

（1）适应性排放——适应活动对减缓产生的负外部性。适应气候变化活动中，可能带来温室气体排放，称为适应性排放。比如，当一个城市对基础设施进行加固与改造，建设水利基础设施和海浪防护堤时，如果选用水泥、石灰、钢铁

---

① Klein, R. J. T., S. Huq, F. Denton, T. E. Downing, R. G. Richels, J. B. Robinson, F. L. Toth, 2007: Inter-relationships between adaptation and mitigation. Climate Change 2007: Impacts, Adaptation and Vulnerability. Contribution of Working Group II to the Fourth Assessment Report of the Intergovernmental Panel on Climate Change, M. L. Parry, O. F. Canziani, J. P. Palutikof, P. J. van der Linden and C. E. Hanson, Eds., Cambridge University Press, Cambridge, UK, 745 - 777.

等高碳产品，将会带来温室气体排放的增加；在育抗逆品种时，增加对化肥、农药的使用，可能降低地力、增加氧化亚氮的排放；适应活动产生的垃圾没有采用先进的垃圾焚烧技术，进行垃圾填埋气回收利用和堆肥处理，也将产生新的排放问题等，特别是基础设施建设过程中可能产生的排放问题，是适应性排放的主要来源。

（2）适应性减缓——适应活动对减缓产生的正外部性。研究与开发森林病虫害防止和森林防火技术，选育耐寒、耐旱、抗病虫害能力强的树种，可以降低气候变化对生物多样性的影响，同时也能发挥增强碳汇的功能。沿海地区风能和太阳能资源丰富，在基础设施建设过程中，如果能充分利用自然资源进行清洁能源建设，发展潮汐发电、海上风电、太阳能光伏发电等项目，可以替代一部分化石能源，从而减少温室气体排放。野生动植物保护及自然保护区建设等林业重点生态建设工程，生物质能源林基地建设和建造防护林体系，可以进一步保护现有森林碳储存，增加陆地碳储存和吸收。

2. 减缓活动对适应产生的外部性

（1）减缓活动对适应产生的正外部性。减少温室气体排放的低碳活动对适应产生的正面影响体现在两个方面：第一，在中期，通过提高能效节约资源，为适应活动提供更多的物质支持；增加植树造林、退耕还林还草、建设防护林体系等可以起到加强农区畜牧业发展、增强畜牧业生产能力的作用，降低气候变化对农业和生物多样性的影响。第二，在长期，减缓活动将带来大气中温室气体浓度下降，气象灾害等事件的强度和频率将逐渐减少，在适应气候变化上的投入可以逐渐转移出去。

（2）减缓活动对适应产生的负外部性。能源结构的清洁化是减缓活动的一项重要内容。传统水电站的建设往往带来周边地区自然环境的改变，生物质发电需要充足的生物原材料，而这又可能弱化地方适应气候变化的能力。

（二）减缓与适应行动交互影响的重点领域

从宏观上看，根据《中国应对气候变化国家方案》，减缓温室气体排放的重点领域有：能源部门、工业部门、农林和生活消费，其中能源部门又制订出9条具体的减排措施，是我国中长期减排的主要领域。适应气候变化的重点领域有：农业、林业、水资源管理、海岸带及沿海地区。农业和林业部门是减缓和适应行动共同的重点领域，具有交叉协同行动的可能性。从方法上看，适应活动可以分为工程性适应、技术性适应和制度性适应措施①三种类型，其中工程性适应活动与能源和工业部门关系密切，会带来适应性排放或者适应性减缓。可见，在减缓和适应活动的重点领域中，两者几乎都存在相互影响的关系，只是在强度上存在差别。图1展示了减缓和适应活动在能源和农业领域协同行动的可能性。

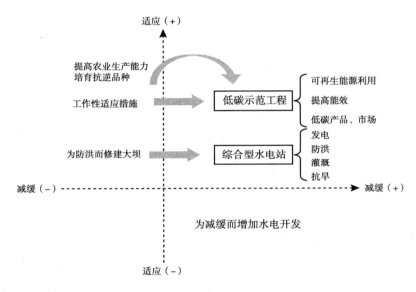

图1 减缓与适应协同活动示意图

工程性适应项目会产生一定的适应性排放，如采用工程建设措施，可以增加社会经济系统在物质资本方面的适应能力，但是在建设过程中，可能引起土地利用类型改变和对高耗能高排放产品的需求增加，产生碳排放增量。但是，如果将工程型适应措施与低碳示范工程相结合，无论是可再生能源的利用带来的能源结构低碳化，还是提高能效带来的单位产品碳强度降低，都将有利于降低工程性适应项目产生的温室气体排放。将防洪大坝和水电站建设结合起来设计，有利于降低减缓和适应成本。

---

① 潘家华、郑艳：《适应气候变化的分析框架及政策含义》，《中国人口·资源与环境》2010 年第 10 期，第 1~5 页。

（三）减缓与适应活动的协同效应分析

按照适应活动的三大分类和减缓活动的五大重点领域，与工程性适应活动关系最密切的是能源部门的减缓活动；与技术性适应活动对应的是工业和农业部门的减缓活动；与制度性适应活动对应的是林业和生活消费方面的减缓政策。每个领域有无数具体的减排/适应措施，在一篇论文中难以对它们的协同关系一一尽述，以下将对能源部门的主要减排措施和三大适应活动的协同关系进行分析。

1. 减缓和适应活动的范围界定

在三大类适应活动中，工程性适应活动主要包括修建水利设施、环境基础设施、跨流域调水工程等；技术性适应包括研发农作物新品种、开发生态系统适应技术等；制度性适应指通过政策、立法等制度化建设，促进相关领域增强适应气候变化的能力，如碳税、流域生态补偿、科普宣传等措施。[①]

在能源领域的减排活动，主要有四大类[②]：低碳能源生产，包括开发水电、核电、太阳能光伏发电、太阳能热发电、风能等低碳或者无碳能源；低碳能源消费，主要指对清洁能源的购买和使用，如英国莫顿市要求所有大于 1000 平方米的商业发展项目必须要有 10% 以上的可再生能源[③]，这种对低碳能源的需求将加速低碳能源的生产和规模化；提高能源效率是指在能源结构不变的情况下，采用包括节能技术的开发、合同能源管理、推行综合资源规划和电力需求侧管理、淘汰耗能过高的用能设备等措施，达到减少排放的目的；制度创新与机制建设，主要包括建立有助于实现能源结构低碳化调整的价格体系，建立稳定的财政资金投入机制，加强节能监督检查等政策。

对协同效应的研究应该以单项行动为分析单位，才能准确地反映协同行动的成本效益。以上是按照行动类型的分类，只能对行动的协同效应强弱进行判断。

---

① 潘家华、郑艳：《适应气候变化的分析框架及政策涵义》，《中国人口·资源与环境》2010 年第 10 期，第 1~5 页。

② 根据《中国应对气候变化国家方案》资料整理。

③ 叶祖达：《发展低碳城市之路：反思规划决策流程》，《江苏城市规划》2009 年第 7 期，第 6~10 页。

2. 减缓和适应活动的协同效应分析

在以上分类的基础上，对减缓和适应活动之间的协同效应进行分析，步骤如下：

第一步，从减缓行动产生的外部性性质判断两者是否具有协同效应，即如果某项减缓行动有利于适应行动，则具有协同效应，用符号"+"表示；如果某项减缓行动不具有外部性，用符号"0"表示；如果两者存在此消彼长的竞争关系，用符号"-"表示，见表1。

表 1 减缓措施对适应行动的外部性

	低碳能源生产	低碳能源消费	提高能源效率	低碳制度创新
工程性适应项目	+	+	+	±
技术性适应项目	+	0	0	+
制度性适应活动	0	+	+	±

第二步，从适应行动产生的外部性性质判断两者是否具有协同效应，即如果适应行动有利于减排行动，则具有协同效应，用符号"+"表示；其他符号含义同第一步。见表2。

表 2 适应行动对减缓措施的外部性

	工程性适应项目	技术性适应项目	制度性适应活动
低碳能源生产	+	+	+
低碳能源消费	+	0	-
提高能源效率	0	+	±
低碳制度创新	+	+	±

第三步，在前两步的基础上对协同效应的强弱进行综合判断。这里有四种情况可能发生：当出现（+，+）时，代表减缓和适应行动具有双向正外部性，具有强协同效应；出现（+，0）或者（0，+）时，表示减缓行动/适应行动可以通过某种方式有利于适应能力/减少排放，却得不到相应的反馈，代表弱的协同效应；这两种情况都可以通过政策设计进行协同行动管理。当出现（±，0）或（0，±）或（±，±）时，表示需要更细致的分类才能判断两者是否具有协同效应。见表3。

表 3 减缓与适应行动的协同效应

	低碳能源生产	低碳能源消费	提高能源效率	低碳制度创新
工程性适应项目	（＋，＋）	（＋，＋）	（＋，0）	（±，＋）
技术性适应项目	（＋，＋）	（0，0）	（0，＋）	（±，＋）
制度性适应活动	（0，＋）	（＋，－）	（＋，±）	（±，±）

注：括号内左边符号代表减缓措施对适应行动的外部性，右边符号代表适应行动对减缓措施的外部性。

从表 1、表 2 可见，许多适应性措施有利于减少排放，一些减缓措施也有利于适应行动。但是最终减缓和适应活动是否存在协同效应，需要从表 3 中寻找答案。

从表 3 可见，在 12 个可选择的协同行动中，出现了三个强协同效应，两个弱协同效应，其他还有一些需要细分才能判断的协同效应，总体上看，可能发生协同效应的行动占整个选项的 50% 以上。从表 3 可知，协同效应主要发生在以下三个方面：第一，新建适应性工程与低碳能源供需相结合，在应对气候风险的同时可以减少适应性排放；第二，技术性适应措施，如农田抗旱措施和能源领域的各项减缓措施有着不同程度的协同效应；第三，提高能源效率有利于工程性适应项目节省能源成本和减少碳排放。

总而言之，在制定应对气候变化行动战略时，将政策的适应（减缓）效果考虑进去，可以重新确定政策的优先性。下面以广东省为例对减缓和适应行动的协同效应进行分析。

三 减缓与适应的协同管理思路——以广东省为例

广东位于欧亚大陆南端，濒临海洋，全省海岸线长达 4114 公里，处于对气候变化敏感的南海季风区。在全国 44 种主要自然灾害中，广东占有 40 种，其中气象灾害占 80% 以上。随着经济结构的转变，受灾领域由过去的以农业为主，逐步转向以第二、第三产业为主。同时，作为全国第一能耗大省和电力消费大省，广东的人均碳排放高于全国人均排放水平，人均能耗也超过全国平均水平近一倍。在"十二五"期间面临着单位能耗比 2010 年下降 18%，单位碳排放下降 20% 的严峻事实。减少二氧化碳排放和适应气候变化将成为广东中长期应对气候变化行动的重要内容。

（一）广东省减缓与适应的重点领域

根据近年广东二氧化碳排放结构数据，电力和工业的排放占总排放的80%以上。在电力一次能源消费中，煤炭占70%，处于基础地位，2007年广东省总装机5885万千瓦时，火电所占比例为76%。[①] 因此，通过能源结构的低碳化，减少来自能源和工业的 CO_2 排放将是未来减排行动的目标，工业和电力行业是重点减排领域。

广东省海拔低，面临较高的气候风险，研究表明，当海平面在历史最高潮位上升30厘米时，珠江三角洲可能被淹没的面积达1153平方公里，受威胁最大的有广州、珠海和佛山；根据 OECD 2007 年对全球沿海城市气候风险的评估，广州被评估为全球气候风险最大的20个城市之一。如果不实施适应气候变化的活动，2030年的经济损失估计将达到560亿元人民币（广东省气候变化评估报告课题组，2007）。从国家方案制定的适应重点领域和广东省暴露在气象灾害中的主要受体看，广东的适应活动主要发生在沿海城市的基础设施和海岸带防护建设二。根据广东的适应行动特点，将表3中减缓和适应措施进行调整细化为：工程性适应行动——修建水利设施、防洪大坝；海岸带适应措施——海堤工程，城市防灾减灾——应对气候变化科普教育、城市绿化带建设措施；低碳能源生产——水电站、太阳能发电、风电项目等；低碳能源消费——对清洁能源的强制性购买；低碳制度创新——低碳科普教育、节能监督检查等。

由表4可见，水利设施和低碳能源生产、消费具有强的协同效应；在应对气候变化的科普教育上，减缓和适应行动具有互补性；除此以外，科普对鼓励清洁能源的使用、提高能源效率都具有正的外部性；城市绿化项目有利于节约能源消费。

表4 广东省减缓与适应协同效应分析

	水电站、太阳能、生物质发电	对清洁能源的使用	提高能源效率	节能监督,低碳科普
水利设施	（+，+）	（+，+）	（+，0）	（+，0）
海堤工程	（0，+）	（+，0）	（+，0）	（+，0）
城市绿化,科普	（0，0）	（0，+）	（0，+）	（+，+）

---

① 易经纬：《广东电力低碳转型研究：路径、政策和价值》，中国科学院研究生院博士学位论文，2010。

（二）减缓与适应行动的协同管理

在对减缓和适应行动的协同效应进行分析后，根据协同效应的强弱采取不同的协同管理方法。以下将对强协同效应和弱协同效应分别举例说明。

1. 水电站建设与水利设施的协同管理（强协同效应的行动管理）

目前广东有 10 个水电站，分别位于从化、深圳、东莞、珠海、广州、湛江等地。由于未来广东面临的极端天气事件增加，对这些水电站进行防洪抗旱配套设施建设，增加蓄水灌溉功能，一方面能变害为利，充分利用水资源进行发电，提高发电设备利用效率；另一方面发挥蓄洪抗旱功能，增强适应气候变化的能力。

水电站的建设受限于水资源分布，广东水电站建设已趋于饱和，未来通过建设大水电站提高清洁能源的比例的可能性不大，目前广东正在大力发展太阳能、海上风电和核电产业。这些低碳能源建设在规划中可以将增强适应能力考虑进去，综合规划，将取得巨大的减缓和适应协同效应。在工程性适应项目设计中，对能源消费结构进行管理，规定低碳能源比例，增加低碳能源的需求量，促使低碳能源生产规模化，降低生产成本。如在城市防洪防涝建设中，为了应对气候风险增加或加固基础设施建设时，对公共建筑、厂房进行太阳能光伏建筑改造，由于太阳能资源取之不竭，不容易受到极端天气的影响，增强了人类适应气候变化的能力，同时，太阳能的应用也提高了可再生能源在能源结构中的比例，达到了减缓目的。

2. 城市绿化、科普与清洁能源的使用（弱协同效应的行动管理）

和城市园林规划不同，适应性城市绿化措施的目的不是增加城市美感和改善人居环境，而是通过有目的城市公共设施建设，缓解气候灾害对人们生活的直接影响。例如：公园园林景观设计与城市蓄水、防涝和灌溉结合在一起，如增加喷泉池的蓄水量，可以在发生暴雨的时候减少城市内涝积水，缓解城市泄洪压力；同时这些景观性蓄水池在旱灾时也可为人畜饮水提供水源。对大众进行低碳方面的科普教育，鼓励节能和使用清洁能源，有利于能源结构的低碳化。

四　低碳发展与适应的政策协同：经验推广及政策建议

广东省减缓与适应协同行动领域研究，只是对沿海经济发达地区的适应活动

与能源领域减缓活动进行的尝试,除此以外,欠发达地区的适应活动与能源领域减缓活动、其他领域的减缓活动与适应的协同效应也需要进行专门研究。作为低成本应对气候变化的一种途径,对减缓和适应行动进行协同管理是值得研究和推广的。

(一) 制定协同管理政策的原则和目标

协同管理的目标是在对单项行动正外部性聚焦点的辨识基础上,通过对单项或两项行动的综合规划,放大其正外部效应,增加社会总收益。不同国家/地区在不同的发展阶段,社会总收益函数是不同的,譬如,发展中国家和欠发达国家的社会总收益函数中,重要因素是人均收入、识字率、卫生水平、贫富差距等;发达国家的社会总收益函数中,环境质量将是重要因素之一。因此,在制定协同管理政策时,要依据以下原则:

第一,科学决策原则。以气候风险评估作为科学依据,针对国家/地区面临的气候风险和碳排放结构建立减缓和适应行动矩阵,通过专家打分法对协同效应进行分析。

第二,综合判断原则。有些具有强协同效应的行动有可能实操成本高,因此,不单纯以协同效应的强弱来判断是否进行协同管理,需要对协同管理行动进行成本效益分析、利益相关方调查等,做出是否进行协同管理的决策。

第三,政策相容性原则。考虑协同管理过程中的部门协作可能存在的问题,协同管理的政策设计与现有的减缓和适应政策之间是否有潜在的冲突,以及解决冲突的方法。

(二) 协同管理中需要注意的问题

在适应行动中将排放因素考虑进去,有可能在增强生态系统适应气候变化能力的同时减少适应性排放、增加碳汇,产生倍增的社会效益。但是,适应和减缓活动从本质上是两个不同的应对气候变化的领域,在确定协同行动领域时,需要注意以下四点:第一,发现各项目之间的耦合关联;第二,找到合适的技术;第三,收集温室气体排放数据,预测未来排放情景,提出相应的适应措施;第四,识别和协调双方利益相关者,制定科学管理制度,防止政出多门、相互干扰。

在进行适应与减缓协同行动前,必须解决两个问题:第一,确定协同行动发生的领域；第二，在已经确定的协同领域中，对每个协同行动进行成本效益分析，比较协同行动的成本收益与单独行动的成本收益大小，选择协同行动方案，论证经济可行性。

对具有协同效应的行动进行管理时，区分强协同效应和弱协同效应的不同管理特点。对具有强协同效应的行动而言，需要对减缓和适应措施同时进行协同行动的设计，使其双向正外部性得以充分发挥；对具有弱协同效应的行动而言，只需要对具有正外部性的行动进行协同管理。

对减缓和适应行动进行协同效应分析是制定协同管理政策的基础。不同国家和地区的碳排放结构和面临的气候风险不同，相应的减缓和适应活动内容也有所差异，在进行协同效应分析时，需要因地制宜地界定分析的范围，使协同管理能够有的放矢，取得事半功倍的效果。

（三）政策建议：实施协同管理是应对气候变化行动的重要手段

减缓和适应行动包括技术、制度、政策导向下的行为选择和提高行动的有效性，将适应和减缓政策整合到地区或国家气候战略存在可能性，在对适应和减缓行动具体措施进行协同效应分析的基础上，进行协同管理，是地区应对气候变化行动的重要手段。

1. 善于发现协同效应，引导采取协同行动

减缓和适应行动在各层面（全球、国家、地区和个人）都存在交互关系，善于发现协同效应是进行协同管理的首要条件。针对不同层面的协同关系特点，设计协同管理手段，引导地区和个人自发地采取协同行动。

2. 加强协同管理

建立减缓和适应行动的政策备选集，按照不同的协同管理目标进行优先行动的排序，并针对协同管理进行成本收益分析，使协同管理有据可查。

3. 加强对协同效应的研究和培训

减缓和适应在什么领域能取得最好的协同效应，取决于分析者或者政策制定者。[①] 对研究人员进行相关知识培训，是协同管理取得成效的保障。

---

① Thomas J. Wilbanks, Jayant Sathaye. Integrating mitigation and adaptation as responses to climate change: a synthesis [J]. Global Change, 2007: 957 – 962.

4. 注意基础数据工作中的协同

在建设温室气体排放数据库的同时，增设有关适应能力的子数据库，记录气候变化对人类健康各方面的影响，分类整理，有利于加强健康公共卫生服务和疾病控制预防工作，以便更好地预报和监测气候因素对人体健康的影响，提高适应气候变化的能力。

5. 加强宣传培训的协作

减缓和适应都是人类社会为应对气候变化所做出的政策响应行为，尽管二者针对的主体有所不同，但是无论减缓还是适应，对于公众而言都是新事物，在建设低碳经济的过程中需要对相关知识进行宣传和培训。特别是适应活动，关系到人们的生命财产安全，及时的安全防护教育必不可少。在进行适应能力培训过程中融入低碳教育，使公众自觉使用低碳产品，为国内低碳发展创造良好的人文氛围和市场需求。

G.26
美国碳政治的最新发展与思考

于宏源*

摘　要： 美国碳政治的核心是全面提升碳竞争力和实现能源自主。奥巴马政府试图与促使国家能源战略转型的国内政治和推动参与国际减排温室气体的国际谈判紧密相连，然而却不断面临国内政治的挑战。2010年底坎昆会议以来，随着欧美经济走进信贷危机，美国碳政治的发展出现了新的变化。奥巴马政府碳政治的重点已经从全球气候变化机制建设领域，向大国协同减排和小多边合作方向发展。基于其国内迟缓的立法程序和缺乏目标的气候战略，美国政府仍在积极参与多边全球气候谈判中谋求国家利益的最大化。由于传统能源稀缺和核电危机后的双重影响，世界各国的能源和气候变化政策也必然逐步向更加理性与适应新能源要求的方向发展。

关键词： 碳政治　气候外交　新能源革命

国际体系重大结构性变化的前提和条件是国际能源权力结构的变化，2011年以来，随着新兴大国能源需求增加，国际经济逐渐恢复，传统能源稀缺和能源结构转型问题继续凸现，世界各国的经济增长模式也必然逐步向适应新能源要求的方向发展。因此反映到当前的全球应对气候变化领域，奥巴马政府上台后的美国气候政策比布什政府时期积极了很多，并且显示出参与多边国际合作的较强愿望。这很大程度上可弥补美国缺乏联邦层次上的气候变化政策尤其是低碳经济政策的不足。美国希望一方面通过气候变化谈判来占有未来能源市场，另一方面在

---

* 于宏源，上海国际问题研究院国际组织与国际法研究中心副主任、研究员，香港中文大学博士，主要从事国际组织、能源和环境外交等领域的研究。

气候变化制度议价过程中，逐渐实现对清洁能源和能源效率创新力的控制。因此，当前奥巴马"绿色复苏"的理念和实现跨越危机的"绿色新政"目标，必然与促使国家能源战略转型的国内政治和推动参与国际减排温室气体的国际谈判紧密相连。

由于美国政治体制的先天缺陷，奥巴马总统面临国际和国内两个方面的压力，一方面国内迟缓的减排行动无法成为美国碳政治的有力基础，另一方面也无力积极参与多边温室气体减排谈判。但不可否认，在当前的碳政治中，美国的核心利益是维系其能源模式的同时，保护和发展其核心竞争力。在这一核心利益基础上，奥巴马政府已把新能源作为国家战略竞争力的核心，在碳外交方面以"小多边主义"（mini-lateralism）为核心，发展低碳核心竞争力[①]，推动行业安排和绿色贸易壁垒，同时把回归和领导全球气候多边治理作为美国对外战略的重要组成部分，美国目前力图用《哥本哈根协议》为框架的第三轨谈判机制取代双轨制谈判原则，联合欧盟遏制中国等新兴发展中大国；同时还对最不发达的发展中国家提供资金援助，以便分化发展中国家。

一　美国碳政治的核心是维护国家利益和提升领导力

一般认为，美国的碳政治在不同的时期表现有所差异，盖源于政党政治和利益集团或者执政党领袖不同的执政理念。但是，为什么克林顿政府签署的《京都议定书》会在参议院遭到同样是民主党议员的反对，而小布什政府执政后期在碳政治上会有表面的进步？为什么奥巴马政府的碳政治和欧盟仍有一些差异？霍普古德（Stephen Hopgood）认为美国的碳政治应从美国国家声誉、跨国公司的国际利益、环保科技竞争等方面进行衡量[②]。笔者以为推动美国碳外交的主要因素包括：国家利益和领导力（软实力）。

[①] Anthony Smallwood, "The Global Dimension of the Fight Against Climate Change", *Foreign Policy* (Issue 167, Jul/Aug 2008), pp. 8 – 9.

[②] Stephen Hopgood, "Looking Beyond the K-Word: Embedd Multilateralism in American Foreign Environmental Policy", In Rosemary Foot, S. Neil Macfarlane, and Michael Mastanduno, eds., *US Hegemony and International Organizations: The United States and Multilateral Institutions*, Oxford: Oxford University Press, 2003, p. 154.

从国家利益来看，美国要把推进全球利益的能力同处理地球自然资源紧密联系在一起。[1] 气候变化会危害美国的政治和安全利益。美国国家安全战略报告指出，跨国问题如环境破坏、资源匮乏和人口剧增等皆具有近期和长远的国家安全意涵。[2] 美国政府还意识到气候变化对国家和国际安全造成新的威胁，这不但会放大一些资源枯竭地区的冲突和动荡，还可能增加原本稳定地区的紧张，甚至还会对人类的能源安全构成沉重挑战，因此把气候危机纳入国家安全的范畴并在全球范围内增加对脆弱地区的援助成为增进美国利益、维护美国安全的重要途径。气候变化还涉及美国的经济利益，美国跨国公司正在积极争夺国际环保贸易和技术市场，而美国政府出于保护其企业在全球建立消费群和劳动力市场的需要，也不断努力促进多边环境贸易合作并在许多相关的环境领域内投资。[3] 美国国务院最新报告强调，美国有责任为气候变化采取措施，但是这种措施必须和经济的持续增长和竞争力的不断增强相协调。[4] 即使在奥巴马的气候新政中也脱离不了经济因素的考量，奥巴马入主白宫后其首要任务可能是将"绿色经济复兴计划"付诸实施，通过向新能源经济转型来带动整体经济增长。美国进步中心指出，政府在能效和可再生能源方面加大投入，是支撑衰弱中的美国经济和创造数百万就业机会的最佳方案之一。2010 年，美国清洁能源投资为 340 亿美元，仅次于中国的 540 亿美元、德国的 410 亿美元。特别是美国始终把气候变化作为遏制发展中国家经济发展的工具[5]。根据美国能源信息署的统计，1990 年全球二氧化碳排放量约为 200 亿吨，2005 年约为 280 亿吨。如到 2050 年把温室气体排放量削减一半，不管是以 1990 年为基准线，还是以 2005 年为基准线，都需要各国采取严格的绝对减排或相对限排措施。在碳预算总量不变的情况下，一国多排放一些，

① 曹凤中：《绿色的冲击》，中国环境科学出版社，1999，第 16 页。

② Robert F Durant, "Whither Environmental Security in the Post-September 11th Era?" *Public Administration Review*, Vol. 62（Sep 2002），p. 115.

③ Stephen Hopgood, "Looking Beyond the K-Word: Embedd Multilateralism in American Foreign Environmental Policy." In Rosemary Foot, S. Neil Macfarlane, and Michael Mastanduno, eds., *US Hegemony and International Organizations: The United States and Multilateral Institutions*, Oxford: Oxford University Press, 2003, p. 155.

④ US department of State: enviromental diplomacy: the enviroment and U. S foreign policy < http://www. state. gov/www/global/oes/earth. html > .

⑤ "Remarks By Vice President Joseph Biden At The National Clean Energy", Federal News Service, August 30, 2011.

其他国家就得少排放一些。换而言之，就是一国获得的发展空间多了，其他国家的发展空间就相对少了。这也就不难理解为什么美国要逼迫主要发展中国家做出量化减排承诺而自己却不愿做出进一步的减排承诺。

更为重要的是，作为唯一的超级大国，美国的政治地位和实力决定了它要积极充当全球碳政治"领袖"。此外，碳政治有利于提高美国的软实力，软实力是指用思想、观念、文化、制度等吸引、同化或影响他国的力量。[①] 美国哈佛大学教授约瑟夫·奈将软实力分为三个方面：一是文化吸引力；二是政治价值观（或称意识形态）的吸引力；三是塑造国际制度和决定世界政治议程的能力。美国政府认为美国未来的安全、繁荣和环境状况同整个世界有着不可分割的联系，在解决有关安全、发展和环境的国际问题方面，美国必须带头，否则其他国家将会踌躇不前[②]，因此美国有责任制定和贯彻促进可持续发展的全球政策。美国总统奥巴马则指出，气候变化作为全球迫在眉睫的挑战，美国理应担当领导，作出更多的贡献，他的任期将开启这种领导权的新篇章，而任何推动清洁发展的州长都可以在白宫找到伙伴。[③] 美国最大的战略利益就是保持美国在全球的绝对优势和维持美国的全球霸权，这个精神也不可避免地渗透到美国的碳外交中。"解决自然资源和环境灾害问题对取得政治和经济稳定、争取美国全球政策目标的实现关系重大。"[④]

特别是，从全球历史演变来看，霸权兴衰的前提条件是国际能源权力结构的变化，即是否有国家（或非国家实体）拥有了可以挑战现行体制的新的能源链条，这包括：新型能源的发现，能源资源的排他性占有，能源应用技术的革命性进展，能源技术的普及与社会经济能源利用率的提高，国家对能源使用的控制力，等等。美国对各种新能源（核能等）占有优势、技术效率优势和逐步加强的国家控制力使其从第二次世界大战至今保持了世界超级大国的地位。因此美国仍希望通过新能源革命来继续维系其霸权。

---

① 王沪宁：《作为国家实力的文化：软权力》，《复旦学报（社会科学版）》1993 年第 3 期。

② 参见：Paul Harris, Harris, Paul, International Equity and Global Environmental Politics: Power and Principles in U. S. Foreign Policy（London：Ashgate, 2001）。

③ John, M. Broder："Abama Obama Affirms Climate Change Goals", *Newyork times*, November 18, 2008.

④ 曹凤中：《绿色的冲击》，中国环境科学出版社，1998，第 71 页。

二 美国政治制度构架约束了美国碳政治的发展

2010 年，民主党在美国国会选举中失利之后，美国政治制度的构架不仅仅导致美国预算和债务危机；更加约束了美国碳政治的发展，其中主要表现在气候立法受阻和预算危机方面。

（一）美国气候立法受阻

奥巴马总统一直在为碳政治创造相应的国内立法基础。对于美国国内机制来讲，自 2009 年美国奥巴马政府执政后，旋即推动了"全面绿色新政"（Green New Deal）①，彻底改变了布什政府时期的消极态度。与之相应的是，美国的州、市及地方政府在推动低碳经济方面已经取得了相当的经验，形成了较强的网络，并对推动整个联邦层次的政策产生了积极的助推作用。随着奥巴马政府的国家低碳经济战略和政策的形成，美国州、市及地方政府的作用和影响有可能遭到削弱。在这种情况下，美国的大城市也需要更加积极地参与到各种国际合作网络中去，一方面避免其作用被弱化的风险，另一方面可继续推动美国联邦政府层次的战略与政策的发展。目前，美国费城、纽约、芝加哥、休斯敦和洛杉矶等很多城市加入 C40 世界大城市气候领导联盟②，这些城市在美国地方政府的气候变化和低碳政策中都走在前列。

然而，美国地方的积极行动，并没有推动美国国会质疑气候变化的力量。2009 年也是美国第 111 届国会履新的一年，加之美国联邦最高法院于 2007 年的裁决将温室气体视为污染物而赋予美国联邦环保局相关执法权③，国会参众两院

---

① Achim Steiner, Focusing on The Good or The Bad: What Can International Environmental Law Do To Accelerate The Teansition Towards A Green Economy? American University International Law Review, Vol. 25, No. 5, 2010, p. 848.

② C40 世界大城市气候领导联盟（C40 Cities Climate Leadership Group），2005 年由全球 40 多个大城市发起创建，旨在加强世界大城市间的合作，发展环境友好型技术，推动城市减排政策和行动。"Cities take the lead on climate change", < http: //www. chinadaily. com. cn/bizchina/2007 –10/14/ content_ 6209390. htm >, October 14, 2007。

③ 陈冬：《气候变化语境下的美国环境诉讼：以马萨诸塞州诉美国联邦环保局案为例》，《环球法律评论》2008 年第 5 期。

更加强劲地涉及气候的立法进程，使得美国国内已经从立法、司法和行政三个层面实施全面规制因气候变化和温室气体排放所引发的国际与国内、政治与经济的一系列问题的战略。美国虽然仍游离于《京都议定书》之外，但其国内减排立法已经从模式选择（碳税还是碳贸易）到减排指标的确认，从减缓气候变化到能源安全再到新能源创新，从各州立法到联邦立法逐步完善了全面的法律体系，为了权衡不同的政策目标并实现不同的政治目的。相关立法所涉及的监管对象（Regulation）、排放额度分配（Allowance Allocation）、减排成本控制（Cost Containment）、抵偿机制（Offsets）、减排技术、保持竞争力、联邦与州的互动等内容各有不同侧重。① 美国国会为能在 2009 年年末参与哥本哈根气候大会的美国政府提供减排授权，加大了提案立法进程的力度。12 月 11 日通过《促进美国复兴的碳排放上限与能源法》②。其中《美国清洁能源与安全法》在 6 月 26 日获得众议院的通过，该法也成为美国气候立法的阶段性里程碑。③ 美国政府正是依据该法案在哥本哈根气候大会上提出了至 2020 年相对于 2005 年排放量减低 17% 的主张。正是依托上述国内立法进程，美国推动《哥本哈根协议》的达成并试图以此作为将《京都议定书》下的多边减排机制引入自愿减排机制的开端。然而参议院版本的《清洁能源工作与美国能源法》提出后，气候立法限于停滞。2010 年 5 月 12 日，参议院《2010 年美国能源法（讨论草案）》（American Power Act of 2010）重启了美国气候立法。该法规定了与依据《哥本哈根协定》而自愿申报相一致的减排目标，即要求美国在 2020 年将全国温室气体排放量相对于2005 年水平至少减排 17%，2030 年减排至少 42%，2050 年减排至少 83%。

（二）美国绿色新政经历预算危机

在美国的现行体制下，国会管立法，总统管行政。彼此独立，各有专责。但事实上，双方的权力有很多交叉之处。总统和国会均由全民直接选举产生。国会不得要求总统对其负政治责任，反之，总统也不能解散国会，但是国会和总统相互制衡。在美国总统制下，政治有可能陷入严重僵局。特别是美国总统和国会分

---

① EPA, Greenhouse Gas Reporting Program, avaklable at http: //www. epa. gov/climatechange/emissions /ghgrule making. html，Aug 8，2010.

② The Carbon Limits and Energy for America's Renewal Act，S. 2877.

③ 高翔、牛晨:《美国气候变化立法进展及启示》,《美国研究》2010 年第 3 期。

别控制在共和党和民主党手中的时候，克林顿政府第一届任期就是如此。美国国会把控的预算权已然成为制衡总统的最重要力量，自 20 世纪以来，预算权一直都是国会所坚守的阵地，每一次规范、改革预算权的法律通过，都是国会为了加强对预算的控制，预算权是国会制约行政权力扩张的重要砝码。美国《宪法》授予了国会征税和授权拨款的权力，如果没有国会的授权批准，总统和行政机构是没有权力进行预算支出的，同时也赋予国会掌管政府预算的绝对权力。1921年的《预算与会计法案》规范了总统向国会提交预算的过程，杜绝了各行政部门直接与国会发生申领关系的可能，使总统成为了真正意义上的总统，这一法律也确立了美国现行预算管理体制的基本框架。

美国总统奥巴马 2011 年 2 月 14 日向国会提交了一份总额为 3.7 万亿美元的2012 财年政府预算开支报告，美国政府开支连续第四年超过 3 万亿美元，联邦赤字也将连续第四年超过 1 万亿美元。据白宫预计，美国当前财年的赤字将达到创纪录的 1.6 万亿美元，占美国全国 GDP 的 10.9%，大幅高出此前预测的 1.4万亿美元，也远远高出其他发达国家。1985 年的《平衡预算和紧急赤字控制法》和 1990 年的《预算执行法案》开始向巨额的财政赤字宣战，规定了削减财政赤字的目标和要求。1993 年的《政府绩效与结果法案》，强化建立一种"结果导向型"的预算资金分配机制，并将这一机制贯穿于预算管理的全过程。而这三部法律也都成为美国共和党人在众议院制约奥巴马总统预算的重要武器。

2011 年年初奥巴马绘制了美国未来低碳的蓝图：未来 6 年支出 530 亿美元用于高铁建设，增加美国能源部 295 亿美元的预算要求，大力发展地热技术、电动汽车、太阳能、风能和生物质能源。还成立基础能源科学研究中心以便发现新的方法来生产、储存和使用能源。然而美国众议院的抵制，导致上述蓝图遥遥无期，特别是能源部部长朱棣文强调的能源部的氢技术计划将被削减 7000 万美元，美国能源部橡树岭国家实验室将被迫关闭放射性离子束新能源研发设施。这些都会制约美国低碳革命的进展。

美国石油对外依存度由 22% 上升到 50%，经历了 30 年（1965～1993 年），到 2009 年升至 61%，因此奥巴马总统决定向美国最重要的利益集团石油和天然气公司开刀，大幅度废除这些财团约 460 亿美元的免税措施，还要提高针对油气公司的检查和监管费用，以弥补在墨西哥湾漏油事件后美国增加的检查监管成本。对于美国航空业利益集团，奥巴马也毫不留情，在未来 10 年增加约 850 亿美元的行政和管理费用，这会增加航空旅客10年总收费多达280亿美元。奥巴马还要求提高公司支付的养老金保险费用。这引起了美国国会相关院外集团的不满，这些集团纷纷游说国会议员，对总统预算进行抵制。奥巴马的高铁方案不仅在国会，在各个州的州议会也因为巨大的开销而纷纷遭到抵制。

美国众议院还希望通过废除美国清洁空气法律的法案，但是美国环保署表示不同意。环保署认为，如果废除这一法案，那么温室气体将让美国数百万儿童健康受损。在全球气候变化谈判方面，美国曾经在墨西哥坎昆会议承诺的快速绿色启动基金和援助资金被美国国会一笔勾销。因此美国只能从美国国际发展署（Agency for International Development）中的常规援助中拿钱出来应对气候变化。而这和广大发展中国家主张气候变化援助资金必须坚持"新的额外的"（new and additional）原则不相符合。2011年8月初因为美国预算危机，美国债务评级调低，引发新一轮经济危机的恐慌，世界各国已经意识到，奥巴马承诺得再多也没有用，虽然如此，我们仍然可以看到，美国的参议院、能源和自然资源委员会，以及美国的新能源产业集团仍然支持奥巴马的"绿色新政"。在未来一段时间的激烈较量和妥协中，美国碳政治将会重新浮出水面。

三 美国将提升碳政治竞争力作为当前的重点

2010年8月份以来，美国债务危机引发全球股市暴跌，国际石油价格和能源市场也深受影响。"美国的债务，世界的问题"不仅影响主要国际信用货币信心，也对美国方兴未艾的新能源产业产生严重冲击。为此，民主党重要智库进步中心协办了8月30日拉斯维加斯开幕的第四届美国国家能源峰会，在会议上，美国政府和民主党重量级人物，特别是副总统拜登、能源部部长朱棣文共同为美国新能源创新加油打气，希望以此实现美国竞争力提高和经济复兴。

在这次重要的能源峰会上，美国政府希望通过大力支持新能源技术开发研究、制定纳入核能的清洁能源标准以及大力增加投资并建立美国清洁能源发展机构等途径，再次推动美国的新能源产业革命。为了规避国会对发展新能源产业的掣肘，拜登副总统特意强调通过吸引私人资本和地方政府，来促进新能源领域投资的大发展，拜登声称仅通过此次峰会，就吸引了超过1亿美元的新能源私人融资，这些融资就会成为新能源大发展的种子资本。而加州州长布朗则表示把加利福尼亚可再生能源目标到 2020 年提高到 33%，目前已经有 2/3 的美国州追求低碳发展政策。

众所周知，美国的霸主地位实际上是建立在能源创新革命基础上的，经济危机后的美国希望继续通过新能源革命来推动在经济领域继续领导世界。奥巴马由此宣布："在 2035 年时，有 80% 电力来自清洁能源，包括风能、太阳能、核能及天然气。在 2015 年拥有逾 100 万辆电动车。""取法其上，乃得其中"，美国即便是完成这个目标的一半，其也足够领导全球能源创新革命了。尽管美债和评级危机对美国股市造成严重打击，但是美国股市中的新能源和页岩气开发部分一直保持较好的发展势头。美国国内页岩气开发也在高速发展，在未来 10 年将超过天然气总消费的 50%，随着水平井与水平井分段压裂技术水平不断进步，美国的页岩气勘探开发规模 2010 年达到 1380 亿立方米，预计 2015 年将达到 2800 亿立方米。而美国天然气领域已经成为纯出口国，天然气在美国电力供应中已经接近 35%。美国的传统能源比例持续下降，新能源不断上升①，从 2005 年到 2011 年 1 月，美国传统能源排放比例下降了 7% ~ 10%（BAU，基准情景）。美国和巴西将会继续主导全球生物燃料的生产，两国将会占到 2030 年总产量的 68%，2010 年为 76%。而到 2020 年，40% 的全球液体燃料需求增长将会由生物燃料来满足。美国的石油和天然气进口份额将会下降到 20 世纪 80 年代以来的最低水平，这主要是因为国内天然气和生物乙醇生产的增加，石油的净进口总量将会减少 3/4②。由于美国页岩气产业的大幅度增加，美国将会重新成为全球天然气的主要出口国之一。③

美国总统奥巴马、副总统拜登和能源部部长朱棣文都突出了中国、德国等对美国能源创新的严重挑战，指出美国清洁能源投资在 2010 年为 340 亿美元，远远落后于中国的 540 亿美元、德国的 410 亿美元，认为中国、德国、英国、加拿大和许多其他国家在新能源领域进行大规模政府投资。这次峰会尤其是把中国作为其能源创新革命的对手，认为中国现在在高科技制成品方面已经超过了美国，

---

① David G Victor, Kassia Yanosek, "The Crisis in Clean Energy: Stark Realities of the Renewables Craze", *Foreign Affairs*, Summer, 2011.

② 《BP 世界能源展望 2030》，2011 年 7 月。

③ 《加快页岩气勘探开发　推进气电一体化发展》，《中国石油天然气工业信息》2011 年 9 月 22 日。

中国将成为未来 25 年世界新能源领跑者，中国在风电、太阳能的应用和制造方面都有优势，如 2010 年年底中国风电总的装机超越美国成为世界第一，且风电装机成本已经低于 3700 元/兆瓦，中国的光伏产业更是占据全球半壁江山。而"十二五"规划设想的智能电网、物联网、高速铁路等在美国的发展都难以与中国相提并论。在这种局面下，美国会调动各种资源和制度优势，在能源创新领域赶超中国和欧洲，继续领导全球创新体系。

为了实现美国的碳竞争力，美国国内气候立法对碳泄漏和竞争力的关注，对中国低碳产业的发展进行遏制。美国贸易代表办公室于 2010 年 10 月 15 日发出通告称，应美国钢铁工人联合会的申请，美方正式按照《美国贸易法》第 301 条款针对中国政府所制定的一系列清洁能源政策和措施展开调查。在厚达 5800 页的调查申请书中指控，中国政府为其风能、太阳能、电池及节能汽车等产品提供了不公平的支持，导致美国相关企业的利益受到了损害。其所列举的所谓"违规"行为有出口限制、歧视外国公司、商品进口要求技术转让、补贴国内公司等，据此，美国于 2011 年就风能设备的措施向中国提出磋商①。世贸组织涉及气候变化的案件沉寂了近 10 年后又开始不断增加。从 WTO 体制外的国际政治经济关系以及以应对气候变化为核心的国际环境法的发展变化来看，各方在多边环境机制下遵约机制和争端解决机制的缺失，导致各方只能重新回归多边贸易机制解决因环保责任而涉及的贸易问题。

更为重要的是，美国政府注重与企业和私人资本相互结合。2011 年 8 月，美国副总统拜登宣布了清洁能源抵税计划，也就是为清洁能源行业提供价值 23 亿美元的抵税，吸引大约 54 亿美元的私人投资。在这项抵税计划的帮助下，将建成 1603 个清洁能源项目，创造 6 万多个就业岗位，这些项目所涉及的产品包括涡轮发电机和太阳能面板等。最终，这项抵税计划将吸引投资达 200 亿美元。

此外美国也通过立法或者听证会等形式，向企业施压，要求遏制中国技术的发展，如 2011 年 9 月 16 日，民主党参议员 Carl Levin 向 Ron Kirk 和商务部代理部长 Rebecca Blank 在国会提出提案，提出："中国迫使通用汽车提供沃蓝达电动车技术，要求针对此事展开调查，防止美国新能源车技术泄露到中国。雪佛兰沃

---

① China-Measures Concerning Wind Power Equipment，WT/DS419/1，6 January 2011. http：// www. wto. org/english/tratop_ e/dispu_ e/cases_ e/ds419_ e. htm.

蓝达代表美国的知识产权，由通用汽车投入资金研发。中国政府施压美国车企，迫使其交出技术作为代价换取市场，美国政府必须予以阻止。"

综上所述，美国碳政治的核心是全面提升碳竞争力和实现能源独立。奥巴马政府试图与促使国家能源战略转型的国内政治和推动参与国际减排温室气体的国际谈判紧密相连，然而却不断面临国内政治的挑战。2010年底坎昆会议以来，随着欧美经济走进信贷危机，美国碳政治的发展出现了新的变化。奥巴马政府碳政治的重点已经从全球气候变化机制建设领域，向大国协同减排和小多边合作方向发展。基于其国内迟缓的立法程序和缺乏目标的气候战略，美国政府仍在积极参与多边全球气候谈判中谋求国家利益的最大化。由于传统能源稀缺和核电危机后的双重影响，世界各国的能源和气候变化政策也必然逐步向更加理性与适应新能源要求的方向发展。

展望未来，从全球气候变化谈判角度来看，《坎昆协议》达成之后，各国执行减排的任务已迫在眉睫，如果谈判达成2050年全球碳排放减半的目标，那么全球的排放空间约为105亿吨CO_2，而随着发展中国家经济的发展，碳排放仍然会持续增长，仅中国和印度两国，2030年的排放量就会超过100亿吨。因此，从长期目标来看，欧盟和美国将继续制约中国的经济发展。近年来，美国政府不断压中国承诺其温室气体排放峰值，并要求落实"可测量、可报告、可核实"的减排承诺，制定严格的报告，监控和核查温室气体排放量和减排量的标准。因此，中美气候变化合作绝不仅仅是橄榄枝，美国仍然坚持把减排和中国相挂钩，否定《京都议定书》模式，要求采取按照能力减排的原则，要求中国在减排问题上接受核查和监督，并提高减排标准和透明度，这些也表明虽然中美新能源合作面临重大的历史机遇，也取得了很大的进展，但双方的合作仍存在巨大的障碍。奥巴马在2010年12月的讲话中已经把保持美国在全球经济的领导地位作为美国面临的最大挑战，在当前美国视中国为经济威胁的情况下，两国新能源不应被看成是双方合作的亮点，而应被视为中美的竞争焦点。美国一方面通过气候外交来限制中国能源消费和碳排放的增长，另一方面又积极谋求在低碳和新能源领域的领导地位。因此，中美两国在新能源领域的贸易和产业竞争将长期存在并将愈演愈烈。

热点追踪与
专家解读

New Focus and Insights

Gr.27

美国气候变化科学计划与技术计划

王守荣*

　　摘　要：首先简要回顾美国气候变化研究和发展的沿革，分析美国制定和实施气候变化科学计划（USCCSP）和技术计划（USCCTP）的国内外背景。介绍了科学计划的研究目标、重点领域、主要的科学发现，以及未来美国气候变化研究战略框架和设想。介绍了技术计划的研究目标和任务，关于能源使用和供应、碳捕获和封存、非 CO_2 减排、温室气体（GHG）测控等主要技术创新内容，以及该计划减排潜能和成本的估算分析。最后在评述美国气候变化科技计划世界影响的基础上，提出关于我国制定战略规划、强化基础研究、推进技术创新、提升能力建设、加快立法进程等方面的建议。

　　关键词：美国　气候变化　科学计划　技术计划

---

*　王守荣，中国气象局研究员，气象学博士，博士生导师，主要从事气候、气候变化和水文水资源模拟评估等方面的研究工作。

一　概述

20 世纪末面对应对气候变化的国际新形势，美国政府及时作出一系列部署，在内政外交上都很活跃，旨在占领气候变化科技领域的制高点，在国际舞台增强话语权。1989 年，美国总统提出一项"总统动议"，要求加强全球环境变化（以下简称全球变化）和气候变化研究。1990 年，美国国会通过《全球变化研究法案》（GCRA），对联邦政府部门加强全球变化和气候变化研究的国内行动和国际合作提出法律要求，还明确规定设立长期的、国家级的全球变化研究计划并赋予具体的职责。

美国全球变化研究计划（USGCRP）于 1990 年启动实施，由美国的国家科学技术委员会（NSTC）所属的环境和自然资源研究委员会（CENR）主持，18 个部门和机构参与研究。

2001 年，美国制定气候变化研究优先行动计划（CCRI），作为对 USGCRP 的补充，突出新世纪初期全球变化研究重点，减少科学不确定性，加强观测系统建设，为决策者提供更加可靠的信息支持。2002 年，将 USGCRP 与 CCRI 合并，制定了美国气候变化科学计划（USCCSP，以下简称科学计划）[1]，但 USGCRP 称号仍保留。同年，又制定美国气候变化技术计划（USCCTP，以下简称技术计划）[2]，形成了美国完整的气候变化科技计划。

气候变化科学计划与技术计划是两个相辅相成、紧密关联的姐妹计划。科学计划着眼于加深对气候系统和气候变化的科学认知，探索气候变化的归因，评估气候变化对经济社会和生态环境的影响，分析应对气候变化政策和技术措施的风险和效益。技术计划则着眼于综合分析人口增长、经济发展、能源需求、资源限制等因素，探索应对气候变化的各种技术方案，加强相关的研究、发展、示范和应用部署（RDD&D）工作，既兑现逐步减少温室气体排放的诺言，又满足经济发展的基本要求。

美国政府高度重视气候变化科学计划和技术计划的组织管理。总统亲自过问

---

① US Climate Change Science Program. 2002. http：//www. climatescience. gov/default. php.

② US Climate Change Technology Program. 2002. http：//www. climatetechnology. gov/.

气候变化计划的战略规划和组织实施，在白宫专门设立总统气候变化执行办公室，由国家安全委员会（NSC）、国家政策委员会（NPC）、国家经济委员会（NEC）派员组成专门的工作组，协助总统制定气候变化的政策，组织对气候变化计划的评估。科学计划和技术计划均是跨部门、跨学科的综合计划，参与两项计划的有商业部（DOC）、国防部（DOD）、能源部（DOE）、环保局（EPA）等13个部门和机构。

二　美国气候变化科学计划

科学计划于2004年实施后进展顺利，成果丰硕，受到国际科学界和各国政府的高度关注。2010年，奥巴马总统以保持与《全球变化研究法案》（GCRA）的一致性为缘由，决定终止美国气候变化科学计划的提法，恢复全球变化研究计划（USGCRP）的称号，但仍以气候变化研究为核心。

（一）科学计划研究目标与领域

2003年7月，美国制定科学计划战略规划，确定了CCSP的愿景、任务、目标、领域和交叉事项，明确了各部门的职责分工并制订了各项管理保障措施。该计划旨在使全国和全球社区获得基于科学的知识，以管理气候及相关环境系统变化中的风险和机遇。研究目标包括：①加深对地球过去和现在的气候和环境及其自然变率的认识，加深对所观测到的气候及环境变率和变化原因的理解；②改进引起地球气候和相关系统变化的强迫量化；③减少未来地球气候和相关系统变化预测的不确定性；④了解自然和人为管理生态系统以及人类系统对气候和全球变化的敏感性和适应性；⑤探索新知识的用途并识别其局限性，以管理气候变率和气候变化相关的风险和机遇。

科学计划设立了7个主要研究领域：①大气成分；②气候变率与变化研究（包括气候模拟）；③碳循环；④水循环；⑤土地覆盖与利用的变化；⑥生态系统；⑦人类影响。

科学计划还确立了6项交叉事项：①观测和资料管理；②模拟；③国际研究与合作；④决策支持；⑤教育培训；⑥利益攸关者参与和交流，研究成果宣传与传播。

（二）科学计划主要成果和结论

科学计划自 1993 年实施以来，取得了多方面的研究成果。其成果集中反映在 4 类报告中：一是年度进展报告，题为《我们变化中的行星》（*Our Changing Planet*）。二是专题报告，亦即 21 本综合评估产品（Synthesis and Assessment Products）。三是综合报告，一份是 CENR 于 2008 年 5 月提交的《全球变化对美国影响科学评估》报告（*Scientific Assessment of the Effects of Global Change on the United States*）[1]，另一份是科学计划提交的《全球气候变化对美国影响》评估报告（*Global Climate Change Impacts in the United States*）[2]。此外，还有 NRC 一系列评估报告。在这些报告中，全面论述了全球和美国气候变化的事实和未来趋势，综合评估了气候变化对全美以及 7 个部门和 9 个分区的影响。四是向国际上提交的报告，如向 IPCC 和 UNFCCC 提交的报告等。

1. 科学计划关键的科学发现

（1）全球变暖毋庸置疑，且主要是人类导致的。过去 50 年全球气温上升。这种观测到的升温主要是人类活动排放的温室气体造成的。

（2）美国正经历着气候变化，据预测将来会加剧。已在美国和沿海海域观测到与气候有关的变化。这些变化包括暴雨增加，气温和海平面上升，冰川快速退缩，永冻土融化，生长期延长，海洋、湖泊和河流非冰期延长，积雪消融期提前及河川径流改变。据预测这些变化将来也会加剧。

（3）广泛的与气候有关的影响正在出现，预期未来还会增加。气候变化正在影响水资源、能源、交通、农业、生态系统和人体健康。这些影响在各地的表现有所不同，在未来气候变化背景下还会加剧。

（4）气候变化会对水资源造成压力。水资源对所有地区都是重要事项，但对各地潜在影响的性质不同。干旱以及与之相关的降水量减少、蒸发量及植被蒸

① Scientific Assessment of the Effects of Global Change on the United States. A Report of the Committee on Environment and Natural Resources National Science and Technology Council, May 2008. http://www.climatescience.gov/Library/scientific-assessment/.

② Global Climate Change Impacts in the United States. A State of Knowledge Report from the U.S. Global Change Research Program, June 2009. http://www.globalchange.gov/publications/reports/scientific-assessments/us-impacts.

散量增加，是许多地区特别是西部地区的重大问题。洪涝和水质问题在多数地区因气候变化而被放大。西部地区和阿拉斯加山地积雪减少事关重大，因为这些地区的积雪提供生命攸关的天然蓄水。

（5）对农作物和牲畜生产的挑战将会加大。许多农作物显示了对二氧化碳浓度增加及较低升温幅度的正面响应，但较高升温幅度却会对农作物生长和产量造成负面影响。病虫害增加、水资源压力加大和天气极端事件加剧将对农作物和畜牧生产适应气候变化提出挑战。

（6）海平面上升和风暴潮侵袭导致海岸带风险增加。海平面上升和风暴潮侵袭使美国许多海岸带地区特别是大西洋和墨西哥湾、太平洋海岛及阿拉斯加部分地区侵蚀和洪涝风险增加。海岸带的能源和交通基础设施及其他财产很可能受到不利影响。

（7）人体健康的风险将会增加。气候变化对人体健康的有害影响与热浪、水传染病、空气质量差、极端天气事件以及昆虫和啮齿类动物传输疾病有关。严寒天气的减少将带来某些福祉。强化公共卫生基础设施可减少潜在的负面影响。

（8）气候变化将会与许多社会和环境压力产生交互作用。气候变化会与污染、人口增长、资源过度使用、城市化及其他社会、经济和压力结合在一起，产生比任何单一因素更大的影响。

（9）阈值将被突破，导致气候和生态系统发生重大改变。比如，这些阈值决定海冰和永冻土的状态，决定物种的生存，从鱼类到昆虫、害虫，对人类社会具有重要意义。随着未来气候的进一步变化，预期将有更多的阈值被突破。

（10）未来气候变化及其影响取决于当今的政策选择。未来气候变化的幅度和速率主要取决于当今和未来人类活动排放的温室气体和气溶胶数量。应对气候变化包括减少排放以限制未来变暖程度和适应不可避免的变化两个方面。

2. 关于全球气候变化的主要科学结论

（1）人类活动已导致20世纪温室气体大幅增加。

（2）全球平均气温和海平面已上升，降水形态已改变。

（3）过去50年全球变暖主要由人类排放的温室气体导致。人类的"印记"在气候系统的其他许多方面也被识别，包括反映在海洋热容量、降水、空气湿度和北极海冰等方面的变化中。

（4）预计 21 世纪全球温度将继续上升。上升多少和持续多久则取决于很多因素，包括温室气体排放量和气候对其敏感度。

（三）未来美国气候变化研究框架

受美国总统委托，美国国家科学院研究理事会（NRC）组织国内外专家对科学计划进行跟踪评估。NRC 于 2007 年对科学计划的进展进行评估，在充分肯定成就的基础上指出不足。① NRC 于 2009 年又提出未来进一步加强气候变化研究的新框架②。未来 USGCRP 战略研究任务将仍以气候变化研究为核心，拟包括以下内容。

1. 综合观测

建设长期的、高质量的综合观测系统，监测全球、区域和局地尺度当前气候系统乃至地球系统状况，揭示其过去变化的幅度和归因，为预测其未来的变化和变率提供科学基础。综合观测系统包括卫星遥感、高空观测、地面观测、海洋观测以及资料同化应用等子系统。

2. 基础研究

加强跨部门、跨机构的合作，开展满足社会进步需求的综合、集成和柔性研究，深化对气候变化归因和后果的理解，提升对限制气候变化幅度、适应气候变化影响可选措施的认知，利用可能出现的机遇。基础研究的重点是地球系统过程研究，包括大气、海洋、生物圈、冰冻圈、陆面等组成部分及其相互作用。

3. 适应研究

开展跨学科研究，加强美国目前适应研究这一"短板"。探讨人文因素如经济、管理、行为和公平等与自然因素的相互作用，了解人文因素和自然因素对地球系统的综合影响，提高社区、地区、部门适应气候变化的能力。

4. 端点—端点模拟

发展涵盖科学研究到决策支持（端点—端点）的下一代地球系统模式、影

---

① Evaluating Progress of the U. S. Climate Change Science Program：Methods and Preliminary Results，Committee on Strategic Advice on the U. S. Climate Change Science Program National Research Council，2007. http：//www. nap. edu/catalog. php? record_ id＝11934.

② Restructuring Federal Climate Research to Meet the Challenges of Climate Change，Committee on Strategic Advice on the U. S. Climate Change Science Program，National Research Council，2009. http：//www. nap. edu/catalog. php? record_ id＝12595.

响评估模式和综合评估模式，并加强这三种模式的集成。地球系统模式不仅能模拟全球尺度各组成部分的过程及其相互作用，还能模拟区域和局地温度、降水类型、风、极端事件以及影响气候的气溶胶、碳通量等要素。影响评估模式能更好地模拟经济、社会、生态系统关于气候变化的影响、适应和脆弱性。综合评估模式实现自然气候系统和人文系统的双向耦合，可模拟其相互作用，包括减缓、适应行动对地球系统的影响。

5. 评估

评估气候变化及其影响是 USGCRP 的核心任务。未来几年将围绕 IPCC 第 5 次科学评估和美国第 3 次国家气候评估开展研究。重点评价全国适应和减缓的进展，建立长期、连续的评价气候变化风险和机遇的程序，提供区域和部门决策支持信息，评估现有科学认知的水平。

6. 气候服务支持

以第三次气候大会提议的全球气候服务框架（GFCS）为基础，发起美国气候服务计划，制定实施战略，加强科学研究，提升服务水平。

7. 沟通宣传教育

制定综合的沟通宣传教育战略，协调各部门工作，使研究成果在应对气候变化的社会行动中发挥更大的作用。

8. 科学—社会感兴趣领域

从社会经济领域如海平面上升、水资源、生态系统和生物多样性、农业和渔业、城市环境、交通系统、能源系统、极端事件和灾害、人体健康、国家安全等提炼科学研究主题。

9. 支持 USGCRP 的国际活动

加强与重大科学计划的合作，支持 IPCCU 科学评估和 NFCCC 履约谈判。

三 美国气候变化技术计划

技术计划于 2002 年提出，2005 年获美国《能源政策法案》授权批准，2006 年发布战略规划，2007 年正式实施。

（一）技术计划目标与任务

技术计划战略规划确定了 CCTP 的愿景、任务、战略目标和核心方法，明确了各部门以及工作组的职责分工。

愿景是与其他伙伴合作，获得能够在全球范围内提供丰富、清洁、安全、经济的能源以及其他服务的技术能力，激励和支撑经济增长，同时实现实质性的温室气体减排，减缓气候变化和温室气体浓度增加的潜在风险。

任务是通过对多部门的联邦气候变化技术研究发展计划及投资的协调和优化，激发和加强美国的科学技术事业，形成全球领导能力，并与其他伙伴合作，加快发展和应用体现 CCTP 愿景的技术。

技术计划确立了 6 项战略目标：①减少能源终端利用和基础设施方面的温室气体排放；②减少能源供应方面的温室气体排放；③二氧化碳的捕获和封存；④减少非二氧化碳温室气体排放；⑤提高温室气体测量和监控能力；⑥加强支撑技术研发的基础科学。

与 6 项战略目标相对应，技术计划成立了 6 个工作组：①能源终端利用工作组，由能源部牵头，主要负责氢气终端利用、交通、建筑、工业、电网和基础设施方面的技术研发；②能源供应工作组，亦由能源部牵头，主要负责制氢、可再生和低碳燃料、可再生动力、核裂变动力、核聚变能源和低排放化石动力方面的技术研发；③二氧化碳封存工作组，由农业部牵头，主要负责碳捕获、地质封存、海洋封存及相关产品和材料方面的技术研发；④非二氧化碳温室气体工作组，由环境保护局牵头，主要负责减少能源和废弃物排放的甲烷、农业排放的甲烷和其他温室气体、具有全球气候变暖高潜能的气体、二氧化氮、臭氧前驱物和黑碳方面的技术研发；⑤温室气体测量和监控工作组，由航空航天局牵头，主要负责建立地球综合观测系统和相关领域温室气体测量和监控方面的技术研发；⑥基础研究工作组，由能源部牵头，主要负责基础研究、战略研究、探索性研究和制定综合研发规划等方面的工作。

为保证战略目标的实现，技术计划采用 7 种核心方法：①加强气候变化技术研究与发展；②加强基础研究的贡献；③增加合作机会；④加强国际合作；⑤支持尖端技术示范；⑥确保能胜任未来目标的技术力量；⑦提供技术研发的支撑政策。

（二） 技术计划近期和中长期技术研发重点

技术计划围绕 6 项战略目标，针对节能减排的主要领域和部门，分别提出了近期和中长期技术研发重点。

1. 减少能源终端利用和基础设施温室气体排放的技术

交通运输、建筑和住宅、工业、电网及基础设施是能源终端利用和基础设施温室气体排放大户，这四个方面的减排技术被列为重点。

2. 减少能源供应温室气体排放的技术

能源供应减排的重点是降低化石燃料排放，把氢气作为能源载体，使用可再生能源和燃料，发展核裂变和核聚变能源。

3. 二氧化碳捕获和封存技术

重点研发二氧化碳捕获和二氧化碳地质、陆地、海洋封存技术。

4. 减少非二氧化碳温室气体排放技术

重点研发甲烷、氧化氮、全球变暖高影响气体、对流层臭氧前驱物及黑炭气溶胶减排技术。

5. 提高温室气体测量和监控能力

对温室气体进行测量和监控，一方面是了解温室气体排放、浓度及捕获和封存等状况，为研究和决策提供科学数据；另一方面则是评估有关减排技术措施的效率和效果，为长远的技术创新提供指导。

6. 加强支撑技术研发的基础科学

基础科学研究能够揭示新的特性和现象，提高对技术障碍的理解，提供创新性的解决途径。

气候变化技术计划重点开展四个方面的研究：一是基础研究，支持物理、生物、环境、计算模拟和聚变科学等研究，引领应对气候变化技术创新；二是战略研究，基于基础研究的科学成果，延伸提出应对技术挑战的研发任务；三是探索性研究，针对一些创新性理念和可能取得重大突破的新技术，重点部署探索性研究；四是综合规划，改进研发综合规划程序，强调科学和技术团体之间的交流、合作与协调。

（三）技术计划关于潜在减排总量的估算和减排方案成本的比较

技术计划既要研发新技术，又要在现有技术的基础上大幅降低成本。为此，技术计划首先进行了气候变化系列情景研究和分析①。系列情景包括一个基准案

---

① Clarke, L., M. Wise, M. Placet, C. Izaurralde, J. Lurz, S. Kim, S. Smith, and A. Thomson. 2006. Climate Change Mitigation: An Analysis of Advanced Technology Scenarios. Richland, WA: Pacific Northwest National Laboratory.

例情景、一套底线情景和三套先进技术情景。底线情景和先进技术情景又分为温室气体排放极高、高、中等和低限制四个标准。这样，系列情景共有 17 个情景。技术计划在系列情景研究和分析的基础上，基于其减少能源终端利用和基础设施温室气体排放、减少能源供应的温室气体排放、增加二氧化碳的捕获和封存和减少非二氧化碳温室气体排放四项目标，估算了全球 21 世纪潜在的减排总量，比较了系列情景的减排成本。

1. 21 世纪潜在累积减排总量

在技术计划战略规划中，依据系列情景研究结果，应用气候变化综合评估模式，模拟计算了 21 世纪四项目标潜在减排总量：若实现温室气体排放极高标准的限制，潜在减排总量可达 7400 亿～11000 亿吨碳；高限制为 4900 亿～7100 亿吨碳；中等限制为 3800 亿～5100 亿吨碳；低限制限制为 2500 亿～3200 亿吨碳（见表 1）。

表 1　技术计划对于 21 世纪四项目标累积减排量的估算

单位：亿吨碳

	目　　标	极高标准限排	高标准限排	中等标准限排	低标准限排
1	减少能源终端利用和基础设施排放	250～270	190～210	150～170	110～140
2	减少能源供应排放	180～330	110～210	80～140	30～80
3	二氧化碳的捕获和封存	150～330	50～140	30～70	20～40
4	非二氧化碳温室气体减排	160～170	140～150	120～130	90～100

2. 减排成本比较

在技术计划战略规划中，对各种情景的累积减排成本进行了相对比较，如图 1

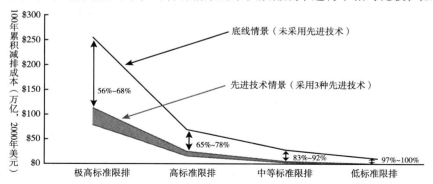

图 1　21 世纪多情景累积减排成本比较

所示。从图 1 中可见，随着减排限制标准的提高，减排成本也相应增加。若采用三种先进技术，相对不采用先进技术可大幅降低减排成本。

四　美国气候变化科技计划的影响及启示

美国制定科学计划和技术计划是实现其 21 世纪国家目标，维护其政治、经济、环境、外交综合利益的产物。科学计划和技术计划对世界范围气候变化领域的科技发展乃至整个国际社会应对气候变化的谈判和行动都具有重大影响，值得我们研究和分析。

（一）　美国气候变化科技计划的世界影响

1. 改善美国的国际形象

美国退出《京都议定书》，是出于其维护国家利益的考虑，但在国际上也承受着巨大的压力，遭到包括发达国家在内的广泛指责。美国发起科学计划和技术计划，以科学技术为旗帜，向国际社会表明其高度重视气候变化的态度，以缓解国际压力，重树大国形象，为其在外交谈判中争取主动。

2. 引导科学前沿的探索

美国高度重视气候变化基础科学研究特别是前沿问题的突破，为深化气候变化归因、过程和预测等基础理论组织跨部门跨学科的探索，为发展地球系统模式开展国内外的合作研究，为支持气候变化科学研究对外发起 GEOSS 计划，对内加强 IEOS 建设，力求实现对气候系统乃至地球系统整体科学认知的突破。美国气候变化科学研究取得了世界瞩目的重要成果，不仅为美国在 IPCC 科学评估和UNFCCC 履约谈判中取得重大的话语权，而且激励和引导了世界范围气候变化基础科学研究的新潮流，对 21 世纪取得前沿问题的突破具有深远影响。

3. 激发技术创新的竞争

美国在节能减排、基础设施、碳捕获和封存、减少非二氧化碳温室气体排放以及温室气体测量和监控等气候和环境领域选定若干关键技术加强原始创新和集成创新，不仅可提高能耗效率，开发利用洁净能源，减缓气候变化，而且可以抢占世界环境和气候领域技术制高点，进一步提升社会经济发展水平，维护其超级大国的地位。美国 21 世纪专门推出气候变化技术计划，既给世人耳目一新的震撼，更对各国技术创新提出挑战，必将引发新的科技竞争，加快全球技术进步的进程。

4. 推动能源战略的调整

美国近期不仅注重大力提高传统化石能源的使用效率，实现低排放乃至零排放，而且大力开发利用风能、太阳能、生物质能、水电和地热能等可再生能源，中长期将研发氢能技术并以此为基础发展全球氢能经济，还要大规模利用核裂变甚至核聚变能源。美国雄心勃勃的新能源策略，不仅对其国内能源结构的转型、经济结构的调整和生态环境的保护具有重大意义，而且对当今世界能源竞争的格局提出了新的挑战，推动各国面向未来实施能源战略的调整和经济发展的转型。

5. 增加履约谈判的变数

美国一方面退出《京都议定书》，不受国际履约谈判的约束；另一方面又立足长远，大力加强科学研究和技术创新，为其逐步在国际社会提出中长期定量减排承诺进而提出全球中长期的减排目标奠定基础。美国在科学研究和节能减排等方面已初见成效，随着其取得关键技术的突破，温室气体的排放总量逐步稳定进而趋于减少，就一定会对国际社会特别是发展中大国减少温室气体排放施加更大的压力。

（二）美国气候变化科技计划的启示

我国气候变化研究和发展起步早、成果多，具有自身的特色。近年来，党和国家对于应对气候变化高度重视，采取了一系列重大措施，把节能减排作为科学发展的战略任务，在适应、减缓气候变化的很多方面都取得了举世公认的成就。但美国气候变化研究的成果和经验仍提供了许多启示，他山之石值得我们分析和借鉴。针对我国气候变化科学技术发展的沿革和现状，建议重点加强下列几方面的工作。

1. 加强应对气候变化的战略规划

美国高度重视气候变化战略规划工作，在总统的直接过问和内阁高层组织下制定科学计划和技术计划战略规划，明确气候变化科学研究和技术创新的中长期目标，且结合国内外新形势滚动修订。我国虽已制定应对气候变化的国家方案，但还需在此基础上制定中长期综合战略规划和科技规划，并在国家经济社会发展五年规划中滚动制定应对气候变化专项规划，统筹谋划科学研究、技术研发和适

应、减缓行动。

2. 加强气候变化基础研究

我国对气候变化研究虽然取得了很多成就，但与世界先进水平相比，整体水平还不高，重大突破还不多，对内不能满足经济增长、社会进步和可持续发展的需求，对外对履约谈判和 IPCC 评估等活动的科技支撑不足。我国应放眼世界，抓住前沿，整合力量，重点突破。深化气候变化检测、归因和预估研究，强化气候突变和气候极端事件的机理研究，推进气候变化影响评估与脆弱性研究，加强气候变化适应与应对策略研究，加深对气候系统乃至地球系统的整体科学认知，特别是掌握中国气候和气候变化的规律，提升在国际社会的话语权。

3. 加强气候变化技术创新

气候变化领域有关提高化石能源效率、开发利用可再生清洁能源、发展氢能和核能等新能源、减少温室气体排放、增加温室气体捕获和封存、加强温室气体及气溶胶观测和监控等技术创新，不仅事关减缓气候变化和保护地球环境，而且事关能源发展战略和经济发展方式，正在引领 21 世纪绿色经济、循环经济和低碳经济的发展。我国应不失时机地制定低碳经济发展规划，组织国家级气候变化技术计划，围绕有关核心技术开展原始创新、集成创新和引进吸收再创新，支撑经济发展方式的转变和产业结构的调整。

4. 加强气候变化能力建设

科学计划和技术计划每年耗资超过 50 亿美元。美国之所以投入前所未有的人力、物力和财力，正是为了形成与其超级大国地位相称的超强能力，保持其科技的领先和领导地位。近年来，随着我国综合国力的增强，国家和地方应对气候变化和节能减排的投入不断增长，气候变化能力建设水平不断提升，但与世界先进水平仍有很大的差距。我国应在制定气候变化专项规划的基础上设立一批重大项目，加强气候观测系统、气候模式系统、气候应用服务系统、气候决策信息系统以及相应的基础、实验设施建设，使我国气候变化能力建设和科技水平尽早步入世界先进行列。

5. 加强气候变化法制建设

美国高度重视气候变化的立法，以立法指导气候变化战略规划，以立法确保科技计划的实施。美国正是通过《全球变化研究法案》和《能源政策法案》等立法，保证了 USGCRP、科学计划和技术计划的适时启动和顺利进展。我国应加速气候和气候变化立法的步伐，使气候变化研究和应对走上法制轨道。建议尽早制定《中华人民共和国应对气候变化法》，以法律形式规范政府、部门、企业、社会组织和公众在应对气候变化工作中的职责，明确我国应对气候变化的基本方针、原则和基本任务，规范应对气候变化的体制机制，强化气候变化科学研究和技术创新，为应对气候变化提供更加有力的法制保障。

Gr.28

地球工程

胡国权　周波涛　刘颖杰　王芬娟*

摘　要： 本文简单介绍了地球工程的基本概念和主要类别，就目前国内外地球工程方面的已有的具有代表性的一些设想或计划进行了介绍，回顾了全球各方对地球工程的看法，最后提出了政策建议。

关键词： 地球工程　二氧化碳移除　太阳辐射管理

继续排放温室气体，特别是通过燃烧化石燃料释放二氧化碳，极有可能进一步推动广泛的气候变化，预计将对大部分国家造成严重的负面影响。三种防患于未然的策略可能有助于减少气候变化的风险：其一为减缓，即减少排放；其二为适应，即通过提高应对气候变化能力来减轻气候变化的影响；其三为实施地球工程，即慎重地干预地球系统的物理、化学或生物质反应过程。

一　地球工程的内涵

地球工程，指的是通过人为对地球系统的物理、化学或生物特质反应过程等进行干预来应对气候变化，减少并有效管理气候变化带来风险的工程项目。在20世纪70年代，温室效应首次引起关注，地球工程计划开始在学术文献中出现。Marchetti（1977）[①] 提出了"地球工程"概念，逐渐在美国学术界得到认可，并

---

* 胡国权，中国气象局国家气候中心，副研究员，研究领域为气候变化科学问题和相关政策；周波涛，中国气象局国家气候中心，副研究员，主要从事气候变化和机理研究以及古气候数值模拟研究；刘颖杰，中国气象局国家气候中心，博士，从事气候变化科学问题和相关政策研究；王芬娟，中国气象局国家气候中心，博士，从事气候变化科学问题和相关政策研究。

① Marchetti C., 1977, "On Geoengineering and the CO_2 problem", Climatic Change, 1, No. 1, 59 – 68.

反映在 1992 年的美国国家科学院的报告中①。地球工程计划，成为公众关注中心是由于德国科学家 Paul Crutzen 于 2006 年在《气候变化》杂志上发表文章呼吁人们重视地球工程学而起②。

地球工程有可能降低温室气体浓度，为减少气候变化的某些影响提供备选方案，或者在其他办法无法阻止突然的、毁灭性的或其他人类无法承受的气候变化后果时，提供最后不妨一试的解决策略。然而，现有的研究尚无法确定是否存在能够产生显著收益的大规模地球工程方法，或者这些收益是否能够大大超过其造成的损害。

地球工程可大体分为两类。第一类为二氧化碳移除（CDR），即通过大规模的技术或者工程减少大气中的温室气体的含量，从而有效减少地球增温。二氧化碳移除方法主要包括：直接捕捉大气二氧化碳（如通过技术直接捕捉二氧化碳、海洋注入二氧化碳等）；化学反应碳捕捉（如通过二氧化碳与岩石、矿物进行化学反应，减少大气中的二氧化碳）；合理利用土地（如通过增加森林覆盖率，吸收更多的二氧化碳）；海洋施肥，等等。目前来看，这类方法应用前景最广阔，一旦被证明安全、有效、持久且费用合理，它们便能发挥减小大气中二氧化碳浓度的作用。第二类为太阳辐射管理（SRM），即通过工程技术减少地球大气中太阳辐射的吸收，从而抵消大气中温室气体导致的地球增温。太阳辐射管理方法主要包括：太空"散热"（如在太空 2000 公里处放置 25 万平方公里"太阳伞"，可以减少太阳辐射 1% ~ 2%）；平流层注入气溶胶（如在平流层中喷射气溶胶，增加云气溶胶反照率）；云层反射（如在海洋覆盖白色泡沫，在海洋上空注入海盐气溶胶）；地表反照率变化；卷云变薄，等等。这类方法的优势在于能使温度迅速降低，但它不能控制二氧化碳含量，费用可能极其昂贵，安全性也不清楚。

二 地球工程方面的工作进展

目前国内外就地球工程方面已有一些设想或计划，具有代表性的有以下几个。

---

① National Acaderny of Sciences 1992，"Policy Implications of Greenhouse Warming：Mitigation，Adaptalion and the Science Boye"，*Nalional Academy Press*，Washington DC.

② Paul J. Crutzen，2006，Albedo Enhancement By Stratospheric Sulfur Injections：A Contribution To Resolve A Policy Dilemma?

（一）二氧化碳移除类（CDR）

1. 繁殖海洋浮游生物减少二氧化碳

通过添加铁或尿素等营养物质，或者抽取海底水到海面上，这种"海洋受精"方案刺激海洋中擅长吞食二氧化碳气体的浮游生物大量繁殖，其中包括引起赤潮的浮游生物。当这些浮游生物死亡之后，它们将自己体内存贮的碳物质沉入海底。持批判观点的研究人员指出，这种方案并不可取，其最终结果是释放的二氧化碳将比吸收的多，而且较多的二氧化碳溶入将使海洋呈现酸性。还有研究表明含铁肥料大大加快了浮游植物的生长速度，但同时也抑制了其他海洋物种的生长，更令人吃惊的是：含铁肥料令浮游植物细胞内产生大量神经毒素，并对其他海洋物种正常摄取养料产生了不利影响。

2. 种植基因改良树

美国研究人员计划种植能够生长更快、含有少量木质素的基因改良树，这种快速生长的树木能够将二氧化碳气体在根部吸收，但木质素的坚硬细胞壁使该木制植物很难变成生物燃料，如果这种基因改良树木大量培育种植，将逐渐破坏原有的地球自然生态平衡。

3. 制造超级二氧化碳净化器

美国哥伦比亚大学物理学家克劳斯·拉克纳提出了一种净化方案：300 英尺高的净化器设备每年能够净化 1.5 万辆汽车所释放的温室气体。如果设计一个像美国亚利桑那州面积大小的巨型净化器，用于吸收人类所排放的温室气体，将有效地解决全球气候问题。但是这一净化方案存在的一个问题是，吸收的二氧化碳气体将如何处理。拉克纳称可以将这些二氧化碳以固态的形式埋入地下，一种最少争议的办法就是将二氧化碳转化为石灰石。

（二）太阳辐射管理（SRM）类

1. 发射超级太空反射镜

美国亚利桑那州大学天文光学专家罗杰·安吉尔提出太空镜子理论。他提倡由 16 万亿面镜子组成 180 万平方英里的太阳能板作为太空镜子，此项目共耗资 5 万亿美元。太空镜子不会对地球二氧化碳水平发生任何变化，但是能够反射阳光使地球降温。

2. 再造人造火山

1991 年，菲律宾皮纳图博火山爆发，向大气层中喷射了 1000 万吨的硫黄尘粒，这些尘粒通过阻止日光照射使地球冷却。受此启示，包括诺贝尔奖得主保罗·克鲁特兹在内的许多科学家认为，再造类似的火山喷发能够有效降低全球气温升高的趋势。具体的方法包括，使用火箭、飞机、巨型枪或者人造火山将硫黄等尘粒喷射到大气平流层中，从而使地球气温在 10 年之内降低到 20 世纪初的水平。进行类似的人造火山计划，必须持续将硫黄等尘粒向大气层中释放，一旦中止硫黄等尘粒的排放，地球气温会迅速增高，同时海水将逐渐酸性化。

3. "造云" 反射阳光

云层能够反射阳光的照射，因此制造云层也能够降低全球气温。美国科罗拉多州国家大气研究中心物理学家约翰·拉舍姆和爱丁堡大学工程师史蒂芬·撒尔特计划制造云层进而降低全球气温。但也有科学家指出，不那么乐观的是，这可能会对臭氧层造成影响。此外，需要至少 1000 艘海水喷洒船才能完成这项工作。

（三）国内研究进展

国内开展的碳捕获、应用和存储（CCUS）以及微藻制油两项研究可以作为地球工程的代表。

1. CCUS

IPCC 对 CCS 的定义是指将二氧化碳从工业或相关能源产业的排放源中分离出来，输送并封存在地质构造中，长期与大气隔绝的一个过程。我国结合本国实际提出了 CCUS，即在 CCS 原有的捕集、运输和封存三大环节的基础上增加了二氧化碳利用的环节。国际能源署预测，到 2050 年 CCUS 可以减少全球 20% 的碳排放。

2. 微藻制油

微藻制油的原理，是利用光合作用，将二氧化碳转化为微藻自身的生物质从而固定碳元素，再通过诱导反应使微藻自身的碳物质转化为油脂，然后利用物理或化学方法把微藻细胞内的油脂转化到细胞外，进行提炼加工从而生产出生物柴油。目前国内从事微藻制油研究和技术开发的主要有三家：新奥集团；上海市科委支持的"微藻制油"产业化小型示范项目；中国科学院与中国石油化工股份有限公司联合开展微藻生物柴油成套技术研究项目。

三　各方对实施地球工程的看法

美国总统奥巴马的首席科学顾问、总统内阁成员约翰·侯德然在接受美联社采访时表示，气候变化的形势紧急，我们已经没有时间来挑剔应对的方法了；他认为在考虑气候变化应对方法时，不应该把地球工程方法排除在外。

不过，实施地球工程是否会破坏气候系统和生物多样性，并削弱各国减排的决心，一直存在很大争议。在日本举行的联合国《生物多样性公约》第十次缔约方会议上，一些环保人士便呼吁冻结地球工程计划。环保人士认为，地球工程可能会对地球许多区域的气候及生态系统造成不可估量的影响。比如，向海面喷洒营养物可能引起藻类大规模生长，从而吸收水中营养物质与氧气，导致鱼类和其他动物缺氧死亡；向大气中散发大量硫黄颗粒，可能会对臭氧层造成不可弥补的伤害。世界自然保护联盟的朗索瓦·斯马德表示："我们欢迎某些地球工程计划，但目前实施这些计划都太危险，因为它们带来的潜在环境问题尚未可知。"还有一些环保人士认为，地球工程已经成为某些政府和公司逃避减排目标的捷径。他们可以一边实施地球工程给地球降温，一边继续大量排放温室气体。联合国《生物多样性公约》缔约方会议通过了延缓实施地球工程的决议①。决议指出，任何与气候相关的地球工程都不予实施，除非"具备能够对此类活动进行充分论证的科学基础，并且对此类活动对环境及生物多样性所带来的风险，以及对社会、经济和文化所造成的冲击给予合理的考虑"。不过，小规模的地球工程科学研究被排除在冻结的范围之外。

不同的地球工程在减少气候变化的影响、产生新的风险和在国家之间重新分配风险方面的潜力差别很大。比如，直接从空气中去除二氧化碳的技术可能会给全球带来益处，但也可能会对局部地区产生不利影响。反射阳光可能会降低地球的平均温度，但也可能改变全球的循环模式，造成潜在的严重后果。反射阳光对不同国家的影响不一样，由此将引发法律、道德、外交和国家安全方面的顾虑。此外，目前尚没有最新的研究可以确认大规模使用地球工程所产生的利弊情况。

---

① 《生物多样性公约》缔约方大会第十届会议通过的决定 X/33. 生物多样性和气候变化，http：//www.cbd.int/doc/decisions/COP－10/cop－10－dec－33－zh.pdf。

对于地球工程策略的探索也会带来潜在的风险。开发包括地球工程在内的任何新能力都需要资源，这可能会导致资源的分流，影响一些更具成效的资源利用方式。地球工程技术一旦开发出来，可能引发短视、不明智的部署决定，造成难以预见的潜在恶果。

因此，我们必须谨慎看待地球工程，因为操纵地球系统的做法可能激发出难以预测的不利后果的巨大风险。所以，在采用地球工程学方案之前需要更多、更严格的科学论证。需加强对地球工程影响气候系统的科技潜力的研究，包括对各种预期的和超出预期的环境反应进行研究。IPCC 作为权威的评估机构，将在第五次评估报告（AR5）中对地球工程相关内容进行评估，以此作为各国政府制定应对气候变化政策并采取具体措施的重要科学依据。为提高中国在这方面的话语权，我国亟待组织相关的研究队伍与机构，开展地球工程方面的相关研究。

Gr.29

IPCC《可再生能源与减缓气候变化》特别报告评述

朱 蓉*

摘 要：本文介绍了 IPCC《可再生能源与减缓气候变化》特别报告编写背景、基本内容和主要结论，论述了国际社会对特别报告的反应，探讨了《可再生能源与减缓气候变化》特别报告对我国能源发展战略的启示。

关键词：IPCC 可再生能源 减缓 气候变化

应对气候变化和能源安全已成为全球性的重大问题，在此背景下，2008 年 4 月在布达佩斯召开的政府间气候变化专门委员会（IPCC）第 28 次全会上，决定由 IPCC 第三工作组组织编写《可再生能源与减缓气候变化特别报告》（以下简称特别报告）。特别报告的范围、主要内容和编写计划都是由 IPCC 全体会议各工作组会议决定的，特别报告是为决策者和其他 IPCC 报告读者明确相关的关键政策问题提供可查阅的参考资料。全球 200 多位专家，先后举行 6 次会议，历时两年半，完成了特别报告的编写。2011 年 5 月，IPCC 第三工作组第 11 次会议、IPCC 第 33 次全会先后审议批准，接受了该报告。此份报告是 IPCC 第五次评估期间发布的首份报告，必将有助于更好地推动全球应对气候变化的行动。

一 IPCC《可再生能源与减缓气候变化》特别报告编写背景

（一）特别报告主要作者

在 IPCC 第三工作组联合主席 Ramon Pichs-Madruga （古巴）、Ottmar

---

* 朱蓉，中国气象局公共气象服务中心研究员，资源与环境气象首席，主要从事风能资源评估与预报领域的技术开发以及大气边界层数值模拟研究工作。

Edenhofer（德国）和 Youba Sokona（马里）的领导下，来自 59 个国家的 272 名主要作者共同完成了特别报告的编写工作。每章各有若干主要作者召集人，共同具体负责组织各章节的编写工作，另有 200 余位世界各国的科学家参与了特别报告的评审工作。

32 名各章主要作者召集人来自 19 个国家，其中美国 7 人，德国、巴西各 4 人，中国 2 人，英国、荷兰、爱尔兰、挪威、澳大利亚、新西兰、墨西哥、古巴、阿根廷、马里、赞比亚、印度、尼泊尔、孟加拉、新加坡各 1 人。272 名主要作者中，美国有 63 人，欧洲有 116 人，共占作者总数的 66%。

经中国气象局组织推荐，IPCC 最终确认 6 位中国专家成为该特别报告主要作者召集人或主要作者，分别参与第二章（生物质能，董宏敏，中国农业科学研究院）、第三章（直接太阳能，许洪华，中国科学院电工所）、第五章（水电，刘志雨，水利部）、第七章（风能，杨振斌，中国气象科学研究院）、第八章（可再生能源融入能源系统现状与展望，刘永前，华北电力大学）、第十一章（政策、财务和实施，王仲颖，国家发展和改革委能源研究所）等 6 个章节的编写。

（二）特别报告编写过程

特别报告第一次主要作者会议于 2009 年 1 月举行，会议主要是讨论特别报告的编写提纲和计划，形成特别报告初稿（ZOD）草稿，并进行了编写任务分解，同时形成特别报告编写的时间表。

2009 年 8 月特别报告第一稿（FOD）的征求意见工作完成后，特别报告第二次会议主要对所征集到内部专家对 FOD 的意见或建议进行讨论，并修改完善。在此次会议之前，召开了第 1 次可再生能源情景模拟专家会议——"可再生能源模拟：模式假设条件和最近技术知识连贯性"，邀请主要作者和经济模拟机构的专家，就不同可再生能源情景模拟进行交流。

2010 年 2 月，召开了第二次特别报告可再生能源专家审阅会议，此次会议的目的是通过提供大量的新信息、分析和证据，不仅仅局限于同行评议文献，而且需要掌握这些文献和知识的专家群体——如致力于技术研发、开发利用、降低成本和可再生能源规模化利用等方面的商业界和非政府组织等相关者群体的对特别报告提供支持和贡献。

特别报告第三次主要作者会议于2010年2~3月举行，会议根据收集到的8775条FOD内部和外部专家审阅意见进行了审议，确保所有的意见都得到适当的处理，对每条意见的处理都记录在案。与此同时，编写了提炼特别报告中与决策相关内容的决策者摘要。此外，还召开了特别报告关于"可再生能源模拟"的跟进专家会议，交流、讨论不同气候变化情景下对可再生能源开发利用影响的模拟结果，以完善特别报告中包含的可再生能源情景内容。

特别报告第二稿和决策者摘要初稿被分发给194个IPCC成员国和所有审稿作者，最终收集到的审议意见有14021条。第4次主要作者会议于2010年9月举行，各章召集人和主要作者逐条审议各国政府评审意见和审稿作者意见之后，形成了特别报告终稿和决策者摘要第二稿。

对特别报告决策者摘要第二稿进行再一次政府评审以后，共收到1286条评审意见，另外还有684条针对第九章可再生能源与可持续发展的评审意见。2011年1月，IPCC第三工作组织召开了特别报告主要作者召集人会议，对特别报告终稿、技术摘要和决策者摘要进行了新的修改完善。

二 特别报告的主要内容与结论

（一）基本内容

特别报告共11章，1400多页，主要基于科学、技术、环境、经济和社会等方面与可再生能源相关的文献，分章对6种与减缓气候变化有关的可再生能源及其与减缓气候变化和可持续发展的关系、可再生能源与当前和未来能源系统的融合、可持续发展背景下的可再生能源的发展，以及减缓气候变化的潜力和成本、政策、融资与措施等有关问题进行了评估。

特别报告包括11章和两个附录，具体是：第一章可再生能源与气候变化，第二章生物质能，第三章直接太阳能，第四章地热能，第五章水电，第六章海洋能，第七章风能，第八章可再生能源在能源系统中的现状与展望，第九章可再生能源与可持续发展，第十章减缓潜力与成本，第十一章政策、财务与实施，附录一名词，附录二方法学。

特别报告中的6种可再生能源包括生物质能、直接太阳能、地热能、水能、海洋能和风能。生物质能包括能源作物、森林、农业和畜牧业残留以及所谓的第二代生物燃料，生物质能开发利用技术是指从一系列的"原料"中产生电、热和燃料；直接的太阳能开发技术包括光伏发电和集热式发电；地热能是直接利用地球内部储藏的热能或发电；水能的利用包括从大型水库大坝到小型径流式电站的水电工程；海洋能的利用是指利用海水的动能、热能和化学能；风能的开发利用包括陆上和海上的风力发电。

特别报告分析了 4 种减排情景的模拟结果。① IEA《世界能源展望 2009》（World Energy Outlook 2009）参考情景：典型的基准情景，预计 CO_2 排放从 2007 年的年排放 274 亿吨增加到 2050 年的 443 亿吨。假设政府政策没有重大改变，且最低限度地限制化石燃料的成本增加，没有明确的温室气体排放限制目标。②标准化情景：旨在将大气 CO_2 浓度稳定在 450ppm 的水平上，到 2050 年化石燃料和工业排放的 CO_2 为每年 158 亿吨。优化减排的时机、区域和技术方法，综合考虑宏观经济与能源系统。③超越情景：尽可能地着眼于长期气候目标，详细的减排目标为 2050 年化石燃料和工业 CO_2 排放量 124 亿吨/年。这一情景的基本特征是包括了全球人口增长从 2070 年的峰值 90 亿人下降到 2100 年的 87 亿人。此外，考虑了非常广泛的能源供应选择，包括主要的可再生能源、核能、化石能源和具有碳捕获和封存技术的生物能源。④能源革命 2010 情景：关键目标是在世界范围内减少 CO_2 排放，到 2050 年达到累计减排 3.7 万亿吨的水平。此情景的所有分项中都计入了最新的市场发展前景和可再生能源产业带来的成本削减，并且寻求可再生能源行业的稳定发展。

特别报告决策者摘要共 25 页，概括地对 6 种可再生能源的资源潜力、技术、市场、消纳能力和成本、环境和社会效应、技术进步、成本降低和减缓潜力、可再生能源激励政策等方面进行了分析，高度精练地为各国政府、有关组织和利益相关方提供可再生能源科学、技术和政策方面的信息。

决策者摘要认为，部分可再生能源如生物质燃料、小水电、太阳能热利用、风能等开发利用技术水平比较成熟，已经处于商业化应用阶段，其开发利用具有很好的环境和社会效益，可以有效地减少温室气体排放，但是开发利用成本受政策的影响比较明显。报告在阐述主要可再生能源的技术和潜力时指出，在发展中国家用于传统烹饪和供热的生物能源，目前仅占全球能源供给的 10%，太阳能目前仅占全球能源总供给的不足 1%。

特别报告通过对 4 种减排情景模拟结果的分析，认为通过技术进步、降低成本，并采取适当的激励政策，到 2050 年可再生能源的开发利用可满足全球能源近 80% 的服务需求，在 2010 ~ 2050 年累计可减少温室气体排放约 2200 亿 ~ 5600 亿吨 CO_2 当量，具有很大的减少温室气体排放、减缓气候变化的潜力。

（二）主要结论

1. 近年来，随着可再生能源技术不断发展，以及世界各国可再生能源政策的激励，可再生能源在世界范围内得到了快速发展

2008 ~ 2009 年，全球大约 3 亿千瓦的新增电力装机容量中有 1.4 亿千瓦来自可再生能源；2009 年，尽管全球经济面临严峻挑战，可再生能源的装机容量仍然出现增长：风能增长超过 30%，水电增长 3%，光伏上网电量增长超过 50%，地热能增长 4%，太阳能热利用增长超过 20%。截至 2009 年底，乙醇年产量增长至 760 亿升，生物柴油增长至 170 亿升。全球可再生能源装机中，发达国家所占比例超过 50%，发展中国家如中国，风电新增装机容量为世界第一。

2. 可再生能源的资源储量不是限制可再生能源开发利用的主要因素

虽然气候变化可能会影响可再生能源的资源量，但是可再生能源技术开发量远远超过目前包括大多数地区在内的全球能源供应需求。据研究，目前全球仅有不足 2.5% 的可再生能源技术开发量得到利用。2050 年可再生能源对低碳能源的贡献将超过核能以及采用碳捕获和封存技术的化石能源，可再生能源将成为主要能源。如果有正确的政策保障，到 21 世纪中叶，可再生能源能够满足 15% ~ 80% 的全球能源需求。

3. 加快可再生能源开发利用将面临技术和制度方面的挑战

许多可再生能源技术的平均成本高于当前市场的能源价格，但在某些情况下可再生能源在经济性上已具有竞争力。在可再生能源技术上的公共研发投资以及激励政策是最为有效的降低其开发附加成本、促进其增长的手段。如何将可再生能源集成到现有的能源供应系统和终端用户、如何降低可再生能源的开发附加成本是其利用的瓶颈所在。大多数可再生能源技术的开发成本已经下降，并且未来技术进步将促使成本进一步降低。

4. 可再生能源发展将吸引更多投资，创造更多就业机会

根据一些案例的分析，电力行业中可再生能源的全球投资到 2020 年估计为

1.36 万亿 ~5.1 万亿美元。2021 ~2030 年，投资估计为 1.49 万亿 ~7.18 万亿美元，年均投资额将小于 2009 年对可再生能源电力部门的投资。有针对性的公共政策、研发与投资相结合的方法，可降低燃料和财政成本，使可再生能源技术的附加成本更低。

5. 没有任何一个可再生能源的激励政策是万能的

决策者可以利用现有的丰富经验，制定和实施最有效力的政策，同时也应认识到尚没有一个普适的激励政策。

三 国际社会对特别报告的反应

报告发布后，有关方面做出了积极反应。《联合国气候变化框架公约》秘书处负责人菲格雷斯表示，报告强调了可再生能源在减少温室气体排放、改善全球人类生活方面的潜能。她强调积极的国家政策和强有力的国际合作将是推进可再生能源在所有国家快速和广泛应用的关键。对贫困国家而言，适足的资金和可获得的技术将是保证其可再生能源产业快速发展的重要因素。

IPCC 主席帕乔里表示，这份报告给全世界提供了最新的关于可再生能源潜力的科学评估信息，它将为决策者应对 21 世纪最大的挑战提供坚实的知识基础服务。IPCC 第三工作组联合主席皮奇指出，可再生能源在未来几十年发展的关键在于公共政策而非资源的限制。发展中国家尚有 14 亿居民无法获得电力供应，而这些地方又恰恰是可再生能源最好的配置地区，发展中国家将成为可再生能源发展较快的地区。但另一位联合主席埃登霍费尔也指出，发展可再生能源在技术和政治层面均存在重大挑战。

丹麦经济学家罗穆勒戈认为此份报告的观点过于乐观，他认为现有可再生能源的投资过于昂贵且难以普及化。他认为可再生能源发展的关键在于成本问题，而此份报告对这个问题的评估过于模糊，没有给出清晰的结论。

四 特别报告对我国能源发展战略的启示

《可再生能源特别报告》的出台为世界各国发展可再生能源提供了有益参考和借鉴。报告基于全世界公开发表的文献，对主要可再生能源的利用现状进行了评估，报告在可再生能源发展现状、潜力与成本、政策措施，以及可再生能源与减缓气候变化的关系等方面的评估结论值得各国政府参考。该报告将有助于各国政府从实现可持续发展和应对气候变化的角度，更为全面地规划和推动可再生能源的发展，推动全球应对气候变化的合作行动。

报告对大规模开发可再生能源的系统成本及所存在的地区差异分析不足，对发展中国家发展可再生能源所面临的技术障碍和风险成本等涉及较少。报告充分肯定了可再生能源的技术发展潜力及其在未来全球能源供应中的地位和作用，并对未来可再生能源发展可能遇到的障碍、风险进行了初步分析。但由于可再生能源的相关研究成果和参考文献主要出自发达国家，报告更多反映的是国际上最先进的可再生能源利用技术，以及发达国家和地区在可再生能源开发中的综合成本现状和趋势。由于研究成果的缺乏，报告对广大发展中国家在可再生能源开发成本、困难、风险、技术可获得性，以及可持续发展等方面的分析相对不足，也缺乏有针对性的政策建议。

报告对气候变化谈判的可能影响值得关注。作为一份以可再生能源为主题的报告，报告在一定程度上存在夸大可再生能源作用、低估其开发成本、淡化其不确定性的问题。报告针对2050年可再生能源应用潜力的结论，主要基于四种情景分析中最为激进乐观的能源革命情景，包含了大力度的政策、技术和投资前提。报告在可再生能源利用前景方面所传达的信息，可能使各方低估实现全球温室气体排放长期目标的难度。

我国需要加强顶层设计，统筹规划和分析可再生能源的发展。发展可再生能源是我国应对气候变化行动的重要组成部分，应充分认识其战略意义，同时充分认识其发展的艰巨性和长期性。应结合我国的能源资源条件和技术发展路线，开展我国自己可再生能源情景、技术发展路线、社会经济成本和激励政策的综合研究。加大科技投入，多渠道加强可再生能源开发利用技术的创新和推广，提升自我创新能力，增加技术发展水平，建立具有坚实基础的完整的产业链。同时，因地制宜地推进产业体系培育、市场保障和扶持政策，积极营造有利于可再生能源健康有序发展的政策环境。

附　录*
Appendix

Gr.30

附录Ⅰ　世界部分国家和地区人口数据（2010年）

国家和地区	年中人口（百万人）	城市化率（%）	期望寿命（岁）	自然增长率（%）	年龄构成（%）		抚养比
					<15 岁	>65 岁	
世　界	6892	50	69	1.2	27	8	0.54
发达地区	1237	75	77	0.2	17	16	0.49
发展中地区	5656	44	67	1.4	30	6	0.56
发展中地区（不含中国）	4318	44	65	1.7	33	5	0.61
最不发达地区	857	27	56	2.3	41	3	0.79
非　洲	1030	38	55	2.4	41	3	0.79
撒哈拉以南非洲	865	35	52	2.5	43	3	0.85
北部非洲	209	50	69	1.9	33	4	0.59
埃　及	80.4	43	72	2.1	33	4	0.59

---

*　附录Ⅰ～附录Ⅵ由中国社会科学院朱守先博士搜集整理，附录Ⅶ～附录Ⅷ由国家气候中心罗勇研究员提供。

续表

国家和地区	年中人口（百万人）	城市化率（%）	期望寿命（岁）	自然增长率（%）	年龄构成（%）		抚养比
					<15 岁	>65 岁	
西部非洲	309	42	51	2.6	43	3	0.85
尼日利亚	158.3	47	47	2.4	43	3	0.85
东部非洲	326	22	53	2.7	44	3	0.89
中部非洲	129	41	48	2.7	46	3	0.96
南部非洲	57	50	55	1.0	32	5	0.59
南 非	49.9	52	55	0.9	31	5	0.56
美 洲	929	78	75	1.0	25	9	0.52
北 美	344	79	78	0.6	20	13	0.49
加拿大	34.1	80	81	0.4	17	14	0.45
美 国	309.6	79	78	0.6	20	13	0.49
拉丁美洲	585	77	74	1.3	29	7	0.56
中美洲	153	71	75	1.6	31	6	0.59
墨西哥	110.6	77	76	1.4	29	6	0.54
南美洲	391	82	73	1.2	28	7	0.54
阿根廷	40.5	91	75	1.0	26	10	0.56
巴 西	193.3	84	73	1.0	27	7	0.52
委内瑞拉	28.8	88	74	1.6	30	6	0.56
亚 洲	4157	43	70	1.2	26	7	0.49
亚洲（不含中国）	2819	41	68	1.5	30	6	0.56
西 亚	235	69	72	1.9	32	5	0.59
中南亚	1755	31	65	1.6	32	5	0.59
孟加拉国	164.4	25	66	1.5	32	4	0.56
印 度	1188.8	29	64	1.5	32	5	0.59
伊 朗	75.1	69	71	1.3	28	5	0.49
哈萨克斯坦	16.3	54	69	1.4	24	8	0.47
巴基斯坦	184.8	35	66	2.3	38	4	0.72
东南亚	597	42	70	1.3	28	6	0.52
印 尼	235.5	43	71	1.4	28	6	0.52
马来西亚	28.9	63	74	1.6	32	5	0.59

续表

国家和地区	年中人口（百万人）	城市化率（%）	期望寿命（岁）	自然增长率(%)	年龄构成（%）		抚养比
					<15 岁	>65 岁	
缅 甸	53.4	31	58	0.9	27	3	0.43
菲律宾	94	63	72	2.1	33	4	0.59
泰 国	68.1	31	69	0.6	22	7	0.41
越 南	88.9	28	74	1.2	25	8	0.49
东 亚	1571	52	75	0.5	18	10	0.39
中 国	1338.1	47	74	0.5	18	8	0.35
日 本	127.4	86	83	0	13	23	0.56
韩 国	48.9	82	80	0.4	17	11	0.39
欧 洲	739	71	76	0	16	16	0.47
欧 盟	501	71	79	0.1	16	17	0.49
北 欧	99	77	79	0.3	18	16	0.52
英 国	62.2	80	80	0.4	18	16	0.52
西 欧	189	75	80	0.1	16	18	0.52
比利时	10.8	99	80	0.2	17	17	0.52
法 国	63	77	81	0.4	18	17	0.54
德 国	81.6	73	80	− 0.2	14	20	0.52
荷 兰	16.6	66	80	0.3	18	15	0.49
东 欧	295	69	70	− 0.2	15	14	0.41
捷 克	10.5	74	77	0.1	14	15	0.41
波 兰	38.2	61	76	0.1	15	13	0.39
俄罗斯	141.9	73	68	− 0.2	15	13	0.39
乌克兰	45.9	69	68	− 0.4	14	16	0.43
南 欧	156	68	80	0.1	15	18	0.49
意大利	60.5	68	82	0	14	20	0.52
葡萄牙	10.7	55	79	− 0.1	15	18	0.49
西班牙	47.1	77	81	0.3	15	17	0.47
大洋洲	37	66	76	1.1	24	11	0.54
澳大利亚	22.4	82	81	0.7	19	13	0.47

注：抚养比为 15 岁以下人口和 65 岁以上人口与 15～64 岁人口之比。

资料来源：http：//www.prb.org/。

附录Ⅱ 世界部分国家和地区经济数据（2010年）

项　　目	国内生产总值（亿美元）	国内生产总值（亿美元，PPP）	国内生产总值（亿美元，Atlas）	人均国内生产总值（亿美元）	人均国内生产总值（亿美元，PPP）	人均国内生产总值（亿美元，Atlas）
世　　界	630488.23	762876.73	623641.13	9197.19	11057.76	9097.30
高收入	430021.75	418685.08	434122.72	38293.05	37183.27	38658.24
低收入	4139.13	9930.78	4167.92	506.77	1246.44	510.29
中等收入	195617.44	334874.71	185030.97	3979.62	6779.83	3764.25
下中等收入	43121.96	89697.95	40901.64	1748.26	3700.74	1658.24
中高收入	152467.04	245112.27	144099.85	6225.89	9904.07	5884.22
低中等收入	199974.55	344861.14	189397.84	3488.58	5991.45	3304.07
东亚与太平洋地区	75793.86	130042.03	72232.89	3873.05	6623.35	3691.09
欧洲和中亚	30550.26	55406.17	29448.00	7483.98	13200.33	7213.95
拉丁美洲和加勒比地区	49694.16	64776.10	45096.99	8597.45	10950.68	7802.11
中东和北非	10684.81	23127.07	12929.98	3172.72	7851.38	3839.40
南　　亚	20882.36	50928.72	19298.06	1312.80	3208.30	1213.20
撒哈拉以南非洲地区	10978.99	19046.46	10036.26	1274.21	2108.37	1164.80
欧元区	121745.23	113571.72	127929.30	36714.58	34177.36	38579.50
美　　国	145824.00	145824.00	146008.28	47083.74	47083.74	47143.24
中　　国	58786.29	100847.64	57000.18	4392.61	7535.50	4259.15
日　　本	54978.13	43325.37	53691.16	43160.72	34012.70	42150.39
德　　国	33096.69	30712.82	35371.80	40541.99	37621.85	43328.90
法　　国	25600.02	21941.18	27498.21	39459.55	33819.86	42385.40
英　　国	22460.79	22311.50	23992.92	36083.56	35843.71	38544.94
巴　　西	20878.90	21691.80	18303.92	10710.07	11127.06	9389.20

续表

项　　目	国内生产总值（亿美元）	国内生产总值（亿美元，PPP）	国内生产总值（亿美元，Atlas）	人均国内生产总值（亿美元）	人均国内生产总值（亿美元，PPP）	人均国内生产总值（亿美元，Atlas）
意大利	20514.12	19085.69	21258.45	33865.92	31507.78	35094.70
印　度	17290.10	41986.09	15666.36	1476.60	3585.68	1337.93
加拿大	15740.52	13273.45	14154.36	46060.07	38840.89	41418.62
俄罗斯	14798.19	28123.83	14041.79	10439.64	19840.45	9906.02
西班牙	14074.05	14778.40	14628.94	30451.85	31975.83	31652.44
墨西哥	10396.62	16521.68	10123.16	9580.10	15224.12	9328.13
韩　国	10144.83	14175.49	9722.99	20756.69	29003.56	19893.59
澳大利亚	9248.43	8650.43	9569.12	41422.26	38743.92	42858.59
荷　兰	7834.13	7056.01	8264.91	47129.52	42448.40	49721.05
土耳其	7352.64	11159.94	7194.04	9712.20	14741.32	9502.71
印　尼	7065.58	10297.89	5991.48	3038.74	4428.88	2576.80
波　兰	4685.85	7540.97	4740.45	12273.72	19752.18	12416.75
委内瑞拉	3878.52	3447.53	3341.13	13451.19	11956.46	11587.48
阿根廷	3687.12	6422.55	3436.36	9066.90	15793.52	8450.27
南　非	3637.04	5241.98	3045.91	7279.58	10491.89	6096.42
伊　朗	3310.15	8386.95	3304.00	4481.41	11354.59	4473.08
泰　国	3188.47	5868.24	2866.76	4679.34	8612.13	4207.21
马来西亚	2378.04	4143.95	2204.17	8519.16	14845.43	7896.29
埃　及	2189.12	5095.03	1979.22	2591.46	6031.45	2342.99
以色列	2173.34	2176.53	2071.93	28683.41	28725.51	27344.99
菲律宾	1995.89	3674.25	1922.38	2131.98	3924.78	2053.46
尼日利亚	1936.69	3743.43	1864.06	1223.75	2365.39	1177.85
巴基斯坦	1747.99	4642.03	1825.37	1008.17	2677.33	1052.80
哈萨克斯坦	1429.87	1966.08	1213.83	8763.58	12049.98	7439.47
乌克兰	1379.29	3054.08	1379.17	3014.19	6674.14	3013.93
新西兰	1266.79	1306.62	1253.85	28983.76	29894.96	28687.59
越　南	1035.72	2765.46	968.99	1172.13	3129.69	1096.61
孟加拉国	1000.76	2443.28	1044.78	608.64	1485.95	635.41
斯里兰卡	495.52	1051.39	467.38	2422.85	5140.83	2285.29
柬埔寨	113.43	303.97	106.86	802.32	2149.96	755.84
老　挝	74.91	157.63	64.69	1163.83	2449.18	1005.17

资料来源：世界银行 WDI 数据库，http：//data.worldbank.org/data‑catalog。

附录Ⅲ 世界部分国家和地区能源与碳排放数据（2010 年）

国家和地区	二氧化碳排放量 （百万吨 CO_2）	一次能源消费量 （百万吨油当量）	碳能源强度 （吨 CO_2/吨油当量）	人均碳排放量 （吨 CO_2/人）
美 国	6144.85	2285.65	2.69	19.84
加拿大	605.05	316.70	1.91	17.71
墨西哥	447.01	169.15	2.64	4.12
北美洲总计	7196.91	2771.49	2.60	15.91
阿根廷	175.13	77.10	2.27	4.31
巴 西	464.01	253.92	1.83	2.38
智 利	69.92	28.39	2.46	4.08
哥伦比亚	67.97	32.21	2.11	1.47
厄瓜多尔	33.38	12.98	2.57	2.42
秘 鲁	39.31	18.31	2.15	1.33
特立尼达和多巴哥	53.10	21.95	2.42	39.52
委内瑞拉	173.15	80.26	2.16	6.00
其他中南美洲国家	195.84	86.76	2.26	0.92
中南美洲总计	1271.80	611.89	2.08	2.17
奥地利	69.07	33.35	2.07	8.24
阿塞拜疆	23.99	9.98	2.40	2.70
白俄罗斯	62.03	24.40	2.54	6.43
比利时和卢森堡	167.49	69.75	2.40	14.73
保加利亚	44.47	18.02	2.47	5.88
捷 克	111.29	41.26	2.70	10.56
丹 麦	52.24	19.52	2.68	9.39
芬 兰	58.40	29.12	2.01	10.89
法 国	403.13	252.39	1.60	6.21

续表

国家和地区	二氧化碳排放量 （百万吨 CO_2）	一次能源消费量 （百万吨油当量）	碳能源强度 （吨 CO_2／吨油当量）	人均碳排放量 （吨 CO_2／人）
德 国	828.19	319.46	2.59	10.14
希 腊	97.90	32.51	3.01	8.64
匈牙利	54.04	23.41	2.31	5.40
爱尔兰	40.15	14.61	2.75	9.02
意大利	439.38	172.05	2.55	7.25
哈萨克斯坦	234.63	72.77	3.22	14.38
立陶宛	15.59	6.05	2.58	4.70
荷 兰	276.42	100.14	2.76	16.63
挪 威	43.21	41.79	1.03	8.85
波 兰	324.49	95.75	3.39	8.50
葡萄牙	62.59	27.07	2.31	5.88
罗马尼亚	80.45	34.49	2.33	3.75
俄罗斯联邦	1700.20	690.94	2.46	11.99
斯洛伐克	33.86	16.15	2.10	6.24
西班牙	334.23	149.73	2.23	7.23
瑞 典	56.04	50.66	1.11	5.97
瑞 士	42.38	28.96	1.46	5.44
土耳其	306.67	110.88	2.77	4.05
土库曼斯坦	65.12	26.00	2.51	12.58
乌克兰	289.95	118.02	2.46	6.34
英 国	547.86	209.08	2.62	8.80
乌兹别克斯坦	116.79	49.82	2.34	4.15
其他欧洲及欧亚大陆国家	182.17	83.40	2.18	—
欧洲及欧亚大陆总计	7164.44	2971.53	2.41	—
伊 朗	557.71	212.54	2.62	7.55
以色列	76.17	23.70	3.21	10.05
科威特	84.52	30.57	2.76	29.52
卡塔尔	65.74	25.73	2.55	43.58
沙特阿拉伯	562.49	201.01	2.80	21.64
阿联酋	227.12	86.79	2.62	48.25
其他中东国家	339.23	120.71	2.81	2.86

续表

国家和地区	二氧化碳排放量 （百万吨CO₂）	一次能源消费量 （百万吨油当量）	碳能源强度 （吨CO₂/吨油当量）	人均碳排放量 （吨CO₂/人）
中东总计	1912.98	701.07	2.73	8.14
阿尔及利亚	107.63	41.13	2.62	3.04
埃 及	209.27	81.05	2.58	2.48
南 非	437.20	120.91	3.62	8.75
非洲其他国家	322.45	129.47	2.49	0.37
非洲总计	1076.56	372.56	2.89	1.05
澳大利亚	366.81	118.24	3.10	16.43
孟加拉国	58.97	23.63	2.50	0.36
中 国	8332.52	2432.20	3.43	6.23
中国香港	82.62	25.88	3.19	11.73
印 度	1707.46	524.23	3.26	1.46
印 尼	424.11	139.97	3.03	1.82
日 本	1308.40	500.87	2.61	10.27
马来西亚	166.47	62.95	2.64	5.96
新西兰	33.60	18.90	1.78	7.69
巴基斯坦	164.42	67.61	2.43	0.95
菲律宾	77.29	27.63	2.80	0.83
新加坡	208.76	69.80	2.99	40.61
韩 国	715.79	254.97	2.81	14.65
中国台湾	330.98	110.48	3.00	14.27
泰 国	308.15	107.94	2.85	4.52
越 南	121.89	43.96	2.77	1.38
其他亚太地区	127.48	44.56	2.86	—
亚太地区总计	14535.71	4573.82	3.18	—
世界总计	33158.40	12002.35	2.76	4.84
其中：OECD国家	14140.72	5568.29	2.54	11.46
非OECD国家	19017.68	6434.06	2.96	3.38
欧 盟	4142.57	1732.89	2.39	8.27

资料来源：BP Statistical Review of World Energy 2011，http：//www.bp.com/sectionbodycopy.do? categoryId＝7500&contentId＝7068481；世界银行WDI数据库，http：//data.worldbank.org/data－catalog。

附录Ⅳ　世界部分国家温室气体减排目标及其实施潜力

区域/国家	已宣布的目标和行动	雄心勃勃的行动情形（有联系和抵消①）:2020 年			
		模拟目标值与基准年的偏离度（%）②	国内生产总值与一切如常的水平的偏离度（%）	实际收入与一切如常的水平的偏离度（%）③	潜在收入（十亿美元）
澳大利亚和新西兰	澳大利亚比 2000 年下降 5% ~ 25%；新西兰比 1990 年下降 10% ~ 20%	-12.0	-0.8	-1.7	24
加拿大	比 2005 年下降 17%	0.0	-0.4	-2.7	24
欧盟 27 国和欧洲自由贸易联盟	欧盟 27 国、列支敦士登、瑞士下降 20% ~ 30%；挪威下降 30% ~ 40%；冰岛下降 30%；摩纳哥下降 20%；均以 1990 年为基准年	-30.0	-0.4	-0.7	167
日　本	比 1990 年下降 25%	-25.0	-0.2	-0.2	44
非欧盟的东欧国家	乌克兰比 1990 年下降 20%；白俄罗斯不变至下降 10%；克罗地亚下降 5%	-16.5	-2.1	-2.8	39
俄罗斯	比 1990 年下降 15% ~ 25%	-25.0	-2.8	-3.5	73
美　国	比 2005 年下降 17%	-5.5	-0.3	-0.7	253
巴　西	比一切如常的水平下降 36% ~ 39%	-20.8	-2.0	-5.3	94
中　国	碳密集度比 2005 年下降 40% ~ 45%	62.3	-0.3	-0.3	81
印　度	碳密集度比 2005 年下降 20% ~ 25%	66.8	0.0	0.6	0
石油输出国	印度尼西亚比一切如常的水平下降 26%；以色列比一切如常的水平下降 20%	32.6	-0.9	-2.9	33
世界其他国家	韩国比一切如常的水平下降 30%；墨西哥到 2050 年下降 50%；南非下降 34%；许多其他的承诺（包括哥斯达尼加、马尔代夫）	28.6	0.0	-0.1	57
附件一的区域	比 1990 年下降 12% ~ 18%（比一切如常的水平下降 23% ~ 29%）	-18.1	-0.4	-0.8	624
非附件一的区域	比 2005 年上升 43% ~ 49%（比一切如常的水平下降 5% ~ 9%）	43.2	-0.3	-0.7	265

续表

区域/国家	已宣布的目标和行动	雄心勃勃的行动情形（有联系和抵消①）：2020 年			
		模拟目标值与基准年的偏离度（%）②	国内生产总值与一切如常的水平的偏离度（%）	实际收入与一切如常的水平的偏离度（%）③	潜在收入（十亿美元）
全世界	比 2005 年上升 12%～18%（比一切如常的水平下降 12%～17%）	12.2	-0.4	-0.8	889

注：①由于关于未来可能的抵消政策的信息有限，附件一国家采用 20% 的默认值，有两个国家例外。首先，加拿大曾非正式地表示，将限制企业购买抵消量，最高为 10%。其次，对于俄罗斯，由于国内目标不具有约束力，低及零碎的情况假设没有抵消，因此没有抵消需求。

②由于可用数据的限制，附件一中的区域基准年为 1990 年，而非附件一的区域（巴西、中国、印度、中东和世界其他国家）基准年是 2005 年。全球偏离值以所有区域 2005 年的数据为基数。

③希克斯"相当于实际收入的变化"定义为确保消费者获得与基线预测相同水平的的效用所需要的实际收入的变化（百分比）。

资料来源：经合组织 ENV-Linkages 模型；基于经合组织专栏 7.2 和表 7.3 的最新分析（2009 年 c）。

附录V 2010年中国分省区人口、GDP及构成

地　区	GDP（亿元）	人口（万人）	人均GDP（元）	GDP（地区生产总值）构成（%）		
				第一产业	第二产业	第三产业
北　京	13777.9	1961.2	70251.1	0.9	24.1	75.0
天　津	9108.8	1293.8	70402.2	1.6	53.1	45.3
河　北	20197.1	7185.4	28108.4	12.7	53.0	34.3
山　西	9088.1	3571.2	25448.2	6.2	56.8	37.0
内蒙古	11655.0	2470.6	47174.2	9.4	54.6	36.0
辽　宁	18278.3	4374.6	41782.5	8.9	54.0	37.1
吉　林	8577.1	2746.2	31232.3	12.2	51.5	36.3
黑龙江	10235.0	3831.2	26714.7	12.7	49.8	37.5
上　海	16872.4	2301.9	73297.2	0.7	42.3	57.0
江　苏	40903.3	7866.0	52000.2	6.2	53.2	40.6
浙　江	27226.8	5442.7	50024.5	5.0	51.9	43.1
安　徽	12263.4	5950.1	20610.6	14.1	52.1	33.8
福　建	14357.1	3689.4	38914.2	9.5	51.3	39.2
江　西	9435.0	4456.7	21170.1	12.8	55.1	32.1
山　东	39416.2	9579.3	41147.2	9.1	54.3	36.6
河　南	22942.7	9402.4	24401.0	14.2	57.7	28.1
湖　北	15806.1	5723.8	27614.8	13.6	49.1	37.3
湖　南	15902.1	6568.4	24210.1	14.7	46.0	39.3
广　东	45472.8	10430.3	43596.8	5.0	50.4	44.6
广　西	9502.4	4602.7	20645.4	17.6	47.5	34.9
海　南	2052.1	867.2	23664.8	26.3	27.6	46.1
重　庆	7894.2	2884.6	27366.5	8.7	55.2	36.1
四　川	16898.6	8041.8	21013.4	14.7	50.7	34.6
贵　州	4594.0	3474.6	13221.5	13.7	39.2	47.1
云　南	7220.1	4596.6	15707.4	15.3	44.7	40.0
西　藏	507.5	300.2	16904.5	13.4	32.3	54.3
陕　西	10021.5	3732.7	26847.6	9.9	53.9	36.2
甘　肃	4119.5	2557.5	16107.4	14.5	48.2	37.3
青　海	1350.4	562.7	23999.8	10.0	55.1	34.9
宁　夏	1643.4	630.1	26080.1	9.8	50.7	39.5
新　疆	5418.8	2181.3	24841.7	19.9	46.8	33.3
全　国	401202.0	133972.5	29946.6	10.1	46.8	43.1

　　资料来源：中国统计摘要2011，2010年第六次全国人口普查主要数据公报，http://www.stats.gov.cn/tjgb/rkpcgb/qgrkpcgb/t20110429_402722510.htm。

⑥.35

附录Ⅵ 中国"十一五"、"十二五"各地区节能目标

"十一五"时期，各地区、各部门认真落实党中央、国务院的决策部署，把节能作为调整经济结构、转变发展方式的重要抓手和突破口，放在更加突出的位置，采取了一系列强有力政策措施，取得了显著成效，全国单位国内生产总值能耗降低19.1%，完成了"十一五"规划纲要确定的约束性目标。五年来，我国以能源消费年均6.6%的增速支持了国民经济年均11.2%的增速，能源消费弹性系数由"十五"时期的1.04下降到0.59，扭转了我国工业化、城镇化加快发展阶段能源消耗强度大幅上升的势头，为保持经济平稳较快发展提供了有力支撑，为应对全球气候变化作出了重要贡献。

除对新疆另行考核外，全国其他地区均完成了"十一五"国家下达的节能目标任务，有28个地区超额完成了"十一五"节能目标任务，超额完成目标较多的10个地区分别为：北京（超额32.95%，下同）、天津（5%）、山西（3%）、内蒙古（2.82%）、黑龙江（3.95%）、福建（2.81%）、湖北（8.35%）、广东（2.63%）、重庆（4.75%）、云南（2.41%），其中北京、湖北、天津分别超出目标6.59个、1.67个、1个百分点。

表1 "十一五"各地区节能目标完成情况

地　区	2005 年		2010 年	
	单位 GDP 能耗（吨标准煤/万元）	"十一五"时期计划降低(%)	单位 GDP 能耗（吨标准煤/万元）	比 2005 年降低（%）
北　京	0.792	20.00	0.582	26.59
天　津	1.046	20.00	0.826	21.00
河　北	1.981	20.00	1.583	20.11
山　西	2.890	22.00	2.235	22.66
内蒙古	2.475	22.00	1.915	22.62

续表

地 区	2005 年		2010 年	
	单位 GDP 能耗 （吨标准煤/万元）	"十一五"时期 计划降低(%)	单位 GDP 能耗 （吨标准煤/万元）	比 2005 年降低 （%）
辽 宁	1.726	20.00	1.380	20.01
吉 林	1.468	22.00	1.145	22.04
黑龙江	1.460	20.00	1.156	20.79
上 海	0.889	20.00	0.712	20.00
江 苏	0.920	20.00	0.734	20.45
浙 江	0.897	20.00	0.717	20.01
安 徽	1.216	20.00	0.969	20.36
福 建	0.937	16.00	0.783	16.45
江 西	1.057	20.00	0.845	20.04
山 东	1.316	22.00	1.025	22.09
河 南	1.396	20.00	1.115	20.12
湖 北	1.510	20.00	1.183	21.67
湖 南	1.472	20.00	1.170	20.43
广 东	0.794	16.00	0.664	16.42
广 西	1.222	15.00	1.036	15.22
海 南	0.920	12.00	0.808	12.14
重 庆	1.425	20.00	1.127	20.95
四 川	1.600	20.00	1.275	20.31
贵 州	2.813	20.00	2.248	20.06
云 南	1.740	17.00	1.438	17.41
西 藏	1.450	12.00	1.276	12.00
陕 西	1.416	20.00	1.129	20.25
甘 肃	2.260	20.00	1.801	20.26
青 海	3.074	17.00	2.550	17.04
宁 夏	4.140	20.00	3.308	20.09
新 疆	另行考核			

注：西藏自治区数据由西藏自治区政府提供。

资料来源：国家统计局，http：//www.stats.gov.cn/tjdt/zygg/gjtjjgg/t20110610_402731394.htm。

表2 "十二五"各地区节能目标

单位：%

地　区	单位国内生产总值能耗降低率		
	"十一五"时期	"十二五"时期	2006~2015 年累计
北　京	26.59	17	39.07
天　津	21.00	18	35.22
河　北	20.11	17	33.69
山　西	22.66	16	35.03
内蒙古	22.62	15	34.23
辽　宁	20.01	17	33.61
吉　林	22.04	16	34.51
黑龙江	20.79	16	33.46
上　海	20.00	18	34.40
江　苏	20.45	18	34.77
浙　江	20.01	18	34.41
安　徽	20.36	16	33.10
福　建	16.45	16	29.82
江　西	20.04	16	32.83
山　东	22.09	17	35.33
河　南	20.12	16	32.90
湖　北	21.67	16	34.20
湖　南	20.43	16	33.16
广　东	16.42	18	31.46
广　西	15.22	15	27.94
海　南	12.14	10	20.93
重　庆	20.95	16	33.60
四　川	20.31	16	33.06
贵　州	20.06	15	32.05
云　南	17.41	15	29.80
西　藏	12.00	10	20.80
陕　西	20.25	16	33.01
甘　肃	20.26	15	32.22
青　海	17.04	10	25.34
宁　夏	20.09	15	32.08
新　疆	8.91	10	18.02
全　国	19.06	16	32.01

备注："十一五"各地区单位国内生产总值能耗降低率除新疆外均为国家统计局最终公布数据，新疆为初步核实数据。

资料来源："十二五"节能减排综合性工作方案，http://www.gov.cn/zwgk/2011-09-07/content_1941731.htm。

附录Ⅶ　全球气候灾害历史统计

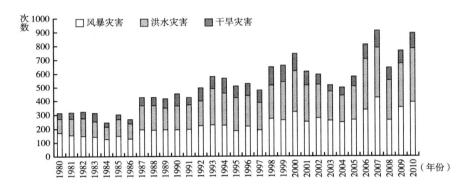

图1　1980～2010年全球气候灾害发生次数

　　注：从1970年以来，全球已经发生约7000次灾害，至少造成20000亿美元的损失和250万人死亡。

　　资料来源：慕尼黑再保险公司、国家气候中心自然灾害数据库。

表1　1901～2010年六大洲大规模干旱统计

区　域	干旱数量及 所占比例	≤6个月的 干旱数量	≥12个月的 干旱数量	最长持续时间 （月）	最大影响范围 （平方公里）
非　洲	76(13%)	46	8	21(1992～1993年)	9.9(33%,1983年4月)
亚　洲	185(32%)	121	19	42(1986～1990年)	9.8(22%,1987年6月)
欧　洲	81(14%)	45	9	25(1975～1977年)	5.1(51%,1921年12月)
北美洲	104(18%)	65	15	41(1954～1957年)	7.5(31%,1956年10月)
大洋洲	45(8%)	27	7	24(1928～1930年)	5.9(77%,1965年2月)
南美洲	85(15%)	58	10	19(1982～1983年)	10.8(61%,1963年10月)
世　界	576	362	68	42(1986～1990年)	9.9(33%,1983年4月)

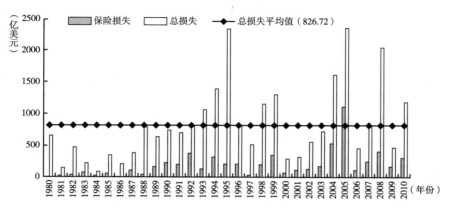

图2 1980~2010 全球重大自然灾害总损失和保险损失（以2010年市值计算）

资料来源：慕尼黑再保险公司，图3同。

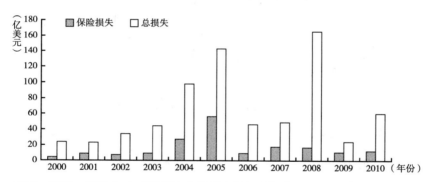

图3 2000~2010 年全球干旱灾害总损失及保险损失（以2010年市值计算）

表2 1980~2010 年美国气象有关灾害综述

灾害类型	发生次数	发生频率（%）	损失（每十亿美元）	损失占总数比例（%）
台风/飓风	27	28.1	367.3	51.1
非热带洪水	21	20.8	38.5	5.3
热浪和干旱	15	15.6	185.2	25.7
恶劣天气	13	13.6	70.5	9.8
火　灾	10	10.4	19.2	2.7
冰冻天气	6	6.3	18.6	2.6
暴风雪	2	2.1	11.9	1.7
冰风暴	2	2.1	5.9	0.8
东海岸风暴	2	1.0	2.4	0.3
总　计	98	—	719.5	—

资料来源：NCDC，www. ncdc. noaa. gov/oa/reports/billionz. html。

附录Ⅷ 中国气候灾害历史统计

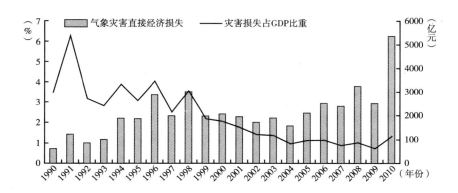

图1 1990~2010年中国气象灾害直接经济损失及其占GDP的比重

资料来源:《中国气象灾害年鉴》,表1同。

表1 中国气象灾害灾情统计

年份	农作物灾情(万公顷)		人口灾情		直接经济损失(亿元)
	受灾面积	绝收面积	受灾人口(万人)	死亡人口(人)	
2004	3765.0	433.3	34049.2	2457	498.1
2005	3875.5	418.8	39503.2	2710	2101.3
2006	4111.0	494.2	43332.3	3485	2516.9
2007	4961.4	579.8	39656.3	2713	2378.5
2008	4000.4	403.3	43189.0	2018	3244.5
2009	4721.4	491.8	47760.8	1367	2490.5
2010	3742.6	486.3	42494.2	3771	5339.9

365

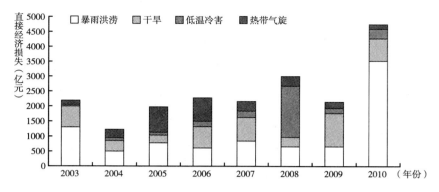

图 2　2003 ~ 2010 年各类灾害直接经济损失

资料来源：《中国气象灾害年鉴》、中国国家统计局，图 3 同。

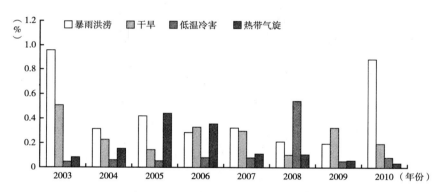

图 3　2003 ~ 2010 年各类灾害直接经济损失占 GDP 的比重

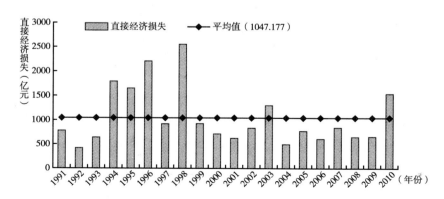

图 4　1991 ~ 2010 年暴雨洪涝灾害直接经济损失

资料来源：《中国气象灾害年鉴》，图 5 ~ 图 7 同。

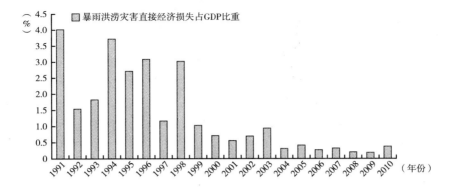

图5　1991～2010年暴雨洪涝灾害直接经济损失占GDP的比重

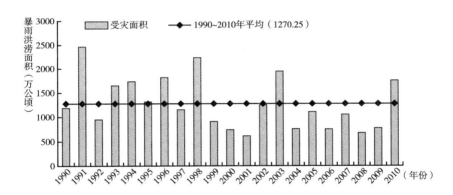

图6　1990～2010年暴雨洪涝面积

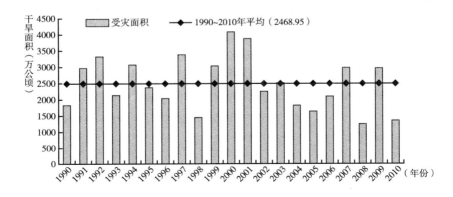

图7　1990～2010年干旱受灾面积

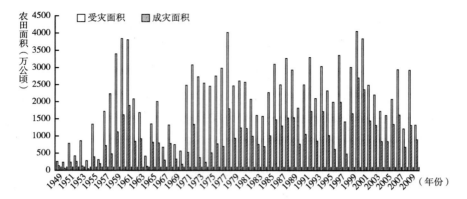

图8　1949～2010年中国历年农作物受灾和成灾面积变化图（干旱灾害）

资料来源：中国种植业信息网。

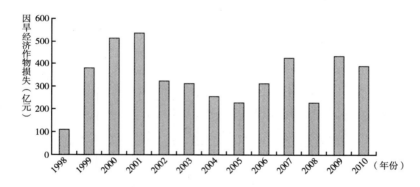

图9　1998年以来全国因旱经济作物损失历年变化

资料来源：2011年水利部公报，图10同。

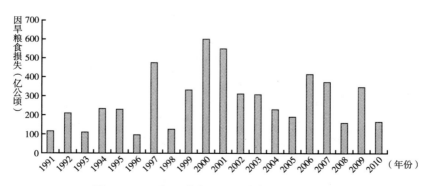

图10　1991年以来全国因旱粮食损失历年变化

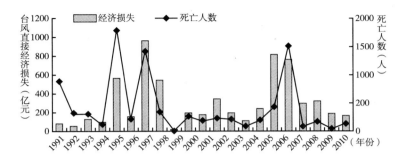

图11 1990~2010年台风灾害损失情况

资料来源:《中国气象灾害年鉴》。

G.38

缩略语

AWG – KP：Ad Hoc Working Group on Further Commitments for Annex I Parties under the Kyoto Protocol　《京都议定书》缔约方后续承诺特设工作组

AWG – LCA：Ad Hoc Working Group on Long-term Cooperative Action under the Convention　长期合作行动特设工作组

BAU：Business As Usual　基准情景

C40：C40 Cities Climate Leadership Group　世界大城市气候领导联盟

Cancun Agreement：《坎昆协议》

CCS：Carbon Capture & Storage　碳捕集与封存

CCUS：Carbon Capture，Utilization & Storage　碳捕集、利用及封存

CDM：Clean Development Mechanism　清洁发展机制

CER：Certified Emission Reduction　经核证的减排量

CO_2e：二氧化碳当量

COP/MOP：Conference of the Parties to the UNFCCC/Meeting of the Parties to the Kyoto Protocol　公约缔约方大会/《京都议定书》缔约方会议

Copenhagen Accord：《哥本哈根协议》

EC：European COMMISSION　欧盟委员会

EPA：Environmental Protection Agency　美国环境保护署

EU：European Union　欧洲联盟

EU – ETS：EU Emission Trading Schemes　欧盟碳排放交易体系

GEF：Global Environment Facility　全球环境基金

GFCS：Global Framework on Climate Service　全球气候服务框架

GHG：Greenhouse Gas　温室气体

Green Climate Fund：绿色气候基金

GW：Gigawatt　吉瓦（百万千瓦）

IATA：International Air Transport Association　国际航空运输协会

ICA：International Consultation and Analysis　国际磋商与分析

ICAO：International Civil Aviation Organization　国际民航组织

IEA：International Energy Agency　国际能源机构/国际能源署

IMO：International Maritime Organization　国际海事组织

IPCC：Intergovernmental Panel on Climate Change　政府间气候变化专门委员会

ISDR：International Strategy of Disaster Reduction　国际减灾战略

KP：Kyoto Protocol　《京都议定书》

kWh：千瓦时

LULUCF：Land Use，Land-Use Change and Forestry　土地利用、土地利用变化与林业

MRV：Measurable，Reportable，Verifiable　可测量、可报告、可核实（简称"三可"）

MW：兆瓦（百万瓦）

NAMAs：Nationally Appropriate Mitigation Actions　国家适当减缓行动

NAPA：National Adaptation Programme of Action　国家适应行动计划

NGO：Non-Governmental Organization　非政府组织

NPO：Non Profit Organization　非营利机构

ODA：Official Development Assistance　官方发展援助

OECD：Organization of Economic Cooperation Development　经济合作与发展组织

ppm：百万分之一

REDD：Reduced Emissions from Deforestation and Degradation　减少发展中国家毁林排放

UNFCCC：United Nation Framework Convention on Climate Change　《联合国气候变化框架公约》

WB：World Bank　世界银行

WMO：World Meteorological Organization　世界气象组织

专家数据解析 权威资讯发布

社会科学文献出版社 皮书系列

皮书是非常珍贵实用的资讯，对社会各阶层、各行业的人士都能提供有益的帮助，适合各级党政部门决策人员、科研机构研究人员、企事业单位领导、管理工作者、媒体记者、国外驻华商社和使领事馆工作人员，以及关注中国和世界经济、社会形势的各界人士阅读使用。

权威 前沿 原创

"皮书系列"是社会科学文献出版社十多年来连续推出的大型系列图书，由一系列权威研究报告组成，在每年的岁末年初对每一年度有关中国与世界的经济、社会、文化、法治、国际形势、行业等各个领域以及各区域的现状和发展态势进行分析和预测，年出版百余种。

"皮书系列"的作者以中国社会科学院的专家为主，多为国内一流研究机构的一流专家，他们的看法和观点体现和反映了中国与世界的现实和未来最高水平的解读与分析，具有不容置疑的权威性。

咨询电话：010-59367028 QQ：1265056568
邮 箱：duzhe@ssap.cn 邮编：100029
邮购地址：北京市西城区北三环中路
甲29号院3号楼华龙大厦13层
社会科学文献出版社 学术传播中心
银行户名：社会科学文献出版社发行部
开户银行：中国工商银行北京北太平庄支行
账 号：0200010009200367306
网 址：www.ssap.com.cn
www.pishu.cn

图书在版编目（CIP）数据

应对气候变化报告. 2011，德班的困境与中国的战略选择/王伟光，郑国光主编. —北京：社会科学文献出版社，2011.11
（气候变化绿皮书）
ISBN 978 – 7 – 5097 – 2822 – 2

Ⅰ.①应…　Ⅱ.①王…②郑…　Ⅲ.①气候变化 – 研究报告 – 2011
Ⅳ.①P467

中国版本图书馆 CIP 数据核字（2011）第 221437 号

气候变化绿皮书
应对气候变化报告（2011）
——德班的困境与中国的战略选择

主　　编／王伟光　郑国光
副 主 编／罗　勇　潘家华　巢清尘

出 版 人／谢寿光
出 版 者／社会科学文献出版社
地　　址／北京市西城区北三环中路甲 29 号院 3 号楼华龙大厦
邮政编码／100029

责任部门／财经与管理图书事业部（010）59367226　　责任编辑／陶　璇　张景增
电子信箱／caijingbu@ ssap. cn　　　　　　　　　　　责任校对／刁春波
项目统筹／恽　薇　　　　　　　　　　　　　　　　　责任印制／岳　阳
总 经 销／社会科学文献出版社发行部（010）59367081　59367089
读者服务／读者服务中心（010）59367028

印　　装／北京季蜂印刷有限公司
开　　本／787mm×1092mm　1/16　　　　　　　印　　张／24.75
版　　次／2011 年 11 月第 1 版　　　　　　　　字　　数／427 千字
印　　次／2011 年 11 月第 1 次印刷
书　　号／ISBN 978 – 7 – 5097 – 2822 – 2
定　　价／69.00 元

盘点年度资讯 预测时代前程

从"盘阅读"到全程在线阅读
皮书数据库完美升级

·产品更多样

从纸书到电子书，再到全程在线阅读，皮书系列产品更加多样化。从2010年开始，皮书系列随书附赠产品由原先的电子光盘改为更具价值的皮书数据库阅读卡。纸书的购买者凭借附赠的阅读卡将获得皮书数据库高价值的免费阅读服务。

·内容更丰富

皮书数据库以皮书系列为基础，整合国内外其他相关资讯构建而成，内容包括建社以来的700余种皮书、20000多篇文章，并且每年以近140种皮书、5000篇文章的数量增加，可以为读者提供更加广泛的资讯服务。皮书数据库开创便捷的检索系统，可以实现精确查找与模糊匹配，为读者提供更加准确的资讯服务。

·流程更简便

登录皮书数据库网站www.pishu.com.cn，注册、登录、充值后，即可实现下载阅读。购买本书赠送您100元充值卡，请按以下方法进行充值。

充值卡使用步骤：

第一步
· 刮开下面密码涂层
· 登录 www.pishu.com.cn
  点击"注册"进行用户注册

社会科学文献出版社 皮书系列
SOCIAL SCIENCES ACADEMIC PRESS (CHINA)

卡号：2152363324366787

密码：

（本卡为图书内容的一部分，不购书刮卡，视为盗书）

第二步
登录后点击"会员中心"进入会员中心。

SSDB
社科文献资源库
SOCIAL SCIENCE
DATABASE

第三步
· 点击"在线充值"的"充值卡充值"，
· 输入正确的"卡号"和"密码"，即可使用。

如果您还有疑问，可以点击网站的"使用帮助"或电话垂询010—59367227。